AI 嵌入式系统技术与实践
——基于树莓派 RP2040 和 MicroPython

袁志勇　编著

北京航空航天大学出版社

内 容 简 介

本书基于以 RP2040 MCU 芯片为核心的树莓派 Pico 开发板，利用 Pico 硬件扩展接口和面包板设计典型硬件电路，并结合 MicroPython 编程语言讲述了嵌入式系统典型接口技术与应用实例；在介绍机器学习技术基本方法基础上，讲述了树莓派 Pico 嵌入式机器学习(TinyML)技术与应用实例，介绍了华为 AI 云 ModelArts 开发平台构建机器学习模型和 Edge Impulse 开发平台构建嵌入式机器学习模型等技术。全书具体内容包括 AI 嵌入式系统基础知识、树莓派 Pico 开发板硬件基础、Pico 开发板 MicroPython 编程基础、树莓派 Pico 开发板人机接口技术、树莓派 Pico 中断与定时技术、树莓派 Pico 串行通信与网络接口技术、树莓派 Pico 无线通信技术实践、树莓派 Pico 电机接口与控制技术实践、机器学习技术基础及实践、嵌入式机器学习技术实践。

本书既适用于计算机、人工智能、电子信息、自动化、STEM 教育、创客教育及嵌入式系统与智能硬件爱好者阅读，也可用作高等院校计算机、人工智能、电子信息等专业的教学用书或参考书。

图书在版编目(CIP)数据

AI 嵌入式系统技术与实践 ：基于树莓派 RP2040 和 MicroPython / 袁志勇编著. -- 北京 ：北京航空航天大学出版社，2023.4

ISBN 978-7-5124-4068-5

Ⅰ. ①A… Ⅱ. ①袁… Ⅲ. ①人工智能—应用—微型计算机—系统设计—研究 Ⅳ. ①TP360.21

中国国家版本馆 CIP 数据核字(2023)第 049019 号

版权所有，侵权必究。

AI 嵌入式系统技术与实践——基于树莓派 RP2040 和 MicroPython

袁志勇　编著

责任编辑　董立娟

*

北京航空航天大学出版社出版发行

北京市海淀区学院路 37 号(邮编 100191)　http://www.buaapress.com.cn

发行部电话：(010)82317024　传真：(010)82328026

读者信箱：emsbook@buaacm.com.cn　邮购电话：(010)82316936

北京九州迅驰传媒文化有限公司印装　各地书店经销

*

开本：710×1 000　1/16　印张：23.75　字数：506 千字

2023 年 4 月第 1 版　2025 年 1 月第 2 次印刷　印数：2 001～2 500 册

ISBN 978-7-5124-4068-5　定价：89.00 元

若本书有倒页、脱页、缺页等印装质量问题，请与本社发行部联系调换。联系电话：(010)82317024

前　言

随着人工智能、嵌入式系统、电子技术及通信技术的不断发展，将嵌入式系统与物理计算、机器学习、网络通信等技术进行融合而形成的 AI 嵌入式系统原型或产品不断涌现，如机器人、无人机、自动驾驶、智能医疗电子产品等。

树莓派基金会于 2021 年 2 月推出的树莓派 RP2040 MCU 芯片系列开发板具有丰富的软硬件资源和广泛的应用生态链，为高效学习和研发嵌入式系统与智能硬件提供了新的选择。本书第 1 篇介绍嵌入式系统，该篇基于以 RP2040 MCU 为核心的树莓派 Pico 开发板，利用 Pico 开发板硬件扩展接口和面包板设计典型硬件电路，并结合 MicroPython 编程语言讲述嵌入式系统典型接口技术与应用实例，主要内容包括树莓派 Pico 开发板 MicroPython 编程基础、树莓派 Pico 开发板 GPIO 接口与控制技术、树莓派 Pico 中断与定时技术、树莓派 Pico 通信接口技术、树莓派 Pico 无线通信技术、树莓派 Pico 电机接口与控制技术。本书第 2 篇介绍机器学习和嵌入式机器学习(TinyML，微型机器学习)技术，在讲述机器学习技术基本方法基础上，针对树莓派和树莓派 Pico 重点讲述嵌入式机器学习技术实例，主要内容包括常用机器学习技术与神经网络方法、华为 AI 云 ModelArts 平台机器学习建模实例、tf. Keras 语音唤醒词检测分类模型与树莓派 TFLite 语音控制实例、树莓派 Pico 和 Edge Impulse 平台在线数据采集与 TinyML 机器学习建模实例。

本书主要特色如下：

① 技术新颖：采用较新的树莓派 Pico 开发板讲述嵌入式系统和嵌入式机器学习关键技术，并将三极管、MOSFET 及 IGBT 等常用半导体器件有效融入到典型应用实例的硬件设计和实践之中，主要亮点包括树莓派 Pico 典型接口控制及网络通信技术、树莓派 Pico Arduino C 和 Edge Impulse 平台在线数据感知技术、树莓派 Pico 嵌入式机器学习技术等。

② 方法实用：既阐明了嵌入式系统和嵌入式机器学习的基本原理和方法，又注意了实用性，同时兼顾了一定的深度和广度。

③ 实践性强：书中每个实例均可实际操作实践，读者能从“做中学(Learning by doing)”中感受学习、研究和实践的乐趣。

本书的出版得到了湖北省新一代人工智能科技重大专项项目(项目编号:2019AEA170)和华为智能基座项目“机器学习与模式识别”项目(经费号:1502-610405182)的资助。研究生单楚栋和韦福洋参与了本书 Pico 触觉感知与回归模型 Python 程序、2D 质点弹簧变形模型与交互 Processing 程序的编制及相关实践案例文档的整理工作。这里一并表示感谢。

虽然作者有多年从事嵌入式系统、电路与电子学、机器学习方向的教学与科研工作经历,但将这 3 个方向进行有机融合并构建出有趣的 AI 嵌入式系统应用实例是一个新的尝试,限于作者水平,书中难免有错误和疏漏之处,恳请各位读者和专家批评指正！有兴趣的读者,可以发送电子邮件到:aiesbook@163.com 与作者进一步交流;也可发送电子邮件到:xdhydcd@sina.com,与本书策划编辑进行交流。

本书配套全书程序代码,读者可以免费获取:

① 百度网盘下载链接:https://pan.baidu.com/s/1UNTS6AZExE3wDPWqy5dq5A 提取码:aies

② 扫描微信二维码下载:

编著者

2023 年 3 月

目　录

第1篇　嵌入式系统

第 1 篇　嵌入式系统

第 1 章　AI 嵌入式系统基础知识

随着人工智能(AI,Artificial Intelligence)技术在各个领域的普及应用,将 AI 技术与嵌入式系统相结合,构建 AI 嵌入式系统已成为当前热点技术之一。本章从嵌入式系统的定义开始,阐述嵌入式系统的含义与组成,介绍嵌入式微处理器及 ARM 嵌入式处理器基础知识、AI 嵌入式系统的基本概念与嵌入式机器学习,最后介绍嵌入式硬件基础知识,以使读者对 AI 嵌入式系统的基本概念和基础知识有较为完整的认识。

1.1　嵌入式系统概述

嵌入式系统已经广泛应用于工业、农业、军事和人们日常生活的各个领域,在人们日常生活中,我们接触较多的嵌入式系统包括智能手机、扫地机器人、智能家电等产品。

1.1.1　嵌入式系统的定义

嵌入式系统是一个较复杂的技术概念,目前国内外关于嵌入式系统尚无严格、统一的定义。*Computers as Components – Principles of Embedded Computing System Design* 一书的作者 Wayne Wolf 认为:如果不严格地定义,嵌入式计算系统是任何一个包含可编程的计算机设备,但是它本身却不是一个通用计算机。根据美国电气与电子工程师学会 IEEE(Institute of Electrical and Electronics Engineers)的定义,嵌入式系统是用于控制、监视或辅助操作机器和设备的装置(原文: devices used to control, monitor, or assist the operation of equipment, machinery or plants)。需要指出的是,本定义并不能充分体现嵌入式系统的精髓,嵌入式系统的概念根本上应该从应用的角度予以阐述。在国内的众多嵌入式网站和相关书籍中,一般认为嵌入式系统是以应用为中心,以计算机技术为基础,并且软/硬件可裁减,可满足应用系统对功能、可靠性、成本、体积和功耗有严格要求的专用计算机系统。

与通用计算机系统相比,嵌入式系统具有以下几个重要特征:

- 通常是面向特定应用的,具有功耗低、体积小、集成度高等特点。
- 硬件和软件都必须高效率地设计,量体裁衣,力争在同样的硅片面积上实现更高的性能,这样才能完成功能、可靠性和功耗的苛刻要求。

- 实时操作系统支持。尽管嵌入式系统的应用程序可以不需要操作系统的支持就能直接运行,但是为了合理地调度多任务、充分利用系统资源,用户可以自行选配实时操作系统开发平台。
- 嵌入式系统与具体应用有机地结合在一起,升级换代也同步进行。因此,嵌入式系统产品一旦进入市场就具有较长的生命周期。
- 为了提高运行速度和系统可靠性,嵌入式系统中的软件一般都固化在存储器芯片中。
- 专门开发工具的支持。嵌入式系统本身不具备自主开发能力,即使在设计完成以后,用户通常也不能对程序功能进行修改,必须有一套开发工具和环境才能进行嵌入式系统开发。

1.1.2 嵌入式系统的组成

嵌入式系统是指嵌入于各种设备及应用产品内部的专用计算机系统,而非 PC 机系统。嵌入式系统一般由嵌入式微处理器、外围硬件设备、嵌入式操作系统以及用户应用软件 4 个部分组成,用于实现对其他设备的控制、监视或管理等功能。

1. 嵌入式微处理器

嵌入式微处理器是嵌入式系统的核心。嵌入式微处理器通常把通用 PC 机中许多由板卡完成的任务集成到芯片内部,这样可以大幅减小系统的体积和功耗,具有重量轻、成本低、可靠性高等优点。由于嵌入式系统通常应用于比较恶劣的工作环境中,因此嵌入式微处理器在工作温度、电磁兼容性及可靠性要求方面比通用的标准微处理器要高。嵌入式微处理器可按数据总线宽度划分为 8 位、16 位、32 位和 64 位等不同类型,许多大的半导体厂商都推出了自己的嵌入式微处理器。嵌入式微处理器的体系结构可以采用冯·诺依曼体系结构或哈佛体系结构,指令系统可以选用精简指令集系统(RISC,Reduced Instruction Set Computer)或复杂指令集系统(CISC,Complex Instruction Set Computer)。

(1) 冯·诺依曼体系结构

冯·诺依曼结构的计算机由 CPU 和存储器构成,其程序和数据共用一个存储空间,程序指令存储地址和数据存储地址指向同一个存储器的不同物理位置;采用单一的地址及数据总线,程序指令和数据的宽度相同。

程序计数器(PC)是 CPU 内部指示指令和数据的存储位置的寄存器。CPU 通过程序计数器提供的地址信息对存储器进行寻址,找到所需要的指令或数据,然后对指令进行译码,最后执行指令规定的操作。处理器执行指令时,先从储存器中取出指令译码,再取操作数执行运算;即使单条指令也要耗费几个甚至几十个周期,高速运算时,在传输通道上会出现瓶颈效应。

(2) 哈佛结构

哈佛(Harvard)结构的主要特点是将程序和数据存储在不同的存储空间中,即程序存储器和数据存储器是两个相互独立的存储器,每个存储器独立编址、独立访问。系统中具有程序的数据总线与地址总线、数据的数据总线与地址总线。这种分离的程序总线和数据总线可允许在一个机器周期内同时获取指令字(来自程序存储器)和操作数(来自数据存储器),从而提高执行速度及数据的吞吐率。又由于程序和数据存储器在两个分开的物理空间中,因此取指和执行能完全重叠,具有较高的执行效率。

(3) 精简指令集计算机

早期的计算机采用复杂指令集计算机(CISC)体系,如 Intel 公司的 80X86 系列 CPU,从 8086 到 Pentium 系列,采用的都是典型的 CISC 体系结构。采用 CISC 体系结构的计算机各种指令的使用频率相差悬殊,统计表明,大概有 20%的比较简单的指令被反复使用,使用量约占整个程序的 80%;而有 80%左右的指令则很少使用,其使用量约占整个程序的 20%,即指令的 2/8 规律。在 CISC 中,为了支持目标程序的优化、支持高级语言和编译程序,增加了许多复杂的指令,用一条指令来代替一串指令。通过增强指令系统的功能简化软件,却增加了硬件的复杂程度。而这些复杂指令并不等于有利于缩短程序的执行时间。在 VLSI 制造工艺中要求 CPU 控制逻辑具有规整性,而 CISC 为了实现大量复杂的指令,控制逻辑极不规整,给 VLSI 工艺造成很大困难。

精简指令集计算机(RISC)体系结构于 20 世纪 80 年代提出,是在 CISC 的基础上产生并发展起来的。RISC 的着眼点不是简单地放在简化指令系统上,而是通过简化指令系统使计算机的结构更加简单合理,从而提高运算效率。在 RISC 中,优先选取使用频率最高的、很有用但不复杂的指令,避免使用复杂指令;固定指令长度,减少指令格式和寻址方式种类;指令之间各字段的划分比较一致,各字段的功能也比较规整;采用 Load/Store 指令访问存储器,其余指令的操作都在寄存器之间进行;增加 CPU 中通用寄存器数量,算术逻辑运算指令的操作数都在通用寄存器中存取;大部分指令控制在一个或小于一个机器周期内完成;以硬布线控制逻辑为主,不用或少用微码控制;采用高级语言编程,重视编译优化工作,以减少程序执行时间。

尽管 RISC 架构与 CISC 架构相比有较多的优点,但 RISC 架构也不可以取代 CISC 架构。事实上,RISC 和 CISC 各有优势。一般来说,以计算为主体的应用大多采用冯・诺依曼结构,常见的有 PC 机或服务器中所使用的 CPU 芯片(如 Intel、AMD 等公司设计出品的 CPU 芯片)、面向智能终端或边缘计算应用的 ARM Cortex - A 应用系列嵌入式微处理器芯片(如华为公司设计出品的 64 位 ARM Cortex - A76 多核麒麟 990 手机芯片、博通公司设计的专用于树莓派 4B 的 64 位 ARM Cortex A72 多核 BCM2711 芯片等);以控制为主体的应用大多采用哈佛结构,由于此类应用主要面向控制领域且将计算机 5 个组成部分大多集成于芯片内部，因此将这类面向控制应用的芯片称为微控制器（MCU，Micro Controller Unit）、单片机（Single Computer）或片上系统（SoC，System on Chip），常见的面向控制应用的芯片有 51 系列单片机（如 AT89C52、STC89C52 等）、ARM Cortex－M 系列 MCU（如树莓派 Pico 开发板中所使用的 ARM Cortex M0＋双核 RP2040 芯片）。

2. 外围硬件设备

嵌入式硬件系统通常是一个以嵌入式微处理器为中心，包含电源电路、时钟电路和存储器电路的电路模块，其中操作系统和应用程序都固化在模块的 ROM/Flash（闪存）中。外围硬件设备是指在嵌入式硬件系统中，除嵌入式微处理器以外的完成存储、显示、通信、调试等功能的部件。根据外围硬件设备的功能可分为存储器（ROM、SRAM、DRAM、Flash 等）和接口（并行口、RS－232 串口、IrDA 红外接口、I^2C、I^2S、USB、CAN、Ethernet 网、LCD、键盘、触摸屏、A/D、D/A 等）两大类。

3. 嵌入式操作系统

嵌入式操作系统（Embedded Operating System，EOS）是一种用途广泛的系统软件，它负责嵌入式系统的全部软、硬件资源的分配、调度、控制和协调。嵌入式操作系统具有通用操作系统的基本特点，如能够有效管理越来越复杂的系统资源；能够把硬件虚拟化，使得开发人员从繁忙的驱动程序移植和维护中解脱出来；能够提供库函数、驱动程序、工具集以及应用程序。

嵌入式操作系统除了具备一般操作系统的最基本特点外，还具有以下特点：

- 强稳定性，弱交互性。嵌入式系统一旦开始运行就不需要用户过多的干预，这就要求负责系统管理的嵌入式操作系统具有很强的稳定性。
- 较强的实时性。嵌入式系统实时性一般较强，可用于各种设备的控制中。
- 可伸缩性。嵌入式系统具有开放、可伸缩性的体系结构。
- 外围硬件接口的统一性。嵌入式操作系统提供了许多外围硬件设备驱动接口。

由于嵌入式系统中的存储器容量有限，嵌入式操作系统核心通常较小。不同的应用场合，用户会选用不同特点的嵌入式操作系统，但无论采用哪一种嵌入式操作系统，它都有一个核心（Kernel）和一些系统服务（System Service）。嵌入式操作系统必须提供一些系统服务供应用程序调用，包括文件系统、内存分配、I/O 存取服务、中断服务、任务（Task）服务、定时（Timer）服务等，设备驱动程序（Device Driver）则是建立在 I/O 存取和中断服务基础之上的。有些嵌入式操作系统也会提供多种通信协议以及用户接口函数库等。嵌入式操作系统的性能通常取决于核心程序，而核心的工作主要是任务管理（Task Management）、任务调度（Task Scheduling）、进程间通信（IPC）及内存管理（Memory Management）。

在工业控制领域，一般对嵌入式系统有实时性方面的要求。根据响应时间的不同,嵌入式操作系统可分为如下 3 类:强实时嵌入式操作系统(系统响应时间在微秒或毫秒级)、一般实时嵌入式操作系统(系统响应时间在毫秒至几秒数量级,其实时性要求没有强实时系统要求高)及弱实时嵌入式操作系统(系统响应时间在数十秒或更长)。

4. 应用软件

嵌入式系统的应用软件是设计人员针对专门的应用领域而设计的应用程序。通常设计人员把嵌入式操作系统和应用软件组合在一起,作为一个有机的整体存在。

嵌入式系统软件的要求与 PC 机有所不同,其主要特点有:

- 软件要求固态化存储;
- 软件代码要求高效率、高可靠性;
- 系统软件(嵌入式操作系统)有较高的实时性要求。

1.2　嵌入式微处理器

1.2.1　嵌入式微处理器分类

微处理器可以分成几种不同的等级,一般按字符宽度来区分:8 位微处理器大部分用在低端应用领域中,也包括了外围设备或是内存的控制器;16 位微处理器通常用在比较精密的应用领域中,需要比较长的字符宽度来处理;32 位微处理器,大多是 RISC 的微处理器,则提供了更高的性能。

从应用的角度来划分,嵌入式处理器可分为 4 种类型。

1. 嵌入式微处理器(Embedded Microprocessor Unit, EMPU)

嵌入式微处理器是由通用微处理器演变而来的。与通用微处理器的主要不同是在实际嵌入式应用中,仅保留与嵌入式应用紧密相关的功能部件,去除其他冗余功能部件,配备必要的外围扩展电路,如存储器扩展电路、I/O 扩展电路及其他一些专用的接口电路等,这样就能以很低的功耗和资源满足嵌入式应用的特殊需求。由于嵌入式系统通常应用于比较恶劣的环境中,因此嵌入式微处理器在工作温度、电磁兼容性以及可靠性方面的要求较通用的标准微处理器高。与工业控制计算机相比,嵌入式微处理器组成的系统具有体积小、重量轻、成本低、可靠性高的优点。目前流行的主要嵌入式微处理器有 Am186/88、386EX、Power PC、MC68000、MIPS、ARM 系列等。

复杂指令集计算机(CISC)和精简指令集计算机(RISC)是目前设计制造微处理器的两种典型技术,为了达到相应的技术性能,所采用的方法有所不同,主要差异表现在如下几点:

- 指令系统:RISC 设计者把主要精力放在那些经常使用的指令上,尽量使它们具有简单高效的特色。对不常用的功能，常通过组合指令来实现。而 CISC 的指令系统比较丰富，有专用指令来完成特定的功能。

- 存储器操作：RISC 对存储器操作有限制，使控制简单化；而 CISC 机器的存储器操作指令多，操作直接。
- 程序：RISC 汇编语言程序一般需要较大的内存空间，实现特殊功能时程序复杂，不易设计；而 CISC 汇编语言程序编程相对简单，科学计算及复杂操作的程序设计相对容易，效率较高。
- 中断：RISC 微处理器在一条指令执行的适当地方可以响应中断，而 CISC 微处理器是在一条指令执行结束后响应中断。
- CPU：由于 RISC CPU 包含较少的单元电路，因而面积小、功耗低；而 CISC CPU 包含丰富的电路单元，因而功能强、面积大、功耗大。
- 设计周期：RISC 微处理器结构简单，布局紧凑，设计周期短，且易于采用最新技术；CISC 微处理器结构复杂，设计周期长。
- 易用性：RISC 微处理器结构简单，指令规整，性能容易把握，易学易用；CISC 微处理器结构复杂，功能强大，实现特殊功能容易。
- 应用范围：RISC 更适用于嵌入式系统，而 CISC 则更适合于通用计算机。

嵌入式微处理器是嵌入式系统的核心，一般具备 4 个特点：

- 对实时和多任务有很强的支持能力。有较短的中断响应时间，从而使实时操作系统的执行时间减少到最低限度。
- 具有功能很强的存储区保护功能。嵌入式系统的软件结构已模块化，为了避免在软件模块之间出现错误的交叉作用，则需要设计强大的存储区保护功能，同时，这样也有利于软件诊断。
- 具有可扩展的处理器结构，能迅速扩展出满足应用的高性能的嵌入式微处理器。
- 功耗低，尤其是便携式无线及移动的计算和通信设备中靠电池供电的嵌入式系统更是如此，其功耗达到 mW 甚至 μW 级。

2. 嵌入式微控制器(Micro Controller Unit，MCU)

嵌入式微控制器又称单片机，它将整个计算机系统集成到一块芯片中。嵌入式微控制器一般以某种微处理器内核为核心，根据某些典型的应用，在芯片内部集成了 ROM/EPROM、RAM、总线、总线逻辑、定时/计数器、看门狗、I/O、串行口、脉宽调制输出、A/D、D/A、Flash、EEPROM 等各种必要功能部件和外设。为适应不同的应用需求，可对功能的设置和外设的配置进行必要的修改和裁减定制，使得一个系列的单片机具有多种衍生产品；每种衍生产品的处理器内核都相同，只是存储器和外设的配置及功能的设置不同。这样可以使单片机最大限度地和应用需求相匹配，从而减少整个系统的功耗和成本。和嵌入式微处理器相比，微控制器的单片化使应用系统的体积大大减小，从而使功耗和成本大幅度下降，可靠性提高。由于嵌入式微控制器目前在产品的品种和数量上是所有种类嵌入式处理器中最多的，加之有上述诸多优点，因此决定了微控制器是嵌入式系统应用的主流。微控制器的片上外设资源一般比较丰富，适合于控制，因此称为微控制器。

值得注意的是，近年来提供 X86 微处理器的著名厂商 AMD 公司，将 Am186CC/CH/CU 等嵌入式处理器也称为微控制器，原 Motorola 公司将以 Power PC 为基础的 PPC505 和 PPC555 列入微控制器行列，TI 公司也将其 TMS320C2XXX 系列 DSP 作为微控制器来加以推广应用。

3. 嵌入式 DSP 处理器(Digital Signal Processor, DSP)

在数字信号处理应用中，各种数字信号处理算法相当复杂，一般结构的处理器无法实时地完成这些运算。由于 DSP 处理器对系统结构和指令进行了特殊设计，因此它更适合于实时地进行数字信号处理。在数字滤波、FFT、谱分析等方面，DSP 算法正大量进入嵌入式领域，DSP 应用正从在通用单片机中以普通指令实现 DSP 功能，过渡到采用嵌入式 DSP 处理器。另外，在有关智能方面的应用中也需要嵌入式 DSP 处理器，例如，各种带有智能逻辑的消费类产品、生物信息识别终端、带有加/解密算法的键盘、ADSL 接入、实时语音压缩解压系统、虚拟现实显示等。这类智能化算法一般运算量都较大，特别是向量运算、指针线性寻址等较多，而这些正是 DSP 处理器的优势所在。

嵌入式 DSP 处理器有两类：一是 DSP 处理器经过单片化、EMC 改造、增加片上外设成为嵌入式 DSP，TI 的 TMS320 C2000/C5000 等属于此范畴；二是在通用单片机或片上系统中增加 DSP 协处理器，如 Intel 的 MCS-296。嵌入式 DSP 处理器的设计者通常把重点放在处理连续的数据流上。如果嵌入式应用中强调对连续的数据流的处理及高精度复杂运算，则应该优先考虑选用 DSP 器件。

4. 嵌入式片上系统(System on Chip,SoC)

随着 VLSI 设计的普及和半导体工艺的迅速发展，可以在一块硅片上实现一个更为复杂的系统，这就是片上系统(SoC)。各种通用处理器内核和其他外围设备都将成为 SoC 设计公司标准库中的器件，用标准的 Verilog HDL、VHDL 等硬件描述语言描述，用户只须定义出整个应用系统，仿真通过后就可以将设计图交给半导体工厂制作芯片样品。这样，整个嵌入式系统大部分都可以集成到一块芯片中去，应用系统的电路板将变得很简洁，这将有利于减小体积和功耗，提高系统的可靠性。

SoC 可以分为通用和专用两类。通用系列包括 Motorola 的 M-Core、某些 ARM 系列器件、Echelon 和 Motorola 联合研制的 Neuron 芯片等；专用 SoC 一般专用于某个或某类系统中，通常不为用户所知，如 Philips 的 Smart XA，它将 XA 单片机内核和支持超过 2 048 位复杂 RSA 算法的 CCU 单元制作在一块硅片上，形成一个可加载 Java 或 C 语言的专用 SoC，可用于互联网安全方面。

1.2.2 ARM 嵌入式微处理器

ARM 架构是面向低预算市场设计的第一款 RISC 微处理器。ARM 即 Advanced RISC Machines 的缩写，既可以认为是一个公司的名字，也可以认为是对一类微处理器的通称，还可以认为是一种技术的名字。1985 年 4 月 26 日，第一个 ARM 原型在英国剑桥的 Acorn 计算机有限公司诞生，由美国加州 San Jose VLSI 技术公司制造。20 世纪 80 年代后期，ARM 很快开发出 Acorn 的台式机产品，形成英国的计算机教育基础。1990 年成立了 Advanced RISC Machines Limited（后来简称为 ARM Limited，ARM 公司）。20 世纪 90 年代，ARM 32 位嵌入式 RISC 处理器扩展到世界范围，占据了低功耗、低成本和高性能的嵌入式系统应用领域的领先地位。ARM 公司既不生产芯片也不销售芯片，它只出售芯片技术授权。

1. ARM 嵌入式微处理器的应用

目前，采用 ARM 技术知识产权（IP，全称为 Intellectual Property）核的微处理器，即通常所说的 ARM 嵌入式微处理器，已广泛应用于如下领域：

- 工业控制：作为 32 位的 RISC 架构，基于 ARM 核的微控制器芯片不但占据了高端微控制器的大部分市场份额，同时也逐渐向低端微控制器应用领域扩展。ARM 微控制器的低功耗、高性价比，向传统的 8 位/16 位微控制器提出了挑战。
- 无线通信：目前已有超过 85%的无线通信设备采用了 ARM 技术，ARM 凭借高性能和低成本在该领域的地位日益巩固。
- 网络系统：随着宽带技术的推广，采用 ARM 技术的 ADSL 芯片正逐步获得竞争优势。此外，ARM 在语音及视频处理上进行了优化，并获得广泛支持，也对 DSP 的应用领域提出了挑战。
- 消费类电子产品：ARM 技术在目前流行的数字音频播放器、数字机顶盒和游戏机中得到广泛采用。
- 成像和安全产品：现在流行的数码相机和打印机中绝大部分采用 ARM 技术。手机中的 32 位 SIM 智能卡也采用了 ARM 技术。

2. ARM 嵌入式微处理器的特点

采用 RISC 架构的 ARM 微处理器主要特点如下：

- 体积小，低功耗，低成本，高性能；
- 支持 Thumb（16 位）/ARM（32 位）双指令集，兼容 8 位/16 位器件；
- 使用单周期指令，指令简洁、规整；
- 大量使用寄存器，大多数数据操作都在寄存器中完成，只有加载/存储指令可以访问存储器，以提高指令的执行效率；
- 寻址方式简单灵活，执行效率高；

➢ 固定长度的指令格式。

3. ARM 嵌入式微处理器系列

目前 ARM 嵌入式微处理器主要有 ARM7、ARM9、ARM10、ARM11、ARM Cortex 等系列。

(1) ARM7 系列

ARM7 优化了用于对价位和功耗敏感的消费应用的低功耗 32 位核，带有：

➢ 嵌入式 ICE - RT 逻辑；

➢ 低功耗；

➢ 3 级流水线和冯・诺依曼体系结构，提供 0.9 MIPS/MHz。

流水线是 RISC 处理器执行指令时采用的机制。使用流水线可以在取下一条指令的同时译码和执行其他指令，从而加速指令的执行。可以把流水线想象成汽车生产线，每个阶段只完成一项专门的生产任务。图 1.1 是 ARM7 的 3 级流水线示意图，3 级流水线的各个周期的含义说明如下：

➢ 取指(Fetch)：从存储器中装载一条指令；

➢ 译码(Decode)：识别将被执行的指令；

➢ 执行(Execute)：处理指令并把结果写回到寄存器。

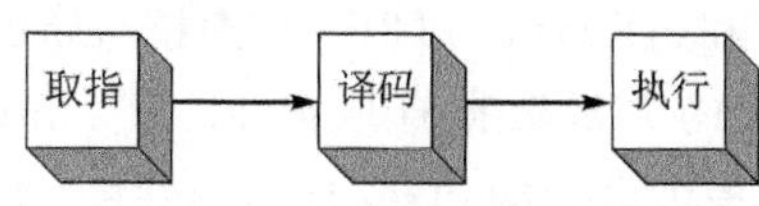

图 1.1　3 级流水线

(2) ARM9 系列

ARM9 系列提供了高性能和低功耗领先的硬宏单元，带有：

➢ 5 级流水线；

➢ 哈佛体系结构提供 1.1 MIPS/MHz。

ARM920T 和 ARM922T 内置全性能的 MMU、指令与数据 cache 和高速 AMBA 总线接口。ARM940T 内置指令和数据 cache、保护单元和高速 AMBA 总线接口。

(3) ARM9E 系列

ARM9E 系列是一种可综合处理器，带有 DSP 扩充和紧耦合存储器(TCM)接口，使存储器以完全的处理器速度运行，可直接连接到内核上。

ARM966E - S 用于看中硅片尺寸而对 cache 没有要求的实时嵌入式应用领域，其可配置 TCM 大小为 0、4 KB、8 KB、16 KB、……、64 MB。ARM946E - S 内置集成保护单元，提供实时嵌入式操作系统的 cache 核方案。ARM926ET - S 带 Jazelle 扩充、分开的指令和数据高速 AHB 接口及全性能 MMU。VFP9 向量浮点可综合协处理器进一步提高 ARM9E 处理器性能，提供浮点操作的硬件支持。

(4) ARM10 系列

ARM10 系列带有：

- 64 位 AHB 指令和数据接口；
- 6 级流水线；
- 1.25 MIPS/MHz；
- 比同等的 ARM9 器件性能提高 50%。

(5) ARM11 系列

ARM11 系列嵌入式微处理器提供了两种新型节能方式，功耗更小。

目前主要有 4 种 ARM11 系列微处理器内核(ARM1156T2 - S 内核、ARM1156T2F - S 内核、ARM1176JZ - S 内核和 ARM11JZF - S 内核)。

ARM1156T2 - S 和 ARM1156T2F - S 内核基于 ARMv6 指令集体系结构，是首批含有 ARM Thumb - 2 内核技术的产品，可以进一步减少与存储系统相关的生产成本。这两种内核主要应用于多种嵌入式存储器、汽车网络和成像应用产品，提供了更高的 CPU 性能和吞吐量，并增加了许多特殊功能，可解决新一代装置的设计难题。体系结构中增添的功能包括对于汽车安全系统类产品开发至关重要的存储器容错能力。ARM1156T2 - S 和 ARM1156T2F - S 内核与新的 AMBA 3.0 AXI 总线标准一致，可满足高性能系统的大量数据存取需求。Thumb - 2 内核技术结合了 16 位、32 位指令集体系结构，提供更低的功耗、更高的性能、更短的编码；该技术提供的软件技术方案较现有的 ARM 技术方案减少使用 26%的存储空间，较现有的 Thumb 技术方案增速 25%。

ARM1176JZ - S 和 ARM1176JZF - S 内核及 Prime X sys 平台是首批以 ARM Trust Zone 技术实现手持装置和消费电子装置中公开操作系统的超强安全性的产品，同时也是首次对可节约高达 75%处理器功耗的 ARM 智能能量管理(ARM Intelligent Energy Manager)进行一体化支持。ARM1176JZ - S 和 ARM1176JZF - S 内核基于 ARM v6 指令集体系结构，主要为新一代消费电子装置的电子商务和安全的网络下载提供支持。

(6) ARM Cortex 系列

ARM v6 体系结构是 ARM 发展史上的一个重要里程碑。从这一阶段开始，引进了许多突破性的新技术。存储器系统增加了很多新特性，如单指令多数据流(SIMD，全称为 Single Instruction Multiple Data)指令；单指令多数据流能够复制多个操作数，并把它们打包在大型寄存器的一组指令集中。经过优化的 Thumb - 2 指令集能适应低成本单片机及汽车电子组件等方面的设计。

从 ARM v6 引入新的设计理念开始，ARM 公司进一步扩展了其 CPU 设计，推出了 ARM v7 体系结构 ARM 处理器。从 ARM v7 架构开始，内核架构从单一款式变成了 3 种款式。

① 款式 A(ARM v7 - A/ARM v8):设计成用于高性能的开放应用平台,它越来越接近一台电脑了。它支持大型嵌入式操作系统,比如 Linux、Windows CE 和移动操作系统(Google Android 、苹果 iOS、微软 Windows Phone 等)。这些应用需要很高的处理性能,并且需要硬件 MMU 实现的完整而强大的虚拟内存机制,且有基本的 Java 支持,有时还要求有安全的程序执行环境。典型的产品包括高端手机和手持仪器、电子钱包以及金融事务处理机等。

② 款式 R(ARM v7 - R):设计成用于高端的嵌入式系统,尤其是那些带有实时应用要求的嵌入式系统。款式 R 是一种硬实时且高性能的处理器,其目标是高端实时市场。典型的应用有高档轿车中的电子组件、大型发电机控制器、机器人手臂控制器等。

③ 款式 M(ARM v7 - M):设计成用于深度嵌入的单片机或 MCU 风格的系统中。在这些应用系统中,通常要求低成本、低功耗、极速中断反应以及高处理效率等。

第一代的 32 位 ARM v7 架构的 ARM Corte-M3 诞生于 2004 年,它提供了 Thumb - 2 指令集的支持;第 2 代的 ARM Cortex-M4 与第一代相比,强化了运算能力,增加了浮点运算、DSP、并行处理等功能;2016 年,ARM 公司发布了 ARM Cortex-M7,其计算性能和 DSP 处理能力得到了极大提升。ARM Cortex A 系列包括 32 位、ARM v7 架构的 ARM Cortex-A 系列应用处理器以及 64 位、ARM v8 架构的 ARM Cortex-A50 及以上系列应用处理器系列,ARM Cortex-A 系列应用处理器提供了传统的 ARM 指令集、Thumb 指令集和新的 Thumb - 2 指令集。

综上所述,ARM 嵌入式处理器可概括为经典 ARM 处理器(主要包括 ARM7、ARM9、ARM11)、ARM Cortex-M 处理器、ARM Cortex-A 处理器、ARM Cortex R 处理器、ARM 专家处理器(主要包括 SecurCore、FPGA 内核)。典型的 ARM 体系结构同 ARM 处理器系列的对应关系如表 1.1 所列,表中除了 ARM v8 架构的 ARM 应用处理器为 64 位处理器外,其他架构的 ARM 处理器均为 32 位处理器。

表 1.1　典型的 ARM 体系结构同 ARM 处理器系列的对应关系

ARM 体系结构名称	ARM 处理器系列	典型 ARM 处理器芯片举例
ARM v4T	ARM7、ARM9	S3C44B0(ARM7), S3C2410/S3C2440(ARM9)
ARM v5TE	ARM9、ARM10	XScale 系列
ARM v6	ARM11	BCM2835(ARM1176JZ - S,主频 700 MHz, Raspberry Pi 1A 采用该型号芯片), RP2040(Cortex M0+×2, 主频 125 MHz, Raspberry Pico 采用该型号芯片), S3C6410(ARM1176JZ - S,单核)

续表1.1

ARM体系结构名称	ARM处理器系列	典型ARM处理器芯片举例
ARM v7	ARM Cortex A/M/R	BCM2836(Cortex A7×4，主频900 MHz，Raspberry Pi 2B采用该型号芯片)，S5PV210(Cortex A8，单核)，全志A31(Cortex A7，4核)，S5P4818(Cortex A9，4核)，STM32F103(Cortex M3)，STM32F407(Cortex M4)，STM32F767(Cortex M7)
ARM v8	ARM Cortex A (64位)	BCM2837(Cortex A53×4，主频1.2 GHz，Raspberry Pi 3B采用该型号芯片)，BCM2711(Cortex A72×4，主频1.5 GHz，Raspberry Pi 4B采用该型号芯片)，Snapdragon845(Cortex A75×8)，Kirin980(Cortex A76×4，Cortex A55×4)

从ARM Cortex A50开始引入了64位的ARM v8架构，其主要目的是在ARM Cortex A内核中实现64位计算和存储器寻址。实际上，ARM v8提供了3种不同的指令集，即A32(32位ARM指令集)、T32(可变长的Thumb2指令集)、A64(全新的64位指令集)。A64对ARM Cortex架构做出的主要改变有：①通用寄存器位宽是64位，而不是32位；②机器指令的大小仍为32位，以保持A32的代码密度；③指令可以使用32位或64位操作码；④堆栈指针和程序计数器不再是通用寄存器；⑤经过提升的异常处理机制可以不需要分组寄存器；⑥新的可选指令能在硬件层实现高级加密标准AES(Advanced Encryption Standard)加密和SHA-1及SHA-128哈希算法；⑦新的特性可以支持硬件辅助的虚拟机管理。

另外，ARM v8架构的ARM Cortex A系列部分高端应用处理器同时还集成有新颖的图形处理器GPU(Graphical Processing Unit)、神经网络处理器NPU(Neuro Processing Unit)等模块，以提供对图形与多媒体以及人工智能高端应用的支持。例如，华为麒麟980移动嵌入式处理器除集成了8核ARM应用处理器(2个超大核Cortex-A76，2个大核Cortex A76，4核Cortex-A55)外，还集成了Mali-G76 GPU和寒武纪双核NPU，提高了边缘端的人工智能边缘计算(Edge Computing)能力，能支持更加丰富的人工智能应用场景。麒麟980能进行人脸识别、物体识别、物体检测、图像分割、智能翻译等AI场景应用，拥有每分钟识别4 500张图片的能力。苹果Bionic A12应用处理器集成了8核NPU，边缘端的人工智能边缘计算能力得到了进一步提升。

1.2.3 嵌入式微处理器选型

一般从应用的角度考虑嵌入式微处理器的选型，须考虑的主要因素有：

- 功能：处理器本身支持的功能，如是否支持 USB、网络等。
- 性能：处理器的功耗、速度及稳定性等。
- 价格：处理器的价格及由处理器衍生出的开发价格。
- 熟悉程度及开发资源：一般嵌入式应用领域对产品开发周期都有较严格的要求，优先选择自己熟悉的处理器可以大大降低开发风险；在熟悉的处理器无法满足要求的情况下，尽量选择开发资料丰富的处理器。
- 操作系统支持：如果应用程序需要运行在操作系统上，那么还要考虑处理器对操作系统的支持；
- 升级：选择处理器必须考虑升级的问题，如尽量选择具有相同封装的不同性能的处理器。
- 供货情况：尽量选择大型厂商及通用的芯片。
- 多处理器应用：各种处理器都有自身的特点以及功能瓶颈。一些复杂场合需要多种处理器或多个处理器协同工作。如在一些视频监控应用场合同时要求得到高清晰图像、多通道采集，并能进行人脸识别、运动估计等；普通的一片 DSP 很难实现，此时需要考虑到采用多片 DSP 处理器或 DSP＋FPGA 来实现。

ARM 微处理器的选型：

1）ARM 微处理器内核的选择

如前所述，ARM 微处理器包含一系列的内核结构，以适应不同的应用领域。如果用户希望使用 Windows CE 或标准 Linux 等操作系统以减少软件开发时间，须选择 ARM720T 以上带有 MMU(Memory Management Unit)功能的 ARM 芯片。

2）系统的工作频率

系统的工作频率在很大程度上决定了 ARM 微处理器的处理能力。

3）芯片内存储器的容量

大多数 ARM 微处理器片内存储器的容量都不大，需要用户在设计系统时外扩存储器，但也有部分芯片具有相对较大的片内存储空间。

4）片内外围电路的选择

除 ARM 微处理器核以外，几乎所有的 ARM 芯片均根据各自不同的应用领域，扩展了相关功能模块，并集成在芯片之中，我们称之为片内外围电路，如 USB 接口、UART 接口、I^2C 接口、SPI 接口、I^2S 接口、LCD 控制器、键盘接口、RTC、ADC 和 DAC、DSP 协处理器等。

1.3　AI 嵌入式系统的基本概念

传统的嵌入式系统主要用于控制，即接收传感器信号、分析并输出控制命令。随着人工智能(AI)技术的发展，将 AI 技术与嵌入式技术相结合，赋予嵌入式系统 AI

能力，从而设计并构建出一种 AI 嵌入式系统。与控制类传统嵌入式系统相比，AI 嵌入式系统在智能感知、智能交互和智能决策方面得到了有效增强。

1. 智能感知

人类通过 5 种基本感官接收外部信息，它们分别是视觉、听觉、触觉、味觉和嗅觉。人类 5 种感官获得的信息大约 60%来自视觉、20%来自听觉（语音）、15%来自触觉、3%来自味觉、2%来自嗅觉。

智能感知一般是指将物理世界的视觉、语音、触觉等信号通过带摄像头、麦克风、触感器等传感器的嵌入式智能硬件设备或可穿戴式设备，借助计算机视觉、语音识别、触觉识别与再现等 AI 技术，映射到数字世界，再将这些数字信息进一步提升至可认知的层次，如记忆、理解、规划、决策等。

2. 智能交互

随着可穿戴设备的兴起，人们正在探索“人-机-环境”之间的关系，让嵌入式智能硬件设备以更自然的方式与人类交互，服务人类。结合 AI 与人机交互技术，让嵌入式智能硬件设备具备视觉、听觉、触觉等 5 感，并理解人类情感是智能人机交互的热点研究方向和应用目标。目前，智能交互技术最成功的应用场景是智能语音交互，它是一种基于语音输入的新一代智能交互模式，通过说话就能得到反馈结果，典型应用案例如手机语音助手等。

3. 智能决策

拥有智能决策能力是智能嵌入式系统的重要特性。以自动驾驶系统为例，它需要车载嵌入式系统根据车速、道路障碍、交通标志等信息对当前的状态以及未来趋势进行判断，并在有限的时间内发布行驶指令。此外，这种系统能“随机应变”，当遇到未知状态时，可以权衡动作收益和风险，并给出合适的动作输出。传统的嵌入式系统在决策方面通常基于较为简单固定的逻辑规则，虽然具备实时和高效性，但在灵活性和适应性上无法满足复杂应用场景对嵌入式系统的要求。AI 嵌入式系统在决策方面拥有与人类相似的感知、推理、决策以及操作物体的能力。自动驾驶系统就是一种智能嵌入式系统，它能借助大量的车载传感器实时感知数据并进行分析推理，选择合适的行驶路径，以保证高效、安全地行驶。

4. 人工智能与机器学习

人工智能还没有统一的定义，这里引用 DataRobot 的 CEO Jeremy Achin 在 2017 年的一次演讲中对人工智能的定义：AI is a computer system able to perform tasks that ordinarily require human intelligence. Many of these artificial intelligence systems are powered by machine learning, some of them are powered by deep learning and some of them are powered by very boring things like rules。这段话中提到了机器学习（Machine Learning）和深度学习（Deep Learning）技术，目前的人工智能是由机器学习、深度学习以及一些规则（如较早的专家系统中的规则）提供支撑

的。人工智能、机器学习、深度学习三者的关系如图1.2所示。可以看出，机器学习是人工智能的子类，深度学习又是机器学习的子类。

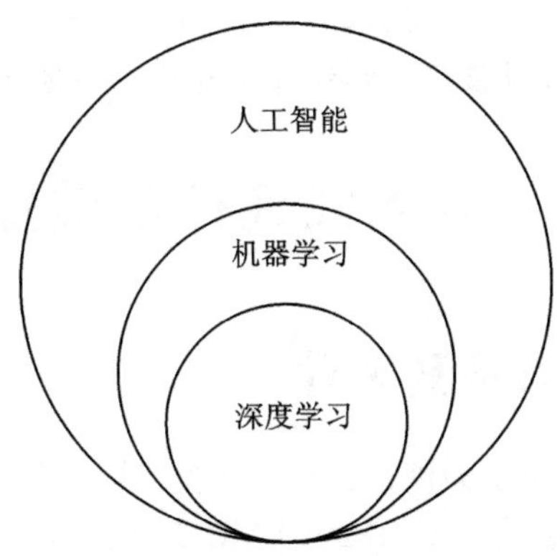

图1.2　人工智能、机器学习、深度学习三者关系

目前，人工智能主要采用的是机器学习方法，Mitchel从学术角度给出了机器学习的定义：对于某类任务T和性能度量P，如果某个计算机程序在T上以P衡量的性能随着经验E而自我完善，那么我们称该计算机在从经验E中学习。这里的任务T可以是分类、回归等；性能度量P是机器学习算法性能的定量指标，如分类准确率等；机器学习算法可以通过获取更多经验E来提高其在任务T上的性能度量P。以基本的手写体数字识别为例，任务T是分类识别图像中的手写体数字0～9，任务性能标准P是手写体数字分类的准确率，训练经验E是指已知10种分类的手写体数字数据库（数据集）。通俗地说，机器学习方法是指计算机利用已有的数据（经验），通过对数据（经验）的学习得出某种模型（规律或机器学习算法），并利用此模型预测未来（推断或决策）的一种方法。只要是有数据的地方，就会对数据进行分析，机器学习就无处不在（Machine Learning Everywhere）。随着AI的发展，机器学习用于智能数据分析，基于多层神经网络的深度学习主要用于大数据分析。

5. 嵌入式机器学习

深度学习算法在语音识别、图像识别、计算机视觉、自然语言处理等方面都取得了优良的性能。要在电池容量受限的低功耗嵌入式设备上实现深度学习应用，一种实现策略是将嵌入式设备与资源丰富的云端无线连接。但是，嵌入式设备端与云端无线连接实现深度学习应用会存在一些问题：首先是存在数据隐私问题，云计算方案要求嵌入式设备端与远程云端共享原始数据（如图像、视频、位置、语音等）；二是云计算方案有时要求用户设备端始终保持连接状态，而当前的4G/5G无线通信网络未实现全覆盖；三是4G/5G通信网络无线连接无法做到低延迟。要解决以上问题，可采用的主要技术思路包括在嵌入式设备端部署轻量级机器学习模型、在边缘端部署机器学习模型、基于神经网络的专用集成电路模块以及硬件-算法协同优化策略等。

近年来，通过对微处理器架构和算法设计的探索和研究，在低功耗微控制器上设计并实现机器学习算法已成为可能。嵌入式机器学习也称为微型机器学习(TinyML),是研究如何将机器学习方法应用到低功耗嵌入式系统或低功耗边缘设备中的一门新型技术。从应用体验上讲,部署 TinyML 机器学习模型的嵌入式设备功耗可低至 1 毫瓦,这类嵌入式设备用一颗纽扣电池供电可使用一年左右。

1.4 嵌入式硬件基础知识

1.4.1 认识树莓派系列硬件

我们可以大致把树莓派系列硬件分成三大类:第一类是树莓派嵌入式单板机,第二类是树莓派 Zero,第三类是基于 RP2040 MCU 的迷你开发板。这 3 种类别硬件均有多种版本型号。

树莓派(Raspberry Pi) 嵌入式单板机是英国树莓派基金会(The Raspberry Pi Foundation)开发并推出的嵌入式迷你单板机,目前,世界各地的创客已成功使用树莓派开发出各种不同的智能硬件创意应用作品,典型的应用作品包括游戏机、机器人、人工智能及物联网等。

树莓派嵌入式单板机包括多种版本型号。第一代树莓派是 2012 年 2 月推出的树莓派 1B,2013 年 2 月推出树莓派 1A,2014 年推出改进版树莓派 1B+和树莓派 1A+;第 2 代树莓派是 2015 年 2 月推出的树莓派 2;第 3 代树莓派是 2016 年推出的树莓派 3;第 4 代树莓派是 2019 年 6 月推出的树莓派 4。

树莓派 Zero 包括 2014 年推出的树莓派 Zero 开发板、2017 年 2 月推出的 Zero W 开发板(支持 WiFi 的 Zero 版)以及 2021 年 10 月推出的 Zero2 W 开发板。

基于 RP2040 MCU 的迷你开发板典型产品包括 2021 年 1 月推出的树莓派 Pico 开发板、2021 年 5 月推出的 Wio R02040 无线 WiFi 开发板 2022 年 6 月推出的树莓派 Pico W 无线 WiFi 开发板等。

1. 树莓派 1 Model A

树莓派 1 Model A 嵌入式单板机采用了博通公司出品的 ARM 架构 32 位 BCM2835 MCU 芯片,存储器容量为 256 MB,支持 Video 输出,不支持网络,无以太网接口,使用全尺寸 SD 卡。Model A 有 26 个 GPIO 引脚,Model A+有 40 个 GPIO 引脚。树莓派 1 Model A 嵌入式单板机如图 1.3 所示。

2. 树莓派 2/3/4 Model B

树莓派 2/3/4 Model B 嵌入式单板机的配置比较相似,它们都有 40 个 GPIO 引脚。树莓派 2 Model B 采用 ARM Cortex A 构架的 32 位 BCM2836 MCU 芯片,树莓派 3 Model B 采用 ARM Cortex A 构架的 64 位 BCM2837 MCU 芯片,树莓派 4 Model B 采用 ARM Cortex A 构架的 64 位 BCM2711 MCU 芯片。以树莓派

图 1.3　树莓派 1 Model A 嵌入式单板机

4 Model B 例，存储器有可选的 2 GB、4 GB、8 GB 共 3 种配置；USB 接口有 4 个，其中 2 个为 USB2.0，另外 2 个为 USB3.0；一个以太网接口；支持 WiFi 和蓝牙 5.0 无线连接；使用 Micro - SD 存储卡。树莓派 4 Model B 嵌入式单板机如图 1.4 所示。

图 1.4　树莓派 4 Model B 嵌入式单板机

3. 树莓派 Zero

树莓派 Zero 是尺寸最小的树莓派，其 MCU 型号是 BCM2853，存储器是 512 MB，仅有一个 USB 接口，一个 mini - HDMI 接口。虽然有 40 个 GPIO 焊接孔，但需要自行购买焊接引脚。树莓派 Zero 开发板如图 1.5 所示。

4. 树莓派 Pico

树莓派 Pico 是树莓派基金会自行研发的一块类似于 Arduino 微控制器的开发板，该开发板的 MCU 采用了树莓派基金会首次自行研发的 RP2040 微控制器芯片，拥有

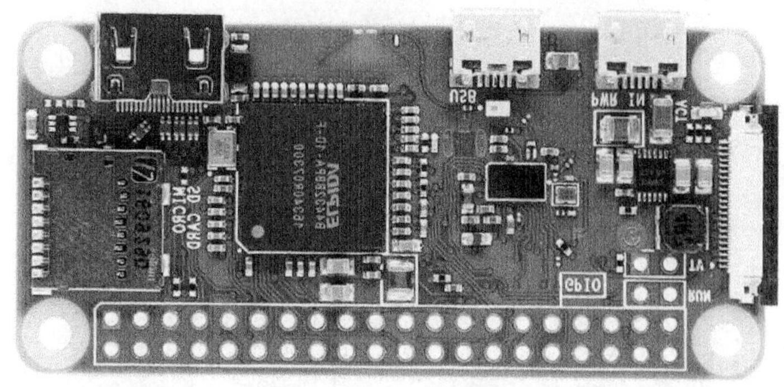

图 1.5　树莓派 Zero 开发板

264 KB SRAM，RP2040 MCU 为双核 ARM Cortex M0＋架构。树莓派 Pico 有 40 个 GPIO 焊接孔，但同样需要自行购买焊接引脚。树莓派 Pico 开发板如图 1.6 所示。

图 1.6　树莓派 Pico 开发板

1.4.2　嵌入式硬件接口

嵌入式硬件接口是指 MPU/MCU 与外围设备之间的连接通道以及有关的控制电路，也可以泛指任何两个系统之间的交接部分。接口电路是嵌入式系统的重要组成部分，MCU 通过接口电路实现与外围设备的连接。接口电路的基本功能是进行数据锁存、数据缓冲、实现电平及时序匹配、实现设备地址的译码等。MCU 芯片内部集成了一些常用的典型接口电路，可通过 MCU 的 GPIO 引脚方便地访问或控制外围设备。GPIO(General Purpose Input/Output ports)的意思是通用输入/输出端口，GPIO 端口有时也称通用 I/O 端口。通俗地说，GPIO 就是 MCU 芯片的一些引脚，可以通过它们输出高低电平或者通过它们判断引脚状态是高电平或低电平；GPIO 操作是所有硬件操作的基础。

GPIO 端口内部至少有两个寄存器，即通用 I/O 控制寄存器与通用 I/O 数据寄存器。通用 I/O 数据寄存器的各位都是直接引到芯片外部，而对通用 I/O 数据寄存器中每一位的作用，即每一位的信号流通方向是输入还是输出，则可以对通用 I/O

控制寄存器中对应位独立进行设置。为了方便使用 GPIO 端口，很多 MCU/MPU 还提供了通用 I/O 上拉寄存器，可以设置 I/O 的输出模式是高阻还是带上拉的电平输出，或者不带上拉的电平输出。这样在电路设计中，外围电路就能得到进一步简化。

需要说明的是，对 I/O 端口的访问可以有两种方式，一种是端口地址和存储器统一编址，即存储器映射方式（memory - mapped I/O）；另一种是 I/O 端口地址与存储器分开独立编址，即 I/O 映射方式（port - mapped I/O，独立编址）。以 ARM 为例，对于不同的 ARM 体系结构，I/O 设备可能是 I/O 映射方式，也可能是存储器映射方式。如果 MCU/MPU 是支持独立的 I/O 地址空间并且采用 I/O 映射方式，则从 ARM 机器指令执行角度来看，必须有对应的专门 ARM 汇编指令来完成 GPIO 端口的访问。如果 MCU/MPU 采用存储器映射方式，则对 GPIO 端口的访问就方便很多；我们可用访问存储器的 ARM 汇编指令访问 GPIO 端口，也可用 C 语言（须用 volatile 关键字对所用的 GPIO 端口进行声明）、MicroPython 微控制器 Python 语言等方便地实现 GPIO 端口的访问。

1.4.3　嵌入式硬件电路必备知识

1. 面包板和杜邦线

对于硬件电路制作初学者，建议使用面包板搭建硬件平台。首先按照设计的电路图在面包板上插接电子元器件，插错可以拔下来重新插接，这样元器件就可以重复利用，最重要的是电路实验搭错也可重新组装，电路实验成功则可继续下一个硬件电路制作。常见的面包板有 800 孔、400 孔、170 孔等不同规格，如图 1.7 所示。

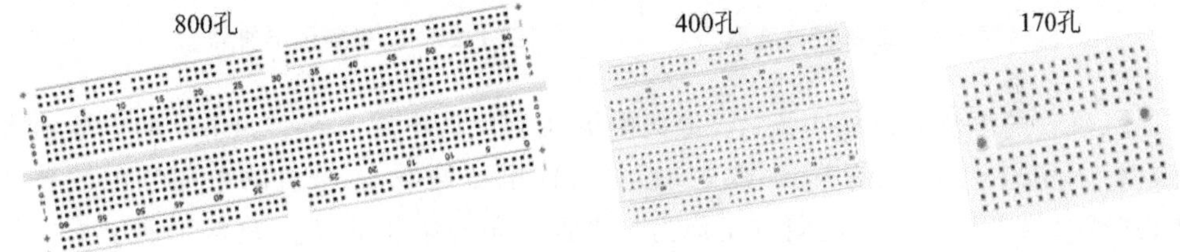

图 1.7　3 种不同规格的面包板

面包板上下红蓝两条线是为了便于制作布线，红色线的插孔一般接电源的正极，蓝色线的插孔接电源的负极。面包板插孔内含金属弹片，金属弹片的质量好坏直接决定整块面包板的优劣。电子元器件按照硬件电路图的规则直接插在插孔内，借助面包线完成设计要求及硬件电路演示制作的效果。使用面包板搭建硬件电路时不需要电烙铁，能安全、方便地开展硬件电路实验制作。

杜邦线又称跳线或面包线。公对公杜邦线的两端都是带金属针的公头，可将其直接插入面包板的插孔内，以便与面包板内部的金属弹片相连；除此之外，还有公对母杜邦线、母对母杜邦线。图 1.8 是公对公、公对母两种杜邦线。

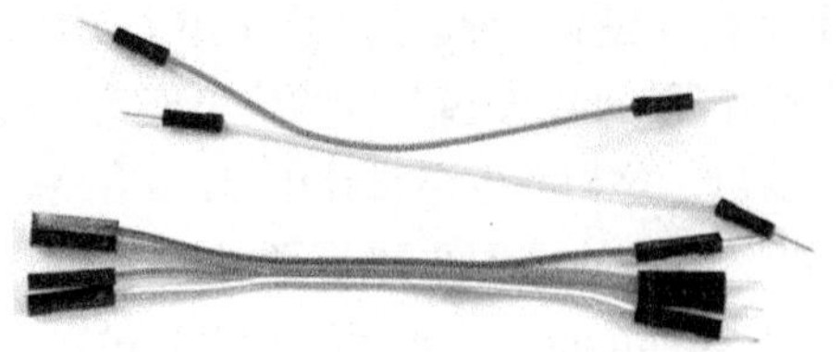

图 1.8　公对公、公对母杜邦线

2. 基本电路元器件

(1) 二极管

二极管是用半导体材料(硅、锗等)制成的一种电子器件。二极管具有单向导电性,即给二极管正极(阳极,Anode)和负极(阴极,Cathode)加上正向电压时,二极管导通;当给阳极和阴极加上反向电压时,二极管截止。因此,二极管的导通和截止,相当于开关的接通与断开。对于硅二极管,其正向导通电压为 0.6～0.7 V。

图 1.9 是型号为 1N4007 的二极管外观图,图中黑色外壳有白色环形标注的一端为负极,另一端为正极。二极管的图形符号如图 1.10 所示,在电路中用图形符号代替实物二极管器件。

图 1.9　二极管外观图

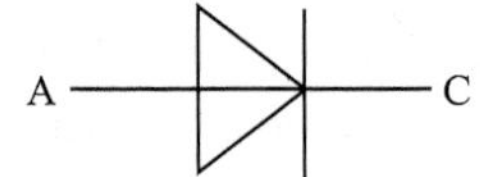

图 1.10　二极管图形符号

二极管的电流可以从阳极(A)流向阴极(C),反向不能流通。如果反向电压值太高(以 1N4001 为例,约为−50 V),二极管反向电流剧增,二极管的单向导电性被破坏,甚至过热而烧坏。该反向电压称为二极管反向击穿电压 U_{BR},数据手册上给出的最大反向峰值电压 U_{PK}(Peak Reverse Voltage)一般是 U_{BR} 的一半。

选用二极管时,必须考虑它的额定正向工作电流、反向击穿电压和反向恢复时间(二极管从导通到截止状态或者相反所用的时间,即反应速度)。常见的几种通用二极管技术参数如表 1.2 所列,它们之间的主要差别在于承受反向击穿电压的能力。

表 1.2　通用二极管主要技术参数

型　号	额定正向电流/A	反向峰值电压/V
1N4001	1	50
1N4002	1	100
1N4007	1	1 000

(2) 发光二极管

发光二极管(LED,全称为 Light Emitting Diode)是一种可以高效地将电能转化为光能的发光器件,当 LED 有正向电流流过时,会发出一定波长范围的光。起初 LED 仅作指示灯使用,随着 LED 技术的发展,LED 可以发出从红外到可见波段的不同波长的光,当今白色 LED 节能光源已广泛应用在日常照明中。

LED 按封装方式可分为带引脚的插件 LED 和贴片 LED(又称为 SMT 发光二极管)两种。图 1.11 是两种不同直径的插件 LED,这种 LED 有两个引脚且长短不一,长的引脚是正极(阳极),短的引脚是负极(阴极)。LED 的图形符号如图 1.12 所示,在电路中用图形符号代替实物 LED 器件。

LED 属于半导体器件,在使用中需要区分正、负极。LED 的导电特性与普通二极管类似,对于典型的小功率 LED,当 LED 正导通时,通过 LED 的电流不能超过最大工作电流,一般小功率 LED 导通时,通过的电流介于 1～20 mA。LED 正向电压较一般二极管高,按照红、绿、蓝、黄等发光颜色不同,LED 发出几乎为固定波长的光,其正向电压在 1.7～2.8 V 之间,如表 1.3 所列。

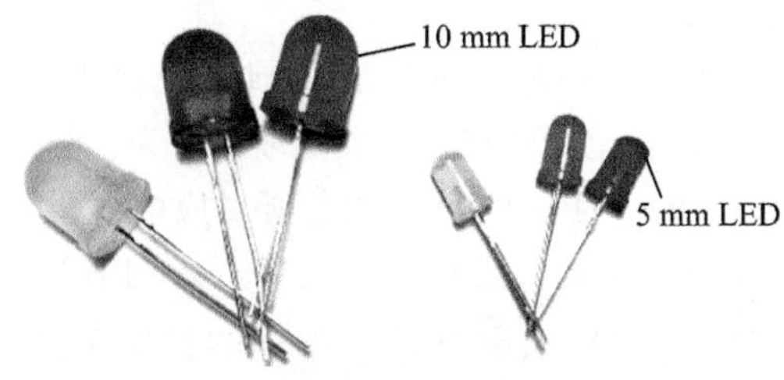

图 1.11　LED 器件

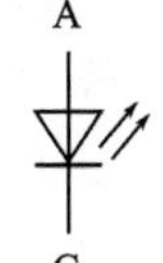

图 1.12　LED 图形符号

表 1.3　小功率 LED 主要技术参数

颜　色	最大工作电流/mA	正向电压/V	最大正向电压/V	最大反向电压/V
红	30	1.7	2.1	5
绿	30	1.8	2.4	5
蓝	30	2.8	3.4	5
黄	30	1.8	2.4	5

树莓派 Pico 开发板 Micro USB 接口插座附近有一颗贴片 LED(板载 LED,发绿光),当用程序指令控制与其连接的 GPIO 端口输出高电平时,板载 LED 导通,LED 被点亮。

(3) 电　阻

电阻(Resistance)是电阻器(Resistor)的简称,电阻元件是消耗电能的元件。电阻在电路中的主要作用是“降压限流”,也就是降低电压、限制电流的意思,选择合适的电阻能将电流限制在要求范围以内。当电流流经电阻时，在电阻上会产生一定的压降，利用电阻的降压作用使较高的电压适应各种电路的工作电压。

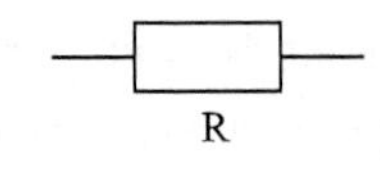

图 1.13 固定电阻的图形符号

电阻按阻值特性可分为固定电阻、可调电阻、特种电阻（敏感电阻），按封装方式可分为带引脚的插件电阻和贴片电阻（又称为 SMT 电阻）两种。

以固定电阻为例，其图形符号如图 1.13 所示，用字母 R 表示。

电阻单位是欧姆（Ω），简称欧，常用的单位还有千欧（kΩ）、兆欧（MΩ），它们之间的换算关系如下：

$$1\ \text{M}\Omega = 1\ 000\ \text{k}\Omega \quad 1\ \text{k}\Omega = 1\ 000\ \Omega$$

小功率固定电阻一般在外壳上印制有色环，色环代表阻值以及误差。色环电阻可分为三色环（三色环误差为±20%，误差无色环）、四色环、五色环和六色环。通常使用四色环电阻或五色环电阻，高精密色环电阻用五色环表示。另外还有六色环表示的电阻，其中第 6 位数色环表示温度系数（六色环电阻产品通常用于高科技或军工产品中，价格十分昂贵）。

下面以五色环电阻为例说明，五环电阻前 3 条色环表示数字，第 4 条色环表示零的个数（倍数），第 5 条色环表示误差（容许差）。色环颜色所对应的数字为：黑- 0、棕- 1、红- 2、橙- 3 黄- 4、绿- 5、蓝- 6、紫- 7、灰- 8、白- 9；色环颜色所对应的误差为：黑- 20%、棕-±1%、红-±2%、橙- X、黄- X、绿-±0.5%、蓝-±0.25%、紫-±0.1%、灰-±0.05%、白- X、金-±5%、银-±10%，五色环电阻及其与色环的对应关系如图 1.14 所示。例如，对于颜色顺序为"灰红黑橙棕"的一个五色环电阻，根据图 1.14 所示五色环电阻及其与色环的对应关系，可知该色环电阻值为 820 kΩ，误差为±1%。

颜色	第1条色环	第2条色环	第3条色环	倍数	误差%
黑(Black)	0	0	0	1	
棕(Brown)	1	1	1	10	±1%
红(Red)	2	2	2	100	±2%
橙(Orange)	3	3	3	1000	
黄(Yellow)	4	4	4	10000	
绿(Green)	5	5	5	100000	±0.5%
蓝(Blue)	6	6	6	1000000	±0.25%
紫(Violet)	7	7	7	10000000	±0.10%
灰(Gray)	8	8	8	100000000	
白(White)	9	9	9	1000000000	
金(Gold)				10^{-1}	±5%
银(Silver)				10^{-2}	±10%

图 1.14 五色环电阻与色环对应关系

(4) 电　容

电容(Capacitance)是电容器(Capacitor)的简称，电容元件是储存电场能量并能充放电的电子元件。电容器的两个重要特性是：①电容器两端的电压不能突变；②电容器通交流、隔直流。电容在电路中主要起滤波、信号耦合等作用。

常见的电容有独石电容、瓷片电容，这些电容在使用中无极性之分(也就是在使用中不需要区分正负极)；还有一类电容，需要区分正负极，极性不能错，如铝电解电容、钽电解电容。

无极性电容图形符号如图 1.15 所示，用字母 C 表示。

极性电容图形符号 1.16 所示，它多了一个小"＋"号，带"＋"号的一端是正极，另一端是负极，也用字母 C 表示。

图 1.15　无极性电容图形符号　　**图 1.16　极性电容图形符号**

电容的单位是法拉，简称法，符号是 F。由于法拉这个单位太大，常用的电容单位有毫法(mF)、微法(μF)、纳法(nF)和皮法(pF)等，它们之间的换算关系如下：

$$1\ \mathrm{F}=10^3\ \mathrm{mF}=10^6\ \mu\mathrm{F}\quad 1\ \mu\mathrm{F}=10^3\ \mathrm{nF}=10^6\ \mathrm{pF}$$

瓷片电容、独石电容和铝电解电容是最常用的电容。大多数情况下，电容在 1 pF～1 nF 之间使用瓷片电容，在 1 nF～1 μF 之间的电容使用独石电容，超过 1 μF 的电容使用电解电容。

1) 独石电容

独石电容有耐压值与容量值两个重要参数，必须在低于耐压值的环境中使用，如图 1.17 所示。这里特别说明，图 1.17 所示的独石电容的容量不是 103 pF，而是 10×10^3 pF＝0.01 μF，耐压值(如 50 V、63 V、100 V 等)一般在整包的标签上标注。

2) 电解电容

电解电容在硬件电路中广泛使用。选择电解电容时，一般也要考虑其容量值和耐压值两个指标参数。电解电容的容量值与耐压值一般都标注在外壳上，图 1.18 是铝电解电容的外观图。

电解电容是极性电容，使用时正极需要接高电位，负极接低电位。对于新采购的电容元件，在未使用以前，长引脚为正极，短引脚为负极。电解电容外壳上一般也有表明"－"的标志，与之相对应的引脚是电解电容的负极。要注意的是，如果使用过程中将电解电容的极性接反，轻则会使电容漏电电流增加，重则会将电容击穿而损坏。

图 1.17　独石电容　　　　图 1.18　铝电解电容

电子元器件可分为有源(Active)和无源(Passive)两大类。可以对信号进行变换、放大的元器件是有源元件,有源元件需要外加电源才能展现其功能,如晶体管(如二极管、三极管、MOSFET 等)、集成电路(IC)等是有源元件;不需要外加电源就能展现其特性的元件是无源元件,泛指电阻、电容和电感这 3 种元件。

(5) 电　感

电能生磁:当电流流过导线时,电流在导线周围产生磁场,该原理几乎应用于所有电动机。

磁能生电:当导线在磁场中运动时,磁场在导线中产生电流,该原理应用于发电机。

电感(Inductance)是电感器(Inductor)的简称,电感元件是一种以磁场形式储存能量的电子器件。

直导线周围的磁场很弱,如果把导线弯成圆圈,则磁场就会累积,方向指向圆圈的中心,如图 1.19 的大箭头所示。如果增加更多的圈数,绕制成线圈,磁场就会更强;如果再在线圈中央插入钢铁制品,则磁场还会进一步增强。因此,实际电感器通常由线圈构成,当电流流过线圈时,电流在线圈周围就产生磁场而具有磁场能量。

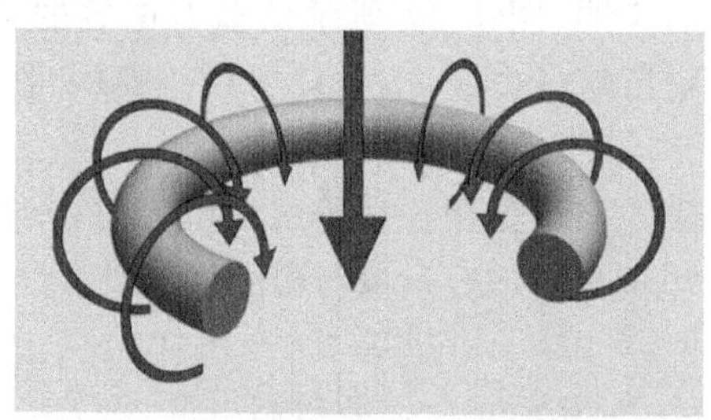

图 1.19　弯成圆圈导体的累积磁场

电感器的两个重要特性是:①流过电感器的电流不能突变;②电感器通直流、阻交流。

图 1.20 是空芯线圈和电感图形符号,电感以物理学家 Lenz 的首字母 L 命名。

电感的大小用电感量或电感系数来衡量,是表示电感能力的物理量。电感的单

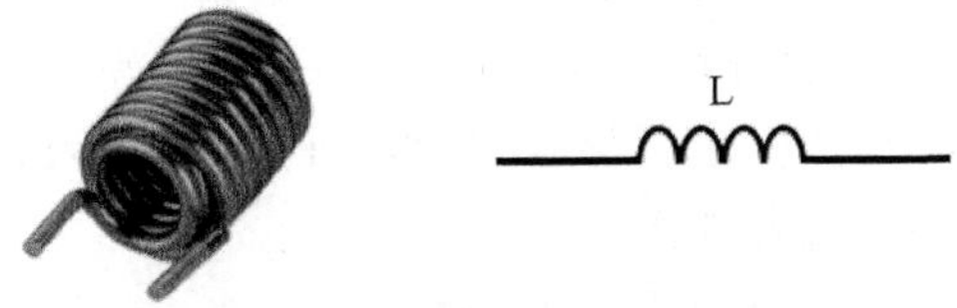

图 1.20　空芯线圈及电感图形符号

位是亨利，简称亨，符号是 H。由于亨利这个单位很大，常用的电感单位有毫亨(mH)、微亨(μH)、纳亨(nH)。

图 1.21 给出了线圈尺寸和圈数对电感的影响，其中横轴为线圈匝数，纵轴为电感量 L(单位：μH)。

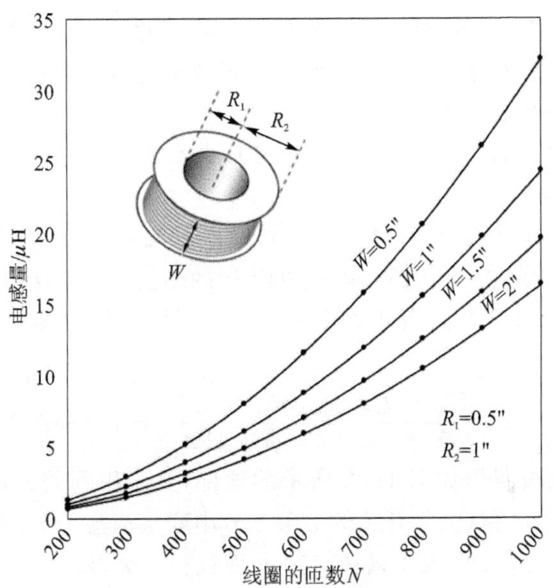

图 1.21　线圈尺寸和匝数对电感的影响

在图 1.21 中，假设线圈内圈半径为 R_1、外圈半径为 R_2、宽度为 W、线圈匝数为 N，线圈的电感 L 可通过惠勒(Wheeler)近似公式进行计算：

$$L = \frac{0.8(AN)^2}{6A + 9W + 10D} \tag{1.1}$$

其中，平均绕线半径 $A=(R_1+R_2)/2$，半径差 $D=R_2-R_1$，计算时尺寸的单位为英寸(″)。

3. 硬件电路原理图

将若干电气元件(Electrical elements)相互连接而构成的电流通路就是电路(Electric circuit)。硬件电路原理图(简称硬件原理图或电路图)由电路元器件图形符号以及连接导线组成。通过硬件原理图可以了解硬件电路的工作原理，硬件原理图是分析电路性能、组装硬件作品的主要设计文件。

一张完整的电路原理图应包括标题、导线、元器件（电阻、电容、电感、LED 等）、元器件编号、元器件型号（或者规格）。

下面给出绘制硬件原理图的几个注意事项：

① 元器件分布要均匀；

② 整个电路图最好呈长方形，导线要横平竖直，有棱有角；

③ 两条导线交叉处用实心圆点表示；

④ 在硬件原理图中，一般将电压源的正极引线安排在元器件的上方，负极引线安排在元器件的下方。

［例 1.1］图 1.22 是将电阻和 LED 串联构成的 LED 驱动硬件原理图，这里电阻的作用是限制流过 LED 的电流，该电阻也称为限流电阻。小功率 LED 用于照明，一般需要至少 1 mA 的电流，但通常需要 20 mA 才能达到最佳亮度。一般 LED 数据手册中给出了最小和最大正向电流。

限流电阻要根据 LED 的参数确定。LED 典型参数包括典型工作电流、最大工作电流、正向导通电压等。

在图 1.22 的 LED 驱动硬件原理图中，设电压源 $U_S = 3$ V（实际电路可用两节 1.5 V 电池串联作为 3 V 电压源），限流电阻 R 的阻值为 470 Ω，使用黄色 LED，其正向导通电压 $U_{LED} = 2.2$ V。当开关 K 闭合时，利用欧姆定律计算流过 LED 的电流为：

$$I = \frac{U_S - U_{LED}}{R} = \frac{3\ \text{V} - 2.2\ \text{V}}{470\ \Omega} \approx 1.7\ \text{mA} \tag{1.2}$$

接下来使用面板制作如图 1.22 所示的硬件，其中用到的元器件及材料清单如下：①公对母杜邦线 2 根；②带开关的 2 节 5 号串联电池盒 1 个；③五号电池 2 节；④黄色 LED 1 只；⑤470 Ω 电阻 1 只；⑥170 孔面包板 1 个，如图 1.23 所示。

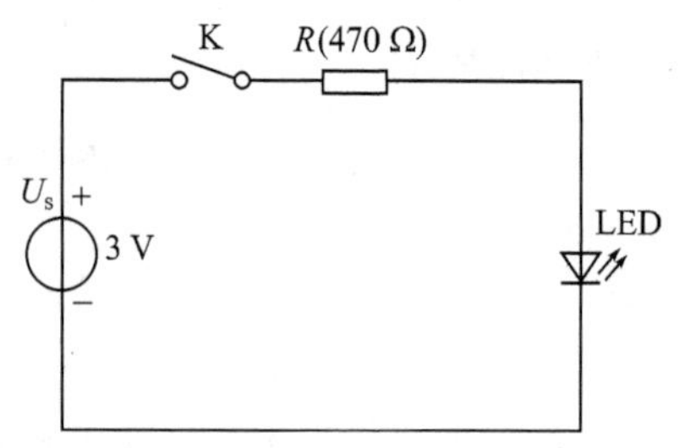

图 1.22　LED 驱动硬件原理图

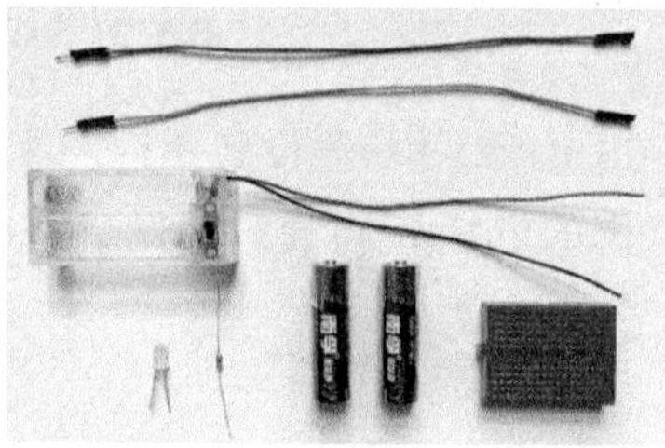

图 1.23　硬件制作所需元器件及材料

对照硬件原理图，将 2 节 5 号电池放到电池盒（开关拨到 OFF 侧），将电阻和 LED 插到面包板，将公对母杜邦线的公头一端插入面包板，将电池盒电源线插入公对母杜邦线的母头一端。检查硬件连线无误后，将电池盒的开关拨到 ON 侧，则将看到 LED 被点亮，如图 1.24 所示。

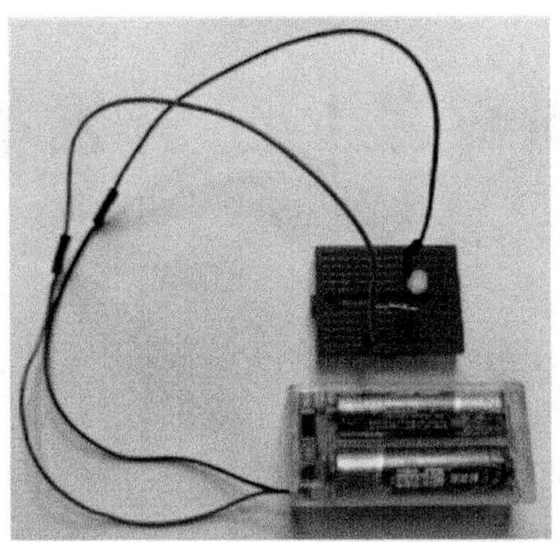

图 1.24　点亮 LED 硬件实物图

第 2 章　树莓派 Pico 开发板硬件基础

本章在介绍树莓派 RP2040 系列开发板基础上，重点讲述 RP2040 芯片信号引脚功能、树莓派 Pico 开发板硬件扩展接口信号、树莓派 Pico 开发板电源模块、Wio RP2040 无线 WiFi 开发板硬件扩展接口信号，最后给出使用 MicroPython REPL 点亮 Pico 开发板板载 LED 的程序示例。

2.1　树莓派 RP2040 系列开发板

本节介绍几款基于树莓派 RP2040 MCU 的开发板，包括树莓派 Pico 开发板、Wio RP2040 无线 WiFi 开发板等。

2.1.1　树莓派 Pico 开发板

树莓派基金会 2021 年 1 月底推出的树莓派 Pico 开发板(以下简称 Pico)价格约 25 元人民币，比市场上流通的树莓派 4B 开发板体积要小很多。Pico 能处理模拟输入和低延迟 I/O，并可提供强劲的低功耗待机模式，能满足当前智能硬件项目和轻量级嵌入式机器学习的开发。不同于以往任意一款树莓派，Pico 定位为高性能单片机控制器，致力于解决树莓派不够擅长的硬件控制领域的不足，是弥补树莓派产品功能生态的重要组成部分。

Pico 开发板顶视图如图 2.1 所示，该开发板大小为 21×51 mm，采用树莓派基金会自行研制的 RP2040 MCU 芯片，RP2040 MCU 搭载 ARM Cortex M0＋双核处理器，内置 264 KB SRAM，2 MB 板载串行闪存，板载 26 个 3.3 V 多功能通用 GPIO 引脚，拥有 2 个 SPI、2 个 I^2C、2 个 UART、4 个 12 位 ADC、16 个可程控的 PWM 通道。Pico 可以采用嵌入式微控制器编程语言 MicroPython 方便地控制硬件对象，具有超低功耗、低 I/O 延迟、高性价比等特性。我们可以把 MicroPython 语言看作当今流行的 AI 编程语言 Python 3 的一个子集，并针对特定型号微控制器(MCU)芯片扩充了 GPIO 接口、控制及通信功能，从而可以实现并丰富对物理世界的感知和处理能力。如果将物理处理单元与云计算、物联网单元连接互动，结合人工智能和智能控制算法，还可对许多复杂系统进行智能分析、计算与决策，从而创新出众多的新型智能硬件应用产品或系统。

图 2.1　树莓派 Pico 开发板顶视图

2.1.2　Wio RP2040 无线 WiFi 开发板

Wio RP2040 无线 WiFi 开发板(Wio RP2040 mini Dev Board)是 Seeed Studio 公司于 2021 年 5 月推出的一款迷你无线 WiFi 开发板，它集成了 Wio RP2040 模块，该模块集成有树莓派 RP2040 MCU 芯片和乐鑫公司研制的 ESP8285 无线 WiFi 芯片(ESP8266+1 MB Flash，内置 Tensilica L106 超低功耗 32 位微控制器)，支持当今流行的嵌入式微控制器编程语言 MicroPython。Wio RP2040 模块具有性能高、体积小等优点，为可穿戴式设备、物联网等领域研发与应用提供了一种新的选择。

Wio RP2040 开发板硬件外观图如图 2.2 所示。

图 2.2　Wio RP2040 无线 WiFi 开发板硬件外观图

Wio RP2040 无线 WiFi 开发板主要特性如下：

- 嵌入式微控制器：采用树莓派 RP2040 MCU，工作主频达 133 MHz；
- RAM：264 KB SRAM；
- Flash：2 MB 板载闪存；
- 可靠的无线连接：采用强大的 WiFi 芯片，支持 2.4～2.483 5 GHz 频率 AP&Station 工作模式；
- 灵活性：兼容 Thonny 编辑器；

- 项目实施方便：方便用户使用面包板开展创新实践；
- 支持多种认证：已通过 FCC 和 CE 认证；
- 支持嵌入式微控制器编程语言 MicroPython。

2.1.3　其他几款基于 RP2040 MCU 的开发板

Adafruit Feather RP2040 开发板采用 RP2040 MCU、264 KB SRAM、4 MB 板载闪存，如图 2.3 所示。

Arduino Nano RP2040 Connect 开发板提供 16 MB 板载闪存，9 轴惯性测量单元(IMU，全称为 Inertial Measurement Unit)和麦克风，无线 WiFi 和蓝牙，支持 Arduino IDE 开发，如图 2.4 所示。

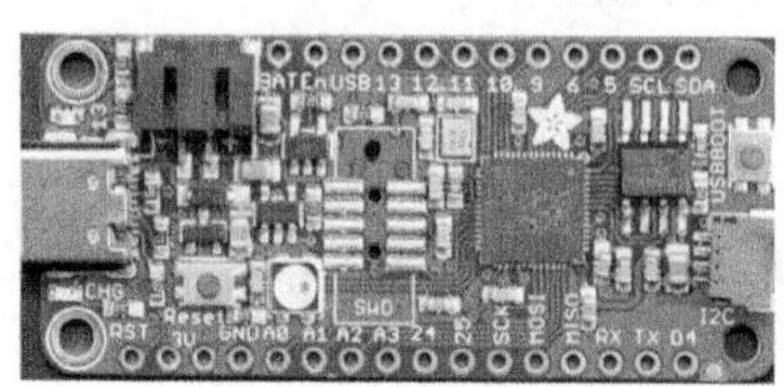

图 2.3　Adafruit Feather RP2040 开发板

图 2.4　Arduino Nano RP2040 Connect

2.2　RP2040 芯片

1. RP2040 芯片及片内外设简介

图 2.5 是 RP2040 芯片内部结构框图，它包括 Bus Fabric 总线、DMA、片内 SRAM 以及通过 Bus Fabric 总线结构的 AHB/APB 总线连接的多个片内外设模块。RP2040 芯片提供了丰富的片内外设资源。

RP2040 芯片主要片内外设模块介绍如下：RP2040 芯片提供了专用 SPI、DSPI 及 QSPI 接口以确保片外存储器的代码执行；提供了小型缓存(Cache)以提升应用程序性能；可以使用 SWD(Serial Wire Debug，串行调试)接口对程序进行调试；片内 SRAM 可以是代码或数据，SRAM 地址空间被寻址为一个独立的 264 KB 存储区，但该存储区物理上被划分为 6 个块(Bank)，以便并行访问不同的主控设备；DMA 主控设备可用于处理器和存储器之间的批量数据传输；提供了 LV TTL 电平 GPIO 引脚驱动；提供了 SPI、I^2C、UART 接口；提供了灵活配置的 PIO 控制器用于多种 I/O 功能；提供了 4 路 ADC 模拟通道；提供了 2 个锁相环(PLL)，其中一个 PLL 产生系统主时钟，它能使处理器频率达到 133 MHz，另一个 PLL 用于产生实现 USB 接口或 ADC 模拟通道功能的 48 MHz 固定频率；提供了内部稳压器为 ARM Cortex M0+

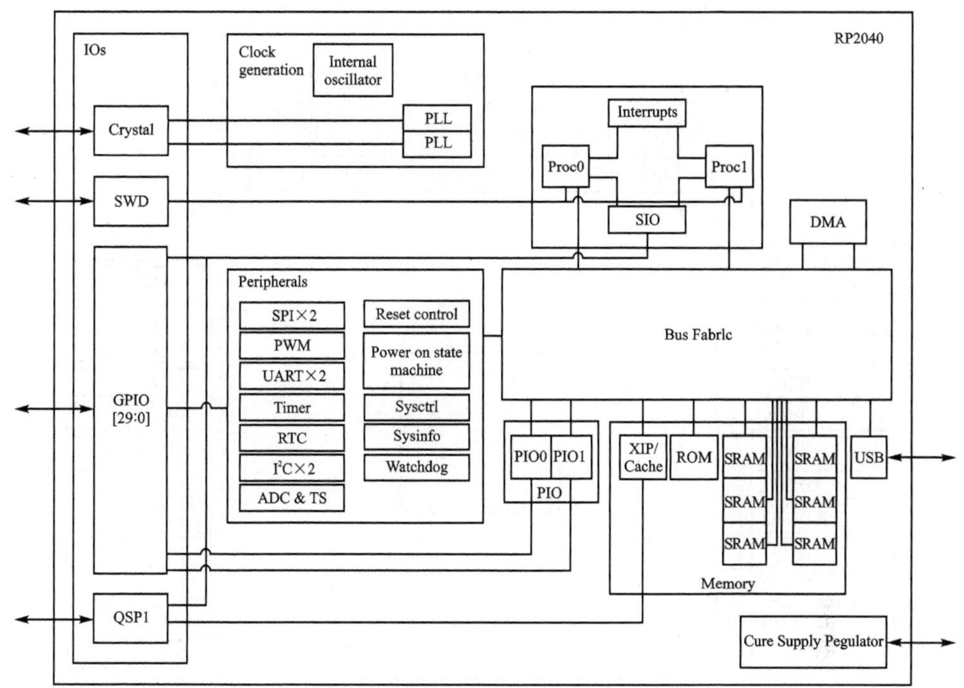

图 2.5　RP2040 芯片内部结构框图

双内核提供稳定电源。

2. RP2040 芯片引脚排列及引脚信号

RP2040 芯片采用 56 引脚 QFN(Quad Flat No - leads,方形扁平无引脚)封装形式,QFN 是表面贴封装的一种方式,RP2040 引脚排列顶视图如图 2.6 所示。

RP2040 芯片引脚信号介绍如下:

① GPIOx:通用输入/输出,RP2040 可将多个片内外设连接到各个 GPIO,或者由软件直接程控 GPIO。

② GPIOx/ADCy:通用输入/输出,具有 A/D 转换功能。

③ QSPIx:SPI、Dual - SPI 或 Quad - SPI Flash 外设接口,支持 Flash 立即执行(execute - in - place)。如果 Flash 访问不需要这些引脚,也可以用于可编程 GPIO。

④ USB_DM 和 USB_DP:USB 控制器,支持全速 USB 设备和全速/低速 USB 主机。USB_DM(USB D－)和 USB_DP(USB D＋)引脚须接 27 Ω 终端电阻,但 USB 总线的上拉和下拉是由芯片内部提供的。

⑤ XIN 和 XOUT:连接 RP2040 晶振的输入和输出,XIN 也可以用于单端 CMOS 时钟输入,此时 XOUT 断开;USB Bootloader 引导程序需要 1 MHz 晶振或 12 MHz 晶振时钟输入。

⑥ RUN:全局异步复位引脚,低电平复位,高电平执行。如果不需要外部复位,

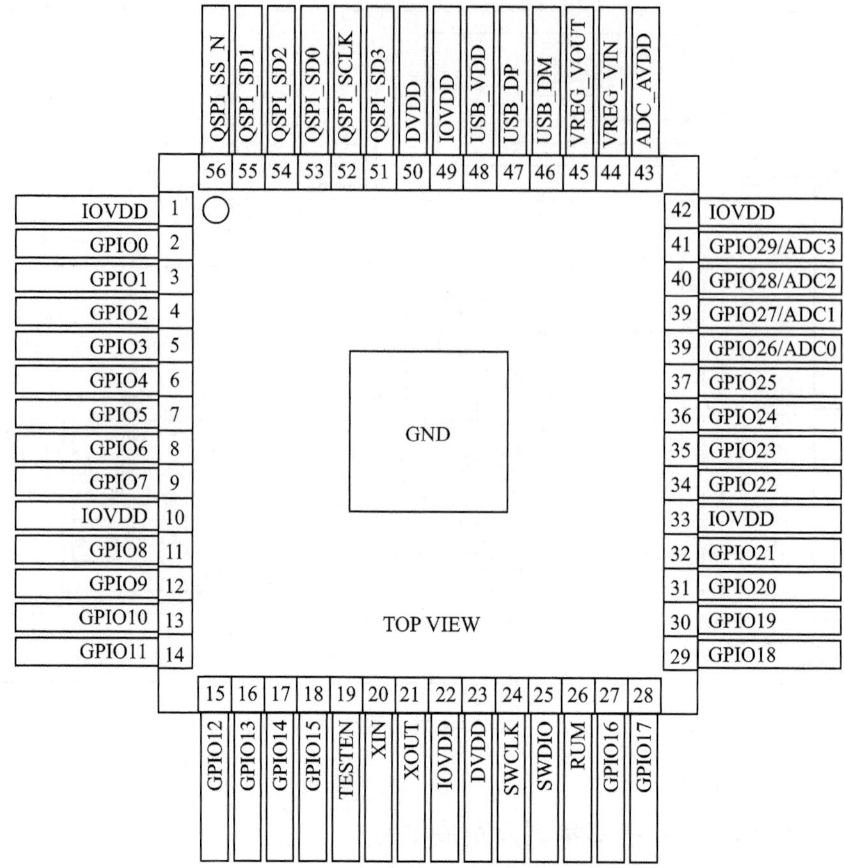

图 2.6 RP2040 芯片引脚排列顶视图

则可将该引脚直接连到 IOVDD 引脚。

⑦ SWCLK 和 SWDIO:用于访问片内 SWD 接口,提供了 ARM Cortex M0+双核处理器的调试功能,可使用 SWD 接口下载程序。

⑧ TESTEN:厂商测试模式引脚,用户使用时将其接地。

⑨ GND:芯片唯一的外部接地,也连接到 RP2040 芯片内部的多个模块接地。

⑩ IOVDD:GPIO 接口电源,标称电压范围为 1.8～3.3 V。

⑪ USB_VDD:内置 USB 全速 PHY 电源,标称电压为 3.3 V。

⑫ ADC_AVDD:A/D 转换器电源,标称电压为 3.3 V。

⑬ VREG_VIN:片内 ARM 核电压稳压器电源输入,标称电压为 1.8～3.3 V。

⑭ VREG_VOUT:片内 ARM 核电压稳压器电源输出,标称电压为 1.1 V,最大电流为 100 mA。

⑮ DVDD:片内 ARM 核数字电源,标称电压为 1.1 V,可连接到 VREG_VOUT 或者给其他的板级电源供电。

图2.7是RP2040芯片Bus fabric总线层次结构框图，Bus fabric总线为芯片发送地址和数据路由。AHB-Lite Crossbar主总线为4个上游端口和10个下游端口之间路由地址和数据，各总线周期最多可发生4次总线传输。所有数据路径均为32位宽度。存储设备在Crossbar主总线有专门的端口，以满足较高带宽的要求。高速AHB-Lite总线外设在Crossbar主总线上有一个共享端口，APB桥提供对系统控制寄存器和低带宽外设的总线访问。

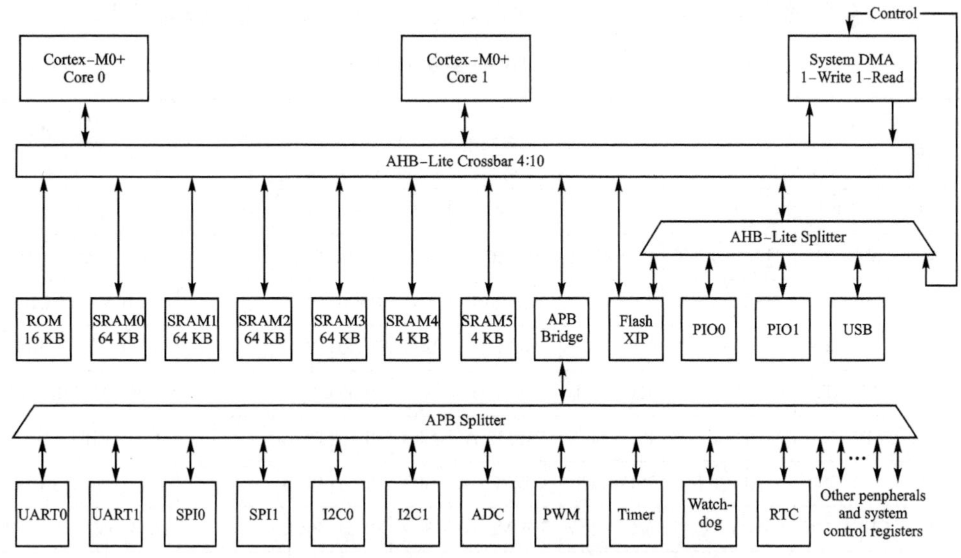

图2.7　RP2040芯片Bus fabric总线层次结构框图

与Bus fabric总线连接的4个主控设备(产生地址的设备)如下：

- 处理器核0；
- 处理器核1；
- DMA控制器读端口；
- DMA控制器写端口。

Crossbar主总线路由到10个下行端口的外设如下：

- Flash XIP；
- SRAM 0～5(每个SRAM块对应一个端口)；
- 快速AHB-Lite总线外设：包括PIO0、PIO1、USB、DMA控制寄存器以及XIP aux(XIP aux为共享端口)；
- 桥接到APB总线的所有外设、系统控制寄存器：包括UART、SPI、I^2C、ADC、PWM、Timer、RTC等。

4个总线主控(Master)可以同时访问任意4个不同Crossbar主总线端口，Bus fabric总线不会向任一要访问的AHB-Lite总线从控(Slave)增加等待状态。当系统时钟为125 MHz时，支持最大总线带宽为2.0 GB/s。系统地址映射确保尽可能多的应用程序并行可执行，例如，SRAM 存储块可将访问的主存分布在 4 个 Crossbar 总线端口(SRAM0…3)，以便同时访问多个内存端口并且能够并行执行。

3. RP2040 芯片 GPIO 多功能引脚

每个 GPIO 引脚都能通过表 2.1 定义的 GPIO(Bank0)多功能引脚连到片内外设。有些片内外设还可以出现在多个地方连接，以增强使用的灵活性。SIO、PIO0、PIO1 可以连到所有 GPIO 引脚，由软件(或软件控制状态机)对 GPIO 进行控制，这样 GPIO 就能够实现更多功能。表 2.2 是对表 2.1 所列多功能引脚的说明。

表 2.1　GPIO 多功能引脚

GPIO 引脚	多功能(F1～F9)								
GPIO	F1	F2	F3	F4	F5	F6	F7	F8	F9
0	SPI0 RX	UART0 TX	I2C0 SDA	PWM0 A	SIO	PIO0	PIO1		USB OVCUR DET
1	SPI0CSn	UART0 RX	I2C0 SCL	PWM0 B	SIO	PIO0	PIO1		USB VBUS DET
2	SPI0 SCK	UART0 CTS	I2C1 SDA	PWM1 A	SIO	PIO0	PIO1		USB VBUS EN
3	SPI0 TX	UART0 RTS	I2C1 SCL	PWM1 B	SIO	PIO0	PIO1		USB OVCUR DET
4	SPI0 RX	UART1 TX	I2C0 SDA	PWM2 A	SIO	PIO0	PIO1		USB VBUS DET
5	SPI0CSn	UART1 RX	I2C0 SCL	PWM2 B	SIO	PIO0	PIO1		USB VBUS EN
6	SPI0 SCK	UART1 CTS	I2C1 SDA	PWM3 A	SIO	PIO0	PIO1		USB OVCUR DET
7	SPI0 TX	UART1 RTS	I2C1 SCL	PWM3 B	SIO	PIO0	PIO1		USB VBUS DET
8	SPI1 RX	UART1 TX	I2C0 SDA	PWM4 A	SIO	PIO0	PIO1		USB VBUS EN
9	SPI1CSn	UART1 RX	I2C0 SCL	PWM4 B	SIO	PIO0	PIO1		USB OVCUR DET
10	SPI1 SCK	UART1 CTS	I2C1 SDA	PWM5 A	SIO	PIO0	PIO1		USB VBUS DET
11	SPI1 TX	UART1 RTS	I2C1 SCL	PWM5 B	SIO	PIO0	PIO1		USB VBUS EN
12	SPI1 RX	UART0 TX	I2C0 SDA	PWM6 A	SIO	PIO0	PIO1		USB OVCUR DET
13	SPI1CSn	UART0 RX	I2C0 SCL	PWM6 B	SIO	PIO0	PIO1		USB VBUS DET
14	SPI1 SCK	UART0 CTS	I2C1 SDA	PWM7 A	SIO	PIO0	PIO1		USB VBUS EN
15	SPI1 TX	UART0 RTS	I2C1 SCL	PWM7 B	SIO	PIO0	PIO1		USB OVCUR DET
16	SPI0 RX	UART0 TX	I2C0 SDA	PWM0 A	SIO	PIO0	PIO1		USB VBUS DET
17	SPI0CSn	UART0 RX	I2C0 SCL	PWM0 B	SIO	PIO0	PIO1		USB VBUS EN
18	SPI0 SCK	UART0 CTS	I2C1 SDA	PWM1 A	SIO	PIO0	PIO1		USB OVCUR DET
19					SIO	PIO0	PIO1		
20	SPI0 RX	UART1 TX	I2C0 SDA	PWM2 A	SIO	PIO0	PIO1	CLOCK GPIN0	USB VBUS EN

续表 2.1

GPIO 引脚	多功能(F1～F9)								
GPIO	F1	F2	F3	F4	F5	F6	F7	F8	F9
21	SPI0CSn	UART1 RX	I2C0 SCL	PWM2 B	SIO	PIO0	PIO1	CLOCK GPOUT0	USB OVCUR DET
22	SPI0 SCK	UART1 CTS	I2C1 SDA	PWM3 A	SIO	PIO0	PIO1	CLOCK GPIN1	USB VBUS DET
23	SPI0 TX	UART1 RTS	I2C1 SCL	PWM3 B	SIO	PIO0	PIO1	CLOCK GPOUT1	USB VBUS EN
24	SPI1 RX	UART1 TX	I2C0 SDA	PWM4 A	SIO	PIO0	PIO1	CLOCK GPOUT2	USB OVCUR DET
25	SPI1CSn	UART1 RX	I2C0 SCL	PWM4 B	SIO	PIO0	PIO1	CLOCK GPOUT3	USB VBUS DET
26	SPI1 SCK	UART1 CTS	I2C1 SDA	PWM5 A	SIO	PIO0	PIO1		USB VBUS EN
27	SPI1 TX	UART1 RTS	I2C1 SCL	PWM5 B	SIO	PIO0	PIO1		USB OVCUR DET
28	SPI1 RX	UART0 TX	I2C0 SDA	PWM6 A	SIO	PIO0	PIO1		USB VBUS DET
29	SPI1CSn	UART0 RX	I2C0 SCL	PWM6 B	SIO	PIO0	PIO1		USB VBUS EN

表 2.2　GPIO 多功能引脚说明

信号引脚	功能说明
SPIx	将 PL022 SPI 片内外设连接到 GPIO
UARTx	将 PL011 UART 片内外设连接到 GPIO
I2Cx	将 DW 的 I^2C 片内外设连接到 GPIO
PWMx A/B	将 PWM 片连接到 GPIO。可以将 PWM 模块分成 8 个相同的片，每个 PWM 片可以驱动两个 PWM 输出通道(A/B)；B 通道引脚也可以用作输入，用于频率和占空比测量
SIO	软件控制 GPIO，由单周期 IO(SIO，Single Cycle IO)块组成。处理器驱动 GPIO 须选择 SIO 功能(F5)，但输入总保持连接，故可使用软件程序随时检查 GPIO 的状态
PIOx	将可编程 IO 块(PIO，Programmable IO)连接到 GPIO。PIO 可实现多种接口并拥有自己的内部引脚映射硬件，可在 Bank0 GPIO 灵活地布置这些数字接口。GPIO 驱动须选择 PIO 功能(F6 及 F7)，但输入总保持连接，故 PIO 随时可查询所有引脚状态

续表 2.2

信号引脚	功能说明
CLOCK GPINx	通用时钟输入。能路由到 RP2040 中的许多内部时钟域，例如，给 RTC 秒计时提供 1 Hz 时钟，或者连接到内部频率计数器等
CLOCK GPOUTx	通用时钟输出。可驱动多个内部时钟(含 PLL 输出)到 GPIO，拥有可选的整数除法
USB OVCUR DET/VBUS DET/VBUS EN	片内 USB 控制器的 USB 电源控制信号

2.3 树莓派 Pico 开发板硬件扩展接口信号

2.3.1 Pico 开发板硬件扩展接口信号解析

Pico 开发板硬件扩展接口物理引脚编号及引脚分配如图 2.8 所示。Pico 引脚设计为尽可能多地直接输出 RP2040 芯片的 GPIO 引脚和内部电路功能，同时还要提供适当数量的接地引脚来降低电磁干扰(EMI，全称为 Electro Magnetic Interference)和信号串扰，这对于采用 40 nm 硅半导体工艺制程的 RP2040 芯片来说至关重要，因为芯片 GPIO 的数字信号边沿速率极快。数字信号边沿速率是指数字信号由低到高或由高到低变化的速率，通常以 V/ns 为单位。

Pico 开发板硬件扩展接口通过其两边的引脚与硬件进行连接通信。这些引脚大多用作 GPIO 引脚，这意味着有些引脚可以编程为输入或输出，而不是某种固定用途；有些引脚具备多功能或替换模式，可用于更复杂的硬件通信；另一些引脚则用作固定用途，如为电源提供连接等。Pico 硬件扩展接口 40 引脚在 Pico 开发板底部做了标记，其中 3 个引脚编号 1、2、39 在开发板顶部用数字进行了标记。这些引脚顶部标记有助于记住这些引脚编号顺序：将 Micro - USB 接口朝上，从 Pico 顶部看引脚排列，引脚 1 位于左上角，引脚 20 位于左下角，右上角下方为引脚 39，右上角引脚 40 未做标记。

需要说明的是，在 Pico 开发板硬件接口引脚中，有一些专门用于 Pico 开发板内部功能的 RP2040 芯片 GPIO 引脚，它们是：

- GPIO29：用于 ADC 模式(ADC3)测量 VSYS/3；
- GPIO25：连接到用户 LED；
- GPIO24：V_{BUS} 感知(如果 V_{BUS} 电源存在，则为高电平，否则为低电平)；
- GPIO23：板载 SMPS 芯片节电控制引脚。

Pico 开发板硬件扩展接口 40 个引脚中，除了 26 个 GPIO 引脚(GP0～GP22，

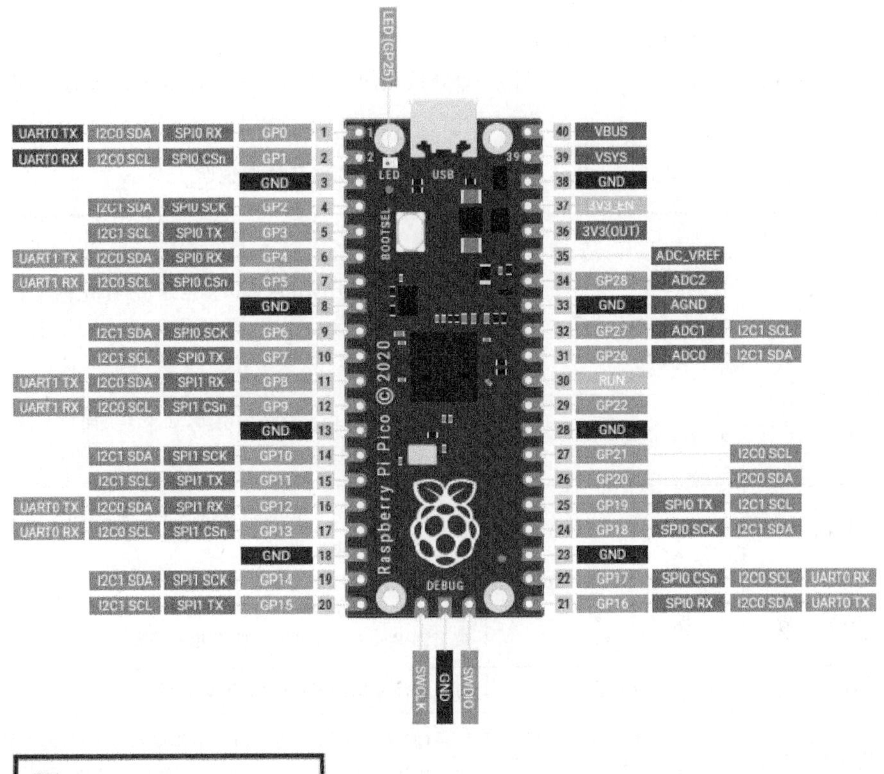

图 2.8　Pico 开发板硬件扩展接口引脚排列

GP26_A0,GP27_A1,GP28_A2)和 7 个 GND 接地引脚外,另外 7 个物理引脚及其对应名称如下:

- PIN40: V_{BUS}(5 V 电源);
- PIN39: V_{SYS}(2～5 V 电源);
- PIN37: 3V3_EN(板载 SMPS 芯片使能);
- PIN36: 3V3(3.3 V 电源);
- PIN35: ADC_VREF(ADC 参考电压);

➢ PIN33：AGND(模拟地)；

➢ PIN30：RUN(启动/禁止 Pico)。

可以将 Pico 硬件扩展接口信号引脚分成几种类型，每种引脚类型都有其特定功能，如表 2.3 所列。

表 2.3　Pico 硬件扩展接口引脚名称及功能说明

引脚名称	功　能	说　明
3V3	3.3 V 电源	3.3 V 电源，与 Pico 内部工作电压相同，由 V_{SYS} 输入产生。可以使用 3V3 引脚上方的 3V3_EN 引脚来打开和关闭此电源，这样也会关闭 Pico
V_{SYS}	2～5 V 电源	直接连到 Pico 内部电源的引脚，如果不关闭 Pico，则无法关闭 V_{SYS} 引脚电源
V_{BUS}	5 V 电源	从 Pico 的 micro USB 接口获得的 5 V 电源，用于 3.3 V 以上电源的硬件电路供电
GND	0 V 地	接地连接，用于完成连接到电源的电路。有几个接地引脚被引到 Pico 扩展接口，以便简化电路布线
GPxx	GPIO 引脚编号 xx	可供程序使用的 GPIO 引脚，标记编号为 GP0～ GP28
GPxx_ADCx	GPIO 引脚编号 xx，模拟输入编号 x	以 ADC 和数字结尾的 GPIO 引脚既可以用作模拟输入，也可以用作数字输入或输出，但不能同时使用
ADC_VREF	ADC(Analogue - to - Digital Converter，模数转换器)参考电压	为任何模拟输入设置参考电压的一种特殊输入引脚
AGND	ADC 0 V 地	与 ADC_VREF 引脚一起使用的专用接地连接
RUN	运行/禁止 Pico	RUN 用于从另一个 MCU 启动和停止 Pico

Pico 开发板将 RP2040 GPIO 30 个引脚中的 26 个引脚通过布线直接连接到 Pico 硬件扩展接口。GP0～GP22 作为数字 GPIO 专用；GP26～GP28 用作数字 GPIO 或 ADC(ADC0～ADC2)输入，可通过编程对它们进行选择。大多数 GPIO 引脚还为 I^2C、SPI 或 UART 串行通信协议提供多功能引脚，包括 2 个 I^2C 总线接口(I2C0 和 I2C1)、2 个 SPI 总线接口(SPI0 和 SPI1)、2 个 UART 总线接口(UART0 和 UART1)。

Pico 硬件扩展接口 GPIO 引脚还可作为 PWM(Pulse Width Modulation，脉宽调制)引脚，共计 16 个 PWM 通道(PWM_A[0]～ PWM_A[7]、PWM_B[0]～PWM_B[7])，如图 2.9 所示。

Pico 提供了丰富的 PWM 引脚，我们可以利用 Pico 提供的 PWM 功能及 PWM 技术实现 LED 呼吸灯、电机调速控制，以及无人机、机器人等创新设计应用与原型产

图 2.9　Pico 开发板硬件扩展接口的 PWM 引脚

品开发等。

如果有必要(比如使用表面安装模块,Surface Mount Module),还可以使用以下 6 个测试点(TP1～TP6):

- TP1:Ground (用于差动 USB 信号的紧耦合接地);
- TP2:USB D－(USB DM);
- TP3:USB D＋(USB DP);
- TP4:GPIO23/SMPS 节电引脚 (不使用);
- TP5:GPIO25/LED (不推荐使用);
- TP6:BOOTSEL (引导选择,用于引导程序烧写)。

TP1、TP2 和 TP3 可用于取代 Micro - USB 接口访问 USB 信号。TP6 可用于将系统驱动变换到海量存储 USB 编程模式(通过上电对 TP6 接地短路)。注意,TP4 不适合外部使用;TP5 不推荐使用,因为它仅从 0 V 变化到 LED 正向导通电压,故须用于输出时特别谨慎。

下面对其他一些信号引脚进行说明:

① V_{BUS}:V_{BUS} 是连接到 Micro - USB 接口引脚 1 的 Micro - USB 输入电压。V_{BUS} 是 Micro - USB 输入电压,它连接到 Micro - USB 接口引脚 1,其标称值为 5 V (如果未连接 USB 或未通电,则为 0 V)。

② V_{SYS}:V_{SYS} 是主系统输入电压,可在 1.8～5.5 V 范围变化,由板载 SMPS(Switch Mode Power Supply,开关电源)为 RP2040 MCU 芯片及其 GPIO 产生 3.3 V 电压。

③ 3V3_EN:3V3_EN 连接到板载 SMPS 使能引脚,并通过 100 kΩ 电阻上拉至 V_{SYS}。若禁用 3.3 V(撤消 RP2040 电源),则将 3V3_EN 引脚与低电平短路。

④ 3V3:3V3 是 RP2040 MCU 及其 I/O 接口的主要 3.3 V 电源,由板载 SMPS 产生。此引脚可用来为外部电路供电(最大输出电流取决于 RP2040 负载和 V_{SYS} 电压,建议将该引脚上的负载保持在 300 mA 以下)。

⑤ ADC_VREF:ADC_VREF 是 ADC 电源或基准电压,它由 3.3 V 电源滤波后由树莓派 Pico 输出产生。若需要更好的 ADC 性能,则可将该引脚与外部基准一起配合使用。

⑥ AGND:AGND 模拟地专门用于 GPIO26～GPIO29 信号的参考接地,单独的模拟接地层连接至 AGND 引脚。若不使用 ADC 或 ADC 性能不是特别关键,则可将该引脚直接接到数字地 GND。

⑦ RUN:RUN 是 RP2040 MCU 芯片使能引脚,它有一个连接到 3.3 V 的内部(片上)上拉电阻,该电阻为 50 kΩ。将此引脚与低电平短路会对 RP2040 MCU 进行复位。

Pico 的 GPIO 由板载 3.3 V 电源供电。RP2040 MCU 芯片可用的 30 个 GPIO 引脚中的 26 个引脚通过电路布线引入到 Pico 开发板硬件扩展接口。GPIO0～GPIO22 仅为数字 GPIO 引脚,而 GPIO26～GPIO28 可用作数字 GPIO 引脚或用作 ADC 输入引脚(软件选择)。

需要提醒的是,具有 ADC 功能的 GPIO26～GPIO29 引脚与 VDDIO(3V3)端之间分别接有内部反向二极管,其输入电压不能超过 VDDIO＋300 mV。另外,如果 RP2040 芯片未加电,这些 GPIO 引脚输入电压将通过二极管“泄漏”到 VDDIO 端。普通数字 GPIO0～GPIO25 引脚(以及调试引脚)则没有此限制,因此,当 RP2040 MCU 上电时,可以安全地向这些引脚输入电压。

2.3.2 树莓派 Pico Flash 编程/程序烧写

可通过 SWD(Serial Wire Debug)串口或专用 USB 海量存储方式对 Pico 板载 2 MB Flash 进行(重新)编程。

对树莓派 Pico Flash 进行重新编程/烧写程序的最简洁方法是使用 USB 海量存储方式。首先拔下 Pico 开发板连接电脑侧的 USB 电缆线(Pico 断电),按下 Pico 开发板的 BOOTSEL 按钮并保持;再次将 Pico 开发板 USB 电缆线连接到已开机的计算机,然后松开 BOOTSEL 按钮,Pico 开发板设备进入 USB 海量存储方式,可以看到计算机上添加了一个新 U 盘;将扩展名为“.uf2”的专用文件拖拽到新 U 盘,该文件将被烧写到 Pico 板载 Flash 并重新启动 Pico。USB 引导程序代码(USB Boot code)将存储在 RP2040 片内 ROM 中。

2.4　树莓派 Pico 开发板电源模块

2.4.1　Pico 开发板电源模块分析

树莓派 Pico 开发板电源电路原理图如图 2.10 所示，可使用电脑 USB 接口为 Pico 供电。Pico 电源结构设计简单、灵活，使用电池或外部电源为其 Pico 供电也十分容易，还可以将 Pico 与外部充电电路集成在一起使用。

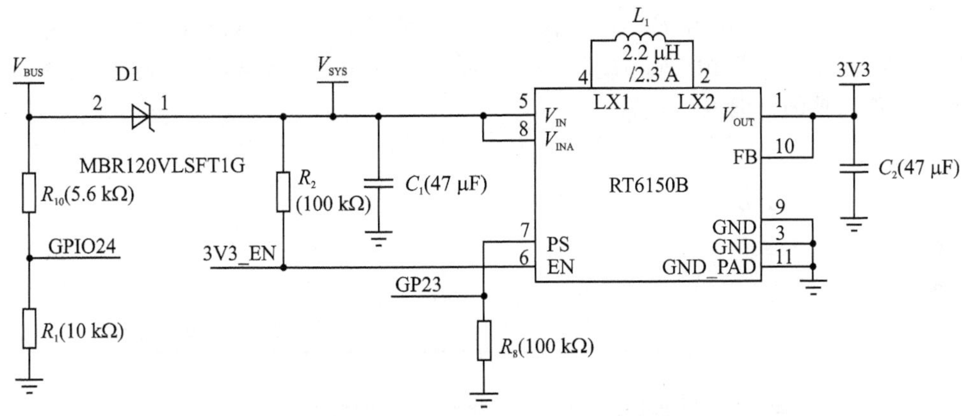

图 2.10　Pico 开发板电源模块硬件原理图

V_{BUS} 是来自 Micro-USB 接口的 5 V 电源电压，其经过肖特基二极管 D1 产生 V_{SYS}；V_{BUS} 和 V_{SYS} 之间的二极管(D1)可以灵活地进行多电源选择，称为“Oring”电源架构。

V_{SYS} 是主系统的“输入电压”，它为 RT6150B 降压-升压型 SMPS(Switching Mode Power Supply，开关电源)芯片供电。RT6150B 转换器输出固定的 3.3 V 电源电压(3V3)，该电源可为 RP2040 MCU 芯片或者 GPIO 供电，也可用于功率不大的外部电路供电。

Pico 开发板 RP2040 芯片内部有一片低压差稳压器(LDO，全称为 Low Dropout Regulator)模块，它用于将 3.3 V 电源转换成 1.1 V 标称电源来为 MCU 数字核供电，该电源模块未在图 2.10 中呈现。

顾名思义，降压-升压型 SMPS(The buck-boost SMPS)可以从降压模式无缝切换到升压模式，因此可以保持在 1.8～5.5 V 的输入电压范围内提供 3.3 V 的输出电压，这为选择电源提供了很大的灵活性。

GPIO24 监控 V_{BUS} 是否存在，R_{10}(5.6 kΩ)和 R_1(10 kΩ)将 V_{BUS} 分压拉低；如果 V_{BUS} 不存在，则其电压值为 0 V。

GP23(GPIO23)控制 RT6150 PS(节电)引脚。当 PS 为低电平(Pico 的默认设置)时,转换器工作于脉冲频率调制(PFM,全称为 Pulse Frequency Modulation)模式,在轻载条件下仅偶尔打开 PMOS 开关管使电容充电以降低功耗。将 PS 设置为高电平将使稳压器进入脉宽调制(PWM,全称为 Pulse Width Modulation)模式。PWM 模式强制 SMPS 连续切换,在轻载条件下使输出纹波大为降低以适用于某些应用,但是却以牺牲效率为代价。注意,在大负载条件下,无论 PS 引脚状态如何,转换器都将工作于 PWM 模式。SMPS 开关电源芯片 EN 引脚通过 100 kΩ 电阻 R_2 上拉至 V_{SYS},该引脚位于 Pico 开发板硬件扩展接口物理引脚 Pin37,对应的引脚名称为 3V3_EN。将该引脚接地短路可以禁用转换器,并将其置于低功耗状态。

在图 2.11 中,V_{SYS} 经 R_5、C_3 滤波并除以 3(即 $V_{SYS} \times R_6/(R_5+R_6)=3.3\ V/3=1.1\ V$,如图 2.11 左下角的 R_5、R_6 和 C_3)后,可通过 GPIO29(ADC3)引脚进行监测,比如可用作简单的电池电压监测。

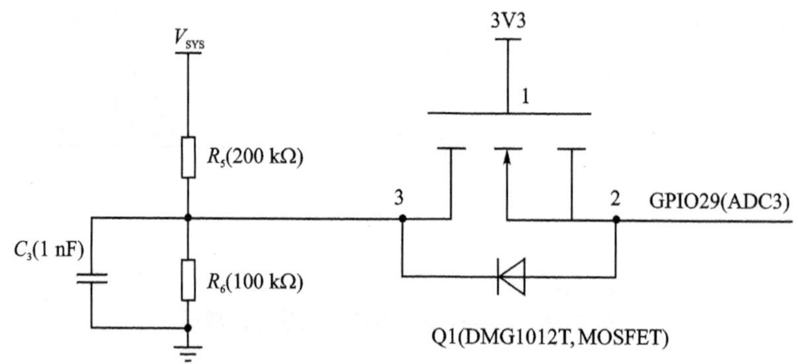

图 2.11 V_{SYS} 滤波及其电压监测电路

要说明的是,这里的 ADC GPIO 引脚有二极管与 VDDIO 连接,而其他 GPIO 引脚则无二极管连接。

当 3V3 电源断开时(存在 V_{SYS} 电源但 3V3_EN 为低电平),NMOS 管(Q1)能有效阻止 ADC3 引脚所连接的 Q1 二极管泄漏到 3V3 电源网络。

2.4.2 Pico 开发板供电

为 Pico 开发板供电的最简单方式是插入 Micro－USB 接口电缆线,它将从 USB V_{BUS} 的 5 V 电压经二极管 D1 为 V_{SYS} 供电,这里 V_{SYS} 是来自 V_{BUS} 的 5 V 电源电压减去肖特基二极管 D1 的压降。

如果使用 USB 提供唯一电源,则完全可以将 V_{SYS} 和 V_{BUS} 安全地短接在一起,这样做能消除肖特基二极管压降,提高电源效率且降低 V_{SYS} 纹波。

如果不使用 USB 电源,则可以将 V_{SYS} 连接到首选电源(电源范围为 1.8～5.5 V),这样能给 Pico 安全供电。

如果给 Pico 添加第 2 个外部电源 U，最简单的方案是在 Pico 外部增加一个肖特基二极管 D 将第 2 个电源 U 送到 V_{SYS}，如图 2.12 所示。这里同样采用了“Oring”电源架构，即将 USB 电源电压 V_{BUS} 和第 2 个外部电源电压 U 做“或”操作后，允许更高的外部电源 U 或 USB 电源 V_{BUS} 为 V_{SYS} 供电，肖特基二极管防止其中一个电源为另一个电源供电。例如，外部电源 U 可选用单个锂离子电池(电池电压范围为 3.0～4.2 V)、3xAA 系列电池(3.0～4.8 V)或者电源电压范围在 2.3～5.5 V 的固定电源，它们都可以使 Pico 硬件维持良好工作性能。但是，采用该方法的缺点与 V_{BUS} 供电一样，第 2 个电源 U 得到的 V_{SYS} 会受到二极管(D)压降的影响。

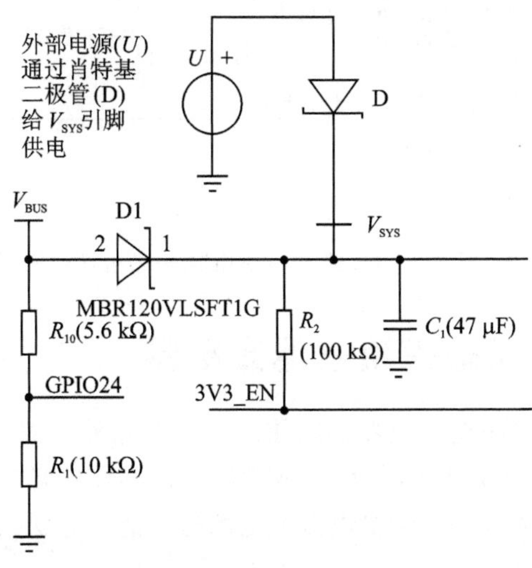

图 2.12　基于二极管的 Pico 供电“Oring”电源架构原理图

图 2.13 采用 PMOS 开关管替换图 2.12 中的肖特基二极管 D，可以看作是第 2 种给 Pico 供电的改进方案。这里，PMOS 管栅极由 V_{BUS} 进行控制；当 V_{BUS} 电源存在时，第 2 个电源 U 断开。在设计 Pico 供电电源时，应选择导通电阻低的 PMOS 管，这样可以克服如前所述使用二极管方案效率较低和二极管电压下降问题。

注意，这里选择 PMOS(T)开关管的阈值电压(U_t)须小于最小外部输入电压，以确保 PMOS 快速导通并具有低导通电阻。当移除 V_{BUS} 电源电压时，V_{BUS} 下降到 PMOS 的 U_t 以下时 PMOS 开始导通，同时 PMOS 的体二极管(寄生二极管)也可能开始正向导通(取决于 U_t 是否小于二极管正向下降)。在较低的输入电压或者 PMOS 栅极缓慢变化(如 V_{BUS} 电源电容增加)时，则建议在 PMOS 管的栅源极之间添加一个肖特基二极管 D1(D1 的方向与 PMOS 体二极管的方向相同)，这样可以降低 PMOS 管的体二极管压降。

接下来给出一个适用于大多数应用的示例：当选用的 PMOS 管型号为 DMG2305UX 时，PMOS 体二极管最大 U_t 为 0.9 V，该型号 PMOS 的导通电阻 R_{on} 为 100 mΩ(PMOS 管开启电压 $U_{GS(th)}$ 为 2.5 V 时)。

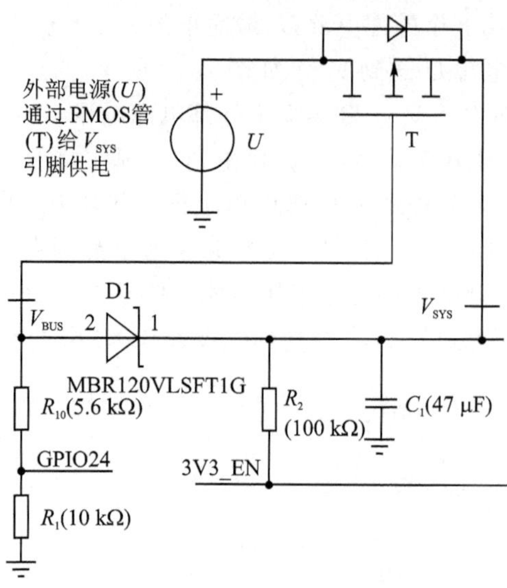

图 2.13　基于 PMOS 的 Pico 供电"Oring"电源架构原理图

2.4.3　Pico 开发板使用电池充电器

Pico 开发板还能和电池充电器一起使用。尽管此种应用稍显复杂,但实现起来仍然十分简单。图 2.14 是 Pico 使用电池充电器的典型电路示例,电池充电器可根据需要管理电池供电或外部电源供电以及电源与电池充电状态之间的切换。

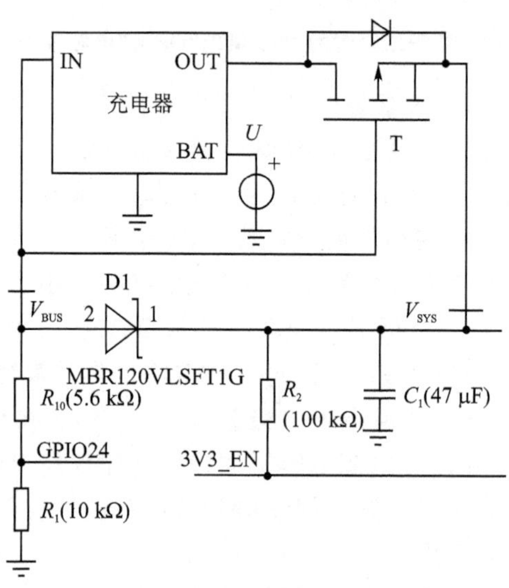

图 2.14　Pico 使用电池充电器典型电路示例

本示例将 V_{BUS} 送到电池充电器的 IN 输入端,并通过 PMOS 开关管将电池充电器 OUT 输出端送到 V_{SYS}；同样，PMOS 管栅源极之间连接了一只肖特基二极管 D1。

2.5 Wio RP2040 无线 WiFi 开发板硬件扩展接口信号

Wio RP2040 无线 WiFi 开发板主要集成了 Wio RP2040 模块，该模块包括 RP2040 芯片和上海乐鑫公司的 ESP8285 无线 WiFi 芯片（ESP8285 内置 Tensilica L106 超低功耗 32 位微控制器），支持当今流行的嵌入式微控制器编程语言 MicroPython。Wio RP2040 模块具有性能高、体积小等优点，可为可穿戴式设备、物联网等应用研发提供解决方案。与树莓派 Pico 等开发板类似，Wio RP2040 开发板对 RP2040 芯片主要 GPIO 接口引脚进行了扩展。以 Wio RP2040 开发板为核心，在 Wio RP2040 开发板硬件扩展接口信号基础上增加自行设计的电子电路或硬件模块，就可以开展嵌入式系统与智能硬件、智能物联网等领域的产品创新。

2.5.1 Wio RP2040 开发板主要特性及硬件技术规格

Wio RP2040 开发板主要特性：

- 强大的 MCU：采用树莓派 133 MHz 双核 RP2040 MCU 和 264 KB SRAM，2 MB 闪存。
- 可靠的无线连接：采用强大的 WiFi 芯片，支持 2.4～2.483 5 GHz 频率，AP 和 Station 工作模式。
- 灵活性：兼容 Thonny 编辑器。
- 项目实施方便：方便使用面包板开展验证实验或创新实验。
- 多种认证：通过 FCC 和 CE 认证。
- 支持编程语言：使用微控制器编程语言 MicroPython，如果将物理处理单元与云计算、物联网单元连接进行互动，结合人工智能和智能控制算法，还可以对一些复杂系统进行智能感知、智能交互与智能决策，从而创新出众多新颖的智能硬件作品或系统。

表 2.4 是 Wio RP2040 开发板主要技术规格描述。

表 2.4　Wio RP2040 开发板主要技术规格描述

名　称	描　述
微处理器	双核 ARM Cortex M0＋处理器，主频达 133 MHz
静态 RAM(SRAM)	264 KB
闪存(Flash)	2 MB
无线 WiFi 连接	2.4～2.483 5 GHz；IEEE 802.11 b/g/n；AP & Station

续表 2.4

名　称	描　述
GPIO 引脚(PIO 及 PWM)	20 个
I^2C 接口	2 个
SPI 接口	2 个
UART 接口	2 个
ADC	4 个
供电/下载线	USB Type－C 接口
电源	5 V 直流
开发板大小	25.8 mm×45.5 mm

2.5.2　Wio RP2040 开发板硬件扩展接口信号

图 2.15 是 Wio RP2040 开发板硬件顶视图。

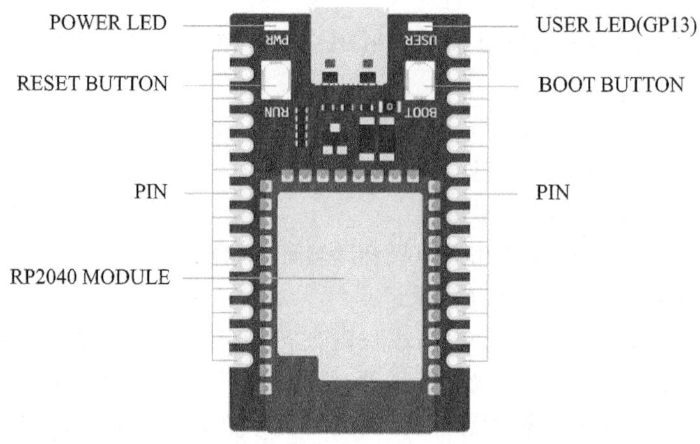

图 2.15　Wio RP2040 开发板硬件顶视图

从图 2.15 可知，Wio RP2040 开发板主要包括电源板载 LED 指示灯(PWR 标识的 LED 灯，开发板加电后该 LED 灯被点亮)、用户板载 LED 灯(USER 标识的 LED 灯，由 GPIO13 引脚控制其亮灭)、复位按钮(RUN 标志的按钮)、外部扩展信号引脚 PINs 及 RP2040 模块等。

Wio RP2040 开发板硬件扩展接口信号引脚排列如图 2.16 所示。

从图 2.16 可知，Wio RP2040 开发板硬件扩展接口信号引脚含义与树莓派 Pico 开发板完全相同，仅仅是接口信号引脚排列编号有所不同。

在使用 Wio RP2040 无线 WiFi 开发板时需要注意：①由于 RP2040 MCU 电源

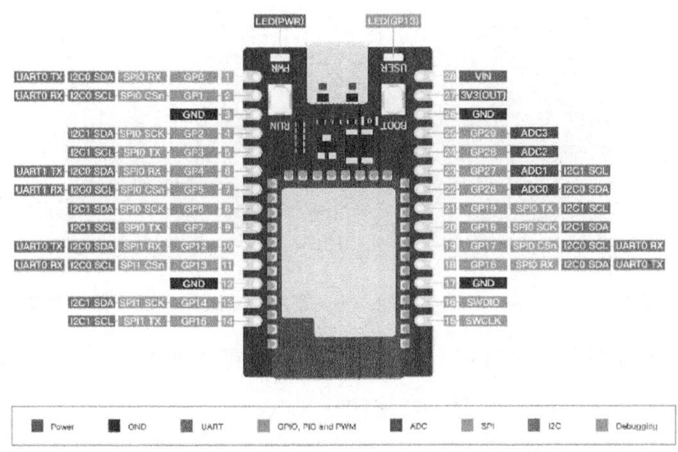

图 2.16　Wio RP2040 开发板硬件扩展接口信号引脚排列

电压为 3.3 V，GPIO 引脚输入电压不能高于 3.3 V，如果 GPIO 引脚输入电压高于 3.3 V，则有可能导致芯片损坏；②为确保无线 WiFi 通信的可靠性，请勿揭开开发板上的 Wio RP2040 无线 WiFi 模块屏蔽罩。

2.6　使用 MicroPython REPL 点亮 Pico 开发板板载 LED

2.6.1　所需硬件及 Pico 开发板 MicroPython 固件安装

1. 所需硬件及材料

- 电脑×1；
- 树莓派 Pico 开发板×1；
- AC - DC 5 V 电源适配器×1；
- Micro - USB 电缆线×1。

2. Pico 开发板 MicroPython 固件安装

这里以安装 Windows 10 操作系统的笔记本电脑为例进行说明。首先打开电脑，将 Micro - USB 电缆线的 Micro - USB 端插到 Pico 开发板 Micro - USB 接口，如图 2.17 所示；按住 Pico 开发板上的 BOOTSEL 按钮，将 Micro - USB 线 USB 端插入电脑 USB 接口；最后松开 Pico 开发板上的 BOOTSEL 按钮，此时，电脑会额外显示一个可移动硬盘，用专业的术语说就是 Pico 开发板进入 USB 海量存储设备模式（USB Mass Storage Device Mode）。

单击电脑 Windows 桌面的“此电脑”则显示一个 RPI - RP2 盘符及两个文件，如

图 2.17　Micro－USB 线插入 Pico 开发板 Micro－USB 接口插座

图 2.18 所示，双击 INDEX. HTM 网页文件，则跳到网站“https://www.raspberrypi.org/documentation/pico/getting-started”。

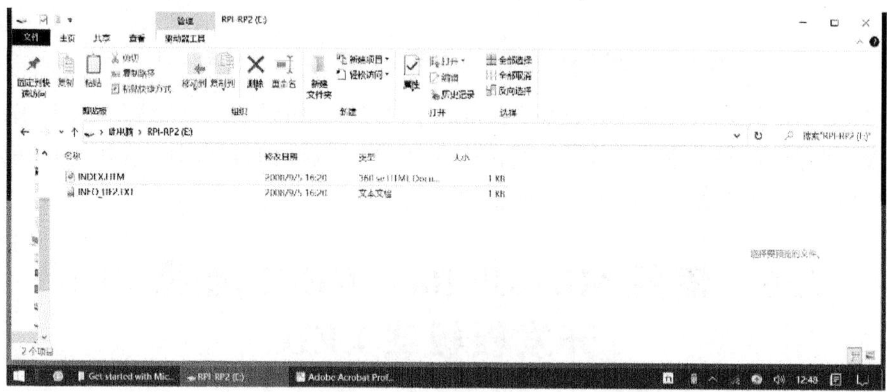

图 2.18　Pico 开发板 RPI－RP2 盘符及文件

在该网站单击 Download UF2 file 下载 Pico 开发板 MicroPython 固件文件 UF2，如图 2.19 所示。

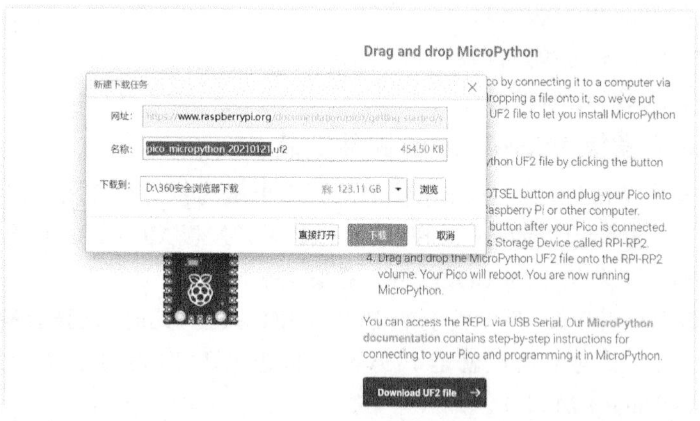

图 2.19　Pico 开发板 MicroPython 固件下载

将下载的 uf2 格式 pico_micropython 文件拖拽到(或者直接复制粘贴到)图 2.18 的 RPI - RP2(E:)盘中,即可完成 Pico 开发板 MicroPython 固件安装或升级更新,Pico 开发板重新启动并进入虚拟串口终端方式,RPI - RP2 盘符消失,此时,Pico 开发板 MicroPython 硬件环境搭建完成。

2.6.2　使用 MicroPython REPL 交互模式编程

编写和执行 Python 程序主要有两种模式:①交互模式(Python Shell):是指每写一行 Python 程序代码,可以按回车键执行代码,交互模式是学习 Python 基本语法和测试程序语句的不错选择;②文件模式:是指先编好 Python 代码文件(*.py),然后通过 Python 命令执行程序,一般较复杂的程序采用文件模式。

REPL(Read Evaluate Print Loop)是循环"读取-求值-输出"交互模式编程环境的简称,它可以让我们直接在终端">>>"提示符后输入 Python 程序并立即执行;在树莓派 Pico 嵌入式系统开发中,一般通过终端与 Pico 开发板进行交互,这种直接输入 MicroPython 程序并立即执行的机制称为 MicroPython REPL(微控制器版 Python Shell)。MicroPython REPL 是测试程序代码和执行 MicroPython 程序语句的最简捷方法。

MicroPython 和电脑的标准连接是通过 USB 接口并使用 USB 虚拟串口(VCP,全称为 Virtual Comm Port)的方式。所谓虚拟串口是指电脑没有相应的物理串口硬件,通过 USB 虚拟串口驱动程序,在电脑虚拟出若干个串口,这些虚拟出来的串口对应用层而言仿佛是拥有物理串口硬件一样。虚拟串口(Pico 开发板可以使用 USB 虚拟串口和物理串口两种方式)是最常用的程序调试方式,该方式无须频繁复制文件从而避免造成 Flash 的损耗。对于事先安装好 MicroPython 固件的 Pico 开发板,当 Pico 开发板连接到电脑后,我们就能在 Windows 10 设备管理器端口(COM 和 LPT)下找到 Pico 开发板所对应的 USB 串行设备串口号。接下来就可以使用各种串口调试工具实现 MicroPython REPL 交互编程,即运行和调试程序、输出结果。

接下来,下载一款串口调试工具,这里下载 CoolTerm(进入 https://freeware.the-meiers.org/网站,下载 CoolTerm 串口调试工具)。CoolTerm 串口工具有 Mac、Win、Linux 等版本,这里下载 64 位的 Win 版的 CoolTermWin.zip。

解压 CoolTermWin.zip,在 CoolTermWin 文件夹下运行 CoolTerm 串口调试程序。如图 2.20 所示,通过终端连接到 Pico 开发板并对虚拟串口通信波特率等参数进行设置后,就可以通过 REPL 发送命令的形式编写和调试 MicroPython 程序代码,MicroPython REPL 使用方法与标准 Python Shell 十分相似。

图 2.21 是串口设置界面,由图可知,连接 Pico 开发板到电脑的通信串口为 COM5,这里选择通信波特率为 115 200 bps。

接下来,选择 Line Mode 设置终端模式,如图 2.22 所示。

Windows-SSD (C:) › CoolTermWin

名称	修改日期	类型	大小
CoolTerm Libs	2021/1/25 14:36	文件夹	
CoolTerm Resources	2021/1/25 14:36	文件夹	
Scripting	2021/1/25 14:36	文件夹	
CoolTerm.exe	2020/10/13 3:56	应用程序	6,222 KB
icudt65.dll	2020/9/24 4:45	应用程序扩展	27,325 KB
icuin65.dll	2020/9/24 4:45	应用程序扩展	2,514 KB
icuuc65.dll	2020/9/24 4:45	应用程序扩展	1,773 KB
msvcp120.dll	2020/9/24 4:45	应用程序扩展	645 KB
msvcp140.dll	2020/9/24 4:45	应用程序扩展	625 KB
msvcr120.dll	2020/9/24 4:45	应用程序扩展	941 KB
ReadMe.txt	2020/10/13 3:19	文本文档	36 KB
vccorlib140.dll	2020/9/24 4:45	应用程序扩展	387 KB
vcruntime140.dll	2020/9/24 4:45	应用程序扩展	88 KB
Windows System Requirements.txt	2020/5/18 6:45	文本文档	1 KB
XojoGUIFramework64.dll	2020/9/24 4:46	应用程序扩展	4,160 KB

图 2.20　CoolTerm 虚拟串口调试程序

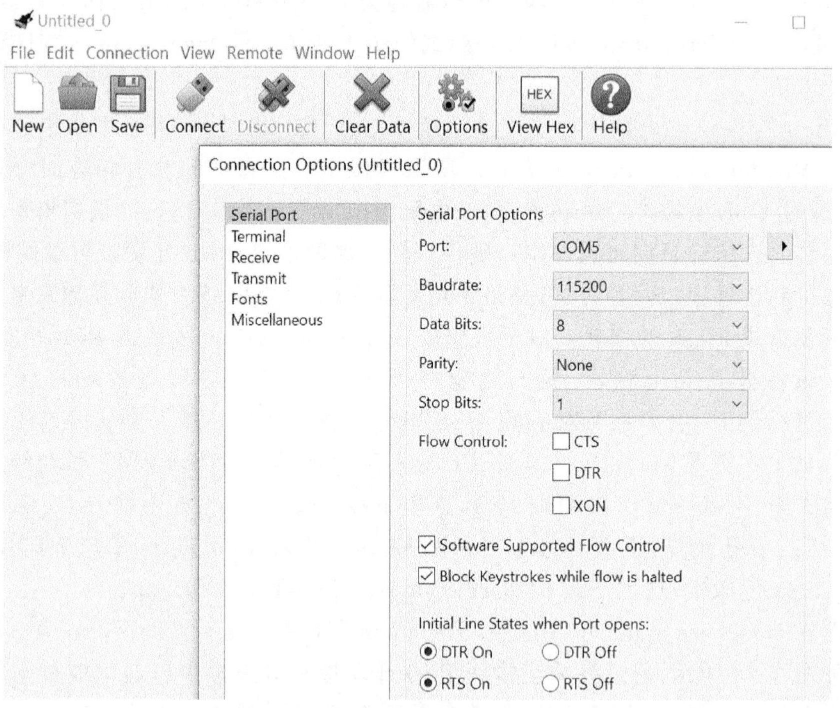

图 2.21　串口设置

CoolTerm 串口工具的波特率和终端模式设置好后，单击 Connect 按钮就可以使用 MicroPython REPL 开始编程与调试了。

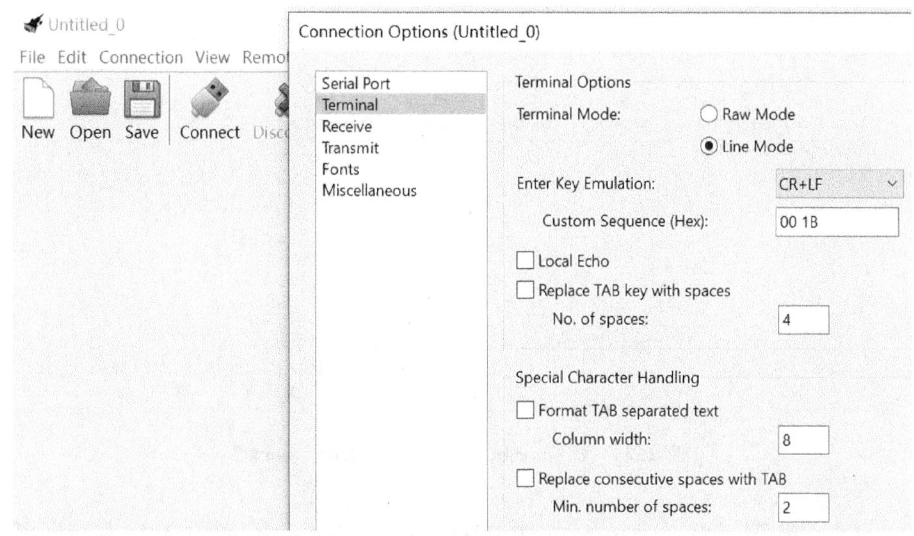

图 2.22　设置连接为终端模式

2.6.3　使用 MicroPython REPL 交互模式基础编程举例

[例 2.1] 使用 MicroPython REPL 显示“Hello，world”字符串。

程序语句如下：

```
print( "Hello, world ")
```

在 CoolTerm 命令行输入该条语句，如图 2.23 所示；回车后将显示“Hello，world”字符串，如图 2.24 所示。

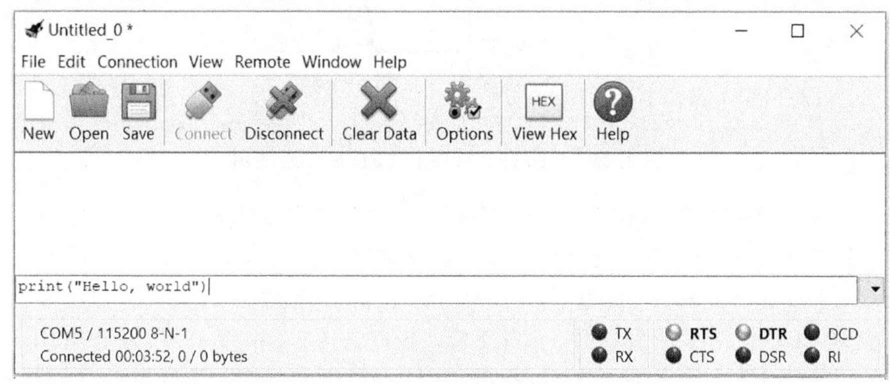

图 2.23　CoolTerm 命令行输入 Python 语句

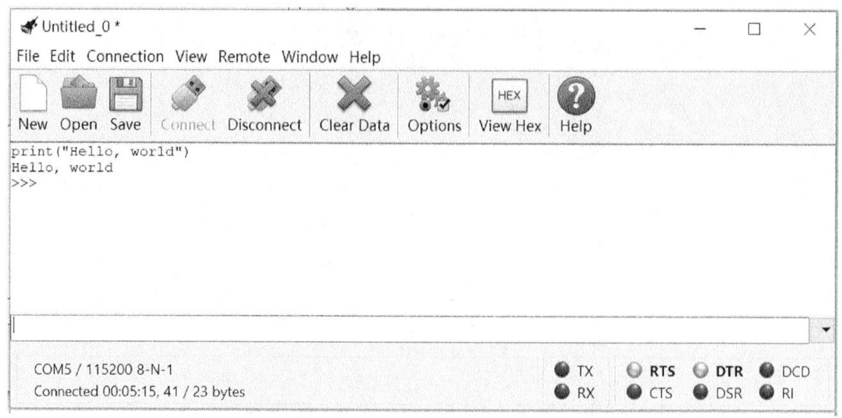

图 2.24 执行 print 语句，显示"Hello, world"

2.6.4 使用 MicroPython REPL 点亮 Pico 板载 LED 编程举例

1. Pico 板载 LED 接口硬件电路原理

Pico 开发板板载 LED 接口原理如图 2.25 所示。Pico 开发板 GPIO25 引脚并不在 Pico 硬件扩展接口 40 引脚上，而是来自 RP2040 芯片物理引脚，即 RP2040 芯片 Pin37 引脚直接与 Pico 开发板板载 470 Ω 电阻 R_3 和板载 LED 器件 D2 串联后接地。

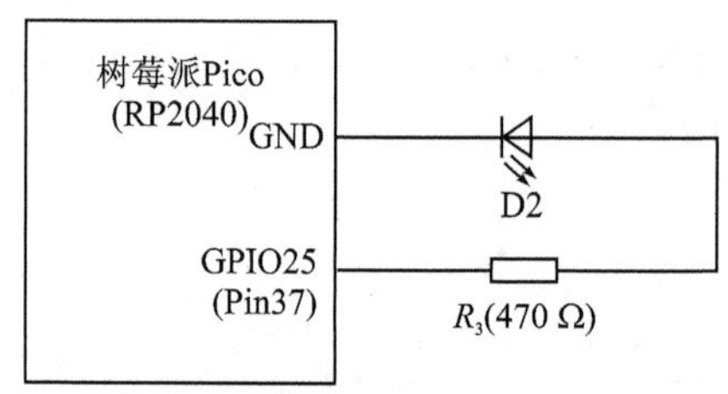

图 2.25 Pico 开发板板载 LED 接口原理图

这里需要说明的是，Pico 开发板 GPIO 端口典型驱动电流约为 4 mA，GPIO 端口采用 LV TTL 逻辑电平，LV TTL 是低电压晶体管-晶体管逻辑的缩写。LV TTL 逻辑电平规定，+3.3 V 等价于逻辑"1"（高电平），0 V 等价于逻辑"0"（低电平）。

板载 LED 使用了绿色贴片 LED，LED 正向电压 $U_{D2}=2.0\ \text{V}$，限流电阻 $R_3=470\ \Omega$。当 GPIO25 输出高电平时，板载 LED（D2）正向导通，LED 被点亮。根据欧姆定律，LED 正向导通流过的正向电流 $I_{D2}=I_{R_3}=\dfrac{U_{D2}}{R_3}=\dfrac{3.3\ \text{V}-2.0\ \text{V}}{470\ \Omega}\approx 2.8\ \text{mA}$。

2. 使用 MicroPython REPL 点亮 Pico 板载 LED 编程举例

MicroPython 的 machine 模块中的 Pin 类用于操作微控制器 GPIO 口。使用

MicroPython 程序控制 Pico 开发板板载 LED 亮灭的步骤可以归纳为：首先从 machine 模块中导入 Pin 类；然后用 Pin 类实例化控制某 GPIO 端口为输出功能的对象，对于 Pico 板载 LED 灯，端口为 GPIO25；最后使用该对象方法 value(x) 控制 LED 点亮/熄灭，当 x 为高电平(1：高电平)时 LED 点亮，x 为低电平(0：低电平)时 LED 熄灭。

[例 2.2] 使用 MicroPython REPL 控制 Pico 开发板板载 LED 的点亮或熄灭。

现在例 2.1 基础上输入 MicroPython 语句，单击 Clear Data 按钮清除显示窗口；接着，顺序输入以下语句(每输入一条语句，按一次回车键)：

```
from machine import Pin
LED = Pin(25, Pin.OUT)
LED.value(1)
```

以上第一行语句是从 machine 模块中导入 Pin 类，第 2 行语句是用 Pin 类实例化名为 LED 的对象，第 3 行语句是用 LED 对象 value()方法控制 GPIO25 输出高电平(1 表示高电平)。

当输入第 3 行语句 LED. value(1)并按回车键后，显示界面如图 2.26 所示；此时 Pico 板载 LED 被点亮，如图 2.27 所示。

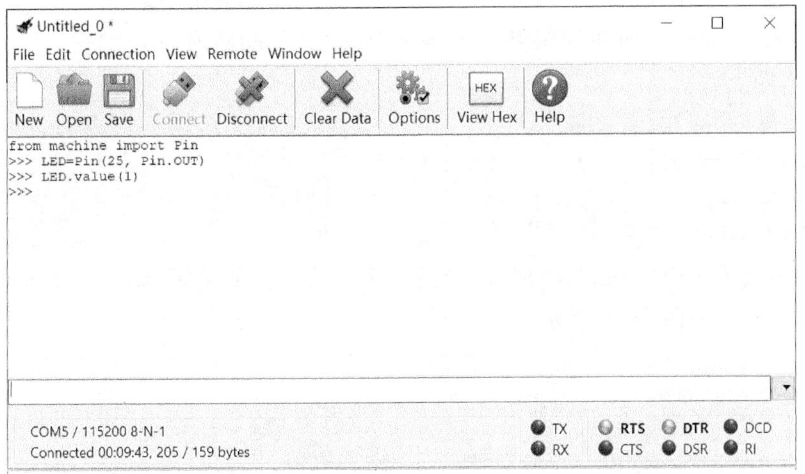

图 2.26　MicroPython REPL 语句控制 Pico 板载 LED 点亮

接下来可以输入 LED. value(0)语句，然后按 Enter 键，此时 Pico 板载 LED 熄灭。

在下面的示例中，我们要用到如下 Timer 定时器方法：

① Timer. init(period, mode, callback)：用于设置定时器参数。

其中，period 为定时器频率/间隔时间，mode 为定时器模式，Timer. ONE_SHOT 表示一次性，Timer. PERIODIC 表示周期性。

图 2.27 执行 LED.value(1)语句后 LED 点亮

② callback 为回调函数(有一个参数,参数为定时器对象)。

③ Timer.deinit():停止定时器,禁止所有通道和相关中断。

[例 2.3] 使用定时器控制 Pico 开发板板载 LED 间断闪亮。

输入如下语句:

```
from machine import Timer
def tick(timer):
global LED
LED.toggle()
```

注意,输入 LED.toggle()翻转语句后,接着按 3 次回车键,则显示 MicroPython 提示符“ >>> ”,如图 2.28 所示。

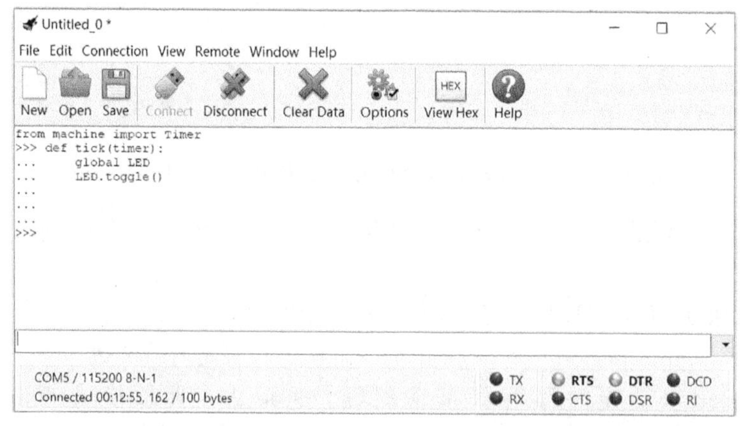

图 2.28 MicroPython REPL 语句控制 Pico 板载 LED 间断闪烁(1)

下面分别顺序输入以下语句(每输入一条语句后,按一次回车键),如图 2.29 所示。

```
tm1 = Timer()
tm1.init(freq = 3, mode = Timer.PERIODIC, callback = tick)
```

这里 freq 设置为 3,LED 以 3 Hz 频率闪烁,此时会看到 Pico 板载 LED 间断闪烁。

最后输入如下语句(每输入一条语句后,按一次回车键),如图 2.30 所示。

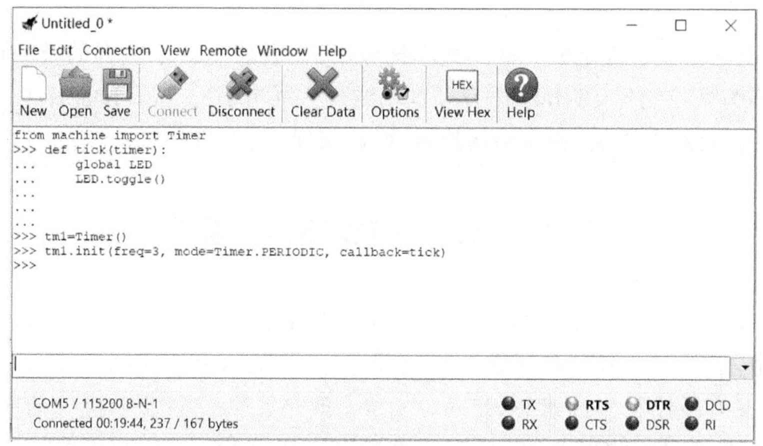

图 2.29　MicroPython REPL 语句控制 Pico 板载 LED 间断闪烁(2)

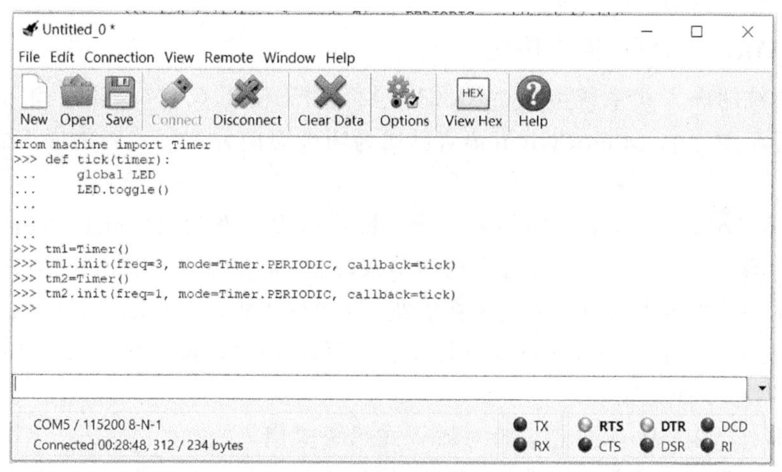

图 2.30　MicroPython REPL 语句控制 Pico 板载 LED 间断闪烁(3)

```
tm2 = Timer()
tm2.init(freq = 1, mode = Timer.PERIODIC, callback = tick)
```

这里 freq 设置为 1,LED 1 s 闪烁一次,我们看到 Pico 板载 LED 间断闪烁。

定时器使用结束后,还可以分别输入 tm1.deinit()方法、tm2.deinit()方法删除两个定时器 tm1 和 tm2,此时,LED 熄灭。

第 3 章　Pico 开发板 MicroPython 编程基础

MicroPython 语言是针对嵌入式系统应用、在微控制器上执行的精简版 Python 语言，也称为微控制器 Python 语言。本章结合 Thonny Python IDE 开发环境，讲述 Python 语言的基本语法、程序结构控制、函数与模块、类与对象。

3.1　MicroPython 简介

从字面上来看，MicroPython 由 Micro 和 Python 两个部分组成，Micro 有微小之意，而 Python 是一种编程语言，两者合起来的字面含义就是微型 Python。Micro 延伸之意又有微控制器的意思，MicroPython 就是在微控制器上执行的精简版 Python 语言，也叫微控制器 Python 语言，我们可以使用 MicroPython 程序来控制嵌入式开发板所连接的硬件装置。

1. MicroPython 语言历史

在传统的嵌入式系统编程中，人们大多习惯于使用 C/C++语言、汇编语言编程。在开源硬件中，MicroPython 语言已成为当今热门并广泛流行的嵌入式系统编程语言。

MicroPython 语言由英国剑桥大学教授达米安・乔治(Damien George)开发。米安・乔治是一名计算机工程师和物理学家，他每天都要使用 Python 语言工作，同时也在做一些机器人项目。米安・乔治花了 6 个月时间开发 MicroPython 语言，于 2013 年成功发布了第一版 MicroPython 语言，利用该语言可方便控制单片机对机器人等硬件装置的操控。

本质上，MicroPython 语言针对嵌入式系统应用，它包含 Python 3 语言核心并根据微控制器新增了微控制器专用模块，使其可以在嵌入式开发板上执行，从而实现嵌入式系统软硬件的管理和控制。换句话说，可以把 MicroPython 简单理解为在嵌入式开发板上执行的一种类操作系统，它能支持操作系统基本服务和存储 MicroPython 程序的文件系统。

MicroPython 语言最初是在 STM32F4 微控制器开发板上实现的，现在已经成功移植到树莓派 Pico、ESP8266、EPS32、micro：bit、MSP432 等众多嵌入式开发板上。

MicroPython 语言首先在嵌入式系统上完整实现了 Python 3 的核心功能，并能真正用于产品开发。除了 MicroPython，在嵌入式系统上还有像 Lua、Javascript、MMBasic 等脚本编程语言，但是它们都不如 MicroPython 功能完善，性能也没有 MicroPython 强，在可移植性、使用简捷性等方面都不如 MicroPython，可以使用的资源也非常少，因此在嵌入式系统开发领域影响不大。

2. MicroPython 语言特点

MicroPython 语言并非是一种全新的编程语言，但是其意义却超过了一种新式的编程语言。它为嵌入式系统开发带来了一种新的编程思维和方式，就像以前的嵌入式工程师从汇编语言转到 C 语言开发一样。MicroPython 语言的目的不是要取代 C 语言和传统的开发方式，而是让大家可以将重点放在应用层开发上。嵌入式工程师可以不需要每次都从最底层开始构建系统，而是可以直接从经过验证的硬件系统和软件架构开始设计，减少了底层硬件设计和软件调试的时间，提高了开发效率，同时也降低了嵌入式开发的门槛，让一般开发者也可以快速开发网络、物联网、机器人以及轻量级人工智能等应用。

MicroPython 语言使得在应用层级别移植程序成为了可能，就像 PC 中的程序那样。以前使用 C/C＋＋语言编程时，虽说 C/C＋＋也是高级编程语言，可以方便程序移植，但是实际开发中由于 C/C＋＋语言本身的复杂性、硬件平台的多样性、开发工具的依赖性等因素，造成在实际产品中程序移植变得很困难，很多时候进行系统移植还不如重新开发来得简便。而 MicroPython 语言是脚本语言，它本身和硬件相关性较小，加上 Python 语言自身的简洁性，程序移植将变得更加容易。

在物联网和人工智能时代，嵌入式系统开发的要求和以前相比有所变化，需要程序能够灵活多变、快速响应用户需求。传统开发一般需要修改整个项目，然后提供新的二进制文件升级，功能测试、现场维护和远程升级都较为复杂。而 MicroPython 语言只需要考虑用户功能，只要升级用户程序，简单便捷。

MicroPython 的特点是简单易用、解释型、移植性好、代码规范、面向对象、程序易维护，但是采用 MicroPython 语言或其他脚本语言（如 Javascript）开发的程序是边解释边执行的，MicroPython 解释器负责将源代码转换为中间字节码形式，然后将其解释为机器语言并执行，因此 MicroPython 运行效率肯定没有采用 C/C++、汇编等编译型的工具高。MicroPython 并不会取代传统的 C/C++语言，但是在许多应用情况下，硬件性能是冗余过剩的，降低一点运行效率影响不大，而 MicroPython 语言所带来的开发效率整体提升才是最大优点。

如果说 Arduino 将一般电子爱好者、DIYer、创客引入了嵌入式系统领域，使他们不再畏惧嵌入式硬件开发和使用，那么 MicroPython 完全就可以作为工具去开发真正的产品，让普通工程师和爱好者可以快速开发嵌入式程序，让嵌入式系统开发和移植变得轻松便捷。

3. MicroPython 程序设计是一种物理计算

传统 Python 程序设计中的程序一般是由输入数据、处理数据和输出结果 3 种基本元素构成的。通常情况下，程序的输入是从键盘输入数据，输出是从显示器输出执行结果，程序中的处理元素一般是使用运算表达式、条件和循环来处理数据，以产生相应的输出结果。而 MicroPython 程序设计中的程序实际上是基于硬件设备（物理对象）输入和输出的物理计算（Physical Computing）。在 MicroPython 程序设计中，通常程序的输入是实际按键开关的状态或各种传感器的读取值（如麦克风），程序的输入可以是数字输入或模拟输入；微控制器执行 MicroPython 程序对其进行处理后，输出到 LED（点亮或熄灭）、驱动电机、扬声器发声等，程序的输出可以是数字输出或模拟输出。

4. MicroPython 的系统结构

MicroPython 系统的典型结构如图 3.1 所示。它由微控制器（系统底层）硬件、MicroPython 固件和用户程序三大部分组成。硬件和 MicroPython 固件是最基础的部分，也是相对不变的，而用户程序可以随时改变，可以存放多个用户程序到系统中，随时调用或者切换，这也是使用 MicroPython 的一个特点。

图 3.1 MicroPython 系统的典型结构

MicroPython 的功能类似于嵌入式操作系统，只有事先安装了 MicroPython 系统（固件），才能运行各种 MicroPython 程序。

3.2 Thonny Python IDE 安装与使用基础

3.2.1 Thonny Python IDE 简介

虽然使用纯文本编辑器可以编辑 Python 程序代码，但是 Python 开发者和编程爱好者广泛使用集成开发环境（IDE，全称为 Integrated Development Environment）来学习和开发 Python 程序。Thonny Python IDE 是一款免费的集成开发环境，简称 Thonny。Thonny 主要特点如下：

① Thonny 同时支持 Python 和多种嵌入式开发板的 MircroPython 语言，如 ESP8266、ESP32、STM32、树莓派 Pico 等。

② Thonny 程序编辑器支持自动程序代码和括号提示，可帮助使用者输入正确的 Python 程序代码。

③ Thonny 使用高亮度提示程序代码错误，并提供辅助说明和程序代码帮助调

试程序。

④ Thonny 提供友好的 Python 包管理，可以方便使用者管理和安装 Python 程序开发所需要的 Python 包。

3.2.2　Thonny Python IDE 安装

Thonny Python IDE 跨平台支持 Windows、MacOS 和 Linux（含树莓派 Linux 版）操作系统，可以在官网 https://thonny.org 免费下载最新版本。这里使用 Windows Thonny 3.3.13 版，所下载安装程序的文件名为 thonny-3.3.13.exe。

成功下载 Thonny 后，Windows 10 环境下 Thonny Python IDE 安装主要步骤如下：

① 双击 thonny-3.3.13.exe 安装程序，则显示 Thonny Python IDE 安装界面，如图 3.2 所示。

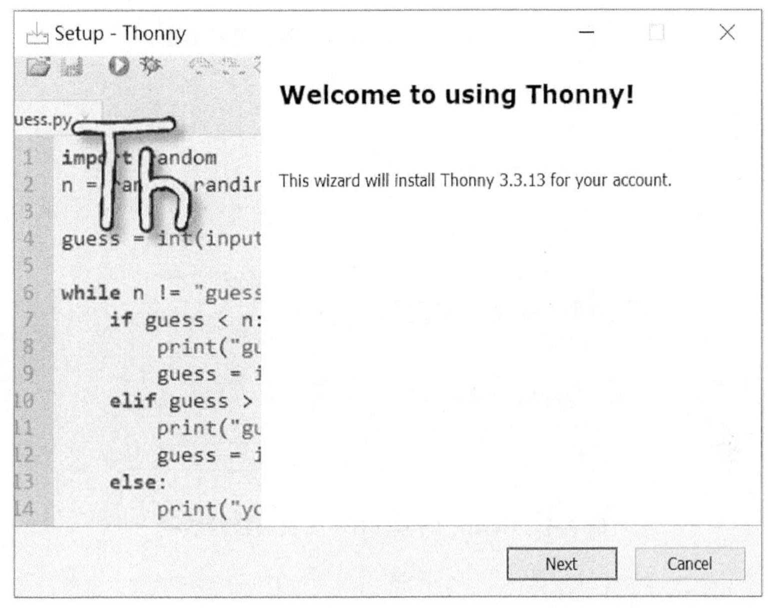

图 3.2　Thonny Python IDE 安装界面

② 单击 Next 按钮，则显示 License Agreement 授权许可协议对话框，如图 3.3 所示。

③ 单击 I accept the agreement 单选钮，则显示 Select Destination Location 安装路径对话框，如图 3.4 所示。

④ 选择安装路径，这里使用默认安装路径；单击 Next 按钮，则显示 Select Additional Tasks 选择附加任务对话框，如图 3.5 所示。

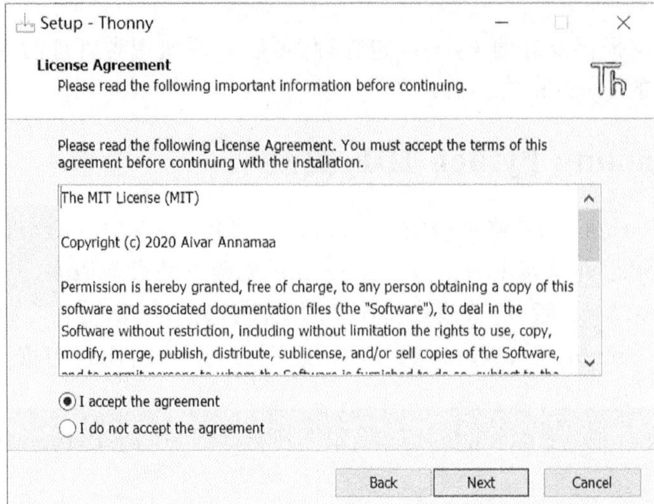

图 3.3　Thonny Python IDE 许可协议对话框

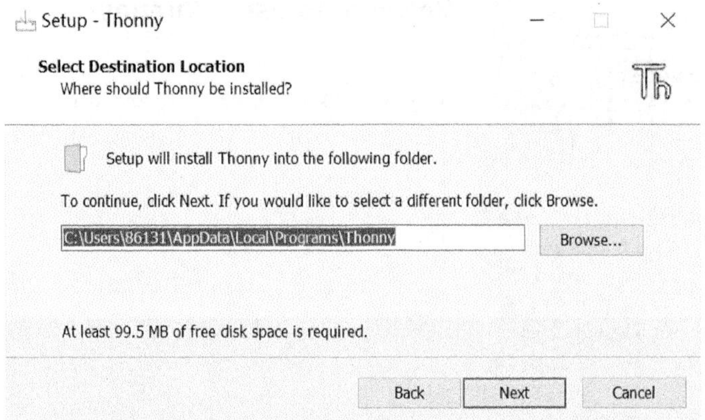

图 3.4　Thonny Python IDE 安装路径对话框

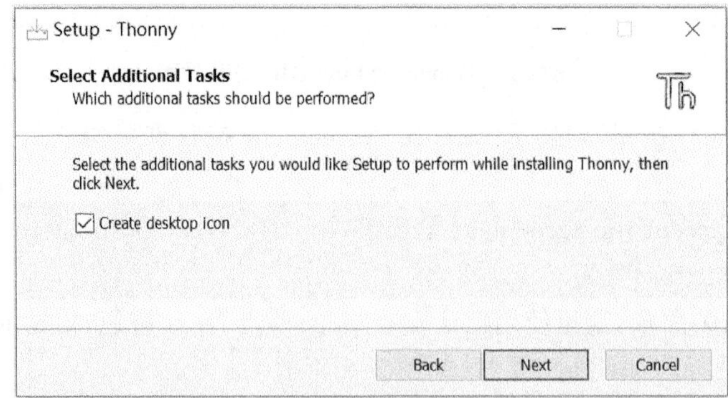

图 3.5　Thonny Python IDE 选择附加任务对话框

⑤ 选中 Create desktop icon 建立桌面图标任务，单击 Next 按钮，则显示 Ready to Install 准备安装对话框，如图 3.6 所示。

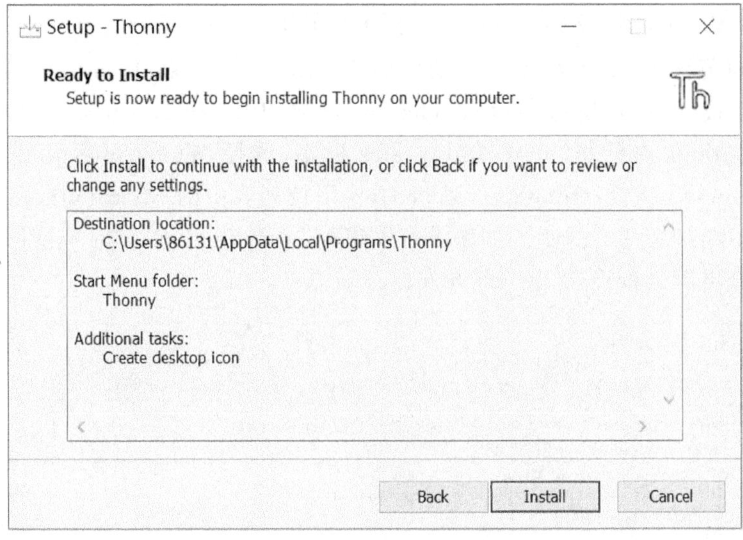

图 3.6　Thonny Python IDE 准备安装对话框

⑥ 这里可以看到安装的相关信息，如果没有问题，则单击 Install 按钮开始安装，安装过程中可以看到安装进度。安装完毕后，则显示 Greate success 安装成功对话框，如图 3.7 所示，单击 Finish 按钮完成 Thonny Python IDE 安装。

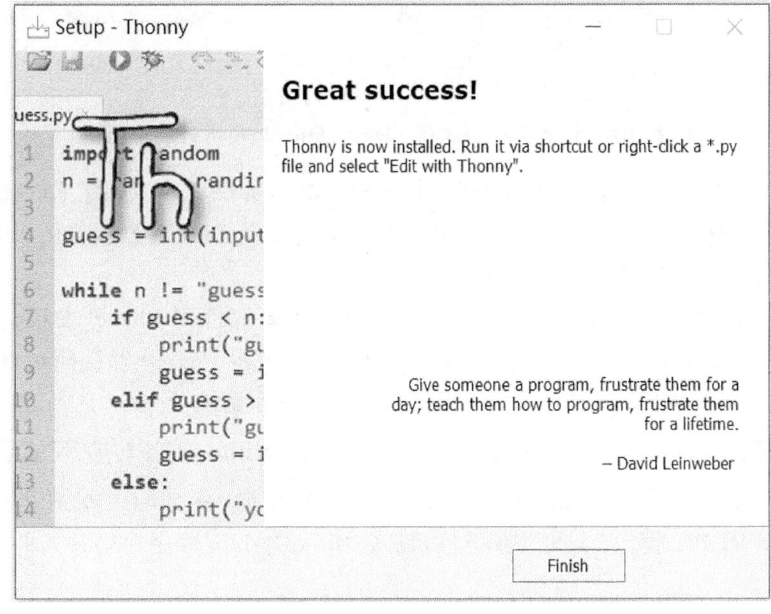

图 3.7　Thonny Python IDE 安装成功对话框

3.2.3 使用 Thonny 建立 Pico 开发板 MicroPython 程序

1. 设置 Pico 开发板 Thonny Python IDE 开发环境

假设树莓派 Pico 开发板已成功安装 MicroPython。将 Pico 开发板插入电脑 USB 口，连接 Pico 开发板。运行 Thonny，选择 Tools→Options 菜单项，则弹出 Thonny Options 对话框，单击 Interpreter 标签，选择 Which interpreter or device should Thonny use for running your code? 下拉列表中的 MicroPython(Raspberry Pi Pico)选项，如图 3.8 所示。如果没有发现 MicroPython(Raspberry Pi Pico)选项，那么须检查电脑是否连接上 Pico 开发板。

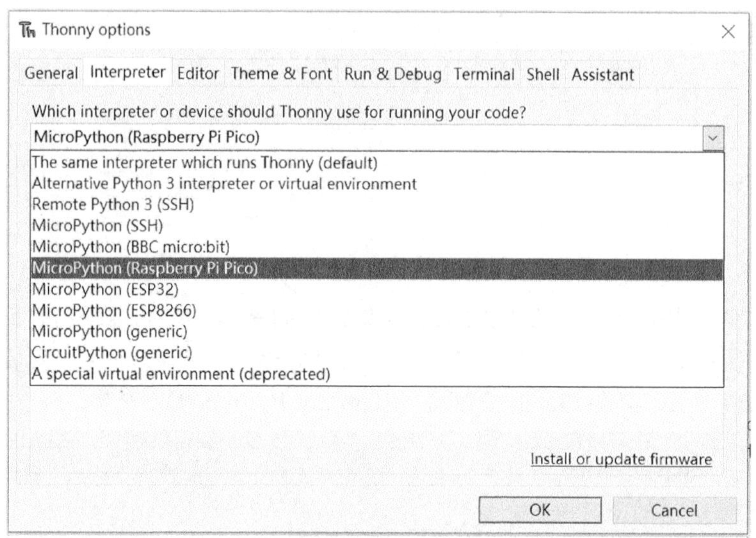

图 3.8 设置 Pico 开发板 Thonny MicroPython 开发环境

在 Port 下拉列表选择 USB 串行设备(COM5)，如图 3.9 所示。作者的电脑连接 Pico 开发板设备后，使用的是 COM5 串口；若不清楚 Pico 开发板使用了哪一个串口，则可选择 Try to detect port automatically。

单击 Install or update firmware 还可安装或更新固件到 Pico 开发板，注意不要频繁更新 Pico 开发板中的固件。大多数情况下，只须将 Pico 开发板插到电脑，运行 Thonny，就能正常进行树莓派 Pico 相关项目的开发和调试了。

2. 使用 Thonny Python IDE 建立 MicroPython REPL 交互式程序

运行 Thonny 进入 Thonny Python IDE 开发环境，在 Shell(MicroPython/MicroPython REPL)窗口“ >>> ”提示符后输入 MicroPython 程序代码并立即执行代码即可。

现以点亮 Pico 开发板板载 LED 为例进行说明，运行 Thonny 后在 Shell 窗口

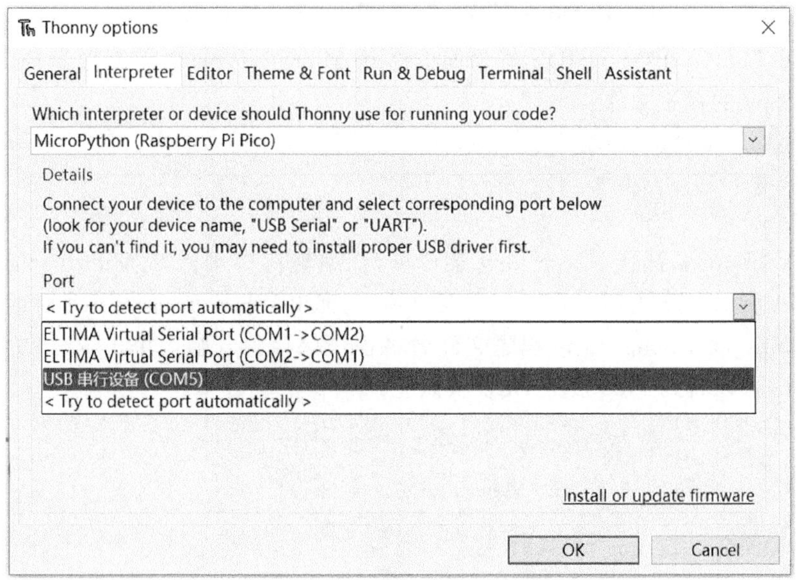

图 3.9　设置 Pico 开发板串口

“>>>”提示符后顺序输入以下 MicroPython 语句(每输入一条语句,按一次回车键):

```
>>> from machine import Pin
>>> LED = Pin(25, Pin.OUT)
>>> LED.value(1)
```

当输入第 3 行语句 LED.value(1)并回车后,MicroPython REPL 窗口如图 3.10 所示,此时 Pico 开发板板载 LED 被点亮。

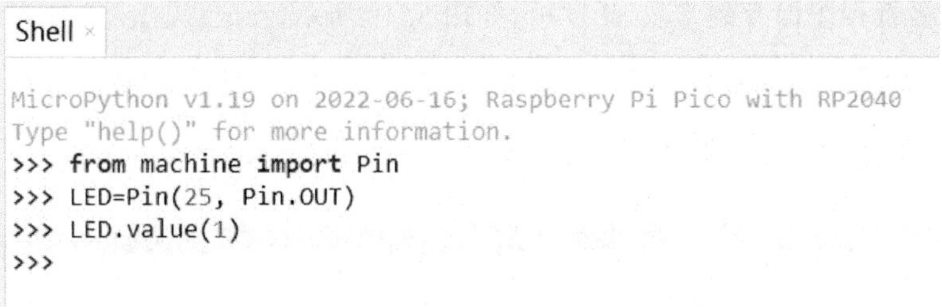

```
Shell

MicroPython v1.19 on 2022-06-16; Raspberry Pi Pico with RP2040
Type "help()" for more information.
>>> from machine import Pin
>>> LED=Pin(25, Pin.OUT)
>>> LED.value(1)
>>>
```

图 3.10　使用 Thonny 建立 MicroPython REPL 程序控制 Pico 板载 LED 点亮

接下来,输入 LED.value(0)语句并按回车键,可以看到 Pico 开发板板载 LED 熄灭。

在 MicroPython REPL 中,可以输入 help()函数查看简单的帮助,输入 help(模块名或函数名)查看更详细的帮助。比如,直接输入 help(machine)就可以查看 Pico 开发板硬件相关的函数、存储器、类等帮助信息,这些信息包括 bootloader、mem32、Pin、UART、I^2C、I^2S、WDT 等。

3. 使用 Thonny Python IDE 建立 MicroPython 程序

现用 Thonny Python IDE 将前面的 3 条 MicroPython 语句编辑为一个文件名为 ch3_1. py 的程序文件：

```
from machine import Pin
LED = Pin(25, Pin.OUT)
LED.value(1)
```

运行 Thonny，选择 File→New 菜单项，在编辑窗口录入该 MicroPython 程序，如图 3.11 所示。选择 File→Save as 菜单项，则弹出 Where to save to? 对话框，单击 This Computer，以 ch3_1. py 程序文件名将程序保存到电脑。单击 Run 或按 F5 键运行程序，可以看到 Pico 板上 LED 被点亮。

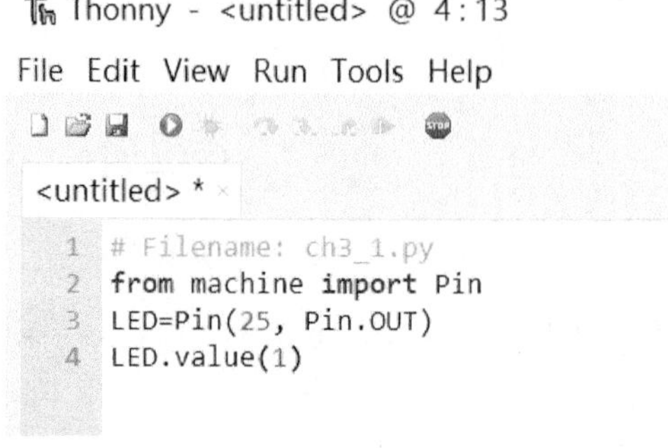

图 3.11　使用 Thonny 编制 MicroPython 程序点亮 Pico 板载 LED

接下来将 ch3_1. py 文件以 main. py 文件保存到 Pico 开发板 Flash 中，选择 File→Save as 菜单项，则弹出 Where to save to? 对话框。单击 Raspberry Pi Pico，则以 main. py 程序文件名将程序保存到 Pico 开发板，如图 3.12 所示。

Open from Raspberry Pi Pico
Raspberry Pi Pico
Name　Size (bytes)
main.py　83
File name: main.py　OK　Cancel

图 3.12　main. py 程序文件保存到 Pico 开发板

退出 Thonny Python IDE，拔下 Pico 开发板 Micro USB 电缆线连接到电脑端的 USB 插头，断开 Pico 开发板与电脑的连接。将 Pico 开发板与电脑连接的 Micro USB 电缆线 USB 插头转接到一个＋5 V USB 直流电源(这里使用 Samsung AC -

DC 适配器 5 V USB 手机充电器电源)，可以看到 Pico 开发板板载 LED 一直点亮，说明 main.py 程序已正确烧写到 Pico 开发板中并且能独立自动执行。

由此得出一个结论，Pico 开发板只自动执行一个 MicroPython 程序文件，Pico 开发板开机启动后将自动执行名为 main.py 的主程序文件。

3.3　Python 基本语法

1. Python 文件名

- *.py：Python 源文件，由 Python 解释器负责解释执行。
- *.pyw：Python 源文件，常用于图形界面程序文件。
- *.pyc：Python 字节码文件，无法使用文件编辑器直接查看该类型文件的内容，可用于隐藏 Python 和提高运行速度。

Python 模块第一次被导入时，则被编译成字节码的形式，并在导入时优先使用 *.pyc 文件，以提高模块的加载和运行速度。

2. Python 对象模型

在 Python 中，所有的数据类型都是类，每个数据都是类的实例或对象。对象是 Python 中最基本的概念，在 Python 中处理的一切都是对象。Python 中有许多内置对象可供编程者使用，如数字、字符串、列表、字典等，非内置对象需要导入模块才能使用，如要使用正弦函数 sin()，则需要导入 math 模块；要使用随机数产生函数 random()，则需要导入 random 模块等。常见的 Python 对象如表 3.1 所列。

表 3.1　常见的 Python 对象

对象类型	类型名称	示　例	简要说明
数字	int、float、complex	12、3.5、1.5e^3、5+2j	数字大小无限制，内置，支持复数及其运行
字符串	str	'Python', ''MicroPython '', '''LED''', r'led', R'abc'	使用单引号、双引号、三引号作为定界符，以字母 r 或 R 引导的表示原始字符串
字节串	byte	b'Raspberry Pi Pico'	以字母 b 引导，可以使用单引号、双引号、三引号作为定界符
列表	list	[20,10,5],['a', 'b',['c',1]]	所有元素放在一对方括号中，元素之间使用逗号分隔，其中的元素可以是任意类型
字典	dict	{1: 'food',2: 'taste'}	所有元素放在一对大括号中，元素之间使用逗号分隔，元素形式为“键:值”

续表 3.1

对象类型	类型名称	示　例	简要说明
元组	tuple	(1,2,3),(5,)	所有元素放在一对圆括号中,元素之间使用逗号分隔;如果元组中只有一个元素,则后面的逗号不能省略

3. Python 关键字与标识符

(1) 关键字

关键字是 Python 语言中一些已经被赋予特定意义的单词。开发程序时,不可以把这些关键字作为变量、函数、类、模块和其他对象的名称来使用。Python 有 33 个关键字,它们是 False、None、True、and、as、assert、break、class、continue、def、del、elif、else、except、finally、for、from、global、if 、import、in 、is、lambda 、nonlocal、not、or、pass、raise、return、try、while、with、yield。其中,只有 None、True 和 False 的首写字母为大写,其他关键字都为小写。

(2) 标识符

标识符可以简单地理解为一个名字,比如每个人都拥有自己的名字,它主要用来标识变量、函数、类、模块和其他对象的名称。构成标识符的字符均遵循一定的命名规则。

Python 语言标识符命名规则如下:

- 首字符可以是下划线"_"或字母,但不能是数字;
- Python 中的关键字不能作为标识符;
- 严格区分字母大小写。

Python 中以下划线开头的标识符有特殊意义,一般应避免使用相似的标识符:

- 以单下划线开头的标识符(如_width)表示不能直接访问的类属性。另外,也不能通过"from xxx import * "导入。
- 以双下划线开头的标识符(如__add)表示类的私有成员。
- 以双下划线开头和结尾的是 Python 里专用的标识,如__init__()表示构造函数。

由于 Python3 采用了双字节的 Unicode 统一编码,该编码包含亚洲文字编码,如中文、日文、韩文等字符,因此 Python 也可采用中文等亚洲文字作为标识符。

4. Python 注释

一个可读性强的程序一般包含 30%以上的注释。常用的注释方式主要有两种。

① 以 # 位于注释行的开始,# 后面有一个空格,接着是注释的内容。

例如:

```
# coding = utf - 8
#s 为字符串变量
s = "树莓派 Pico "
print(s)  #打印 s 变量
#x 为整数变量
x = 85
print(x)  #打印 x 变量
```

本例第一行的代码较特殊，这个注释告诉 Python 解释器该文件的编码集是 utf - 8，它可以避免包含中文等亚洲文字的代码无法解释的问题。该注释语句必须放在文件的第一行或第 2 行才有效，它的另外一个写法是# - * - coding：utf - 8 - * -。

② 使用一对三引号 ''' 注释内容 ''' 或 """ 注释内容 """ 的注释为多行注释，多行注释通常用来为 Python 文件、模块、函数或类等添加功能、版权等信息。

举例：

```
'''
x:整数变量
s:字符串变量
打印整数及字符串
'''
x = 85
print(x)
s = "Raspberry Pi Pico "
print(s)
```

说明：在添加注释时，一定要有意义，即注释能充分解释代码的功能及用途。

5. Python 变量

Python 中为一个变量赋值的同时就声明了该变量，该变量的数据类型就是赋值数据所属的类型，该变量还可以接收其他类型的数据。

在 Python Shell 中运行示例代码如下：

```
>>> x = 3 #创建整数变量 x 并赋值为 3
>>> s1 = 'MicroPython' #创建字符串变量 s1 并赋值为 'MicroPython'
>>> s2 = 'I\'d like Raspberry Pi Pico.'   #创建字符串变量 s1 并赋值为 'I'd like Rasp-
berry Pi Pico.'
```

这里 s2 赋值的字符串使用了 "\" 对单引号进行转义。

Python 属于强类型编程语言，Python 解释器会根据赋值或运算自动推断变量类型。Python 还是一种动态类型语言，变量的类型也可以随时变化。

举例：

```
>>> x = 10
>>> print(type(x))                          #查看变量类型
<class 'int' >                              #整数类型
>>> x = 'I\'d like Raspberry Pi Pico.'
```

```
>>> print(type(x))                      # 查看变量类型
<class 'str' >                          # 字符串类型
>>> x = [2.14,3.14,2.718]
>>> print(type(x))                      # 查看变量类型
<class 'list' >                         # 列表类型
>>> isinstance('Raspberry Pi Pico',str) # 测试对象是否是某种类型的实例
True
```

6. 语 句

Python 代码是由关键字、标识符、表达式和语句等构成的，语句是代码的重要组成部分。

在 Python 中，一行代码表示一条语句，一般情况下语句结束时不加分号。

举例：

```
>>> x = 5;          # 语句结束时可加分号，但不符合 Python 规范
>>> s = "I'\d like Raspberry Pi Pico. "
>>> z = y = x = 10  # Python 链式赋值语句可以同时给多个变量赋相同的值
```

7. Python 数字

数字是不可变的对象，可以表示任意大小的数字。

举例：

```
>>> x = 2e5         # x 赋值 2^5
>>> x * x
4e + 10
>>> x * * 3         # x 的三次方
8e + 15
```

Python Shell 交互界面可以当作简便的计算器使用。

举例：

```
>>> 5 * * 3 + 4 * * 2
141
```

Python 有以下几种数字类型：

① 十进制整数，如 5、—128。

② 十六进制整数，需要 10 个数字 0、1、2、3、4、5、6、7、8、9 和 6 个英文字母 a/A、b/B、c/C、d/D、e/E、f/F 表示整数，必须以 0x 或 0X 开头，如 0x10、0x20、0xabc123、0xABC。

③ 八进制数，需要 8 个数字 0、1、2、3、4、5、6、7 表示整数，必须以 0o 或 0O 开头，如 0o10、0O20。

④ 二进制数，需要 2 个数字 0、1 表示整数，必须以 0b 或 0B 开头，如 0B10、0b10101。

⑤ 小数又称浮点数，如 1.414、0.25、2718.28e—3(这是 Python 程序的数据表示

形式)。

⑥ 复数,如 3+5j。

举例:

```
>>> x = 3 + 5j
>>> y = 2 - 3j
>>> z = x + y
>>> z
(5 + 2j)
>>> z.real                #查看复数实部
5.0
>>> z.imag                #查看复数虚部
2.0
>>> x * y                 #复数乘法
(21 + 1j)
>>> x/y                   #复数除法
(- 0.6923077 + 1.461539j)
```

⑦ 布尔数,Python 的布尔类型为 bool 类,bool 是 int 类的子类,它只有 True 和 False 两个值。

举例:

```
>>> bool(0)                    #整数 0 被转换为 False
False
>>> bool(5)                    #其他非零整数被转换为 True
True
>>> bool( - 1)                 #其他非零整数被转换为 True
True
>>> bool('')                   #空字符串被转换为 False
False
>>> bool( ' ')                 #其他非空字符串被转换为 True
True
>>> bool([])                   #空列表被转换为 False
False
>>> bool({})                   #空字典被转换为 False
False
>>> bool({100: 'Pico '})       #其他非空字典被转换为 True
True
```

8. Python 字符串

Python 字符串是使用单引号、双引号或三引号将字符序列括起来,并用转义符\将其后面的字符转换为其他含义。常用转义字符如表 3.2 所列。

表 3.2　常用转义字符

字符表示	Unicode 编码	含　义
\'	\u0027	单引号
\"	\u0022	双引号
\t	\u0009	水平制表符
\n	\u000a	换行
\r	\u000d	回车
\\	\u005c	反斜线

单引号、双引号、三引号、三双引号可以相互嵌套，用来表示复杂的字符串。

举例：

```
>>> print('''She said, "I\'m fine. "''')
She said, "I'm fine. "
```

字符串可以使用“+”连接，用“＊”重复。

举例：

```
>>> 'Y' + 'e'+ 's! '
'Yes! '
>>> 'Y' + 5 * 'e'+ 's! '
'Yeeeees! '
```

对于用单引号或双引号括起来的普通字符串，其字符串中可能有较多转义；可以使用原始字符串(raw string)，它表示按原本的样子呈现字符串，在普通字符串前加 r 就是原始字符串。

举例：

```
>>> s = 'Raspberry Pi\n Pico'
>>> print(s)
Raspberry Pi
Pico
>>> s = r'Raspberry Pi\n Pico'
>>> print(s)
Raspberry Pi\n Pico
```

对于 3 个单引号(''')或 3 个双引号(""")括起来的字符串称为长字符串，长字符串包含了换行、缩进等排版字符，可用长字符串表示一段文字或一篇文章。

举例：

```
>>> s = """Raspberry Pi Pico
Raspberry RP2040 MCU
Seeed Wio RP2040 Module
"""
```

```
>>> print(s)
Raspberry Pi Pico
Raspberry RP2040 MCU
Seeed Wio RP2040 Module
```

字符串与数字是不兼容的两种数据类型，不能进行隐式转换，只能通过函数进行显式转换。将字符串转换为数字，可以使用 int()或 float()实现，转换成功则返回数字，否则引发异常；将数字转换为字符串，可以使用 str()函数，str()函数可以将多种类型的数据转换为字符串。

举例：

```
>>> int("10")                    #将"10"字符串转换为整数
10
>>> float('3.14')                #将'3.14'字符串转换为小数
3.14
>>> int("A",16)                  #将"A"字符串转化为十进制整数
10
>>> str(12)                      #将整数 12 转换为字符串
'12'
>>> str(True)                    #将布尔值 True 转换为字符串
'True'
```

在编程过程中，有时需要将表达式的计算结果与字符串拼接在一起后输出，主要方法有 3 种：①使用 str()函数将表达式的计算结果转化为字符串，再与字符串拼接；②使用%操作符输出格式化字符串；③使用字符串的 format 方法，它不仅可以实现字符串的拼接，还可以格式化字符串。

常用的字符串格式符如下：

%s：获取传入对象的__str__方法的返回值，并将其格式化到指定位置；

%c：将数字转换为 Unicode 对应的值，将字符添加到指定位置；

%d：将整数、浮点数转换为十进制表示，并将其格式化到指定位置；

%a.b：将整数、浮点数转换为浮点数表示，并将其格式化到指定位置(默认保留小数点后 6 位)，a 表示浮点数的输出长度，b 表示浮点数小数点后的精度。

举例：

```
>>> a = 2.71828
>>> '%7.3f' %a                #保留 3 位小数，共 7 位，不足 7 位前面补空格
'  2.718'
>>> "%d:%c" %(65,65)
'65:A'
>>> "%x:%c" %(0x42,0x42)
'42:B'
```

如果想将表达式的计算结果插入到字符串中，则需要用到占位符。对于占位符，

使用一对大括号{}表示。

占位符中还可以有格式化控制符,以对字符串的格式进行更加精准地控制。字符串的格式化控制符及其含义如表 3.3 所列。

表 3.3 格式化控制符

格式控制符	含 义
s	字符串
d	十进制整数
f/F	十进制浮点数
g/G	十进制整数或浮点数
e/E	科学计数法表示的浮点数
o	八进制整数,符号是小写英文字母 o
x/X	十六进制整数

格式化控制符位于占位符索引或占位符名字的后面,之间用冒号分隔,语法规则是{参数序号:格式控制符}或{参数名:格式控制符}。

举例:

```
>>> name = "Tom "
>>> money = 6250.1234
>>> '{0}\'s salary is {1:g} yuan'.format(name, money)
"Tom's salary is 6250.12 yuan "
```

9. Python 运算符和表达式

运算符是一些特殊的符号,主要用于数学计算、比较大小和逻辑运算等。Python 运算符主要包括算术运算符、比较(关系)运算符、逻辑运算符、位运算符和赋值运算符。使用运算符将不同类型的数据按照一定的规则连接起来的式子,称为表达式。例如,使用算术运算符连接起来的式子称为算术表达式,使用逻辑运算符连接起来的式子称为逻辑表达式。

表达式由运算符(Operator)和操作数(Operand)组成,操作数是运算符进行计算的对象。如表达式 1+2 中,“+”是运算符,表示进行“加法”运算,1 和 2 是操作数。

(1) 算术运算符

算术运算符用于组织整数类型和浮点类型的数据,有单目运算符和双目运算符之分,操作数有一个的运算符是单目运算符,操作数有两个的运算符是双目运算符。单目算术运算符仅有两个:+(正号)和-(负号),如+a 还是 a,-a 是对 a 的取反运算。双目算术运算符如表 3.4 所列。

表 3.4　算术运算符

运算符	名　称	示　例	说　明
+	加	a+b	求 a 与 b 的和
−	减	a−b	求 a 与 b 的差
*	乘	a * b	求 a 与 b 的积
/	除	a/b	求 a 除于 b 的商
%	取余	a%b	求 a 除于 b 的余数
**	幂	a ** b	求 a 的 b 次幂
//	地板除法	a//b	求小于 a 与 b 的商的最大整数

举例：

```
>>> a = 1
>>> -a
-1
>>> 3/2
1.5
>>> 3 % 2
1
>>> 3//2
1
>>> -3//2
-2
>>> 1.414 + 2
3.414
>>> 1.5 + True + 1     #True 当作整数 1 参与运算
3.5
```

(2) 比较(关系)运算符

比较(关系)运算符用于比较两个表达式的大小，其结果是布尔类型数据，即 True 或 False。比较运算符如表 3.5 所列。

表 3.5　比较运算符

运算符	名　字	示　例	说　明
==	等于	a==b	a 等于 b 时返回 True，否则返回 False
!=	不等于	a!=b	与==相反
>	大于	a>b	a 大于 b 时返回 True，否则返回 False
<	小于	a<b	a 小于 b 时返回 True，否则返回 False
>=	大于等于	a>=b	a 大于等于 b 时返回 True，否则返回 False
<=	小于等于	a<=b	a 小于等于 b 时返回 True，否则返回 False

比较运算符可用作任意类型的数据，但参与比较的两种类型的数据要相互兼容，即能进行隐式转换，如整数、浮点数和布尔 3 种类型是相互兼容的。

举例：

```
>>> a = 1
>>> b = 2
>>> a>b
False
>>> a<b
True
>>> a<=b
True
>>> 1.0!=1    #浮点数与整数兼容，可以进行比较
False
>>> a = "Raspberry"
>>> b = "Pico"
>>> a>b    #比较字符串的大小，即逐一比较字符 Unicode 编码的大小
True
>>> a = []
>>> b = [1,2]
>>> a>b    #比较列表的大小，即逐一比较其中元素的大小
False
```

(3) 逻辑运算符

逻辑运算符用于对布尔型变量进行运算，其结果也是布尔型。布尔运算符如表 3.6 所列。

表 3.6　布尔运算符

运算符	名　字	示　例	说　明
not	逻辑非	not a	a 为 True 时，值为 False；a 为 False 时，值为 True
and	逻辑与	a and b	a、b 全为 True 时，运算结果为 True，否则为 False
or	逻辑或	a or b	a、b 全为 False 时，运算结果为 False，否则为 True

(4) 位运算符

位运算符是把数字作为二进制数来计算的，因此，需要先将要执行运算的数据转换为二进制，然后才能进行执行运算。Python 中的位运算符如表 3.7 所列。

表 3.7　位运算符

运算符	名　称	示　例	说　明
~	位反	~x	将 x 的值按位取反
&	位与	x&y	将 x 与 y 按位进行位与运算
|	位或	x|y	将 x 与 y 按位进行位或运算

续表 3.7

运算符	名　称	示　例	说　明
^	位异或	x^y	将 x 与 y 按位进行位异或运算
>>	右移	x>>a	将 x 右移 a 位，高位用符号位补位
<<	左移	x<<a	将 x 左移 a 位，低位用 0 补位

说明：整型数据在内存中以二进制的形式表示，如 7 的 32 位二进制形式如下：

0b00000000 00000000 00000000 00000111

其中，左边最高位是符号位，最高位是 0 表示正数，若为 1 则表示负数。负数采用补码表示，如－7 的 32 位二进制补码形式为：

0b11111111 11111111 11111111 11111001

举例：

```
>>> a = 0b00000000000000000000000000000111
>>> b = 0b11111111111111111111111111111001
>>> ~a
-8
>>> a&b
1
>>> a|b
4294967295
>>> a^b
4294967294
```

(5) 赋值运算符

赋值运算符主要用来为变量等赋值。使用时，可以直接把基本赋值运算符“＝”右边的值赋给左边的变量，也可以进行某些运算后再赋值给左边的变量。

Python 中的复合赋值语句的写法与 C、Java 类似。Python 中常用的赋值运算符如表 3.8 所列。

表 3.8　常用的赋值运算符

运算符	说　明	示　例	展开形式
=	简单赋值运算	x=y	x=y
+=	加赋值	x+=y	x=x+y
-=	减赋值	x-=y	x=x-y
*=	乘赋值	x*=y	x=x*y
/=	除赋值	x/=y	x=x/y
%=	取余数赋值	x%=y	x=x%y
**=	幂赋值	x**=y	x=x**y
//=	取整除赋值	x//=y	x=x//y

举例：

```
>>> x=1
>>> x+ =20                # 等价于 x=x+20
>>> x
21
>>> x- =1                 # 等价于 x=x-1
>>> x
20
>>> x* =3                 # 等价于 x=x*3
>>> x
60
>>> x/ =2                 # 等价于 x=x/3
>>> x
30.0
```

Python 中的运算符优先级遵循如下规则：算术运算符优先级最高，其次是位运算符、关系运算符、逻辑运算符、赋值运算符，算术运算符之间遵循“先乘除、后加减”的基本运算规则。虽然 Python 运算符有一套严格的优先级规则，但是建议在编制复杂的表达式时，尽量使用圆括号明确说明其中的逻辑，以提高代码的可读性。

10. 基本输入/输出

基本输入/输出一般是指从键盘上输入字符，并将输出内容输出到显示器。

在 Python 中，使用内置函数 input()可以接收用户的键盘输入。input()函数基本用法为：

variable = input(" 提示信息 ")

其中，variable 为保存输入结果的变量，双引号内的文字用于提示要输入的内容。

使用内置函数 print()可以将结果输出到标准控制台(stdout)，也可重定向输出到文件(file)，print()函数的基本用法为：

print(输出内容)

其中，输出内容可以是数字、字符串，也可以是包含运算符的表达式计算结果。

举例：

```
>>> x=input( "请输入 x: ")
请输入 x:5
>>> type(x)
<class 'str' >
>>> print( "x= ",x)
x= 5
>>> print(1,2,x,sep='\t')  # sep 用于指定数据间的分隔符(默认分隔符为空格，现改为\t 制表符)
1    2    5
```

11. Python 代码规范

(1) 代码缩进规范

Python 不像其他程序设计语言(如 C 或 Java)采用大括号{}分隔代码块,而是采用代码缩进和冒号:区分代码间的层次。

代码缩进可以使用空格或者<Tab>键实现。当使用空格时,一般以 4 个空格作为一个缩进量;当使用 Tab 键时,则采用一个 Tab 键作为一个缩进量。通常情况下建议采用空格进行缩进。

在 Python 中,对于类定义、函数定义、流程控制语句、异常处理语句等,行尾的冒号和下一行的缩进表示一个代码块的开始,而缩进结束则表示一个代码块的结束。

Python 对代码缩进要求极为严格,同一级别代码块的缩进量必须相同。如果不采用合理的代码缩进,则抛出 Syntax Error 异常。

(2) 代码编写规范

以下是编写 Python 程序代码需要遵守的一些规范:

① 每个 import 语句只导入一个模块,尽量避免一次导入多个模块。

② 如果一行语句太长(一行不超过 80 个字符),则建议使用小括号()隐式地连接多行内容,而不推荐使用反斜杠"\"连接。

③ 必要的空格与空行:通常情况下,运算符两侧、函数参数之间、逗号两侧建议使用空格分开;不同功能的代码块之间、不同函数定义之间建议增加一个空行以增加程序可读性。

3.4　Python 程序结构控制

结构控制是一种程序运行的逻辑。计算机程序设计有 3 种基本控制结构,它们分别是顺序结构、选择结构和循环结构。简单的顺序结构是指编写好的语句按照编写顺序依次执行;选择结构根据条件语句的结果选择执行不同的语句;循环结构是指在一定条件下重复执行某项任务所对应的语句块,其中,被重复执行的语句称为循环体,决定循环是否终止的判断条件称为循环条件。

大多数情况下,程序不是简单的顺序结构,而是顺序、选择、循环 3 种结构的复杂组合。

3.4.1　选择语句

选择语句又称为条件语句,即按照条件选择执行不同的代码片段。Python 选择语句主要有 3 种形式,分别是 if 语句、if/else 语句和 if/elif/else 多分支语句。

说明:在其他语言中(如 C、Java、C++等),选择语句还包括 switch 语句,也可以实现多重选择。但是 Python 中没有 switch 语句，在实现多重选择功能时，只能使用 if…elif…else 语句或者 if 语句的嵌套。

1. if 单选条件语句

语句格式：

```
if 条件表达式:
    语句块
```

其中，条件表达式可以是单纯的布尔值或变量，也可以是比较表达式或逻辑表达式（如 a>b and a !=c）。如果表达式为真（True），则执行“语句块”；如果表达式的值为假（False），则跳过“语句块”，继续执行后续语句。这种 if 单选条件语句相当于汉语中的“如果……则……”，其流程如图 3.13 所示。

举例：

```
temp = int(input( "请输入武汉气温: "))
if temp < 20:
    print( "请加一件外套 ")
if temp >= 20 and temp<25:
    print( "请加一件薄外套 ")
print( "武汉气温 = ", temp)
```

程序说明：本程序用了两条 if 单选条件语句，第一条 if 语句判断变量 temp 是否小于 20，如果是则执行 print("请加一件薄外套 ")语句；接着执行第 2 条 if 语句，当气温在 20～25 之间时，则执行 print("请加一件薄外套 ")语句。

2. if/else 二选一条件语句

语句格式：

```
if 表达式:
    语句块 1
else:
    语句块 2
```

使用 if/else 语句时，表达式可以是单纯的布尔值或变量，也可以是比较表达式或逻辑表达式。如果满足条件，则执行 if 后的语句块；否则，执行 else 后的语句块。这种二选一选择语句相当于汉语中的“如果……否则……”，其流程如图 3.14 所示。

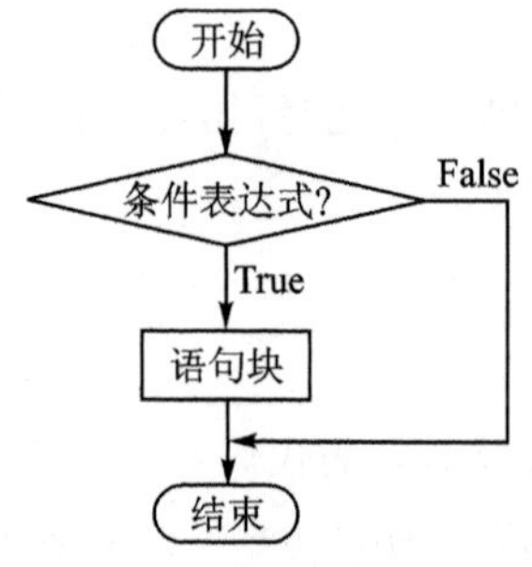

图 3.13　if 单选条件语句执行流程

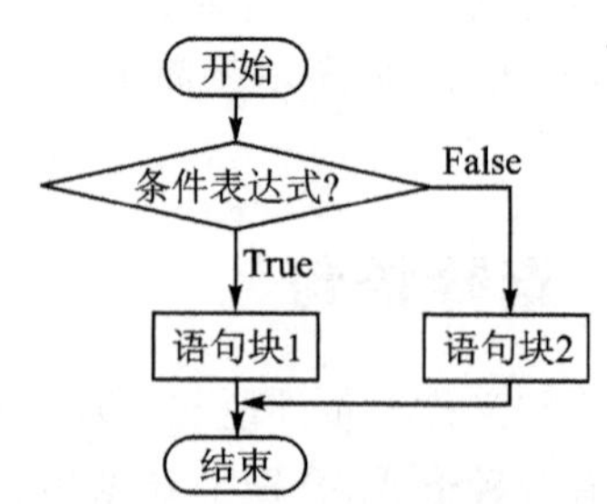

图 3.14　if/else 二选一条件语句执行流程

举例：

```
s = int(input( "请输入成绩："))
if s >= 60:
    print( "及格！")
else:
    print( "不及格！")
```

程序说明：当本程序中的 if/else 条件语句的条件成立时，执行 print("及格！") 语句；条件不成立时，执行 print("不及格！")语句。

3. if/elif/else 多选一条件语句

if/elif/else 语句是多分支选择语句，通常表现为“如果满足某种条件，就会进行某种处理，否则，如果满足另一种条件，则执行另一种处理……”。if/elif/else 语句格式如下：

```
if 表达式 1:
    语句块 1
elif 表达式 2:
    语句块 2
elif 表达式 3:
    语句块 3
……
else:
    语句块 n
```

使用 if/elif/else 语句时，表达式可以是单纯的布尔值或变量，也可以是比较表达式或逻辑表达式。如果表达式为真，执行语句；如果表达式为假，则跳过该语句，进行下一个 elif 的判断，只有在所有表达式都为假的情况下，才执行 else 中的语句。if/elif/else 语句的流程图如图 3.15 所示。

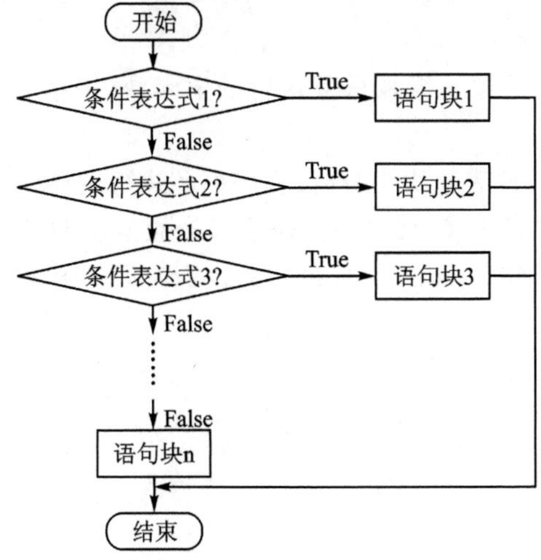

图 3.15　if/elif/else 多选一条件语句执行流程

说明:if 和 elif 都需要判断表达式的真假,而 else 则不需要判断;另外,elif 和 else 都必须与 if 一起使用,不能单独使用。

举例:

```
a = int(input( "请输入年龄: "))
if a < 13:
    print( "儿童 ")
elif a < 20:
    print( "青少年 ")
else:
    print( "成年人 ")
```

程序说明:本程序中的 if/elif/else 多选一条件语句共有 2 个条件和 3 种可能的执行结果。

3.4.2 循环语句

Python 支持 for 和 while 这两种循环语句:for 循环是重复一定次数的循环,称为计数循环;while 循环一直重复,直到条件不满足时才结束的循环,称为条件循环,只要条件为真,这种循环会一直持续下去。

在 C、Java 等语言中,条件循环还包括 do/while 循环,但在 Python 中没有 do/while 循环。

1. while 循环

while 循环语句格式如下:

```
while 条件表达式:
    循环语句体
[else:
    else 子句语句块]
```

其中,循环语句体是指一组被重复执行的语句块,中括号的 else 子句部分可以省略。

当 while 语句的条件表达式为真时,程序循环执行循环语句体中的语句块;执行完毕后,重新判断条件表达式,直到条件表达式为假退出循环;当循环语句正常结束时,可选择执行 else 子句。while 循环语句的执行流程如图 3.16 所示。

举例:

```
m = 100
r = n = 1
while r <= m:
    r = r * n
    n = n + 1
else:
    print( "大于 100 的阶乘 ", n - 1, "!= ",r)
```

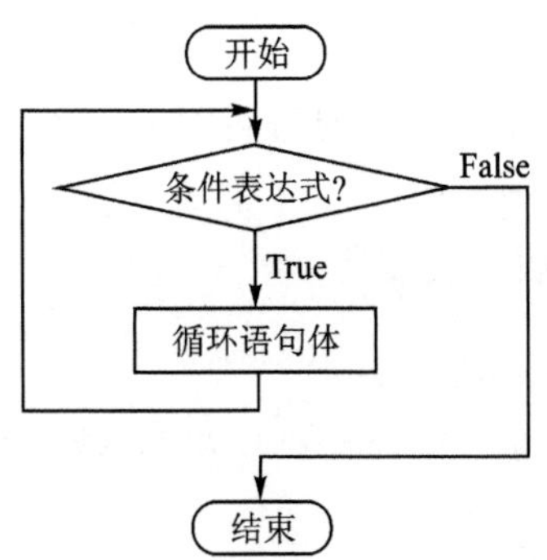

图 3.16　while 循环语句的执行流程

执行结果：

```
大于 100 的阶乘 5 != 120
```

程序说明：本程序中 while 循环是当阶乘小于等于 100 的条件满足时执行循环体，可以计算出大于 100 的 n! 所应对的 n 值。

2. for 循环

在 Python 中只有一种 for 循环语句，即 for – in 语句，它可以遍历任意可迭代对象中的元素。

语法如下：

```
for 迭代变量 in 可迭代对象：
    循环语句体
[else：
    else 子句语句块]
```

其中，迭代变量用于保存读取出的值；可迭代对象为要遍历或迭代的对象，该对象可以是任何有序的序列对象，包括字符串、列表、元组、集合和字典等；循环语句体为重复执行的语句块；for 语句的 else 子句与 while 语句的 else 子句作用相同，当循环语句体正常结束时才执行 else 子句。for 循环语句的执行流程如图 3.17 所示。

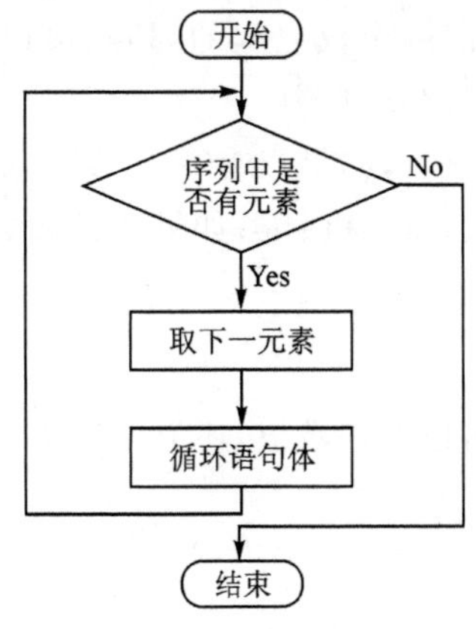

图 3.17　for 循环语句的执行流程

(1) 进行数值循环

在使用 for 循环时，最基本的应用是进行数值循环。

举例：计算 1+2+3+…+50

```
result = 0    #保存累加结果的变量
for i in range(51):
    result + = i    #实现累加功能
print( "1 + 2 + 3 + …… + 50 = ",result)    #循环结束时输出结果
```

执行结果：

```
1 + 2 + 3 + …… + 50 = 1275
```

举例：计算 1+3+5+…+99

```
result = 0                                  #保存累加结果的变量
fori in range(1,50,2):                      #序列范围[1,99],步长为 2
    result + = i                            #实现累加功能
print( "1 + 3 + 5 + …… + 99 = ",result)     #循环结束时输出结果
```

执行结果：

```
1 + 2 + 3 + …… + 99 = 625
```

两例程序均使用了 range()函数，该函数是 Python 内置的函数，用于生成一系列连续的整数，多用于 for 循环语句中。

range()函数格式及说明如下：

格式：range(start,end,step)

说明：

① start：用于指定计数的起始值，可以省略，如果省略则从 0 开始。

② end：用于指定计数的结束值(但不包括该值，如 range(5)，则得到的值为 0～4，不包括 5)，不能省略。当 range()函数中只有一个参数时，即表示指定计数的结束值。

③ step：用于指定步长，即两个数之间的间隔，可以省略，如果省略则表示步长为 1。如 range(1,5)将得到 1、2、3、4。

注意：在使用 range()函数时，如果只有一个参数，那么表示指定的是 end；如果有 2 个参数，则表示指定的是 start 和 end；如果 3 个参数都存在时，最后一个参数才表示步长。

(2) 遍历字符串及列表

使用 for 循环语句除了可以循环数值，还可以遍历字符串、列表、元组、集合和字典等对象。

举例：

```
# Filename：ch3_12.py
print( " 显示字符串 1 ")
for element in "Raspberry Pi Pico "：
    print(element)
str = "LED Blink "
print( " 显示字符串 2 ")
for element in str：
    print(element)
# 声明整数列表
numbers = [60，75，82，90，80]
print( " 显示整数列表 ")
for element in numbers：
    print(element)
```

3.4.3　跳转语句

Python 提供 break 和 continue 关键字的跳转语句，可以中断和继续 for 和 while 循环的进行。

1. break 语句

break 语句可以强迫终止当前 while 或 for 循环的执行。break 语句一般结合 if 语句搭配使用，表示在满足某种条件时跳出循环。如果使用嵌套循环，break 语句将跳出最内层的循环。

举例：

```
# Filename：ch3_13.py
i = 1
while True：
    print(i，end = " ")
    i += 1
    if i > 5：
        break
print( "\n ---------")
```

程序说明：本程序使用了 while 无限循环，在循环体内使用 if 条件语句判断 i>5 是否成立，成立则执行 break 语句跳出循环。

2. continue 语句

continue 语句的作用是立即继续下一轮 while 或 for 循环的执行。continue 语句一般与 if 语句搭配使用，表示在满足某种条件时，跳过当前循环的剩余语句，然后继续下一轮循环。如果使用嵌套循环，continue 语句将只跳过最内层循环中的剩余语句。

举例：

```
# Filename: ch3_14.py
for i in range(1, 11):
    if i % 2 == 1:
        continue
    print(i, end = " ")
```

程序说明：本程序使用了 for 循环语句，当循环体内的 if 条件语句判断 i 变量为奇数时，立即执行下一次循环，因此，print()函数输出 1 到 10 之间的偶数。

3.4.4 在循环结构中使用 else 子句

while 和 for 语句中可以选择使用 else 子句，当循环条件不成立结束循环时，则执行 else 子句。注意，如果循环是执行 break 语句跳出循环，则不会执行 else 子句。

举例：

```
# Filename: ch3_15.py
sum = 0
for i in range(1, 6):
    sum = sum + i
else:
    print( "for 循环结束！")
    print( " 累加和 = ", sum)
```

本程序在 else 子句语句块输出 1 到 5 累加求和结果，执行结果如下：

```
for 循环结束!
累加和 = 15
```

举例：

```
# Filename: ch3_16.py
r = n = 1
while n <= 5:
    r = r * n
    n = n + 1
else:
    print( "while 循环结束！")
    print( "5!= ", r)
```

本程序在 else 子句语句块输出 5！ 的值，执行结果如下：

```
while 循环结束!
5!= 120
```

3.5　Python 函数与模块

在 Python 中，函数的应用非常广泛，如用于输出的 print() 函数、用于输入的 input() 函数以及用于生成一系列整数的 range() 函数，这些函数都是 Python 内置的标准函数，可以直接使用。除了可以直接使用的内置标准函数外，Python 还支持自定义函数。

3.5.1　定义函数

定义函数语法格式及说明如下：

格式：

```
def 函数名(形参列表):
    函数体
    return 返回值
```

说明：函数名在调用函数时使用。定义函数的参数称为形参(parameter)，形参列表为可选参数，各形参之间使用逗号“,”分隔；如果不指定，则表示该函数没有形参，在调用时也不指定参数。函数体是该函数被调用后要执行的功能代码。如果函数有返回值，则可使用 return 语句返回。调用函数的参数称为实参(argument)。

3.5.2　调用函数

定义好函数后就可以调用函数了。在调用函数时传递的实参与定义函数时的形参顺序一致，这是调用函数的基本形式。

举例：

```
def convert_to_f(c):
    f = (9.0 * c) / 5.0 + 32.0
    return f
c = 10.00
f = convert_to_f(c)
print( "摄氏温度: ", c, " = 华氏温度: ", f)
```

程序说明：convert_to_f() 自定义函数功能是将摄氏温度转换为华氏温度，return 返回函数的运算结果。convert_to_f() 调用函数将获得的函数返回值赋值给变量 f。

3.5.3　变量的作用域

变量的作用域是指程序代码能够访问该变量的区域，如果超出该区域，再访问时就会出现错误。在程序中,一般会根据变量的"有效范围"将变量分为"全局变量"和"局部变量"。

局部变量是指在定义在函数内部并使用的变量,它只在函数内部有效;局部变量拥有局部作用域。与局部变量对应,全局变量是指能定义在函数外部并使用的变量;全局变量拥有全局作用域。

局部变量只能在其被声明的函数内部访问,而全局变量可以在整个程序范围内访问。调用函数时,所有在函数内声明的变量都将被加入作用域中。如果需要,在函数中可以使用关键字 global 来指明变量为全局变量。

举例:

```
# Filename: ch3_18.py
t = 1
def increment():
    global t  # 全局变量 t
    t += 1
    print("increment()中 : t = ",str(t))
print("全局变量初值: t = ", t)
increment()
print("调用 increment()函数后:t = ", t)
x = 50
def print_x():
    print("print_x()中:x = ", x)
print("全局变量初值: x = ", x)
print_x()
print("调用 print_x()函数后:x = ", x)
```

3.5.4 模块与包

1. 模 块

Python 模块(mudule)就是包含 Python 语句、文件名后缀(文件扩展名)是.py 的文件,该文件中可以包含变量、函数和类等 Python 代码元素。

使用 import 导入语句,就可以在一个模块中访问另一个模块的代码元素。import 导入语句有以下 3 种形式:

① import 模块名:这种方式将导入模块的所有代码元素,在访问时需要加前缀"模块名."。

② from 模块名 import 代码元素:这种方式将导入模块名中的代码元素,在访问时不需要加前缀"模块名."。

③ from 模块名 import 代码元素 as 代码元素别名:与②类似,在当前模块的代码元素与要导入的模块的代码元素名称有冲突时,可以给要导入的代码元素一个

别名。

举例：

在同一文件夹（ch3_19）中创建两个自定义模块 module1 和 module2（即 module1.py 和 module2.py 共两个模块程序文件）。

module1.py 模块程序代码如下：

```
# Filename:module1.py
import module2
from module2 import z
from module2 import x as xp
from module2 import sum as sump
x = 10
y = 20
print(y)                        #访问当前模块变量 y
print(module2.y)                #访问 module2 模块变量 y
print(z)                        #访问 module2 模块变量 z
print(xp)                       #xp 变量是 module2 模块变量 x 的别名
print(module2.sub(10,3))        #访问 module2 模块函数 sub()
print(sump(3,5))                #sump()函数是 module2 模块函数 sum 的别名
```

module2 模块程序代码如下：

```
# Filename: module2.py
x = 6
y = True
z = "树莓派 Pico"
def sum(a,b):
    return a + b
def sub(a,b):
    return a - b
```

在 module1.py 模块程序文件中，module2 模块是该程序的入口。

启动 Thonny Python IDE，选择 Tools→Options 菜单项，则弹出 Thonny Options 对话框，选取 Interpreter 选项卡，选中列表框的 The same interpreter which runs Thonny(default)或 Alternative Python 3 interpreter or virtual environment。

运行 module1.py 模块程序文件，执行结果如下：

```
20
True
树莓派 Pico
6
7
8
```

Python 提供了许多标准模块，这些模块文件可以在 Python 安装目录的 lib 文件

夹中找到。和导入自己编写的模块一样，可以导入他人编写好的模块。用于数学计算的 math 模块常用函数如表 3.8 所列。

表 3.8　math 模块的一些常用函数

函　数	说　明
ceil(x)	返回大于或等于 x 的最小整数
floor(x)	返回小于或等于 x 的最大整数
sqrt(x)	返回 x 的平方根
pow(x,y)	返回 x 的 y 次幂的值
log(x[,base])	返回以 base 为底的 x 对数，若省略底数 base，则计算 x 自然对数
sin(x)	返回弧度 x 的三角正弦
degrees(x)	将弧度 x 转换为角度
radians(x)	将角度 x 转换为弧度

举例：

```
# Filename: ch3_20.py
import math
print(math.pi)
print(math.sin(1.57))   # 1.57 约等于 math.pi/2
print(math.sin(math.pi/2))
```

运行结果：

```
3.141592653589793
0.9999996829318346
1.0
```

2. 包

Python 以包的形式将相关模块文件组合在不同文件夹中。Python 的包可以理解为一个包含__init__.py 文件的文件夹，这个__init__.py 可以是空的文件，也可以包含一些 Python 语句(如执行一些初始化)。一个包(文件夹)中可能还包含其他的包(文件夹)或模块文件，包将所有模块文件组织成一个层次性的目录结构。

3.6　类与对象

世间万物皆对象，面向对象编程(OOP，全称是 Object Oriented Programming)是大型软件开发最有效方法之一。Python 支持面向对象编程，是一种面向对象的高级动态编程语言，完全支持面向对象的封装性、继承性、多态性 3 大基本特征。

通常将对象(Object)划分为 2 个部分，即静态部分与动态部分。静态部分被称为“属性”，任何对象都具备自身属性；动态部分指的是对象的行为，即对象执行的动作。类(Class)是封装对象的属性和行为的载体，反过来说具有相同属性和行为的一类实体被称为类。

3.6.1　类的定义

在 Python 中，类表示具有相同属性和方法的对象的集合。在使用类时，需要先定义类，然后再创建类的对象或实例，通过类的对象就可以访问类中的属性和方法了。

类定义的基本格式如下：

```
class 类名[(父类)]:
    类体
```

定义一个类的方法是以关键字 class 开头，然后是类名，类名后是冒号:，接着是刻画类的属性的类体。Python 的类都默认继承自根类 object，即其父类是 object。

举例：

```
# Filename:ch3_21.py
class Car(object):
    # 类体
    Pass
```

类定义说明：本例 Car(小汽车)类继承了 object 类，object 类是所有类的根类，直接继承 object 时，(object)部分的代码可以省略；pass 语句只用于维护程序结构的完整性，在编程时，若不想立即编写代码，就可以使用 pass 语句占位。

3.6.2　创建对象

根据类来创建对象称为实例化，这个对象也称为实例。

举例：

```
class Car(object):  # 定义 Car 类
    # 类体
    pass
car = Car()  # 创建对象 car
```

说明：本例最后一条语句是调用构造方法 Car()创建小汽车对象 car，构造方法用于初始化对象。

3.6.3　类的成员

在类体中可以包含类的成员，如图 3.18 所示。

类的成员各部分说明如下：

➢ 成员变量：又称数据成员，它保存了类或对象的数据。

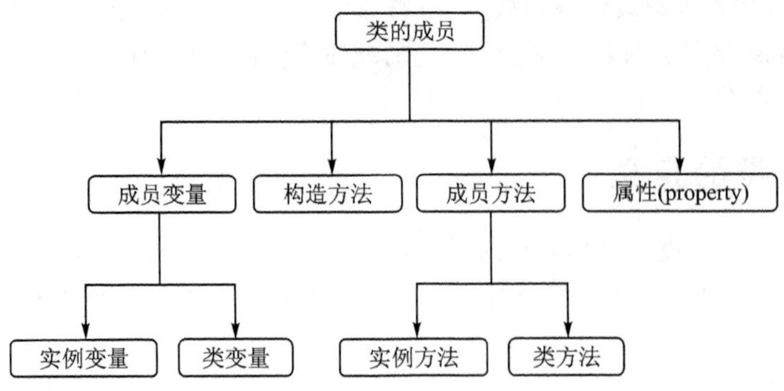

图 3.18　类的成员

- 构造方法：又称构造器（Constructor），是一种特殊的函数，用于初始化类的成员变量。
- 成员方法：是在类中定义的函数。
- 属性：是对类进行封装而提供的特殊方法。

实例变量和实例方法与类变量和类方法的区别是：实例变量和实例方法属于对象，通过对象调用；类变量和类方法属于类，通过类调用。

定义类之后就可以实例化对象，并通过“对象名.成员”的方式来访问其中的成员变量或成员方法。

举例：

```
class Car:
    # 定义构造方法
    def __init__(self, make, model, year):
        self.make = make            #制造商
        self.model = model          #型号
        self.year = year            #生产年份
    # 定义实例方法
    def info(self):
        long_name = f "{self.make} {self.model} {self.year} "
        return long_name.title()
my_car = Car('audi', 'a4', 2020)   # #创建对象
print(my_car.make)
print(my_car.info())
```

运行结果：

```
audi
Audi A4 2020
```

程序说明：

① __init__()方法：__init__()方法是构造方法，用来创建和初始化实例变量；在

定义__init()__方法时，它的第一个参数是 self，之后的参数用来初始化实例变量；调用 Car()构造方法创建对象时不需要传送 self 参数。

② self：类中的 self 表示当前对象，self 参数说明该方法属于实例，如 self. make 表示 make 属于实例，即实例变量。

③ my_car=Car('audi', 'a4', 2020)：根据 Car 类创建实例，并将其赋给对象变量 my_car。

④ my_car. make：对于实例变量，通过“对象名. 实例变量”形式访问。

⑤ my_car. info()：对于实例方法，通过“对象名. 实例方法”形式访问。

面向对象编程技术概念较多，涉及知识面广，限于篇幅，这里仅介绍面向对象编程的最基本知识。

第 4 章　树莓派 Pico 开发板人机接口技术

人与计算机系统交互的方式有很多，在嵌入式系统中常用的人机接口设备有按键、LED 显示器、OLED 显示器、LCD 显示器及触摸屏等。本章介绍树莓派 Pico 开发板硬件接口扩展及典型的人机接口技术。

4.1　树莓派 Pico 开发板硬件接口引脚扩展及使用

4.1.1　Pico 开发板硬件接口引脚扩展

刚购买的树莓派 Pico 开发板两侧的硬件接口扩展 GPIO 引脚 20 孔焊盘大多没有焊接排针，要想让树莓派 Pico 开发板硬件扩展接口与外部的各种电路连接，则需要将两条 20 引脚排针焊接到树莓派 Pico 开发板的硬件扩展接口 GPIO 引脚焊盘上（如果没有电烙铁等硬件工具，则可以请硬件工程师帮忙焊接），如图 4.1 所示。

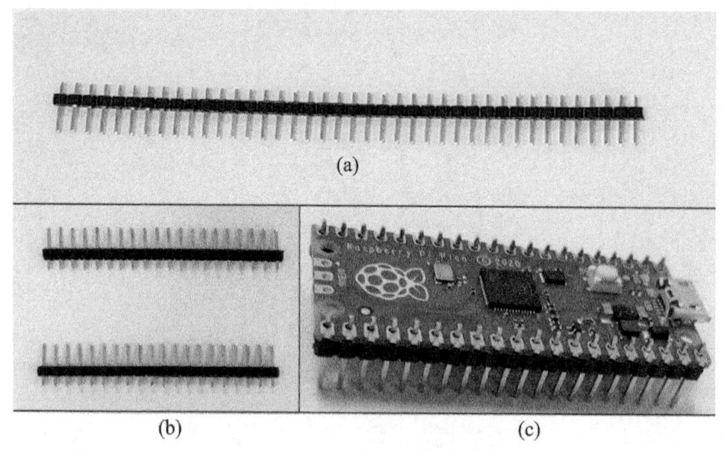

图 4.1　20 引脚排针及待焊接排针的树莓派 Pico 开发板

在购买树莓派 Pico 开发板时，商家大多会附带一根 40 引脚排针，如图 4.1(a)所示。使用老虎钳或尖嘴钳将 40 引脚排针从中间撇成两半，40 引脚排针被分成了两根 20 引脚排针，如图 4.1(b)所示。将两根 20 引脚排针插入树莓派 Pico 两边的硬件接口扩展 GPIO 引脚焊盘，如图 4.1(c)所示。

用电烙铁分别焊接插入到树莓派 Pico 开发板两边硬件扩展接口的 20 引脚排针，图 4.2 是已焊接好排针的树莓派 Pico 开发板。

图 4.2　焊接好排针的树莓派 Pico 开发板

将焊接好排针的树莓派 Pico 开发板插入面包板，接下来就可以借助面包板设计并扩展各种硬件电路了。

4.1.2　使用 MicroPython 控制 Pico 开发板硬件扩展接口

下面使用 Pico 开发板硬件扩展接口控制一只小功率 LED 发光，将 Pico 开发板硬件扩展接口 GPIO22 引脚与小功率 LED 和 1 kΩ 电阻串联后接地，电路原理图如图 4.3(a)所示；根据电路原理图，将树莓派 Pico 开发板、LED 及 1 kΩ 电阻插入面包板，用 3 根杜邦线连接各元器件，硬件实物图如图 4.3(b)所示。

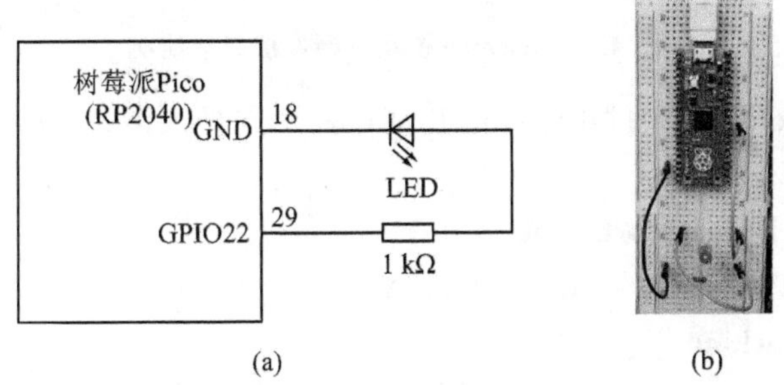

(a)　　(b)

图 4.3　使用 Pico 开发板 GPIO22 端口控制小功率 LED 发光

为了使用 MicroPython 控制 Pico 开发板 GPIO22 端口并点亮 LED，这里直接修改上一章的 MicroPython 控制 Pico 开发板板载 LED 程序，程序清单(程序名：ch4_1.py)如下：

```
# Filename: ch4_1.py
from machine import Pin
pin22 = Pin(22, Pin.OUT)            #设置 GPIO22 为输出端口
pin22.value(1)   #点亮 LED
```

运行程序,可看到面包板上的 LED 被点亮。

程序说明:执行 from machine import Pin 语句后,则导入 machine 模块中的 Pin 引脚类;执行 Pin(22, Pin. OUT)构造器将 GPIO22 端口引脚初始化,GPIO22 引脚设置为输出(即 Pin()构造器默认第 3 个参数 value=0,开始默认输出为低电平)并创建一个 LED 对象实例;最后调用 pin22. value(1)方法向 GPIO22 端口输出高电平(逻辑"1"),LED 被点亮。如果想让 LED 熄灭,则调用 pin22. value(0)/pin22. on()方法向 GPIO22 端口输出低电平(逻辑"0")。

4.2 树莓派 Pico 开发板 GPIO 接口控制编程基础

4.2.1 Machine 模块

树莓派 Pico MicroPython 程序中的 machine 模块包括 Pico 开发板硬件接口相关功能的函数或方法,这些函数或方法又根据不同的功能,分类放在不同的类(class)中,如图 4.4 所示。其中,设置与控制 GPIO 接口引脚相关的函数或方法位于 machine 模块的 Pin 类中。

树莓派Pico machine模块(包含Pico开发板硬件接口相关的功能)								
Pin引脚类	ADC模数转换类	UART串口类	I²C总线类	SPI总线类	RTC时钟类	Timer定时器类	WDT看门狗类	PWM脉宽调制类

图 4.4 machine 模块及硬件接口功能类

当使用 module 模块的类时,须先用 import 语句导入 module 模块,常用的写法有以下两种:

1) from machine import 类名

类名可以是图 4.4 中的 Pin、ADC、UART 等。

2) import machine

此写法将导入 machine 模块,并使用 machine 模块中的所有类。

接着就可以使用类的属性或方法操作相应的硬件接口。树莓派 RP2040 MCU 硬件相关的 module 模块及类可参考 micropython 官网链接 https://docs.micropython.org/en/latest/rp2/quickref.html。

4.2.2 使用变量存储 GPIO 端口引脚的设定值

导入 import 模块的 Pin 引脚类后,我们就可以用 Pin 引脚类的方法设定 GPIO 端口引脚的状态。例如,将树莓派 Pico 开发板 GPIO25 端口引脚设置为输出,并存入 p25 变量，程序片段如下：

```
from machine import Pin
p25 = Pin(25,Pin.OUT)
```

以上程序片段也可改写为以下两条语句：

```
import machine
p25 = machine.Pin(25,machine.Pin.OUT)
```

这里 machine.Pin 表示 machine 模块的 Pin 引脚类，machine.Pin 中间的点可以读作“的”。

将 GPIO 引脚的工作模式设置为输出后，该引脚预设输出是低电平。因此，执行上面两条语句后，连接到 GPIO25 引脚板载 LED 将被点亮。

可以通过 Pin 对象的 value 属性改变预设的 GPIO 引脚输出值：

```
import machine
p25 = machine.Pin(25,machine.Pin.OUT,value = 1)
```

这里 value=1 表示将 GPIO25 引脚设置为高电平输出。

MicroPython 程序语句严格区分大小写，像 Pin.OUT 不能写成 pin.out。

变量命名主要注意事项如下：①为提高程序的可读性，建议使用有意义的变量名。②若用两个单词命名变量，一种命名方法是把单词连起来，第二个单词首写字母大写，如 ledPin，这种写法称为“驼峰式”命名法；还有一种命名方法是在两个单词间加下划线，如 led_pin。③避免使用“保留字”命名变量名。

4.2.3　GPIO 端口数字信号输出

当某个 GPIO 端口设定为输出后，就可向该端口输出高电平(1)或低电平(0)。向 GPIO 端输出数字信号的方法如下：

1) 使用 value( )方法

调用形式是“引脚对象名.value(0/1)”。例如，p25.value(1)表示向 GPIO25 端口输出高电平，p25.value(0)表示向 GPIO25 端口输出低电平。

2) 使用 on( )或 off( )方法

调用形式是“引脚对象名．on()”或“引脚对象名．off()”。例如，p25.on()表示向 GPIO25 端口输出高电平，p25.off()表示向 GPIO25 端口输出低电平。

4.2.4　使用 MicroPython 控制 LED 间断闪亮

我们可以使用 MicroPython 的 for/while 循环结构和 utime 时间模块中的延时函数实现 LED 间断闪烁的控制。

utime 模块的延时函数使用步骤如下：

① 导入 utime 模块：

```
import utime;
```

② 调用 utime 的延时函数：utime 模块有 sleep()、sleep_ms()及 sleep_us 共 3 个延时函数，sleep()延时单位为 s，sleep_ms()延时单位为 ms，sleep_us 延时单位为 μs。

1. 使用 MicroPython 控制 Pico 开发板板载 LED 间断闪亮程序举例

举例：使用 MicroPython 控制 Pico 开发板板载 LED 间断闪亮 5 次，每次闪烁时间间隔为 0.5 s。

由于循环次数已知，故可采用 for 或 while 循环语句实现 LED 间断闪亮，这里使用 for 语句，连接 Pico 开发板板载 LED 的 GPIO 端口为 25 号引脚。程序清单(程序名：ch4_2. py)如下：

```
#Filename: ch4_2.py
from machine import Pin
import utime
p25 = Pin(25, Pin.OUT)
for i in range(5):
    p25.value(1)
    utime.sleep(0.5)   # 延时 0.5 s
    p25.value(0)
    utime.sleep(0.5)
```

在 Thonny Python IDE 编辑窗口录入本程序，按快捷键 F5 执行程序，则可看到面包板上的 LED 间断闪亮 5 次后熄灭。

2. 使用 MicroPython 控制 Pico 开发板硬件扩展接口 LED 间断闪亮程序举例

举例：使用 MicroPython 控制图 4.3 所示 Pico 开发板 GPIO22 端口连接的小功率 LED 间断闪亮，每次闪烁时间间隔为 0.2 s。

由于循环次数未知，故可采用 while 语句实现 LED 间断闪亮，这里的 while 条件是 True/1 的无限循环，循环体要一直执行，连接 Pico 开发板硬件扩展接口 LED 的 GPIO 端口为 22 号引脚。程序清单(程序名：ch4_3. py)如下：

```
# Filename: ch4_3.py
from machine import Pin
import utime
p22 = Pin(22, Pin.OUT)
while True:
    p22.value(1)
    utime.sleep_ms(200)
    p22.value(0)
    utime.sleep_ms(200)
```

在 Thonny Python IDE 编辑窗口录入本程序，按快捷键 F5 执行程序可看到面包板上的 LED 一直间断闪亮；按快捷键 Ctrl+C 终止程序执行。

4.3　树莓派 Pico 开发板小功率 LED 接口与 GPIO 控制

4.3.1　树莓派 Pico 开发板硬件接口输出扩展负载的接法

使用树莓派 Pico 开发板硬件接口输出扩展连接负载时，我们需要考虑负载的电压和消耗电流，以免损坏开发板或负载。以前面的小功率 LED 作为负载为例，小功率 LED 正向工作电压约为 1.8 V，但 Pico 开发板 GPIO 引脚高电平输出的电压是 3.3 V，点亮 LED 的 GPIO 引脚输出电流一般为 1～10 mA（电流越大，LED 越亮）。为了避免损坏 Pico 开发板，需要在 Pico 开发板和 LED 之间串联一只限流电阻，此电阻一般在 150 Ω～1 kΩ 之间选取。

1. 负载的第一种接法

图 4.5 是树莓派 Pico 硬件接口输出扩展 GPIO 端口连接负载的第一种接法，此种接法是由微控制器（MCU）提供电阻和 LED 串联负载所需的电流，称为拉电流/源电流（Source current）工作模式；当某个 GPIOx 端口引脚输出状态为高电平时，电流从 MCU 流出，经电阻和 LED 串联到地，如图 4.5 所示。前面的图 4.3 硬件接口输出扩展负载采用了此种接法。

2. 负载的第 2 种接法

图 4.6 是树莓派 Pico 硬件接口输出扩展 GPIO 端口作输出连接负载的另一种接法，电流由电源 3.3 V（V_{DD}）提供，当某个 GPIOx 端口引脚输出状态为低电平时，电流从 V_{DD} 流出，经电阻和 LED 串联进入 MCU，称为灌电流/吸收电流（Sink current）模式。一般而言，与第一种接法相比，此种接法将消耗较少的 MCU 电流。

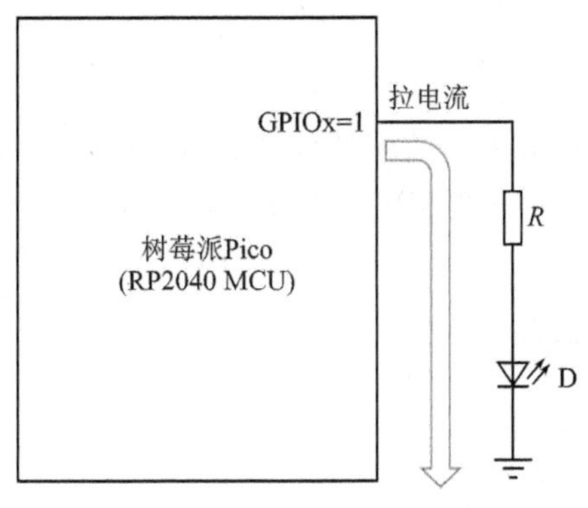

图 4.5　LED 负载的第一种接法-拉电流模式

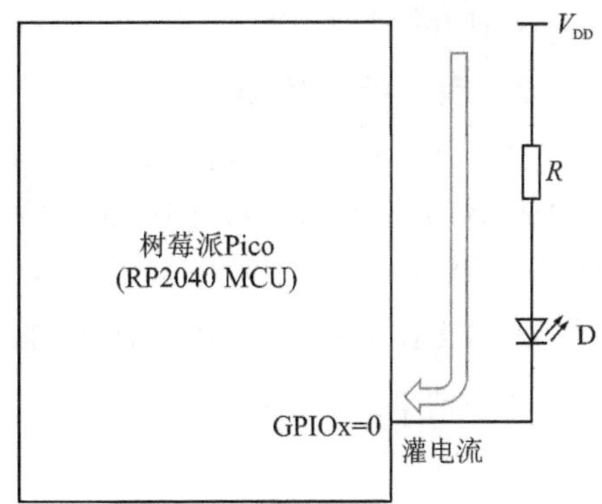

图 4.6　LED 负载的第 2 种接法-灌电流模式

注意，不管采用哪一种负载接法，都不能让树莓派Pico开发板GPIO端口流入或流出过大的电流，也不能让负载流过大的电流，否则有可能损坏Pico开发板或负载。

3. 限流电阻的功率

选用限流电阻除了考虑阻值大小外，还要考虑它所消耗的功率，以免电阻过热烧毁。限流电阻功率计算公式如下：

$$P = U \cdot I = U \cdot U/R = I \cdot I \cdot R \tag{4.1}$$

以前面的GPIO22端口控制小功率LED发光为例(图4.3)，限流电阻$R=1\ \text{k}\Omega=1\ 000\ \Omega$，$U_{\text{LED}}=1.8\ \text{V}$，$U_{\text{R}}=(3.3-1.8)\ \text{V}=1.5\ \text{V}$，限流电阻消耗的功率为：

$$P=1.5\times1.5/1\ 000\ \text{W}=0.002\ \text{W}$$

为了安全起见，电阻消耗的功率通常取一倍以上计算值。一般嵌入式硬件电路中使用的电阻额定功率有1/4 W(0.25 W)、1/8 W(0.125 W)等。本例的限流电阻使用1/8 W绰绰有余。

4.3.2 小功率LED灯交替闪亮GPIO控制实践

实践任务：将两只小功率LED灯连接到树莓派Pico，实现LED灯每隔0.5 s交替闪亮的程序。

1. 材　料

所需硬件材料如下：

- Pico开发板×1；
- Micro-USB数据线×1；
- LED×1；
- 470 Ω电阻×2；
- 面包板×1；
- 杜邦线若干。

2. 接口电路原理

图4.7是将两只小功率LED灯连接到Pico开发板的硬件接口电路原理图。两只LED灯分别和两个限流电阻串联后连接到Pico开发板的GPIO0(GP0)和GPIO1(GP1)端口。

3. LED交替闪亮MicrpPython控制程序

程序清单(程序名：ch4_4.py)：

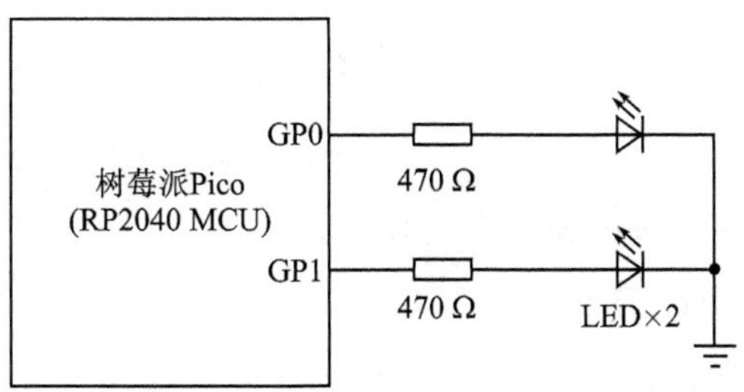

图 4.7　Pico 开发板扩展两只小功率 LED 硬件接口电路原理图

```
# Filename: ch4_4.py
from machine import Pin
import utime
LED1  = Pin(0, Pin.OUT)
LED2  = Pin(1, Pin.OUT)
while True:
     LED1.value(1)
     LED2.value(0)
     utime.sleep(0.5)
     LED1.value(0)
     LED2.value(1)
     utime.sleep(0.5)
```

在 Thonny Python IDE 编辑窗口录入本程序，按快捷键 F5 执行程序，则可看到面包板上的 2 只 LED 灯交替闪亮；按快捷键 Ctrl+C 终止程序执行。

图 4.8 是 Pico 开发板扩展两只 LED 硬件外观图。

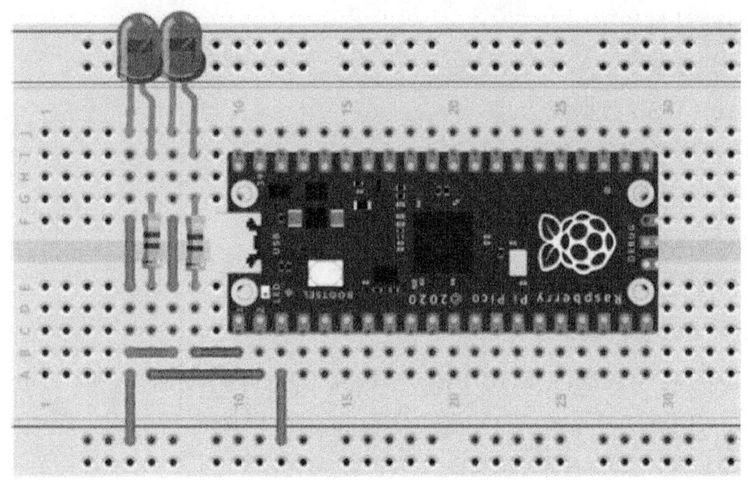

图 4.8　Pico 开发板扩展两只 LED 硬件外观图

4.3.3 彩色 RGB LED 灯 GPIO 控制实践

实践任务 1:将一只共阴极彩色 RGB LED 灯连接到树莓派 Pico,实现红、绿、蓝 3 色 LED 每隔 500 ms 交替闪亮一次的程序。

1. 彩色 RGB LED 介绍

彩色 RGB LED 是包含红、绿、蓝 3 个 LED 的半导体发光器件,共有 4 个引脚,每个 LED 正极都有一个引脚,第 4 个引脚接地。通过激活不同 LED 的亮度,就可以产生许多种颜色。为了适应不同的硬件驱动电路,彩色 RGB LED 采用共阴极(Common - cathode)和共阳极(Common - anode)两种结构。图 4.9 是共阴极彩色 RGB LED,4 个引脚中较长的引脚是阴极。

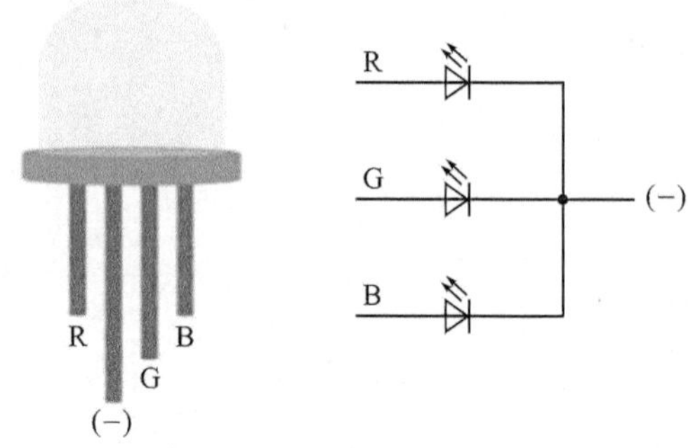

图 4.9 共阴极彩色 RGB LED

2. 材 料

所需硬件材料如下:

- Pico 开发板×1;
- Micro - USB 数据线×1;
- 共阴极彩色 RGB LED×1;
- 470 Ω 电阻×1;
- 面包板×1;
- 杜邦线若干。

3. 接口电路原理

图 4.10 是将一只彩色 RGB LED 连接到 Pico 开发板的硬件接口电路原理图。一只彩色 RGB LED 灯 3 个颜色通道分别和 3 个限流电阻连接到 Pico 开发板的 GPIO0(GP0)~GPIO2(GP2)端口。

本实践任务使用了共阴极 RGB LED。注意,RGB LED 的阴极引脚是较长的引脚。

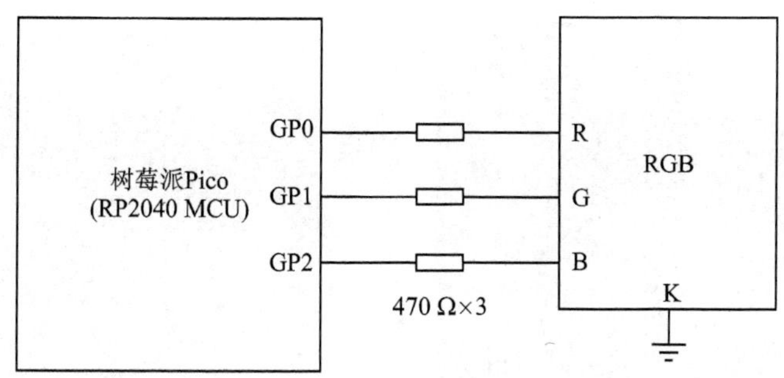

图 4.10　Pico 开发板扩展一只彩色 RGB LED 硬件接口电路原理图

4. 彩色 RGB LED 三色交替闪亮 MicroPython 控制程序

程序清单(程序名:ch4_5.py):

```
# Filename: ch4_5.py
from machine import Pin
import utime
Red  = Pin(0, Pin.OUT)
Green  = Pin(1, Pin.OUT)
Blue  = Pin(2, Pin.OUT)
Red.value(0)
Green.value(0)
Blue.value(0)
while True:
    Red.value(1)
    utime.sleep(0.5)
    Red.value(0)
    Green.value(1)
    utime.sleep(0.5)
    Green.value(0)
    Blue.value(1)
    utime.sleep(0.5)
    Blue.value(0)
```

程序说明:本程序使用了 3 个构造器初始化 GP0、GP1 和 GP2 引脚为输出端口并赋给 Red、Green 及 Blue 对象变量,在 while 无限循环中,每隔 0.5 s 点亮/熄灭红色、绿色和蓝色 LED。

图 4.11 是 Pico 开发板扩展彩色 RGB LED 硬件实物图。

实践任务 2:Pico 开发板与共阴极彩色 RGB LED 硬件接口连接与实践任务 1 相同。实现可以产生 0 或 1 的随机数字控制 GPIO 端口,让 RGB LED 的 3 个 LED 随机点亮/熄灭的程序。

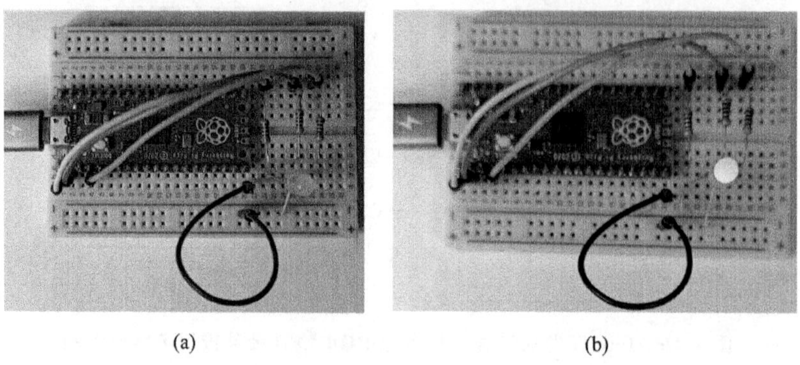

(a)　　　　　　　　　　(b)

图 4.11　Pico 开发板扩展彩色 RGB LED 硬件实物图

满足本实践任务的程序清单(程序名:ch4_6. py)如下:

```
# Filename: ch4_6.py
from machine import Pin
import utime
import random
Red  = Pin(0, Pin.OUT, value = 0)
Green  = Pin(1, Pin.OUT, value = 0)
Blue  = Pin(2, Pin.OUT, value = 0)
while True:
    r  = random.randint(0, 1)
    g  = random.randint(0, 1)
    b  = random.randint(0, 1)
    Red.value(r)
    utime.sleep(0.2)
    Green.value(g)
    utime.sleep(0.2)
    Blue.value(b)
    utime.sleep(0.2)
```

程序说明:本程序的关键是使用导入随机数模块 random 并调用 random 的 randint()函数产生 3 个不同的 0 或 1 随机整数,重复向 3 个 GP0、GP1、GP2 引脚端口输出这些随机数字就可以使 RGB LED 发出多彩色光。

4.4　树莓派 Pico 开发板按键接口与 GPIO 控制

4.4.1　按键接口技术

键盘是最常用的人机输入设备。与台式计算机的键盘不一样,嵌入式系统中的键盘所需的按键个数及功能通常是根据具体应用来确定的，不同的应用中键盘个数和功能可能不同。嵌入式系统中按键的接口方式一般有两种：一是独立式按键接口，即每一个按键独立用一根 I/O 口线；二是矩阵式键盘接口，即按键设在行线、列线交点处，组成行列矩阵式键盘。因此，在嵌入式系统的按键接口设计中，通常需要根据应用的具体要求来设计键盘接口的硬件电路，同时还需要完成识别按键动作、生成按键键码和按键具体功能的程序设计。

嵌入式系统所使用的按键通常是由机械式开关或机械式按键组成的，图 4.12 是一种轻触开关按键及按键符号。

利用按键机械触点的闭合、断开过程产生一个电压信号，但机械点的闭合、断开均会产生抖动，如图 4.13 所示。抖动是机械开关本身的一个普遍问题，它是指键被按下时，机械开关在外力的作用下，开关簧片的闭合有一个从断开到不稳定接触，最后到可靠接触的过程，即开关在达到稳定闭合前，会反复闭合、断开几次。同样的现象在按键释放时也存在。开关这种抖动的影响若不设法消除，则会使系统误认为按键按下若干次。键的抖动时间一般为 10～20 ms。

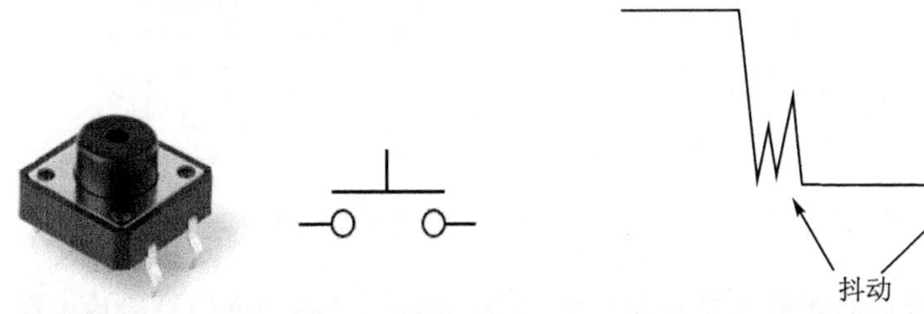

图 4.12　轻触开关按键及按键符号　　　　**图 4.13　按键的抖动**

因为抖动可能导致错误的读入，所以通常应去除按键抖动。去除抖动的方法有软、硬件两种方法实现。

软件去抖方法：采用软件延时，即从检测到有键按下，执行一个 5～20 ms 的延时程序去除抖动。当检测有按键闭合时，则延时 10～20 ms，然后再去检测键的状态，如果继续闭合则确认有按键；同样，当检测有按键释放时，则延时 10～20 ms，然后再去检测键的状态，如果继续释放则确认按键释放。

硬件去抖方法：采用一阶 RC 电路、R－S 触发器等硬件电路去除抖动。

1. 独立式按键接口

每一个按键独立用一根 I/O 口线，根据 I/O 口线的状态确定按键状态，如图 4.14 所示。

微控制器根据对应输入引脚 IN1 和 IN2 上的电平是 0 还是 1 来判断按键是否按下，并完成相应按键的功能。

2. 矩阵式键盘接口

独立式按键电路配置灵活，软件简单，但每一个键必须占用一个 I/O 口线，在按键较多时，I/O 口线浪费较大，所以按键较多时一般采用行列式键盘。一般将若干按键接口组成矩阵式键盘，如 2×2、4×4、4×5、4×6、8×8，对应于 4 个键、16 个键、20 个键、24 个键、64 个键，可构成数字键、功能键、字符键等。

下面以 4×4 矩阵式键盘为例来说明键盘接口的处理方法及其流程。键盘的作用是进行十六进制字符的输入，如图 4.15 所示，该键盘排列成 4×4 矩阵，需要两组信号线，一组作为输出信号线（称为行），另一组作为输入信号线（称为列），列信号线一般通过电阻与电源正极相连。键盘上每个键的命名由设计者确定。

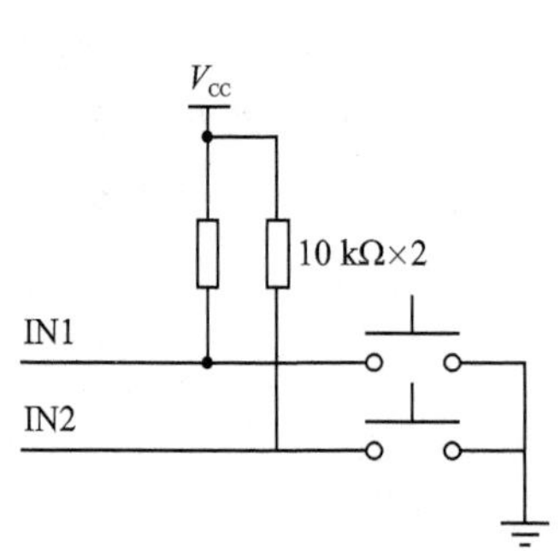

图 4.14　独立式键盘接口

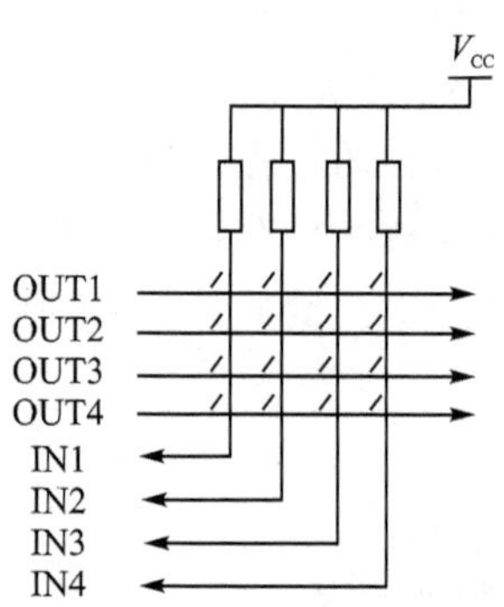

图 4.15　矩阵式键盘接口

在如图 4.15 所示的矩阵式键盘接口中，键盘的行信号线和列信号线均由微控制器通过 I/O 引脚控制，微控制器通过输出引脚向行信号线上输出全 0 信号，然后通过输入引脚读取列信号。若键盘式阵列中无任何键按下，则读到的列信号必然是全 1 信号；否则就是非全 1 信号。若是非全 1 信号，微控制器再在行信号线上输出“步进的 0”，即逐行输出 0 信号来判断被按下的键具体在哪一行上，然后产生对应的键码。这种键盘处理的方法称为行扫描法，行扫描法具体流程如图 4.16 所示。

4.4.2　上拉电阻与下拉电阻

当按键连接到 MCU 某个 GPIOx 输入引脚时，如果按键未被按下，则 GPIOx 引脚既没接地，也未接到高电平。输入信号可能在 0 和 1 之间飘移，造成所谓的浮动信号，MCU 将无法正确判断输入值。

按键的第一种接法如图 4.17 所示，图中电阻 R 一端接 GPIOx 输入引脚，另一端接地的接法，称为下拉（Pull - down）电阻。在图 4.17(a)中，若按键未被按下，GPIOx 输入引脚将通过电阻 R 接地，因此读取到低电平；在图 4.17(b)中，当按下按键时，V_{DD} 正电源将流向 GPIOx 引脚（电流往电阻较低的方向流动），读取到高电平。若没有电阻 R，当按下按键时，正电源和地直接连通，从而造成短路，此种连接不正确。

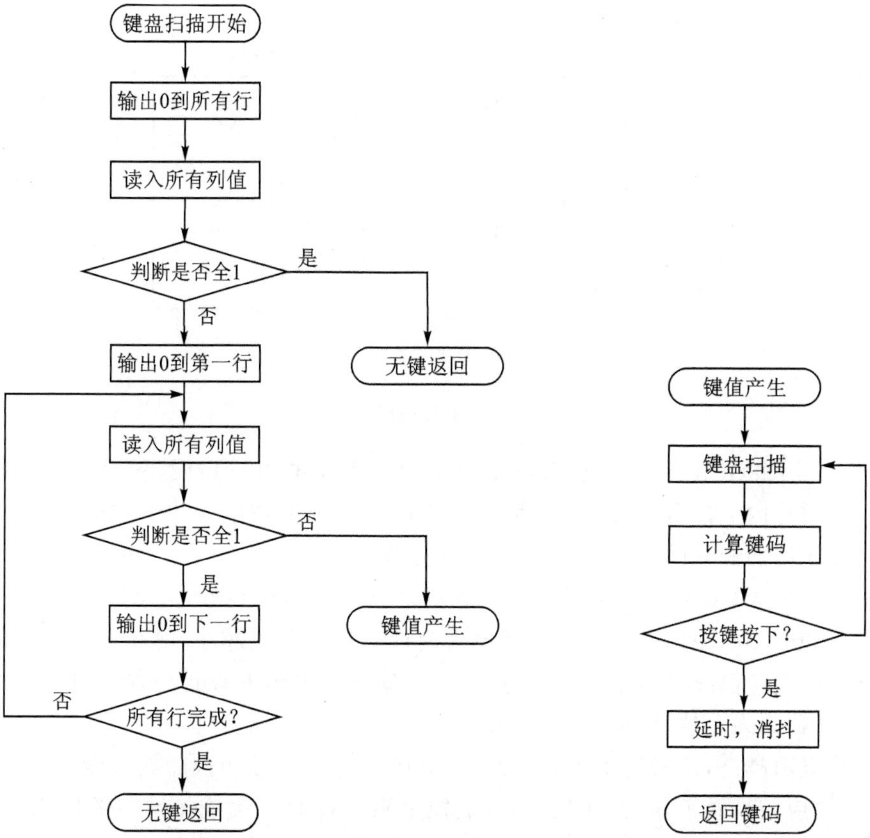

图 4.16　矩阵式键盘处理流程

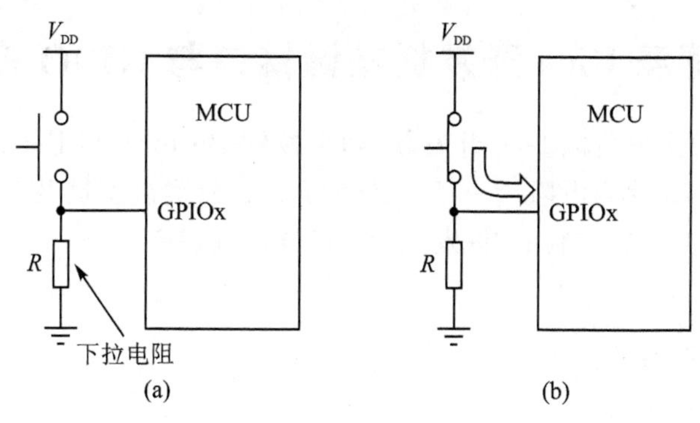

图 4.17　下拉电阻接法

图 4.18 是按键的另一种接法，图中电阻 R 一端接 GPIOx 输入引脚、另一端接电源 V_{DD} 的接法，称为上拉(Pull-up)电阻。在图 4.18(a)中，若按键未被按下，V_{DD} 正电源电流将通过上拉电阻 R 流向 GPIOx 引脚，读取到高电平；在图 4.18(b)中，当按下按键时，GPIOx 引脚和地直接连通(电流往电阻较低的方向流动)，读取到低

电平。

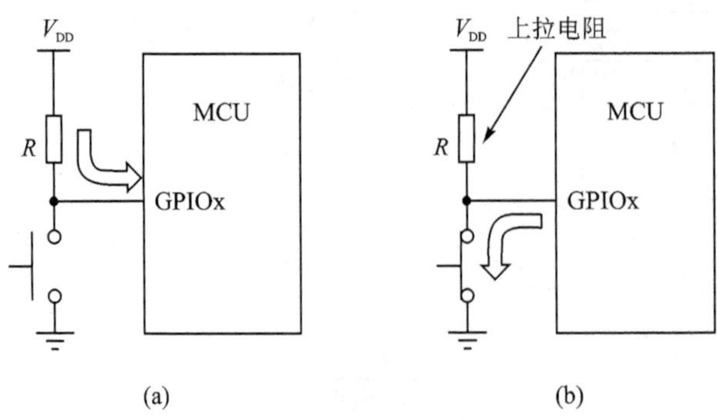

图 4.18　上拉电阻接法

MCU 芯片 GPIO 内部一般都有上拉电阻或下拉电阻，通过编程对其进行设置就可以启用片内上拉电阻或下拉电阻。一旦启用片内上拉电阻或下拉电阻，外部电路就不需要增加额外的电阻，可以直接连接按键。

根据一些 MCU 生产厂商提供的技术资料，MCU 芯片 GPIO 引脚内部上拉电阻大多介于 30～100 kΩ 之间，上拉电阻越大允许通过的电流越小，故高上拉电阻的设计又称为弱上拉（Weak pull - up）；与之相反，低上拉电阻的设计允许通过更大的电流，因此又称为强上拉（Strong pull - up）。

上拉电阻越高，信号抗干扰能力越弱，对按键开关信号切换的灵敏度也会降低，因此，不少应用场景不使用 MCU 片内上拉电阻。普通开关或按键一般使用10 kΩ 外接上拉电阻，对于要求反应速度快的开关信号切换应用，上拉电阻一般可选用 5 kΩ、4.7 kΩ 甚至 1 kΩ。

4.4.3　树莓派 Pico 开发板按键接口与 GPIO 控制实践

实践任务：使用树莓派 Pico 开发板、两个按键 Button1 和 Button2（两个按键均使用 RP2040 MCU 片内电阻）、一只 LED 发光二极管实现按键及 LED 接口扩展，并实现读取按键开关状态控制 LED 发光的 GPIO 控制程序。

1. 材　料

所需硬件材料如下：

➢ Pico 开发板×1；

➢ Micro - USB 数据线×1；

➢ LED×1；

➢ 轻触按键×2；

➢ 面包板×1；

➢ 杜邦线若干。

2. 树莓派 Pico 开发板按键接口扩展的方法

这里仅介绍使用 Pico 开发板 RP2040 MCU 片内电阻进行按键接口扩展，按键接口扩展方法有两种。

(1) 使用 Pico 开发板 RP2040 MCU 片内上拉电阻扩展按键接口

Pico 开发板 MCU 主芯片采用的是 RP2040 MCU，使用 Pico 开发板 RP2040 MCU 片内上拉电阻扩展按键接口方法原理图如图 4.19 所示。

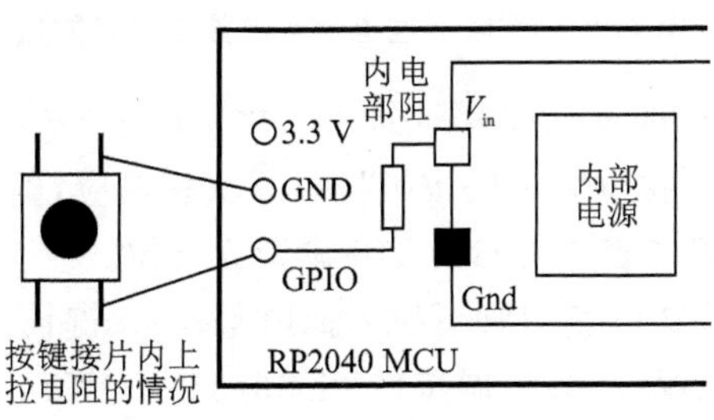

图 4.19　片内上拉电阻扩展按键接口方法

图 4.19 所示按键通过 Pico 开发板硬件扩展接口的某个 GPIO 引脚与 RP2040 MCU 片内上拉电阻一端连接，片内上拉电阻另一端与 RP2040 内部 3.3 V 电源 V_{in} 连接。假设图 4.19 所示按键是连接到 Pico 硬件扩展接口 21 号物理引脚，可知图 4.19 的按键所接 GPIO 引脚编号为 16(GP16/Pin21)。设图 4.19 的按键名为 press_button1，采用 MicroPython 对 GPIO16 引脚进行编程设置：

```
press_button1 = machine.Pin(16,machine.Pin.IN,machine.Pin.PULL_UP)
```

与图 4.19 的片内上拉电阻扩展按键接口方法相对应，以上语句第 3 个参数 machine.Pin.PULL_UP 表示将 GPIO16 设置为上拉。

当按键未按下时，GPIO16 上拉为高电平“1”；当按键被按下时，GPIO16 与 GND 短接为低电平“0”。

要说明的是，与流行的大多数嵌入式开发板一样，树莓派 Pico 开发板也采用 LV TTL 电平(所谓的 LV TTL 是指低电压 TTL 电平，这种逻辑系统在理想情况下，高电平/逻辑“1”电压为 3.3 V，低电平/逻辑“0”电压为 0 V)。

(2) 使用 Pico 开发板 RP2040 MCU 片内下拉电阻扩展按键接口

使用 Pico 开发板 RP2040 MCU 片内下拉电阻扩展按键接口方法原理图如图 4.20 所示。

图 4.20 所示按键通过 Pico 开发板硬件扩展接口的某个 GPIO 引脚与 RP2040 MCU 片内下拉电阻(Internal Resistor)一端连接，片内下拉电阻另一端与 RP2040 芯片内部接地端 GND 连接。假设图 4.20 所示按键是连接到 Pico 硬件扩展接口 22 号物理引脚，则可知图 4.20 的按键所接 GPIO 引脚编号为 17(GP17/Pin22)。设图 4.20 的按键名为 press_button2，采用 MicroPython 对 GPIO17 进行编程设置：

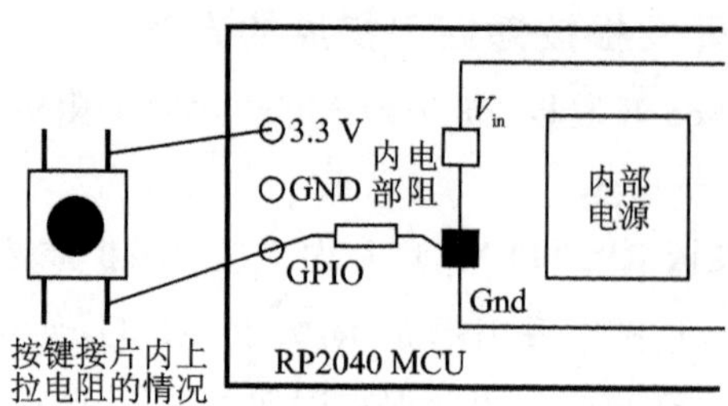

图 4.20　片内下拉电阻扩展按键接口方法

```
press_button2 = machine.Pin(17,machine.Pin.IN,machine.Pin.PULL_DOWN)
```

与图 4.20 的片内下拉电阻扩展按键接口方法相对应，以上语句第 3 个参数 machine.Pin.PULL_DOWN 表示将 GPIO16 设置为下拉。

当按键未按下时，GPIO17 引脚下拉为低电平；当按键被按下时，GPIO17 引脚与 Pico 扩展接口 3.3 V 电源（Pico 扩展接口 Pin36/3V3(OUT)为 Pico 扩展接口 3.3 V 外接正电源）接通，此时 GPIO17 引脚为高电平。

3. Pico 开发板硬件接口扩展按键和 LED 电路

Pico 开发板硬件接口扩展外接按键和 LED 电路原理图及面包板接线图如图 4.21 所示。

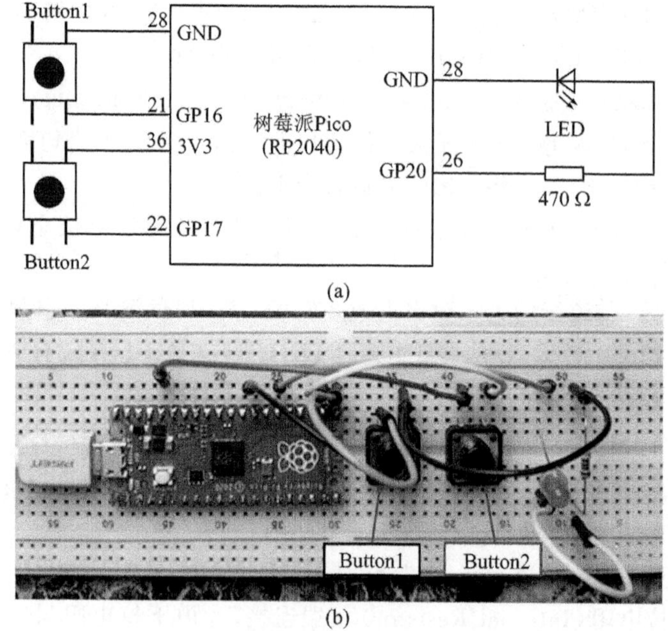

图 4.21　Pico 开发板硬件接口扩展外接按键和 LED 电路

4 . MicroPython 按键接口程序举例

举例:在如图 4.21 所示的 Pico 开发板硬件接口扩展外接按键和 LED 电路中,采用 MicroPython 编写满足如下功能的程序:

① 使用片内上拉电阻扩展按键接口方法:按下 Button1 按键时,软件去抖后点亮板载 LED 并持续 2 s 后熄灭;

② 使用片内下拉电阻扩展按键接口方法:按下 Button2 按键时,软件去抖后点亮扩展 LED 持续 2 s 后熄灭;

③ 无按键:板载 LED 和扩展 LED 均为熄灭状态。

满足要求的程序清单(程序名:ch4_7.py)如下:

```
#Filename: ch4_7.py
import machine
import utime
on_board_led = machine.Pin(25, machine.Pin.OUT)
external_led = machine.Pin(20, machine.Pin.OUT)
press_button1 = machine.Pin(16,machine.Pin.IN, machine.Pin.PULL_UP)
#片内上拉电阻按键接口方法:将以上语句第 3 个参数设置为 machine.Pin.PULL_UP
press_button2 = machine.Pin(17,machine.Pin.IN, machine.Pin.PULL_DOWN)
#片内下拉电阻按键接口方法:将以上语句第 3 个参数设置为 machine.Pin.PULL_DOWN
while True:
    if press_button1.value() = = 0:
        utime.sleep_ms(20)
        on_board_led.value(1)
        utime.sleep(2)
    on_board_led.value(0)
    if press_button2.value() = = 1:
        utime.sleep_ms(20)
        external_led(1)
        utime.sleep(2)
    external_led.value(0)
```

将如图 4.21(b)所示的硬件接口扩展外接按键接线图连接到电脑,启动 Thonny Python IDE 编辑、调试并运行本程序。

当如图 4.21(b)的按键未按下时,板载 LED 和扩展 LED 均不亮;当图 4.21(b)中的 Button1 键被按下时点亮板载 LED,按键松开时被点亮的板载 LED 持续 2 s 后熄灭;当图 4.21(b)中的 Button2 键被按下时点亮扩展 LED,按键松开时被点亮的扩展 LED 持续 2 s 后熄灭。

接下来对树莓派 Pico 开发板 GPIO 引脚对象配置及使用作一个归纳。

GPIO 引脚对象通过 machine 模块的 Pin 类来配置,引脚对象 pin 可用 Pin 构造器进行初始化设置,格式如下:

```
pin = machine.Pin(id,mode,pull)
```

参数说明：

① id:GPIO 引脚编号。

② mode:GPIO 引脚对象输入输出方式配置。

- Pin.IN:GPIO 引脚对象设置为输入；
- Pin.OUT:GPIO 引脚对象设置为输出；
- Pin.OPEN_DRAIN:GPIO 引脚对象设置为开漏输出。

③ pull:GPIO 引脚对象上拉电阻配置。

- NONE:无片内上拉电阻；
- Pin.PULL_UP:使用片内上拉电阻；
- Pin.PULL_DOWN:使用片内下拉电阻。

pin.value([value])不带参数时是读取输入电平，带参数时是设置输出电平。参数可以是 True/False(1/0)。

5. 一阶 RC 硬件去抖电路介绍

图 4.22 是用电阻 R 和电容 C 组成的一阶 RC 电路。

在图 4.23 中，从初始时刻 t_0 到 t 时刻电容储能的变化量 W_C 为：

$$W_C = \frac{1}{2}Cu_C(t)^2 - \frac{1}{2}Cu_C(t_0)^2 \tag{4.2}$$

设 $u_i(t)=U$，$U_C(t_0)=U_0$，根据一阶电路的三要素法，有：

$$u_C(t) = U + (U_0 - U)\,e^{-\frac{1}{\tau}(t-t_0)} \tag{4.3}$$

其中，$\tau=RC$ 称为时间常数(time constant)，R 与 C 的乘积具有时间量纲。

设初始时刻为 0($t_0=0$)，电容初始未储能即 $u_C(0)=0$ V，输入电压为周期为 T 的方波，电容两端输出响应电压 U_c 随时间变化，如图 4.23 所示。前半周期中，输入电压为 U，电容充电；后半周期中，输入电压为 0，电容放电。

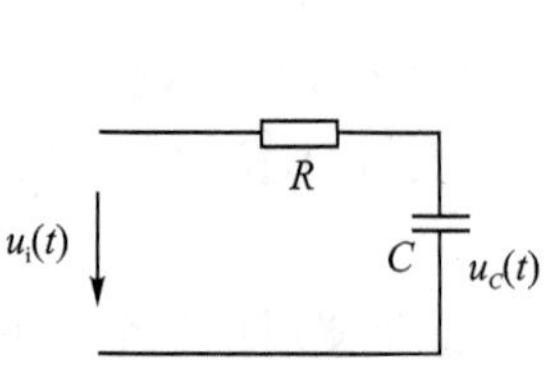

图 4.22　基本 RC 电路

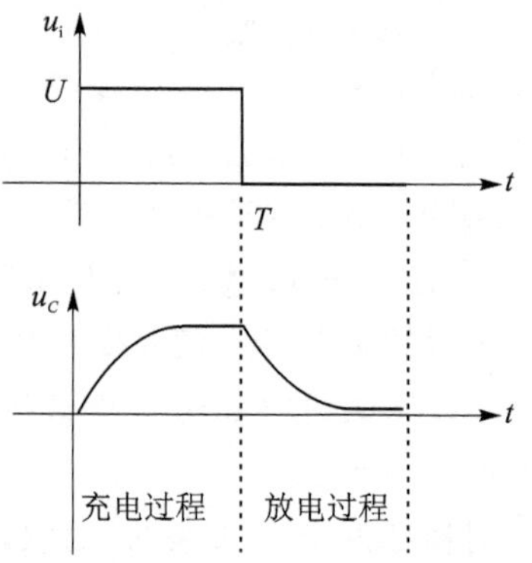

图 4.23　基本 RC 电路充放过程

不同时间常数的电容充放电情况如表 4.1 所列。电容充电时，经过一个时间常数 $\tau=RC$，电容充电到 63.2%，经过(3～5)τ 就认为电容达到充满状态；放电时，经过一个时间常数，电容剩余 36.8%。

表 4.1　不同时间常数的电容充放电情况

时间常数	τ	2τ	3τ	4τ	5τ	6τ
充电过程	$1-e^{-1}$	$1-e^{-2}$	$1-e^{-3}$	$1-e^{-4}$	$1-e^{-5}$	$1-e^{-6}$
	63.2%	86.5%	95.0%	98.2%	99.3%	99.8%
放电过程	e^{-1}	e^{-2}	e^{-3}	e^{-4}	e^{-5}	e^{-6}
	36.8%	13.5%	5.0%	1.8%	0.7%	0.2%

对于电容充放电过程，τ 越大(即电容或电容越大)，电容充放电所需时间越长；τ 越小，电容充放电速度越快。

实际的一阶 RC 硬件去抖电路与 MCU 接口原理如图 4.24 所示，这里假设 R_1 为外接上拉电阻。

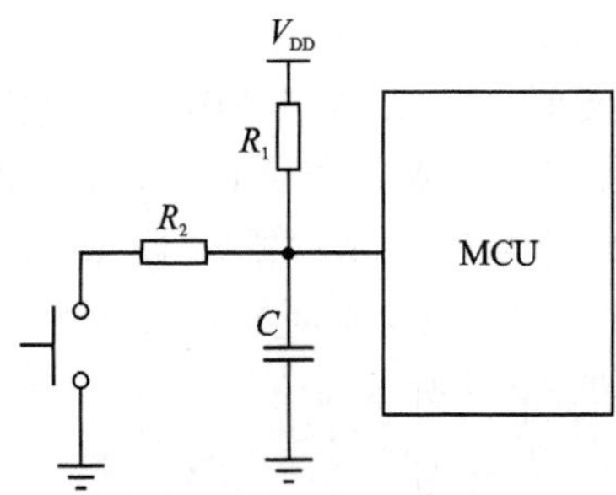

图 4.24　一阶 RC 硬件去抖电路与 MCU 接口原理

加电后，当未按下按键时，电源 V_{DD} 经由 R_1 对电容 C 充电；当按下按键时，电容 C 经由 R_2 放电。在设计一阶 RC 硬件去抖电路时，其延时时间以时间常数为依据，若时间常数太大，则按键反应将变得迟钝。

以树莓派 Pico 开发板外接一个按键和一阶 RC 硬件去抖电路为例，假设图 4.24 中的 R_1 改为使用 Pico 开发板 RP2040 片内电阻，$R_2=4.7\ \text{k}\Omega$，$C=0.2\ \mu\text{F}$，则放电时间常数 τ 为：

$$\tau=R_2C=(4.7\times10^3)\times(0.2\times10^{-6})\ \text{s}=0.94\ \text{ms}$$

当为按键设计硬件去抖电路后，MicroPython 程序中就无须再增加 sleep_ms() 等延时语句了。

4.5 树莓派 Pico 开发板 LED 显示器接口与 GPIO 控制

在专用的嵌入式控制系统、测量系统及智能化仪器仪表中，为了缩小体积和降低成本，往往采用简易的字母数字显示器来指示系统的状态和报告运行的结果。LED 显示器作为一种简单、经济的显示形式，在显示信息量不大的应用场合得到了广泛应用。

LED 显示器主要分为 3 种：单个 LED 显示器、7 段（或 8 段）LED 显示器、点阵式 LED 显示器。

4.5.1 LED 显示控制原理

单个 LED 显示器实际上就是一个 LED 发光二极管，在嵌入式控制系统及智能化仪器仪表中常常用作指示灯。单个 LED 显示器典型的发光电流为 1～20 mA，MCU 通过 I/O 接口数据线中的某一位来控制 LED 的亮与灭。前面已给出了树莓派 Pico 开发板硬件接口扩展小功率 LED 灯的典型应用案例。

LED 数码管显示器是由 7 个（或 8 个）LED 发光二极管按一定的位置排列成“日”字形组成，称为段式 LED 数码管显示器；8 段 LED 显示器（8 - segment LED display）多了一个小数点 dp。为了适应不同的驱动电路，段式 LED 显示器采用了共阴极和共阳极两种结构，如图 4.25 所示。

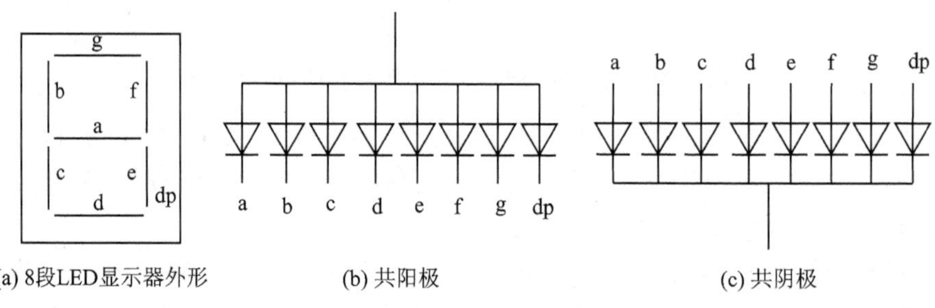

图 4.25　段式 LED 显示器

将多个段式 LED 数码管集成在一起可以构成多位段式 LED 显示器，市场上有 2 位、3 位或 4 位的 8 段 LED 显示器模块可供选用。

段式 LED 显示器的接口电路通常有两种：静态显示接口和动态（扫描）显示接口，如图 4.26 和图 4.27 所示。

1. 静态显示

每一段 LED 都有一个锁存器锁存此段的数据，占用 I/O 资源较多，但 MCU 在

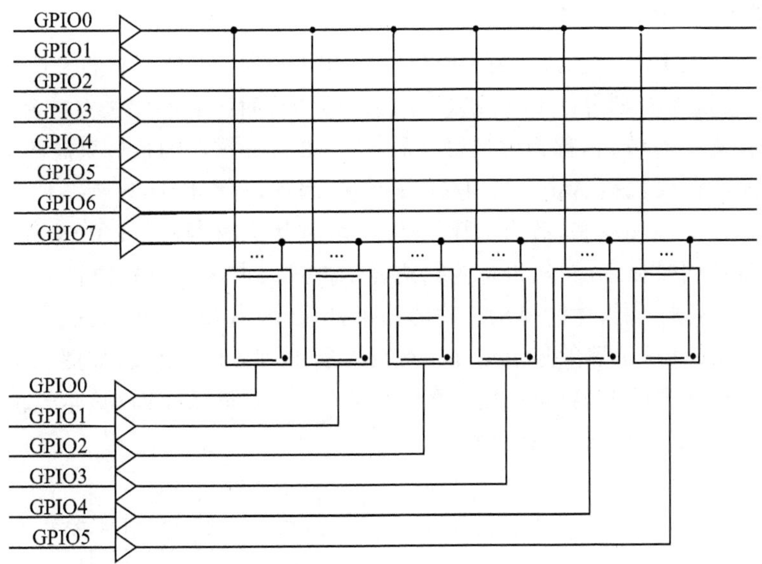

图 4.26　6 位 8 段 LED 显示器动态接口电路

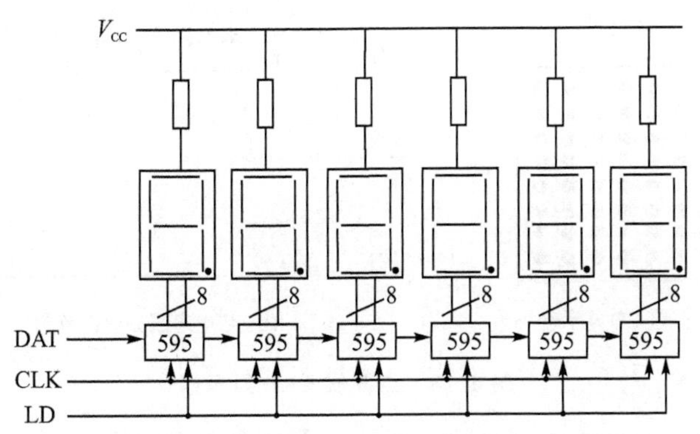

图 4.27　6 位 8 段 LED 显示器静态接口电路

输出显示数据后，在没有改变显示数据的情况下不需要刷新 LED 显示器，节省了 CPU 的时间。在多位显示的实际应用中一般不使用静态显示方式。

现以图 4.28 的 LED 显示器静态显示方式为例进行说明。LED 显示器由 6 个 8 段 LED 组成，每个 8 段 LED 由一片 74HC595 来锁存显示数据；74HC595 为串入并出的移位寄存器，6 个 74HC595 连接成级联方式，每一个驱动一个 8 段 LED。在 Pico 开发板接口电路中，可以将 Pico 开发板 GPIO 接口的 GP1 端口接 74HC595 的串行数据输入端 DAT(DS)、GP0 端口接 74HC595 的移位时钟输入端 CLK(SH_CP)、GP2 端口接 74HC595 的锁存时钟输入端 DAT(ST_CP)。74HC595 操作时序可参见相关技术手册。

2. 动态显示

在多位7段LED显示时，为了简化电路、降低成本，可将所有的段选端并联在一起，由一个输出寄存器作I/O口，称为段选寄存器；而所有共阴极点连在一起，由一个输出寄存器作I/O口，称为位选寄存器；所以8位显示器的接口只需两个8位I/O口。由于所有的段选码皆由一个I/O口控制，因此，每个瞬间只有一位显示。只要控制显示器逐个循环点亮，适当选择循环速度，利用人眼"视觉残留"效应，使其看上去好像多位都同时显示一样，也称为扫描显示方式。占用I/O资源较少，但MCU要不断刷新LED显示器，才能显示正确的结果，但会占用MCU的时间。

点阵式LED显示器的显示单元一般由8行8列LED组成，如图4.28所示，可以再由这8行8列的LED拼成更大的LED阵列。点阵式LED显示器能显示各种字符、汉字及图形、图像且具有色彩。

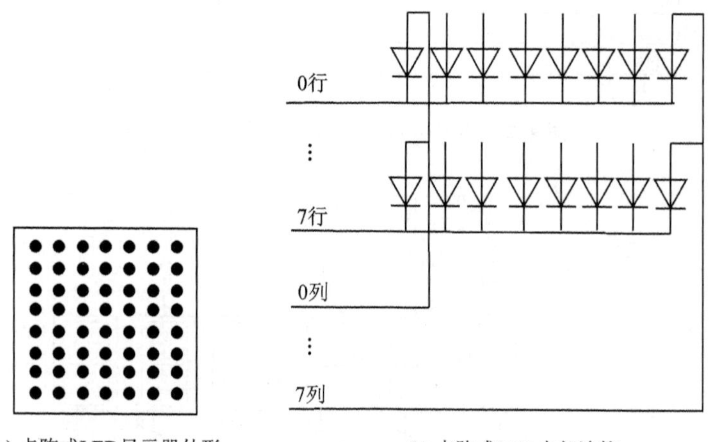

(a) 点阵式LED显示器外形　　(b) 点阵式LED内部连接

图4.28　点阵式LED显示器

点阵LED显示器中，每个LED表示一个像素，通过每个LED的亮与灭来构造出所需的图形，各种字符及汉字也是通过图形方式来显示的。对于单色点阵式LED来说，每个像素需要一位二进制数表示，1表示亮，0表示灭。对于彩色点阵式LED，每个像素需要更多的二进制位表示，通常用一个字节。

点阵式LED显示器的显示控制也采用扫描方式。在数据存储器中开辟若干存储单元作为显示缓冲区，缓冲区中存有所需显示图形的控制信息。显示时依次通过列信号驱动器输出一行所需所有列的信号，然后再驱动对应的行信号来控制该行显示。只要扫描速度适当，显示的图形就不会出现闪烁。图4.29为一般点阵式LED显示器接口电路基本操作时序。

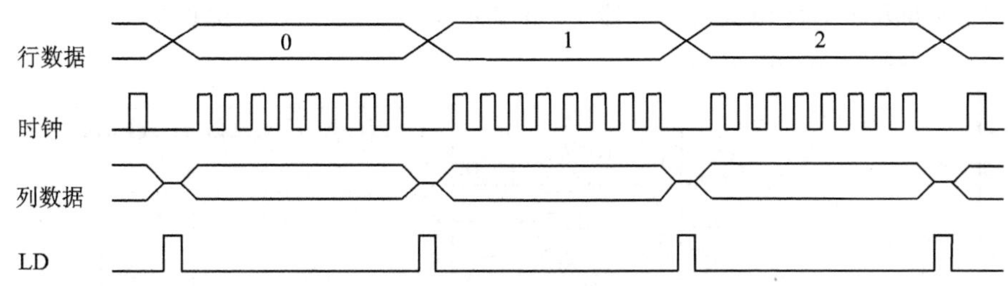

图 4.29　点阵显示时序

4.5.2　Pico 开发板 7 段 LED 显示器接口与 GPIO 控制实践

实践任务：使用树莓派 Pico 开发板、两位 7 段 LED 显示器模块、双极性三极管、电阻实现多位 LED 显示器接口扩展，实现两位 LED 数码管都显示数字 8 的 GPIO 控制演示程序。

1. 材　料

所需硬件材料如下：

- Pico 开发板×1；
- 两位 7 段 LED 显示器×1；
- 三极管×2；
- 面包板×1；
- 470 Ω×8；
- Micro - USB 数据线×1；
- 杜邦线若干。

2. 硬件接口电路原理

图 4.30 是 Pico 开发板与两位 7 段 LED 显示器模块连接的硬件接口框图。其中，数据为向 7 段 LED 显示器输出的显示段码 a～g(8 段 LED 显示器加小数点 dp)。

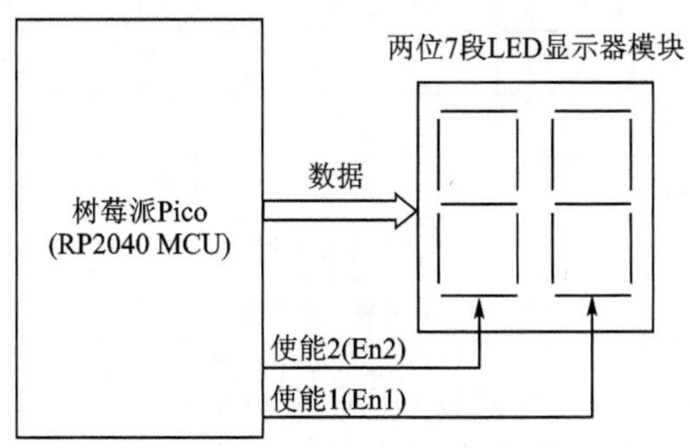

图 4.30　Pico 与两位 7 段 LED 显示器模块连接

Pico 开发板与两位共阴极 8 段 LED 显示器硬件接口原理图如图 4.31 所示。

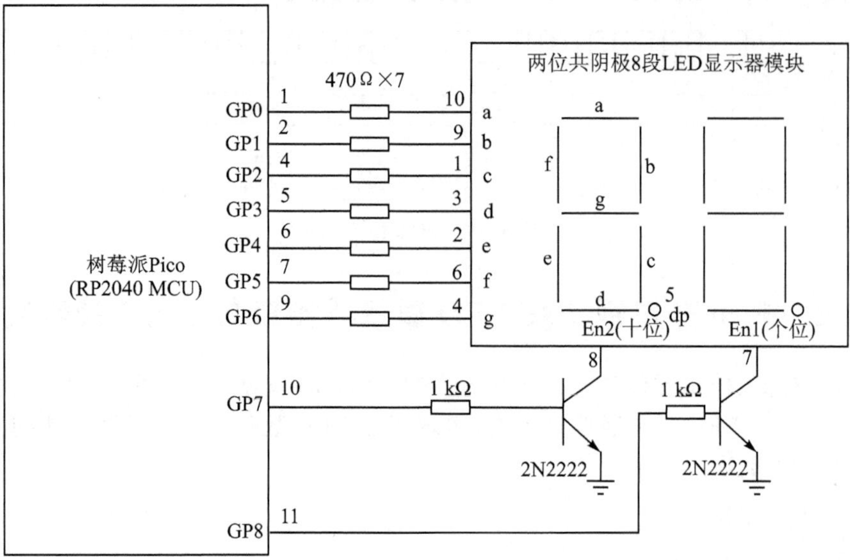

图 4.31　Pico 与两位共阴极 8 段 LED 显示器硬件接口

本实践任务中，使用了 Pico 开发板 7 个 GPIO 引脚与 8 段 LED 显示器 7 段显示引脚 a～g 进行连接（dp 小数点未考虑），如表 4.2 所列。

表 4.2　Pico 开发板 GPIO 与 8 段 LED 显示器硬件接口连接

7 段显示及使能引脚	Pico 开发板 GPIO 引脚	Pico 开发板物理引脚
a	GP0	Pin1
b	GP1	Pin2
c	GP2	Pin4
d	GP3	Pin5
e	GP4	Pin6
f	GP5	Pin7
g	GP6	Pin9
dp	不连接	
En2	GP7（接三极管驱动）	Pin10
En1	GP8（接三极管驱动）	Pin11

LED 显示段码通过 Pico 开发板 GPIO 端口引脚和 470 Ω 限流电阻直接驱动。两位 8 段 LED 显示器位选使能信号引脚 En1 和 En2 分别由两个 2N2222 NPN 三极管的集电极驱动（也可选用其他型号 NPN 晶体管），NPN 三极管工作于开关模式。

当 GP7 引脚输出高电平时，与之连接的三极管基极为高电平，集电极输出低电平，个位 LED 数码管显示数字；当 GP8 引脚输出高电平时，与之连接的三极管基极为高电平，集电极输出低电平，十位 LED 数码管显示数字。

图 4.32 显示了通过点亮或熄灭其中某位 LED 数码管不同的 a～g 显示段来获得 0～9 的数字。如显示"0"，LED 数码管 a～f 段点亮，g 段熄灭，其显示段码(g，f，e，d，c，b，a)可用二进制表示为 0b0111111。

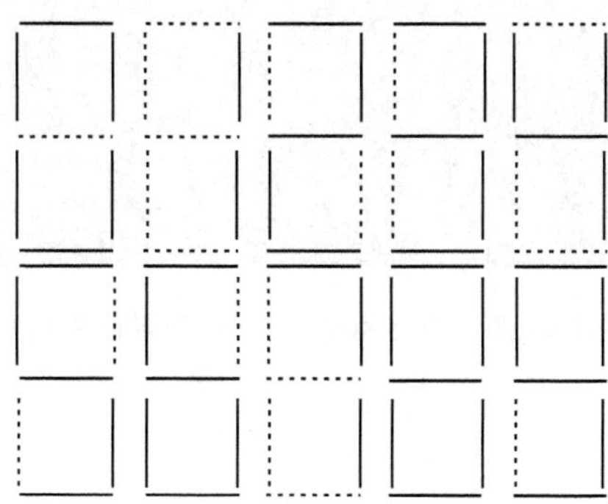

图 4.32　7 段 LED 数码管显示数字 0～9

3. 两位 LED 数码管都显示数字 8 的 GPIO 控制演示程序

满足本实践任务要求的程序清单(程序名：ch4_8.py)如下：

```
# Filename: ch4_8.py
#列表中存储共阴极 LED 数码管 0 - 9 数字显示段码
segCode = [0x3f, 0x06, 0x5b, 0x4f, 0x66, 0x6d, 0x7d, 0x07, 0x7f, 0x6f]
gpioList = [0] * 9
from machine import Pin
import time
for i in range(0, 9):
    gpioList[i] = Pin(i, Pin.OUT, value = 0)
j = 8
for i in range(0,7):
    bit = segCode[j]&0x01
    gpioList[i].value(bit)
    segCode[j] = segCode[j] >> 0x01
while True:
    gpioList[7].value(1)
    time.sleep_ms(5)
    gpioList[7].value(0)
    time.sleep_ms(5)
    gpioList[8].value(1)
    time.sleep_ms(5)
```

```
        gpioList[8].value(0)
        time.sleep_ms(5)
```

程序 ch4_8.py 运行后，两位 LED 数码管都显示数字 8，如图 4.33 所示。

图 4.33　Pico 开发板与两位 LED 数码管硬件接口实物图

第 5 章　树莓派 Pico 中断与定时技术

中断控制是计算机中的一种重要技术，它最初是为克服对 I/O 接口控制采用程序查询所带来的处理器低效率而产生的。定时器是嵌入式系统中的常用模块，其主要作用是充当定时功能或计数功能。本章在介绍中断与定时技术基本原理基础上，讲述树莓派 Pico 开发板 MicroPython 中断与定时应用技术编程实践。

5.1　中断技术

5.1.1　中断的基本知识

1. 微处理器与 I/O 外设之间的数据传送方式

嵌入式系统中，微处理器与 I/O 外设之间的数据传送方式可以有 3 种：程序查询方式、中断方式、DMA 方式。

(1) 程序查询方式

程序查询方式由微处理器周期性地执行一段查询程序来读取 I/O 端口或部件中状态寄存器的内容，并判断其状态，从而使微控制器与 I/O 端口或部件在进行数据、命令传送时保持同步。

在程序查询工作方式下，微处理器的效率很低，因为微处理器要花费大量时间检测 I/O 端口或部件的状态，并且 I/O 端口或部件的数据也不能得到实时处理。

(2) 中断方式

中断方式是 I/O 端口或部件在完成了一个 I/O 操作后，产生一个信号给微处理器。这个信号叫"中断请求"，微处理器响应该请求信号，停止当前的程序操作，而转向对该 I/O 端口或部件进行新的读/写操作。

(3) DMA 方式

DMA(Direct Memory Access)传送方式是在存储器和 I/O 部件之间、存储器和存储器之间直接进行数据传送(如高速数据采集、内存和内存间的高速数据块传送等)，传送过程不需要微处理器干预。这样，传送时就不必进行保护现场等一系列额外操作，传输速度基本取决于存储器和外设的速度。

在微处理器中，程序查询方式和中断方式是常用的两种数据传送方式。

2. 中断的概念

在微型计算机系统中，中断(Interrupt)是指微型计算机在执行某一程序的过程中，由于微型计算机系统内部、外部的某种原因，必须中止原程序的执行，转去执行相应的处理程序，待处理结束之后再返回继续执行被中止的原程序的过程。

采用中断技术的微型计算机，可以解决 CPU 与外设之间速度匹配的问题，使微型计算机可以及时处理系统中许多随机的参数和信息；同时，它也提高了微型计算机处理故障与应变的能力。

中断方式与程序查询方式相比，中断方式具有执行效率高、实时性强的特点。

5.1.2 中断技术基本原理

1. 中断执行过程

在嵌入式系统中，MCU 在执行程序的过程中，外部事件向 MCU 发出信号，请求 MCU 迅速去处理，于是，MCU 暂时中止执行当前程序，转去处理相应的事件，待处理完毕后再继续执行原来被中止的程序，这种过程称为中断(Interrupt)。中断主要用于需要及时处理的随机信号或事件。中断执行过程如见 5.1 所示。

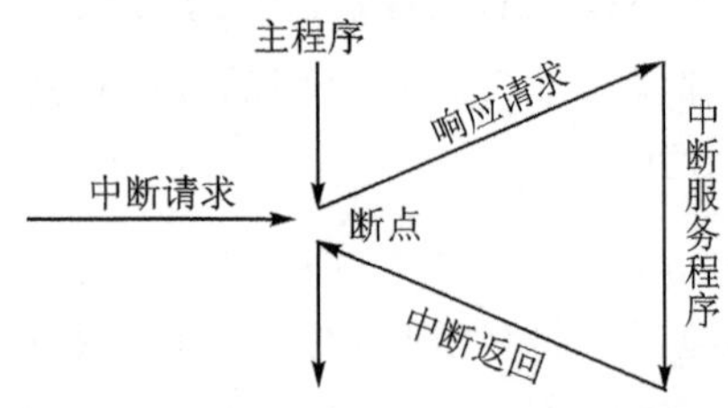

图 5.1 中断执行过程

I/O 外设做完一件事情就向 MCU 发出中断申请，请求 MCU 中断它正在执行的程序，转去执行中断服务程序(一般情况是处理 I/O 操作)；中断处理完成后，MCU 恢复执行主程序，I/O 外设也继续工作。

中断的优点如下：

① 中断能解决快速 MCU 与慢速 I/O 外设之间的矛盾，使 MCU 和外设同时工作。这样，MCU 可启动多个 I/O 外设同时工作，大大地提高了 MCU 的执行效率。

② 在实时控制中，现场的各种参数、信息均随时间和现场而变化。这些外界变量可根据要求随时向 MCU 发出中断申请，请求 MCU 及时处理中断请求。若中断条件满足，MCU 就会立即响应，进行相应的处理，从而实现实时处理。

③ 针对难以预料的情况或故障，如掉电、存储出错、运算溢出等，可通过中断系统由故障源向 MCU 发出中断请求，再由 MCU 转到相应的故障处理程序进行异常处理。

2. 中断向量

中断源是指嵌入式系统中可以向微控制器发出中断请求的来源，通常为 I/O 设备、实时控制系统中的随机参数和信息故障源等。在嵌入式系统中，需要采用中断控制方式的 I/O 端口或部件有很多，如树莓派 RP2040 MCU 有 26 个中断源、S3C2410 MCU 有 56 个中断源。而通常微控制器能够提供的中断请求信号线是有限的，当有中断产生时，微控制器就必须通过一定的方式识别出是哪个中断源发来的请求信号，以便转向其对应的中断服务程序。中断源的识别方法目前主要是向量识别方法。

当微控制器响应中断后，要求中断源提供一个地址信息，该地址信息称为中断向量（或中断矢量），微控制器根据这个中断向量转移到该中断源的中断服务程序处执行。因此，中断向量在某种意义上来说就是中断服务程序的入口地址。

根据形成中断服务程序入口地址机制的不同，向量中断可分为固定中断和可变中断。

所谓固定中断向量是指各个中断源的中断服务程序入口地址是固定不变的，在微控制器设计时已经确定，系统设计者不能改变。绝大多数嵌入式系统的中断采用固定中断向量。

可变中断向量是指中断服务程序入口地址不是固定不变的，系统设计者可以根据自己的需要进行设置。通常在采用这类中断向量的微控制器中，都有用于中断控制的寄存器或中断向量表，此向量表提供了所有支持的中断定义以及相应的中断服务程序入口地址。设计者通过初始化相应寄存器和设置中断向量表，达到改变中断源优先级和中断向量的目的。可变中断向量方式的优点是设计比较灵活，用户可根据需要设定中断向量表在主存中的位置；缺点是中断响应速度较慢。

3. 中断优先级

多数微处理器系统一般包含多个中断源，为使系统能及时响应并处理发生的所有中断，系统根据引起中断事件的重要性和紧迫程度将中断源分为若干个级别，称作中断优先级。中断优先级一般指以下两层含义：

① 若有两个及两个以上的中断源同时提出中断请求，则微处理器先响应哪个中断源、后响应哪个中断源。

② 若一个中断源提出中断请求，微处理器给予响应并正在执行其中断服务程序时，又有一个中断源提出中断请求，后来的中断源能中断前一个中断源的中断服务程序。

图 5.2 为专用硬件方式中断原理图。

4. 中断屏蔽

为了更灵活地运用中断，嵌入式系统采用了中断屏蔽技术。屏蔽的基本意思是让某种中断不起作用。确切地说，对每一个外部硬件中断源设置一个中断屏蔽位，约定该位为 0 表示开屏蔽状态，为 1 表示处于屏蔽状态，当然也可以反过来约定。一个

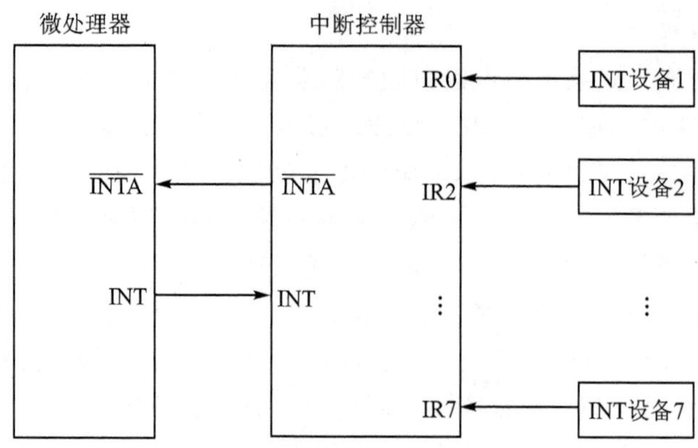

图 5.2 专用硬件方式中断原理

中断源在对应的中断屏蔽位为屏蔽状态的情况下，它的中断请求不能得到 MCU 的响应，或者干脆就不能向微处理器提出中断请求。

一般中断控制器是将中断屏蔽位集中在一起，构成中断屏蔽寄存器。按照是否可以被屏蔽，可将中断分为两大类：不可屏蔽中断（又叫非屏蔽中断）和可屏蔽中断。不可屏蔽中断源一旦提出请求，微处理器必须无条件响应；而对可屏蔽中断源的请求，微处理器可以响应，也可以不响应。微处理器可以设置两根中断请求输入线：可屏蔽中断请求 INTR(Interrupt Require)和不可屏蔽中断请求 NMI(Non Maskable Interrupt)。对于可屏蔽中断，除了受本身的屏蔽位控制外，通常还要受一个总的控制，即 CPU 标志寄存器中的中断允许标志位 IF(Iinterrupt Flag)的控制，IF 位为 1，可以得到微处理器的响应；否则，得不到响应。通常，中断允许或屏蔽可以由用户程序控制。比如在树莓派 Pico 中，若使用 MicroPython 语言，则允许中断（开中断）可以用 machine. enable_irq()函数，屏蔽中断（关中断）可以用 machine. enable_irq()函数；若使用树莓派 RP2040 ARM Cortex M0＋汇编语言，则可使用 CPSIE 汇编指令开中断，使用 CPSID 指令关中断。这里的 CPS 是 Change Processor State 的缩写，表示改变微处理器状态（中断允许- IE/禁止- ID）。在树莓派 Pico 中，RP2040 MCU 芯片内部的嵌套向量中断控制器(NVIC)相当于这里的中断控制器，当执行开中断指令时，NVIC - ISER 寄存器将被置位；当执行关中断指令时，NVIC - ICER 寄存器被置位。

典型的非屏蔽中断源的一个例子是电源掉电，一旦发生电源掉电，必须立即无条件地响应，否则进行其他任何工作都是没有意义的。典型的可屏蔽中断源的例子是打印机中断，CPU 对打印机中断请求的响应可以快一些，也可以慢一些，因为让打印机等待是完全可以的。

5.1.3 树莓派 Pico 中断系统

1. 树莓派 Pico ARM NIVC

树莓派 Pico 开发板 RP2040 双核 MCU 芯片在内核水平上搭载了两颗 ARM 嵌套向量中断控制器(NIVC，Nested Vectored Interrupt Controller)用于中断异常管理，两颗 ARM NIVC 分别与 Core0 和 Core1 核紧耦合，每颗 ARM NIVC 拥有 32 个中断输入。

NIVC 主要特性如下：

- 支持 26 个外部中断，每个有 4 个优先级；
- 支持专用不可屏蔽中断(NMI)，NMI 可用任何标准中断源驱动，支持电平触发和脉冲触发；
- 拥有唤醒中断控制器(WIC)，支持超低功耗休眠模式；
- 支持嵌套和向量中断；
- 支持可重定位向量表；
- 中断可屏蔽。

ARM NVIC 依照优先级处理所有支持的异常，所有异常在“处理器模式”处理。ARM NVIC 结构支持 32(IRQ[31:0])个中断源，每个中断可以支持 4 级离散中断优先级。所有的中断和大多数系统异常可以配置为不同优先级。当中断发生时，ARM NVIC 将比较新中断与当前中断的优先级，如果新中断优先级高，则立即处理新中断。当接受任何中断时，ISR 的开始地址可从内存的向量表中取得。不需要确定哪个中断被响应，也不要软件分配相关中断服务程序(ISR，Interrupt Service Routine)的起始地址。当获取中断入口地址时，ARM NVIC 将自动保存处理状态到栈中，包括 PC、PSR、LR、R0～R3、R12 寄存器的值。在 ISR 结束时，ARM NVIC 将从栈中恢复相关寄存器的值进行正常操作，因此只花费了少量且确定的时间来处理中断请求。当较高优先级中断请求发生在当前 ISR 开始执行之前(保持处理器状态和获取起始地址阶段)时，ARM NVIC 将立即处理更高优先级的中断，从而提高了实时性。

2. 树莓派 Pico 中断

树莓派 Pico 开发板 RP2040 MCU 芯片的两颗 ARM NVIC 都拥有相同的中断路由，Core0/Core1 双核中的每个核都拥有独立的 GPIO 中断，如 Core 0 组拥有 GPIO 0 中断、Core 1 组拥有 GPIO 1 中断。

在树莓派 RP2040 MCU 32 个中断源中，只有较低的 26 个 IRQ 信号被连接到 ARM NVIC 并用作外部中断，如表 5.1 所列，IRQ 26～IRQ 31 不被使用。可以通过对内核 Core0/Core1 的 ARM NVIC ISPR(Interrupt Set - Pending Register)寄存器写入 26～31 位强制进入相应的中断服务程序。

表 5.1　树莓派 Pico 外部中断

IRQ	中断源名称	描　述
0	TIMER_IRQ_0	定时器 0 中断
1	TIMER_IRQ_1	定时器 1 中断
2	TIMER_IRQ_2	定时器 2 中断
3	TIMER_IRQ_3	定时器 3 中断
4	PWM_IRQ_WRAP	PWM 中断
5	USBCTRL_IRQ	USB 控制中断
6	XIP_IRQ	芯片内立即执行中断
7	PIO0_IRQ_0	PIO0 中断 0
8	PIO0_IRQ_1	PIO0 中断 1
9	PIO1_IRQ_0	PIO1 中断 0
10	PIO1_IRQ_1	PIO1 中断 1
11	DMA_IRQ_0	DAM 通道 0 中断
12	DMA_IRQ_1	DAM 通道 1 中断
13	IO_IRQ_BANK0	Bank0 中断
14	IO_IRQ_QSPI	Queued SPI 中断
15	SIO_IRQ_PROC0	Core0 处理串行 I/O 中断
16	SIO_IRQ_PROC1	Core1 处理串行 I/O 中断
17	CLOCKS_IRQ	时钟中断
18	SPI0_IRQ	SPI0 中断
19	SPI1_IRQ	SPI1 中断
20	UART0_IRQ	UART0 中断
21	UART1_IRQ	UART1 中断
22	ADC_IRQ_FIFO	ADC 中断
23	I2C0_IRQ	I^2C 中断 0
24	I2C1_IRQ	I^2C 中断 1
25	RTC_IRQ	RTC 定时中断

树莓派 Pico ARM NVIC 支持中断嵌套。所谓中断嵌套是指中断系统正在执行一个中断服务程序时，有另一个优先级更高的中断提出中断请求，这时会暂时终止当前正在执行的级别较低的中断源的服务程序，转到级别更高的中断源的中断处理，处理完毕再返回到被中断的中断服务程序继续执行的过程，如图 5.3 所示。

在使用中断嵌套时应特别注意堆栈深度，堆栈深度不够将导致中断返回错误，不

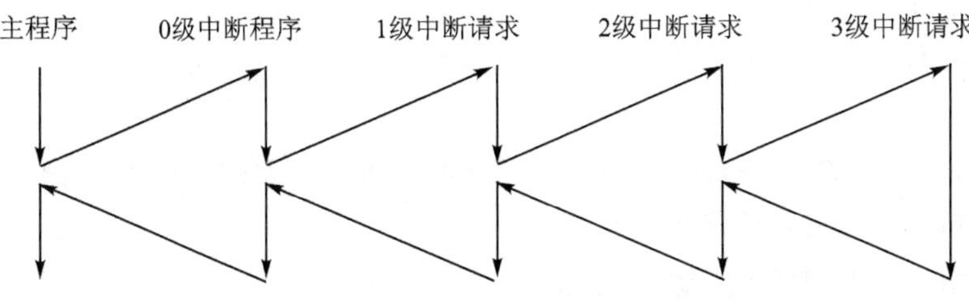

图 5.3　中断嵌套

能返回到原来的断点。

从 ARM Cortex M0＋汇编指令级角度，可将 Pico 中断一般过程归纳如下：

① 中断响应：在每条指令结束后，Pico 系统都自动检测中断请求信号，如果有中断请求且 MCU 处于开中断状态，则响应中断。

② 保护现场：在保护现场前，一般要关中断，以防止现场被破坏。保护现场是用堆栈指令将原程序中用到的寄存器压入堆栈。

③ 中断服务：即执行相应中断源的中断服务程序。

④ 恢复现场：使用堆栈指令将保护在堆栈中的数据弹出来，在恢复现场前须关中断，以防止现场被破坏；恢复现场后应及时开中断。

⑤ 中断返回：此时 MCU 将压入到堆栈的断点地址弹回到程序计数器（PC），从而使 MCU 继续执行刚才被中断的程序。

5.2　Pico 按键中断及其 MicroPython 实现

5.2.1　Pico 外部中断的使用方法

1. Pico 外部中断触发方式

Pico 外部中断触发方式有 4 种：

- Pin.IRQ_RISING：上升沿触发（低电平到高电平）；
- Pin.IRQ_FALLING：下降沿触发（高电平到低电平）；
- Pin.IRQ_LOW_LEVEL：低电平触发；
- Pin.IRQ_HIGH_LEVEL：高电平触发。

上升沿触发和下降沿触发统称边沿触发，如图 5.4 所示。

以上几种触发方式可用位或运算符连接在一起用来触发多个事件，如 Pin.IRQ_RISING|Pin.IRQ_FALLING。还可以用优先级 priority 关键字指定中断优先级，其中较大的值表示拥有

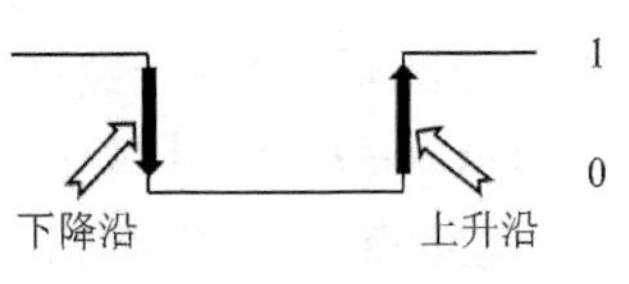

图 5.4　边沿触发

较高的优先级。

中断唤醒参数可以使用 None、机器 IDLE、机器 SLEEP 或机器 DEEPSLEEP 来指定。

另外，还可以设定 False 或 True 值的名称为 hard 的参数，如果 hard 参数被设置为 True，则会产生更快响应的硬件中断。

2. Pico 外部中断的使用方法

在 MicroPython 中，外部中断也通过 machine. Pin 类来进行配置，外部中断引脚对象 pin 构造器使用形式与第 4 章的 GPIO 输入/输出构造器完全相同。

引脚对象 pin 外部中断方法使用格式如下：

```
pin.irq(handler = 中断处理函数名,trigger = 外部中断触发方式)
```

其中，handler 参数是中断服务程序，在 MicroPython 中使用自定义的中断处理函数/中断回调函数实现；trigger 参数是外部中断触发方式。

当执行 pin. irq()中断方法时，Pico 会不断自动检测外部中断请求信号。当检测到满足所设定的触发方式的中断请求时，便自动执行中断处理函数进行中断处理，中断处理结束后返回主程序。

另外，还可使用 machine. disable_irq()函数禁止中断请求/关中断，使用 machine. enable_irq()函数允许中断请求/开中断。

5.2.2 Pico 单个按键中断控制小功率 LED 发光实践

实践任务：使用树莓派 Pico 开发板、一个按键 button（按键使用 RP2040 MCU 片内下拉电阻）、一只小功率 LED 发光二极管实现按键及 LED 接口扩展；分别编制程序查询方式和中断方式实现检测按键并控制 LED 发光的 MicroPython 程序。

1. 材　料

所需硬件材料如下：

- Pico 开发板×1；
- Micro - USB 数据线×1；
- LED×1；
- 轻触按键×1；
- 面包板×1；
- 跳线×2。

2. Pico 开发板扩展单个按键和小功率 LED 电路

Pico 开发板扩展一个按键 button 和一只小功率 LED 硬件接口原理图，如图 5.5 所示。面包板接线实物图如图 5.6 所示。

3. 程序查询方式检测按键并控制 LED 发光的程序

满足任务要求的程序清单（程序名：ch5_1. py）如下：

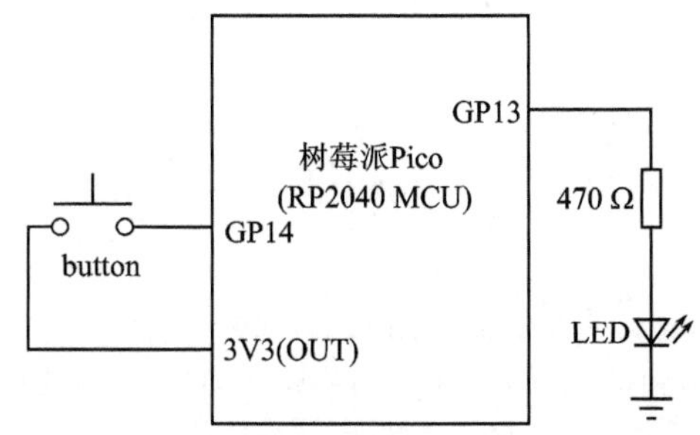

图 5.5　Pico 扩展单个按键和一只小功率 LED 硬件接口电路原理图

图 5.6　Pico 扩展单个按键和一只小功率 LED 硬件接口电路实物图

```
# Filename：ch5_1.py
#程序查询方式判断按键是否按下：若按键被按下，则 LED 亮灭状态翻转
from machine import Pin
import time
button = Pin(14, Pin.IN, Pin.PULL_DOWN)
redPin = Pin(15, Pin.OUT)
while True:
    if button.value():
        redPin.toggle()
        time.sleep(0.5)
```

本例使用 if button. value()条件语句查询按键是否被按下，如果 button. value()= True(0)即条件为真，说明按键被按下，则调用 toggle()翻转函数使 LED 亮灭状态翻转(即 LED 原来熄灭，翻转后 LED 点亮，反之亦然)。

4. 中断方式检测按键并控制 LED 发光的程序

满足任务实践要求的程序清单(程序名：ch5_2. py)如下：

```
# Filename：ch5_2.py
#中断方式检测按键中断请求：若上升沿触发检测到按键被按下，则 LED 亮灭状态翻转
from machine import Pin
```

```
button = Pin(14, Pin.IN, Pin.PULL_DOWN)
redPin = Pin(15, Pin.OUT)
def interrupt_handler(button):
    redPin.toggle()
'''
中断触发方式:
IRQ_RISING:上升沿触发,即按键被按下时,LED 亮灭状态翻转
IRQ_FALLING:下降沿触发,即按键被按下再释放时,LED 亮灭状态翻转
'''
button.irq(interrupt_handler, Pin.IRQ_RISING)
```

注意,在定义中断处理函数(回调函数)interrupt_handler()时,需要将用作外部中断请求的引脚对象作为中断处理函数的参数进行传送。本例中的引脚对象就是按键 button 所对应的 Pico 开板中的引脚 GP14,该引脚用作按键外部中断。

从本例查询方式和中断方式的程序代码比较可以看出,在按键中断程序中,我们只用了几行代码就实现了按键中断功能,相对于查询方式中使用 while True 和 if 条件语句,程序代码效率大大提高。外部中断的应用非常广泛,除了常见的按键中断输入和电平检测外,很多输入感知设备(如传感器感知)大多都可以通过外部中断方式实现。

5.2.3 Pico 多个按键中断控制小功率 LED 闪烁

实践任务:使用树莓派 Pico 开发板、两个按键 btnSlow 和 btnFast、一只小功率 LED 发光二极管实现按键及 LED 接口扩展;设程序执行后,LED 以 1 Hz 频率闪烁,现定义两个不同速度的按键,当按下 btnSlow 慢速键时 LED 闪烁频率减慢,按下 btnFast 快速键时 LED 闪烁频率加快,使用中断方式实现两个按键检测并控制 LED 闪烁的 MicroPython 程序。

1. 材　料

所需硬件材料如下:

- Pico 开发板×1;
- Micro - USB 数据线×1;
- LED×1;
- 轻触按键×2;
- 470 Ω 电阻×1;
- 面包板×1;
- 跳线若干。

2. Pico 开发板扩展两个按键和小功率 LED 电路

Pico 开发板扩展两个按键和一只小功率 LED 硬件接口原理图如图 5.7 所示。

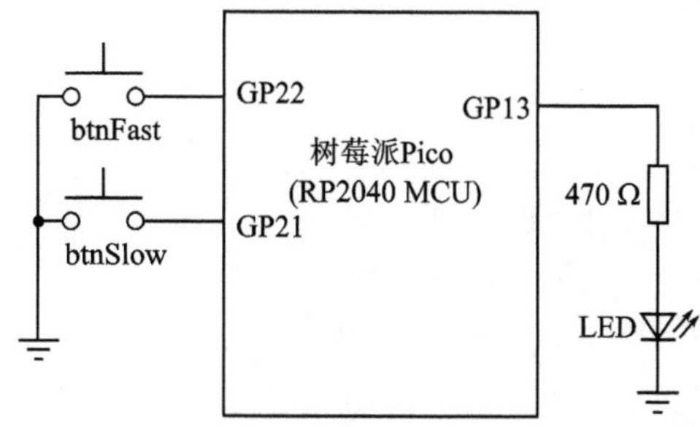

图 5.7　Pico 扩展两个按键和一只小功率 LED 硬件接口电路原理图

图 5.8 是 Pico 扩展两个按键和一只小功率 LED 面包板硬件接线实物图。

图 5.8　Pico 扩展两个按键和一只小功率 LED 硬件接线实物图

3. 中断方式实现两个按键检测并控制 LED 闪烁的程序

满足任务实践要求的程序清单(程序名:ch5_3.py)如下:

```
# Filename: ch5_3.py
from machine import Pin
import time
led = Pin(13, Pin.OUT)
btnFast = Pin(21, Pin.IN, pull = Pin.PULL_UP)
btnSlow = Pin(22, Pin.IN, pull = Pin.PULL_UP)
delay = 1.0
'''
定义 ledFaster()中断处理函数:
当按下 btnFast 键时,程序自动跳转到此处
减少延迟 delay 变量值以使 LED 闪烁频率变高
'''
```

```
def ledFaster(btnFast):
    global delay
    delay = delay - 0.1
'''
定义 ledSlower()中断处理函数:
当按下 btnSlow 键时,程序自动跳转到此处
增加延迟 delay 变量值以使 LED 闪烁频率变低
'''
def ledSlower(btnSlow):
    global delay
    delay = delay + 0.1

#配置外部中断
btnFast.irq(handler = ledFaster, trigger = btnFast.IRQ_FALLING)
btnSlow.irq(handler = ledSlower, trigger = btnSlow.IRQ_FALLING)

#程序主循环
while True:
    led.value(1)               #LED 点亮
    time.sleep(delay)          #延时 delay 变量值的时间(单位为秒)
    led.value(0)               #LED 熄灭
    time.sleep(delay)
```

程序说明:当本程序执行后,开始未按键时,程序进行 while 主循环,此时 delay=1,LED 以 1 Hz 频率闪烁。假设在执行程序主循环过程中,btnFast 键被按下,则产生按键中断请求,程序跳转到 btnFast.irq()语句执行;当 Pico 开发板检测到中断请求信号下降沿后自动跳转到 ledFaster()中断处理函数处执行,中断处理完成后返回到程序主循环,后面的按键中断将重复此过程。

5.2.4 认识三极管

在嵌入式系统中,微控制器 GPIO 端口输出电流很微弱(10 mA 左右),1～10 mA 电流直接驱动小功率负载一般没有问题,如前面介绍的树莓派 Pico 开发板 GPIO 端口连接串联的限流电阻和小功率 LED 直接驱动小功率 LED。小功率 LED 正向导通电流一般在 1～20 mA 之间,如果让 LED 更亮,则需要超过 10 mA 的较大驱动电流;典型的 0.5 W 中功率 LED 正向电流达 60～100 mA,1 W 大功率 LED 的正向电流达 280～320 mA,3 W 大功率 LED 正向电流达 600～700 mA。晶体管是嵌入式系统中最基本的驱动接口,微控制器只须输出微弱的电流,就可以通过晶体管驱动大功率 LED、电磁线圈、电机等大功率负载。

广义的晶体管包括双极性三极管(BJT,全称为 Bipolar Junction Transistor)、达

林顿管、可控硅/晶闸管、MOS型场效应管(MOSFET,Metal Oxide Semiconductor Field Effect Transistor)、绝缘栅双极性晶体管(IGBT,Insulated Gate Bipolar Transistor)等。本节讲述双极性三极管(下面简称三极管)的基本工作原理及其在中大功率LED驱动中的应用实践。

1. 三极管的结构组成

三极管拥有3个端口引脚,分别是基极(B,Base)、集电极(C,Collector)和发射极(E,Emitter),从字面上看,C表示收集电流,E表示射出电流,B相当于基本控制端。

三极管按照PN结的组合方式,可分为NPN型和PNP型两种类型,其结构示意图和电路图符号如图5.9所示。三极管符号周围通常有一个圆圈,但很多时候只使用圆圈内的符号。

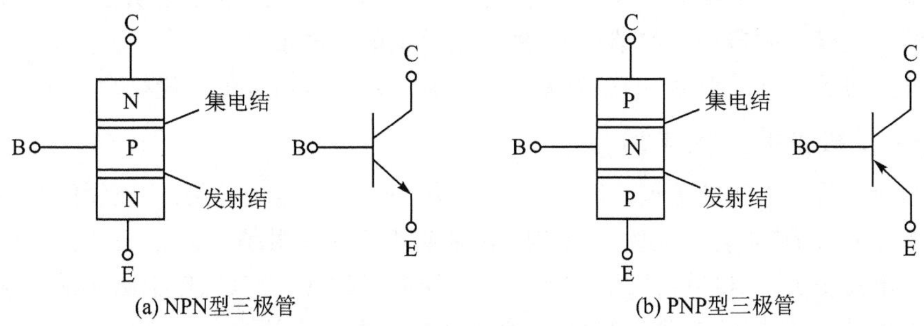

图5.9　两种三极管的结构示意图

不管三极管是何种类型,其基本结构都包括发射区、基区和集电区;其中,发射区和集电区类型相同,或为N型(或为P型),而基区或为P型(或为N型),因此,发射区和基区之间、基区和集电区之间必然各自形成一个PN结。由3个区分别向外各引出一个电极,由发射区引出的金属电极就是发射极,由基区引出的金属电极是基极,由集电区引出的金属电极是集电极。即一个三极管内部有3个区、两个PN结(发射结和集电结)和3个电极。

图5.10是2N3904和2N2222两种型号NPN型三极管的外观图,它们均采用TO-92塑料封装。使用这两种型号三极管要注意的是,尽管它们的外观封装相同,但它们的发射极(E)引脚和集电极(E)引脚顺序正好是相反的。

许多NPN型三极管都会有一个特性与之相同的"孪生兄弟",如2N3904和2N3906、2N2222和2N2907,差别仅在一个是NPN型三极管,另一个是PNP型三极管。

2. 三极管的电流放大作用

当三极管基极加上微小电流 I_B 时,在集电极可以得到基极电流 β 倍的电流,即集电极电流 $I_C=\beta I_B$。集电极电流与基极电流的比值称为三极管的电流放大倍数/增益(Current Gain)β。集电极电流随基极电流的变化而变化,并且基极电流很小的

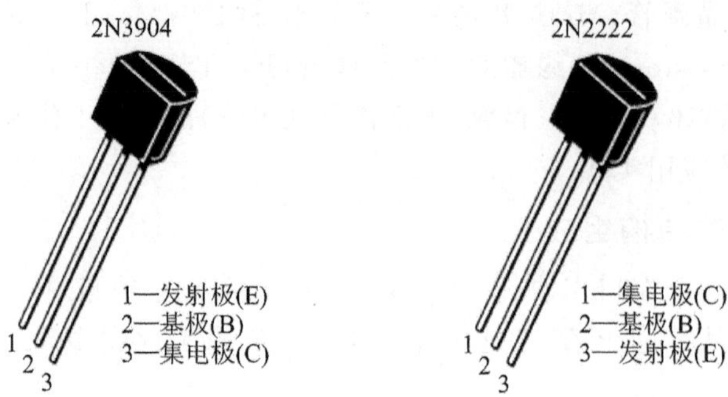

图 5.10　2N3904 及 2N2222 NPN 型三极管封装图

变化就能引起集电极电流很大的变化，这就是三极管的电流放大作用。三极管工作于电流放大模式须遵循发射结正偏、集电结反偏的外部条件。

在三极管数据手册中，电流放大倍数 β 又用 h_{fe} 表示，其值一般在 50～400 之间。

3. 三极管的开关作用

当三极管工作于开关模式时，三极管的作用是一个电子开关：三极管的“饱和”状态可看作开关的“闭合”，工作于饱和区的显著特征是发射结正偏、集电结正偏，此时集电极电流最大；三极管的“截止”状态可看作开关的“断开”，工作于截止区的显著特点是发射结反偏或零偏、集电结反偏，此时集电极没有电流。

当三极管处于“饱和”状态时，三极管静态工作点位于饱和区，电流放大倍数不再满足电流放大倍数关系式 $I_C=\beta I_B$，而是 $\beta I_B>I_{Cmax}$，这里的 I_{Cmax} 最大饱和电流是假设 $U_{CE}=0$ V 时计算得到的 I_C 集电极电流。当 $\beta I_B<I_{Cmax}$ 时，三极管静态工作点位于放大区，三极管具有电流放大作用，电流放大倍数满足电流放大倍数关系式 $I_C=\beta I_B$。

对于 NPN 型硅管，发射结正向导通电压 U_{BE} 典型值为 0.6～0.7 V；当三极管处于“饱和”状态时，集电极-发射极电压 U_{CE} 典型值为 0.2～0.3 V。

4. 三极管主要技术参数

① 电流放大倍数/增益 β/h_{fe}：集电极电流与基极电流的比值，$\beta=I_C/I_B$。

② 集电极最大允许电流 I_{CM}：集电极电流 I_C 上升会导致晶体管的 β 值的下降，当 β 值下降到正常值的 2/3 时的集电极电流即为 I_{CM}。

③ 集电极-发射极反向击穿电压 $U_{(BR)CEO}$：三极管基极开路时，集电极与发射极之间的最大允许电压即为集射极反向击穿电压；为了保证三极管的安全与电路的可靠性，一般取集电极电源电压 $U_{CC}\leqslant\left(\frac{1}{2}\sim\frac{2}{3}\right)U_{(BR)CEO}$。

④ 集电极最大允许耗散功率 P_{CM}：规定集电极所消耗的最大功率不能超过最大

允许耗散功率。

5. 达林顿三极管

普通三极管大多只有 100 倍增益，但有时还需要更高的增益，这时可考虑选用达林顿(Darlington)三极管(简称达林顿管)，它可获得 1 万或更高的增益。达林顿管通常由两个普通三极管连接封装而成，如图 5.11 所示。图 5.11(b)是 TIP120 达林顿管的外观图，采用 TO－220 塑料封装。

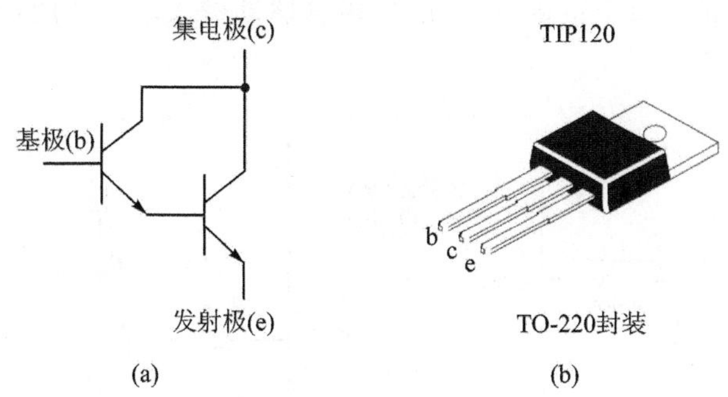

图 5.11　达林顿管

达林顿管总体表现就像一只普通的 NPN 三极管，它有很高的放大倍数，但其基射极电压是普通三极管的两倍。TIP120 是一种实用的大功率达林顿管，其主要技术参数如下：

- U_{BE}＝2.5 V；
- h_{fe}＝1 000(放大倍数)；
- 最大集电极电流 5 A；
- 集射极最大电压 60 V。

5.2.5　使用 Pico 开发板、单个按键和三极管驱动中大功率 LED 实践

实践任务：使用树莓派 Pico 开发板、一个按键 button(按键使用 RP2040 MCU 片内下拉电阻)、一只三极管、一只中大功率 LED 实现按键及 LED 硬件接口扩展，编制按键中断方式实现按键检测并控制 LED 发光的 MicroPython 程序。

1. 材　料

所需硬件材料如下：

- Pico 开发板×1；
- Micro－USB 数据线×1；
- 2N2222 三极管×1；
- 中大功率 LED×1：选用 0.5 W 红色 LED，正向导通电压 2.0 V；

- 75 Ω 电阻×1；
- 1 kΩ 电阻×1；
- 轻触按键×1；
- 面包板×1；
- 跳线若干。

2. Pico 开发板扩展单个按键、三极管驱动较大功率 LED 电路

Pico 开发板扩展单个按键 button、三极管驱动较大功率 LED 硬件接口原理图如图 5.12 所示。

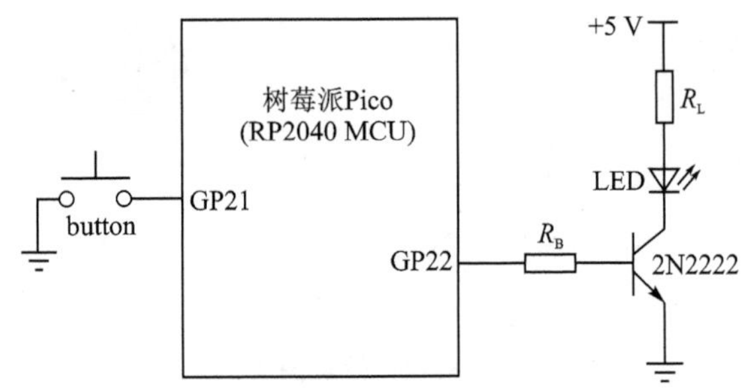

图 5.12 Pico 扩展单个按键、三极管驱动中大功率 LED 硬件接口电路原理图

在图 5.12 中，三极管选用 2N2222，基极电阻 R_B 选择 1 kΩ，发射极电阻/负载电阻 R_L 选择 75 Ω，Pico 开发板 GP21 端口引脚接按键，GP22 端口引脚接电阻 R_B 一端，R_B 另一端接三极管基极。假设 LED 驱动电流为 40 mA，+5 V 电源可以直接连接到 Pico 开发板的 USB 总线电源引脚 V_{BUS}（物理引脚 Pin40）。笔记本电脑 USB 接口所提供的 V_{BUS} 最大驱动电流一般不超过 500 mA，如果负载驱动电流较大，则须外接大功率电源。

三极管选择：

假设驱动电流 I_{LED}=40 mA，选用 NPN 型三极管。常用的 NPN 型三极管型号有 2N2222、2N3904、BC548 等，2N2222 允许通过的最大电流是 600 mA，2N3904 允许电流是 200 mA，BC548 只允许通过 100 mA，显然选用这 3 种型号的三极管都满足 40 mA 的 LED 正向驱动电流要求。这里选用三极管型号为 2N2222，其电流放大倍数 h_{fe} 为 75～375；当 $I_C=I_{LED}$=40 mA 时，可得到对应的电流放大倍数 h_{fe} 值约为 120，如图 5.13 所示。

电阻 R_L 计算与选择：

这里使用的中大功率 LED 正向导通电压为 2 V，驱动电流 I_{LED}=40 mA，当 LED 点亮时，三极管 2N2222 饱和导通。查 2N2222 数据手册知，集射极饱和电压 $U_{CE(sat)}$ 值约为 0.25 V，根据欧姆定律有：

$$I_C = I_{LED} = \frac{5\ \text{V} - U_{LED} - U_{CE}}{R_L} \tag{5.1}$$

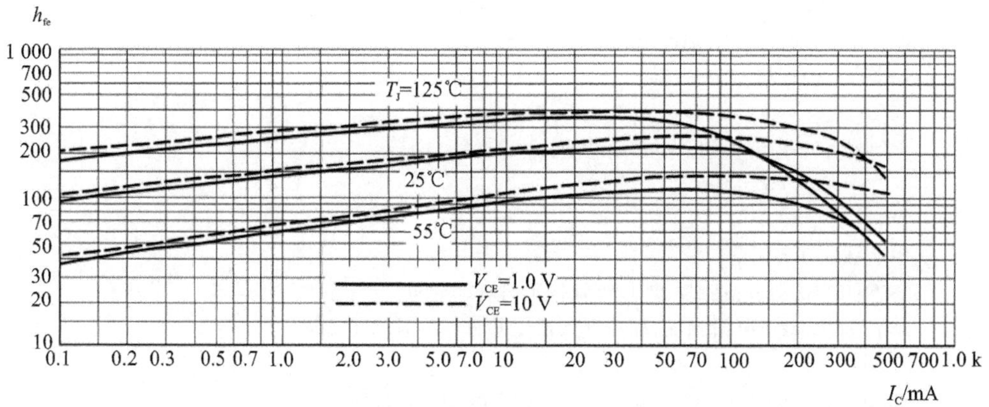

图 5.13　2N2222 三极管电流放大倍数曲线

$$R_L \approx \frac{(5-2-0.25)\text{V}}{0.04\text{A}} = 68.75\ \Omega \tag{5.2}$$

在电阻包中找到大于 68.75 Ω 的标称电阻，R_L 选择 75 Ω。计算电阻值后，可以再反向计算集电极电流 $I_C = U_{R_L}/R_L = (5-2-0.25)\text{V}/75\Omega \approx 37$ mA，以确保万无一失。

电阻 R_B 计算与选择：

由于集电极电流 I_C 就是假设的 LED 正向电流，可以通过放大倍数公式 $I_B = h_{fe}/I_C$ 估算出基极电流 I_B。根据前面的数据结果，当 $I_C = I_{LED} = 40$ mA 时，$h_{fe} \approx 120$，故 $I_B = 40$ mA/120=0.3 mA；只要 $I_B \gg 0.3$ mA，就能确保三极管工作在饱和状态。一般取 2～10 倍 I_B，这里取 $10I_B = 10 \times 0.3$ mA=3 mA，GPIO 输出高电平电压为3.3 V，三极管发射结电压为 0.7 V，$R_B = U_{R_B}/I_B = (3.3-0.7)$ V/3 mA=867 Ω；与 R_B 计算值接近的可选标称电阻有 820 Ω、910 Ω、1 kΩ。R_B 选择 1 kΩ 电阻，得到的基极电流 $I_B = 2.6$ mA，尽管所需的基极电流为 3 mA，但这是乘于 10 倍系数后得出的结果，2.6 mA 基极电流一样能使三极管处于饱和导通状态。

当 Pico 开发板 GP22 端口引脚输出高电平时，三极管导通（$U_{CE} \approx 0$ V，相当于集电极 C 和发射极 E 之间的开关闭合），LED 点亮；GP22 端口引脚输出低电平时，三极管截止（相当于集电极 C 和发射极 E 之间的开关断开），LED 熄灭。

Pico 扩展单个按键、三极管驱动较大功率 LED 硬件接口电路面包板接线实物图如图 5.14 所示。

3. 中断方式按键检测并控制 LED 发光的 MicroPython 程序

满足任务要求的程序清单（程序名：ch5_4.py）如下：

```
# Filename：ch5_4.py
#中断方式判断按键中断请求：若上升沿触发检测到按键被按下，则 LED 亮灭状态翻转
from machine import Pin
```

```
import time
button = Pin(21, Pin.IN, Pin.PULL_DOWN)
redPin = Pin(22, Pin.OUT)


def button_interrupt_handler(Pin):
    redPin.toggle()
'''
中断触发方式：
IRQ_RISING：上升沿触发，即按键被按下时，LED 翻转
IRQ_FALLING：下降沿触发，即按键被按下并且释放时，LED 翻转
'''
button.irq(button_interrupt_handler, Pin.IRQ_RISING)
```

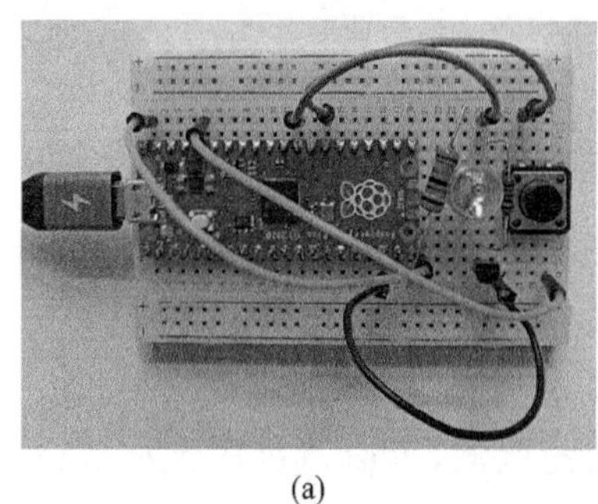

(a)

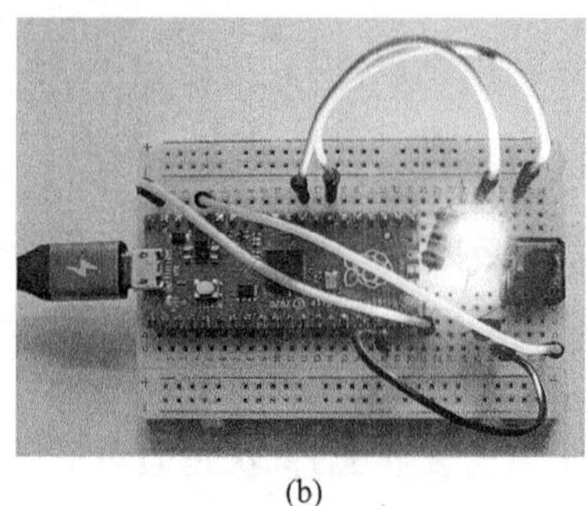

(b)

图 5.14　Pico 扩展单个按键、三极管驱动中大功率 LED 硬件接口电路实物图

5.3　定时技术及树莓派 RP2040 定时器

5.3.1　定时器工作原理

定时器是嵌入式系统中常用的部件，也称为定时/计数器，其主要作用是用作定时功能或计数功能。定时器或计数器的逻辑原理相同，其主要区别是在使用上有所差异。

定时器或计数器主要由加 1 或减 1 计数器组成。在应用时，定时器的计数信号由内部的、周期性的时钟信号承担，以便产生具有固定时间间隔的脉冲信号，从而实现定时的功能。而计数器的计数信号由非周期性的信号承担，通常是外部事件产生的脉冲信号，以便对外部事件发生的次数进行计数。因为同样的逻辑电路可用于这两个目的，所以该功能部件通常被称为“定时/计数器”。

图 5.15 是典型定时/计数器内部工作原理图，它是以一个 N 位的加 1 或减 1 计数器为核心，计数器的初始值由初始化编程设置。计数脉冲的来源有两类：系统时钟

和外部事件脉冲。

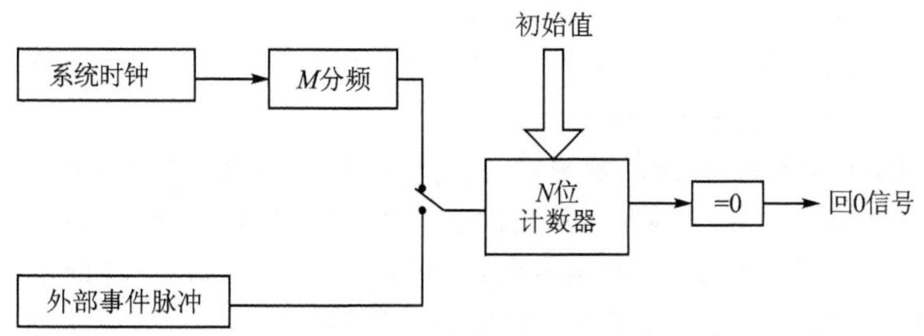

图 5.15　定时/计数器内部原理图

若编程设置定时/计数器为定时工作方式，则 *N* 位计数器的计数脉冲来源于内部系统时钟，并经过 *M* 分频。每个计数脉冲使计数器加 1 或减 1，当 *N* 位计数器中的数加到 0 或减到 0 时，则会产生一个“回 0 信号”，该信号有效表示 *N* 位计数器中的当前值是 0。因为系统时钟的频率是固定的，其 *M* 分频后所得到的计数脉冲频率也就是固定的，因此通过对该频率脉冲的计数就转为定时，从而实现了定时功能。

若编程设置定时/计数器为计数方式，则 *N* 位计数器中的计数脉冲来源于外部事件产生的脉冲信号。当有一个外部事件脉冲时，计数器就加 1 或减 1，直到 *N* 位计数器中的值为 0，产生“回 0 信号”。

5.3.2　树莓派 RP2040 定时器

树莓派 RP2040 芯片的定时部件有多个，不同的定时部件有不同的应用，主要有定时器、PWM、看门狗定时器 WTD 以及实时时钟 RTC 等。

树莓派 RP2040 芯片定时器片内外设用于给系统提供全局微秒级时间基准，并产生基于该时间基准的中断。RP2040 片内定时器主要特性如下：

- 64 位加 1 计数器，能以 μs 计数递增；
- 计数器计数值可借助一对 32 位锁存寄存器和 32 位总线进行访问，其中，TIMEHW（高 32 位计数值写入寄存器）和 TIMELW（低 32 位计数值写入寄存器）用于写入计数值，TIMEHR（高 32 位计数值读取寄存器）和 TIMELR（低 32 位计数值读取寄存器）用于读取计数值。
- 4 个报警器（Alarms），与低 32 位计数器和 IRQ 中断配对。这些报警器可以最大 2^{32} μs 时间间隔定时触发，若以 s 为单位，则有 2^{32} μs/10^6 = 4 295 s，4 295 s/60 = 72 min。因此，报警器中断触发最大时间间隔为 72 min。

RP2040 片内定时器可使用看门狗（WTD，Watchdog）生成 1 μs 时间基准，该基准时间一般源于连接到晶振的基准时钟。

系统定时器旨在给软件提供全局时间基准。树莓派 RP2040 还有很多其他的可编程计数器资源，这些可编程计数器资源可提供常规中断或触发 DMA 数据传输。

可编程计数器资源主要包括：

- PWM(Pulse Width Modulation，脉冲宽度调制)包含 8 个 16 位可编程计数器，它能以最高系统速度运行，可以产生中断，可通过 DMA 不断重复编程或触发 DMA 传输到其他外设。
- 8 个 PIO 状态机，它能以系统速度计算 32 位计数值并产生中断。
- DMA 拥有 4 个定时触发传输的内部起搏定时器(Pacing Timer)。
- RP2040 芯片每个 Core 都拥有各自的标准 24 位 SysTick 定时器，SysTick 定时器可用 μs 级 Tick 或系统时钟脉冲触发计数。

RP2040 芯片片内 PWM 硬件部件拥有 8 个相同的 PWM 硬件模块(Slices)。每个 PWM 硬件模块可以驱动两个 PWM 输出信号，或者测量一个输入信号的频率或占空比。这样，RP2040 就可以提供 16 个可程控的 PWM 输出。RP2040 所有 30 个 GPIO 端口引脚都能由 PWM 硬件部件驱动。

PWM 硬件模块主要配置如下：

- 16 位计数器；
- 小数时钟分频器(Fractional Clock Divider，二进制 8 位整数、4 位小数)；
- 两个独立的 PWM 输出通道，占空比从 0%～100%；
- 双斜率和后沿调制(Trailing Edge Modulation)；
- 用于频率测量的边沿触发输入模式；
- 用于占空比测量的电平触发输入模式；
- 可配置的卷绕(Wrap)计数器，所谓卷绕计数器是指计数器加 1 操作发生溢出时，计数结果直接进行卷绕操作，而不是结果取最大整数或最小负数；
- 卷绕计数器中断请求和 DMA 请求；
- 在 PWM 运行过程中，可以通过加 1 或减 1 计数使相位超前或延迟。

5.4 Pico 定时器 MicroPython 控制编程实践

Pico 的 MicroPython 固件内置有 Timer 定时器。使用 MicroPython 进行定时器应用编程只需要了解 machine. Timer 类、Timer 构造器及 Timer 方法即可。

5.4.1 Pico 定时器对象的使用方法

1) Pico 定时器构造器

使用 machine. Timer 类 Timer 构造器构建定时器对象格式：

```
tim = machine.Timer()
```

其中，tim 为定时器对象。

2) Pico 定时器对象的使用方法

machine. Timer 类提供 init()和 deinit()方法，分别用于设置和删除定时器对象。

设置定时器对象方法格式：

```
tim.init(period,mode,callback)
```

其中，period 参数用于设置定时器时间间隔，单位为 ms；mode 参数用于设置定时器工作方式，可以是 Timer.ONE_SHOT（执行一次）、Timer.PERIODIC（按周期定时执行）两种；callback 是自定义的定时器回调函数，所谓回调函数是指当某个事件发生时被自动调用的函数，这里是指定时器中断后的回调函数。

删除定时器对象方法格式：

```
tim.deinit()
```

5.4.2　Pico 定时器实现 LED 闪烁控制实践

实践任务：使用 Pico 开发板扩展硬件接口扩展一只中大功率 LED，使用 Timer 定时器实现 LED 闪烁的 MicroPython 控制程序。

1. 材　料

所需硬件材料如下：

- Pico 开发板×1；
- Micro - USB 数据线×1；
- 2N2222 三极管×1；
- LED×1：选用 0.5W 红色 LED，正向导通电压 2.0 V；
- 75 Ω 电阻×1；
- 1 kΩ 电阻×1；
- 面包板×1；
- 跳线若干。

2. Pico 开发板扩展三极管驱动较大功率 LED 电路原理图

图 5.16 是 Pico 开发板扩展三极管驱动较大功率 LED 硬件接口原理图。

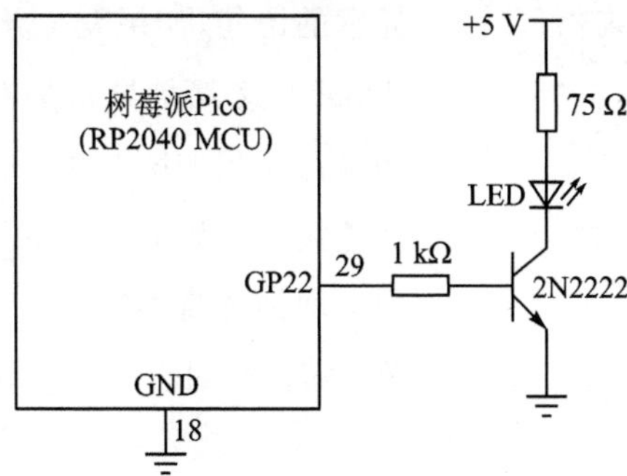

图 5.16　Pico 开发板扩展三极管驱动较大功率 LED 硬件接口原理图

3. 使用 Timer 定时器实现 LED 闪烁 MicroPython 程序

设程序每隔 0.5 s 开、关接在 GP22 端口输出控制引脚的 LED 硬件接口电路，定义 LED 闪烁的回调函数名为 ledBlink()。定时器回调函数须接收一个参数，程序清单(程序名：ch5_5.py)如下：

```
# Filename: ch5_5.py
from machine import Pin,Timer
redPin = Pin(22, Pin.OUT)
def ledBlink(t):
    redPin.value(not redPin.value())
t = Timer()   # 建立定时器对象 t,该定时器每 0.5 s 执行 1 次
#初始化定时器:定时间隔 period = 500 ms
t.init(period = 500, mode = Timer.PERIODIC, callback = ledBlink) # Timer.ONE_SHOT
```

程序说明：在程序中首先导入 Pin 和 Timer 类，构建 GPIO 引脚对象 redPin；定义回调函数和配置定时器中断方式，当定时器产生中断时自动执行回调函数。执行程序后，LED 不停闪烁，定时器每 0.5 s 定时触发执行回调函数 ledBlink()；若删除定，则可用定时器 deinit()方法实现。

在程序执行过程发生的非预期情况称为异常(Exception)。最常见的异常是在 Thonny IDE 环境下执行程序过程中，选择 Run→Interrupt execution 菜单项或按下 Ctrl+C 键中止程序执行，则发生 KeyboardInterrupt 键盘中断异常。

MicroPython 中提供了 try - except 语句异常捕获处理，基本的 try - except 语句格式如下：

```
try:
    <可能发生异常的语句块>
except:
    <异常处理语句块>
```

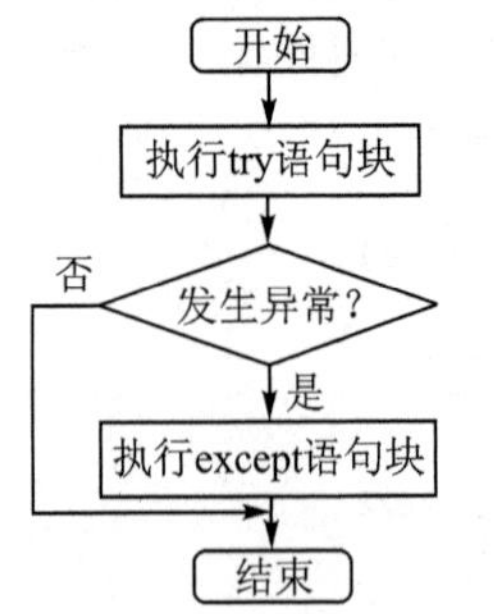

图 5.17　try - except 语句执行流程

try 语句块中包含在执行过程中可能引发异常的语句，如果发生异常，则跳至 except 语句块执行，这就是异常捕获处理。try - except 语句执行流程如图 5.17 所示。

接下来修改 ch5_5.py 程序，在已有功能基础上增加键盘中断异常捕获处理功能。程序清单(程序名：ch5_5a.py)如下：

```
# Filename: ch5_5a.py
from machine import Pin,Timer
redPin = Pin(22, Pin.OUT)
```

```
def ledBlink(t):
    redPin.value(not redPin.value())
t = Timer()  # 建立定时器对象 t,该定时器每 0.5 s 执行一次
# 初始化和启动定时器:定时间隔 period = 500 ms
t.init(period = 500,mode = Timer.PERIODIC,callback = ledBlink) # Timer.ONE_SHOT

try:
    while True:
        pass
except KeyboardInterrupt:
    t.deinit()
    LED.value(0)
    print('停止! ')
```

程序说明:当程序执行时,若选中 Thonny IDE 的 Interrupt execution 中止程序执行,则会发生 KeyboardInterrupt 键盘中断异常,程序跳到 except 语句块中执行,deinit()方法删除定时器并熄灭 LED,然后在 MicroPython Shell 窗口显示"停止!"字符串;当无键盘中断异常发生时,执行 try 语句块,pass 语句表示什么都不做,程序按设定的 0.5 s 定时器时间间隔使 LED 闪烁发光。

5.4.3　Pico 定时器控制 LED 数字显示实践

实践任务:本小节使用 Pico 开发板驱动两位 7 段 LED 数字显示硬件接口原理图与 4.5.2 小节相同。采用 Timer 定时器实现两位 LED 数码管显示数字的控制程序。

程序清单(程序名:ch5_6.py)如下:

```
# Filename: ch5_6.py
from machine import Pin, Timer
import utime
tim = Timer()
LED_Segments = [6, 5 ,4, 3, 2, 1, 0]
LED_Digits = [8, 7]
L = [0] * 7
D = [0, 0]
#
# 使用字典存储共阴极 7 段 LED 数码管 0~9 数字字形码
LED_Bits = {
'0':(0,1,1,1,1,1,1), # 0 - 0x3f
'1':(0,0,0,0,1,1,0), # 1 - 0x06
'2':(1,0,1,1,0,1,1), # 2 - 0x5b
'3':(1,0,0,1,1,1,1), # 3 - 0x4f
```

```
'4':(1,1,0,0,1,1,0), # 4 - 0x66
'5':(1,1,0,1,1,0,1), # 5 - 0x6d
'6':(1,1,1,1,1,0,1), # 6 - 0x7d
'7':(0,0,0,0,1,1,1), # 7 - 0x07
'8':(1,1,1,1,1,1,1), # 8 - 0x7f
'9':(1,1,0,1,1,1,1)} # 9 - 0x6f
#
count = 0   #计数器置初值
#
#配置 GPIO 输出端口函数定义
def Configure_Port():
    for i in range(0, 7):
        L[i] = Pin(LED_Segments[i], Pin.OUT)
    for i in range(0, 2):
        D[i] = Pin(LED_Digits[i], Pin.OUT)
#刷新 7 段显示器函数定义
def Refresh(timer):
    global count
    cnt = str(count)
    if len(cnt) < 2:
        cnt = "0 " + cnt
    for dig in range(2):
        for loop in range(0,7):
            L[loop].value(LED_Bits[cnt[dig]][loop])
        D[dig].value(1)
        utime.sleep(0.01)
        D[dig].value(0)
Configure_Port()  #配置所有 GPIO 输出端口

#执行主程序循环;启动定时器和计数器
tim.init(freq = 50, mode = Timer.PERIODIC, callback = Refresh)
while True:
    utime.sleep(1)
    count = count + 1
    if count = = 100:
        count = 0
```

程序说明：在本程序的开始，LED 显示 a～g 段和 GPIO 端口引脚 GP0～GP6 用列表变量 LED_Segments 进行定义，LED 显示器十位和个位数字使能与 GPIO 端口引脚 GP7～GP8 用列表变量 LED_Digits 进行定义，接着将这些 GPIO 引脚置为输出并初始化为 0。计数变量 count 初始化为零。定时器每 10 ms 周期性调用 Refresh ()回调函数刷新 7 段 LED 显示器并显示变量 count 的值。如果在两位 LED 显示器显示的数字小于 10，则个位 LED 数码管显示变量的个位计数值，十位 LED 数码管显示 0，即 0～9 用两位 00～09 显示。计数变量 count 每秒加 1。

本程序在显示小于 10 的数字时，十位 LED 数码管会显示数字 0。接下来修改程序，使得在显示小于 10 的数字时只显示个位数，十位 LED 数码管不显示。修改后的程序清单（程序名：ch5_6a.py）如下：

```
# Filename:ch5_6a.py
from machine import Pin, Timer
import utime
tim = Timer()
LED_Segments = [6, 5 ,4, 3, 2, 1, 0]
LED_Digits = [8, 7]
L = [0] * 7
D = [0, 0]

#使用字典存储共阴极 LED 数码管 0～9 数字字形码
LED_Bits = {
' ':(0,0,0,0,0,0,0), # 空格 - 0x00
'0':(0,1,1,1,1,1,1), # 0 - 0x3f
'1':(0,0,0,0,1,1,0), # 1 - 0x06
'2':(1,0,1,1,0,1,1), # 2 - 0x5b
'3':(1,0,0,1,1,1,1), # 3 - 0x4f
'4':(1,1,0,0,1,1,0), # 4 - 0x66
'5':(1,1,0,1,1,0,1), # 5 - 0x6d
'6':(1,1,1,1,1,0,1), # 6 - 0x7d
'7':(0,0,0,0,1,1,1), # 7 - 0x07
'8':(1,1,1,1,1,1,1), # 8 - 0x7f
'9':(1,1,0,1,1,1,1)} # 9 - 0x6f
#
count = 0   #计数器置初值
#
#配置 GPIO 输出端口函数定义
def Configure_Port():
    for i in range(0, 7):
        L[i] = Pin(LED_Segments[i], Pin.OUT)

    for i in range(0, 2):
        D[i] = Pin(LED_Digits[i], Pin.OUT)

#刷新 7 段显示器函数定义
def Refresh(timer):
    global count
    cnt = str(count)
    if len(cnt) < 2:
        cnt = " " + cnt
    for dig in range(2):
```

```
        for loop in range(0,7):
            L[loop].value(LED_Bits[cnt[dig]][loop])
        D[dig].value(1)
        utime.sleep(0.01)
        D[dig].value(0)

Configure_Port()   #配置所有 GPIO 输出端口
#
#执行主程序循环;启动定时器和计数器
#
tim.init(freq = 50, mode = Timer.PERIODIC, callback = Refresh)
while True:
    utime.sleep(1)
    count = count + 1
    if count == 100:
        count = 0
```

程序说明:在本修改程序中,字型码字典变量 LED_Bits 最前面添加一行"空格:元组"键值对,元组用于保存 LED 显示数字字形码。添加的第一行"空格:元组"即将元组所有元素都设为 0—(0,0,0,0,0,0,0),对应的字形码为 0x00 表示 LED 数码管 a~g 段都不亮。另外,如果数字小于 10,则在 cnt 字符串前插入一个"空格"字符,使十位 LED 数码管不显示任何数字。

程序 ch5_6a.py 运行后, Pico 定时器控制两位 LED 显示器数字显示(计数到 42),如图 5.18 所示。

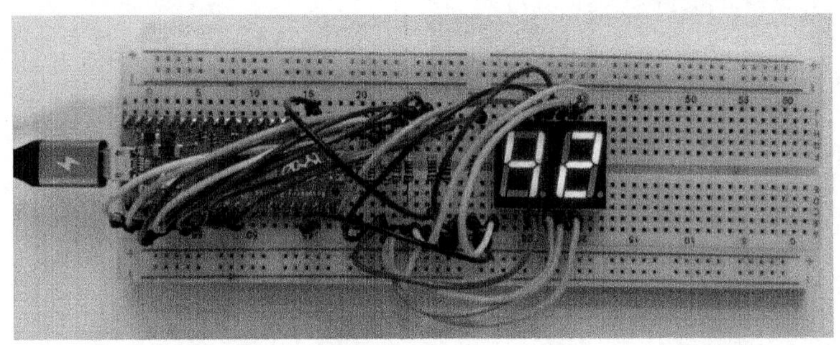

图 5.18 Pico 定时器控制两位 LED 显示器数字显示实物图

5.5 PWM 技术及 Pico LED 呼吸灯 MicroPython 控制编程

5.5.1 PWM 技术原理

脉冲宽度调制(PWM,全称为 Pulse Width Modulation)技术简称脉宽调制,就是对脉冲序列信号的占空比按照要求进行调制，而不改变脉冲信号的其他参数，即不改变幅度和周期。因此，脉宽调制信号的产生和传输都是数字。

关于 PWM 的几个物理量：

① PWM 的周期 T：周期 T 是指相邻脉冲信号上升沿的时间间隔；在嵌入式系统中，微控制器通过配置 PWM 的频率 $f(f=1/T)$ 来设置 T。

② 占空比(Duty cycle)：占空比是指 PWM 的脉冲宽度 t 与周期 T 的比值，如图 5.19 所示。

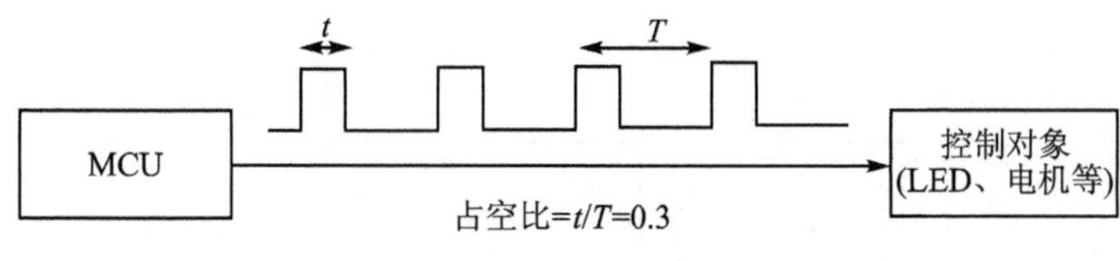

图 5.19　脉宽调制

在图 5.19 中，MCU 向控制对象输出连续的 PWM 脉冲信号，可以看出 MCU 输出了 4 个脉冲，占空比为 0.3。

用脉宽调制技术可以实现模拟信号：如果调制信号的频率远远大于信号接收者的分辨率，则接收者获得的是信号的平均值，不能感知数字信号的 0 和 1；其信号大小的平均值与信号的占空比有关，信号的占空比越大，平均信号越强，其平均值与占空比成正比。只要带宽足够(频率足够高或周期足够短)，任何模拟信号都能使用 PWM 来实现。

借助于 MCU，使用脉宽调制方法实现模拟信号是一种十分有效的技术，该技术可广泛应用于测量、通信、功率控制与变换诸多领域。在日常工作和生活中，可以将 PWM 技术用于控制 LED 灯的亮度、电机的转速等场合。以电机控制为例，设 MCU 设置 PWM 的频率为 500 Hz，则 $T=1/500\ \text{s}=2\ \text{ms}$；若占空比为 1，那么电机开关将一直处于闭合状态，此时提供给电机的功率最大。选择合适的频率十分重要：如果频率很低，则电机在通电和断电时会导致电机转动时断时续，运行状态不稳；如果频率很高，即脉冲很窄，则会导致电机开关来不及正常开合。

5.5.2　运用 PWM 技术实现 LED 呼吸灯视觉效果

在预先设置的固定频率下，我们采用 PWM 技术不断改变占空比的方式实现 LED 亮度的变化。图 5.20 是调整 3 种不同占空比的 PWM。调整占空比为 0，LED 灯不亮；调整占空比为 5%，则 LED 较暗；调整占空比为 90%，则 LED 灯接近最亮；调整占空比 100%，则 LED 灯最亮。因此，将占空比从 0 调整到 100%，再从 100% 调整到 0 不断变化，循环往复，就可以实现 LED 呼吸灯的视觉效果。

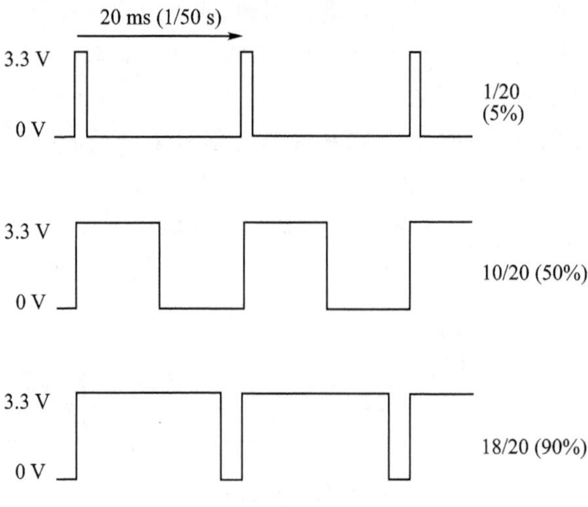

图 5.20　3 种不同占空比的 PWM

5.5.3　树莓派 Pico PWM 通道及 PWM 对象的使用方法

树莓派 Pico 开发板有 16 个可编程的 PWM 通道,图 5.21 是这些 PWM 通道的引脚配置。每个 PWM 通道用一个字母和一个数字标识,如 PWM_A[0]。

图 5.21　Pico 开发板可编程 PWM 通道

Pico 开发板左侧引脚的 16 个 PWM 通道与右侧引脚的 PWM 通道有些是重复同名的，我们只能同时使用重复同名的 PWM 通道中的一个。

若使用 PWM 功能，则只需要通过 machine.PWM 类构造器建立 PWM 对象并对其初始化，用 PWM 对象的方法设置不同频率和占空比的 PWM 输出即可。

1. Pico PWM 构造器

使用 machine.PWM 类 PWM 构造器构建 PWM 对象格式：

```
pwmx = machine.PWM(Pin(id))
```

其中，id 为 PWM GPIO 引脚编号，pwmx 为 PWM 对象。

或者直接使用以下语句建立 PWM 对象：

```
import machine
pwmx = machine.PWM(machine.Pin(id))
```

2. Pico PWM 对象的使用方法

machine.PWM 类提供 freq()、duty_u16()和 deinit()方法，分别用于设置 PWM 对象频率、占空比以及注销 PWM 对象。

设置 PWM 对象频率方法格式：

```
pwmx.freq(freq)
```

其中，括号中的 freq 为 PWM 对象 pwmx 的频率值。

设置 PWM 对象占空比方法格式：

```
pwmx.duty_u16(duty)
```

其中，duty 为 PWM 对象 pwmx 的占空比，占空比可以设置为 0%～100%，其取值范围为 0～65 535。

举例：

```
pwmx.duty_u16(32767)    # 设置 PWM 对象 pwmx 占空比为 50 %
```

注销 PWM 对象方法格式：

```
pwmx.deinit()
```

5.5.4 PWM 控制 Pico 板载 LED 呼吸灯的 MicroPython 编程实践

树莓派 Pico 开发板板载 LED 是与 470 Ω 电阻 R_3 串联后一端接地，另一端接到 Pico 开发板上的 GP25 端口引脚。

运用 PWM 控制技术实现树莓派 Pico 板载 LED 呼吸灯 MicroPython 程序清单(程序名：ch5_7.py)如下：

```
#Filename: ch5_7.py
import utime
from machine import Pin, PWM
PWM_PulseWidth = 0
#使用 Pico 板载 LED,构建 PWM 对象 pwmLed
pwmLed = PWM(Pin(25))
#设置 pwmLed 频率
pwmLed.freq(500)
while True:
    while PWM_PulseWidth<65535:
        PWM_PulseWidth = PWM_PulseWidth + 50
        utime.sleep_ms(1)   #延时 1 ms
        pwmLed.duty_u16(PWM_PulseWidth)
    while PWM_PulseWidth>0:
        PWM_PulseWidth = PWM_PulseWidth - 50
        utime.sleep_ms(1)
        pwmLed.duty_u16(PWM_PulseWidth)
```

程序说明:本程序使用 GP25 引脚创建 PWM 对象 pwmLed 并调用 duty_u16() 方法,通过改变 PWM_PulseWidth 脉冲宽度数值调整占空比,实现了板载 LED 呼吸灯连续淡入淡出的视觉效果。

第 6 章　树莓派 Pico 串行通信与网络接口技术

嵌入式系统数据通信的基本方式可分为并行通信和串行通信两大类。并行通信接口适用于短距离和实时通信。串行通信具有传输线少、成本低等优点，是现代嵌入式系统流行的通信方式，串行通信接口适用于芯片级、板级、板间和系统级之间的通信。本章主要介绍 UART 串行通信、I^2C 总线通信及 SPI 总线通信接口技术的基本原理，讲述树莓派 Pico 开发板 MicroPython 串行通信与网络接口编程技术实践。

6.1　Pico 开发板 UART 串行通信接口技术与实践

6.1.1　UART 串行通信接口技术原理

1. UART 串行接口的概念

数据通信的基本方式可分为并行通信和串行通信两种。

① 并行通信：是指利用多条数据传输线将数据的各位同时传送，主要特点是传输速率快。

② 串行通信：是指利用一条传输线将数据按比特位顺序传送，主要特点是通信成本低但传输速率相对较慢。

串行通信按照同一时刻数据流的传输方向可以分成全双工、双工和单工 3 种基本传送模式。

① 单工通信(Simplex)：数据仅能从设备 A 到设备 B 进行单一方向的传输。

② 半双工通信(Half duplex)：数据可以从设备 A 到设备 B 进行传输，也可以从设备 B 到设备 A 进行传输，但不能在同一时刻进行双向传输。

③ 全双工通信(Full duplex)：数据可以在同一时刻从设备 A 传输到设备 B，或从设备 B 传输到设备 A，即可以同时双向传输。全双式方式相当于把两个方向相反的单工方式组合在一起，因此它需要 TxD(发送数据)和 RxD(接收数据)两条数据传输线。

在串行通信过程中，A 设备和 B 设备双向必须相互“协调”，才能实现数据的正确传输。根据串行通信协调方式的不同，可分为同步串行通信和异步串行通信

(UART,全称为 Universal Asynchronous Receiver - Transmitter)两种方式。UART 异步通信是以一个字符为传输单位,每发送一个字符前先发送起始位,发送完字符后再发送结束位,以此作为双方同步的依据。

通信协议(通信规程)是指通信双方约定的一些规则。在使用 UART 串行接口(简称 UART 串口)传送一个字符信息时,一般对数据帧格式约定如下:规定有空闲位、起始位、5~8 位数据位、可选的奇偶校验位、1~2 位停止位,其时序图如图 6.1 所示。

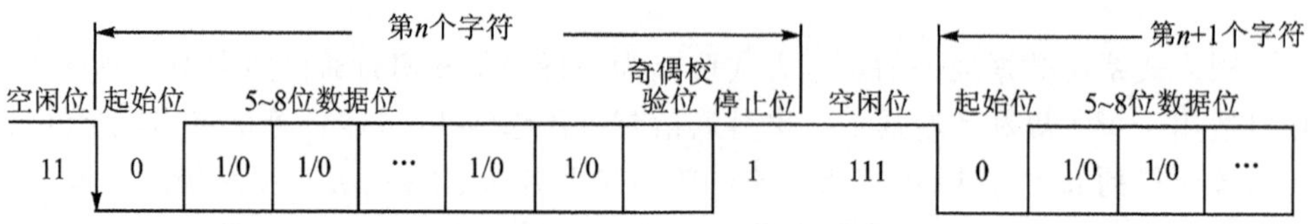

图 6.1 异步串行通信时序

① 起始位:先发一个逻辑“0”信号(低电平),表示传输字符的开始。

② 数据位:紧接在起始位之后,数据位的位数可以是 5、6、7、8 位等,构成一个字符。通常采用 ASCII 码,数据从最低位开始传输,靠时钟定位。

③ 奇偶校验位:数据位加上这一位后,使得“1”的位数为偶数(偶校验)或奇数(奇校验),以此来校验数据传输的正确性。

④ 停止位:它是一个字符数据的结束标志,可以是 1 位、1.5 位、2 位的高电平。

⑤ 空闲位:处于逻辑“1”状态,表示当前线路上没有数据传输。

设要发送的字符为‘A’=0x41=0b01000001,采用异步串行通信协议,8 位数据位、无奇偶校验位、1 位停止位,则该字符二进制数据传输时序如图 6.2 所示。

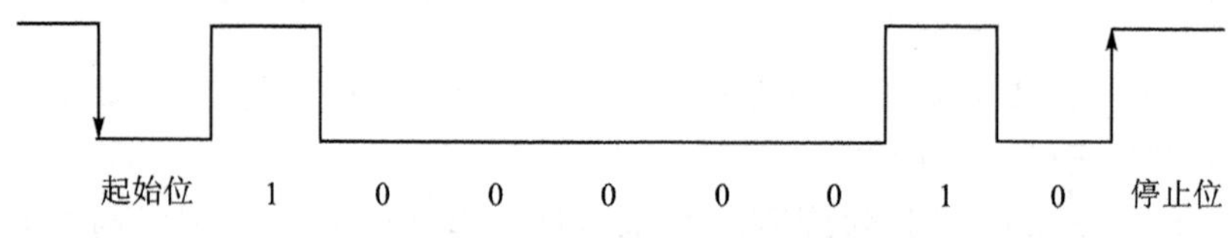

图 6.2 字符‘A’二进制数据传输时序图

发送数据传输线首先由高电平变为低电平开始发送起始位,然后从字符‘A’二进制数据的最低有效位开始发送 8 个数据位,最后传输线从低电平变为高电平发送停止位,一帧字符数据发送完毕。

波特率(Baud rate)是衡量数据传输速率的指标,它表示每秒传输的二进制位数(bps,bits per second)。例如,数据传输速率为 960 字符/秒,而每个字符为 10 比特位,则其传输速率为 10×960 位/秒=9 600 bit/s=9 600 bps=9 600 波特。典型的波特率有 4 800、9 600、19 200、38 400、115 200 等。

异步通信是按字符传输的,每传送一个字符用起始位来通知接收方,以此来重新核对收发双方的时钟同步。

2. RS-232串行接口标准

串行接口标准是指数据终端设备(DTE,全称为Data Terminal Equipment)的串行接口电路与数据通信设备(DCE,全称为Data Communication Equipment)等之间的连接标准。这里的DTE一般指(嵌入式)计算机或终端,DCE一般指调制解调器(MODEM,全称为MOdulator and DEModulator)。

(1) 信号的调制与解调技术原理

远距离数据通信时,需要在发送端将数字信号转换成适合通信链路(communication link)传输的模拟信号,这一过程称为调制(Modulating);在接收端将通信链路上传输的模拟信号还原成原来的数字信号,这一过程称为解调(Demodulating)。远距离数据通信时,常见的通信链路包括光纤、电信部门提供的电话网等。

调制器(Modulator)的主要作用是将数字信号转换为模拟信号并送到通信链路上。解调器(Demodulator)的作用是将通信链路上收到的模拟信号转换成数字信号。调制器和解调器合二为一就是调制解调器MODEM。MODEM是进行数据通信所需要的设备,因此又称为数据通信设备或数据装置(Data Set)。

信号调制的类型有振幅键控(ASK,全称为Amplitude Shift Keying,即调幅)、频移键控(FSK,全称为Frequency Shift Keying,即调频)、相位键控(PSK,全称为Phase Shift Keying,调相)等。

以FSK调制方式为例说明信号调制技术原理。FSK调制又称双态调频,其基本原理是把“0”和“1”两种数字信号分别调制成不同频率的两种音频信号(如“1”用2 400 Hz频率,“0”用1 200 Hz频率),如图6.3所示。

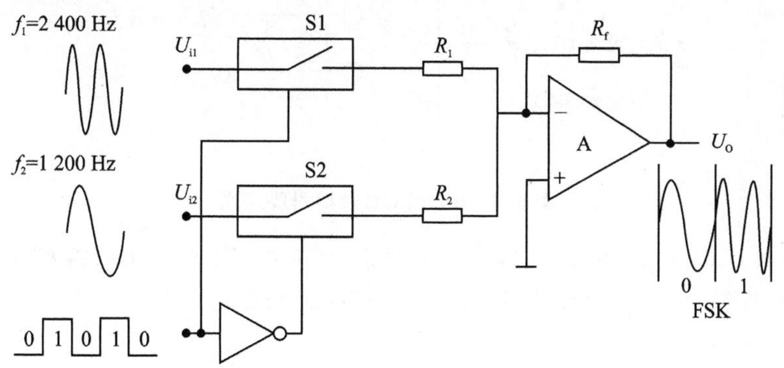

图6.3　FSK调制基本原理示意图

在图6.3中,S1和S2为电子开关,A为反相比例运算放大器。

当数字信号“0”被送到FSK调制器输入端时,电子开关S2闭合S1断开,频率为f_2的电压信号U_{i2}经运放A放大得到的U_O模拟输出信号被送到通信链路,其电压放大倍数A_f为:

$$A_f=\frac{U_O}{U_{i2}}=-\frac{R_f}{R_{i2}} \tag{6.1}$$

当数字信号“1”被送到 FSK 调制器输入端时，电子开关 S1 闭合 S2 断开，频率为 f_1 的电压信号 U_{i1} 经运放 A 放大得到的 U_O 模拟输出信号被送到通信链路，其电压放大倍数 A_f 为：

$$A_f=\frac{U_O}{U_{i1}}=-\frac{R_f}{R_{i1}} \tag{6.2}$$

(2) RS-232C 接口标准

在嵌入式系统中，UART 通信距离较短，一般仅限于板级通信。为了扩展它的传输距离和应用范围，RS-232C(RS，全称为 Recommended Standard)便应运而生。

RS-232C 是在 UART 基础上扩展而成的，它是由美国电子工业协会(EIA，全称为 Electronic Industry Association)制定的一种常用串行通信标准。RS-232C 标准定义了接口的机械特性、电气信号特征和交换功能特征，用于连接数据终端设备和数据通信设备。

RS-232C 标准串行接口使用 D 型插座，常采用 9 芯引脚的 DB9 型连接器，接口引脚定义如图 6.4 所示。

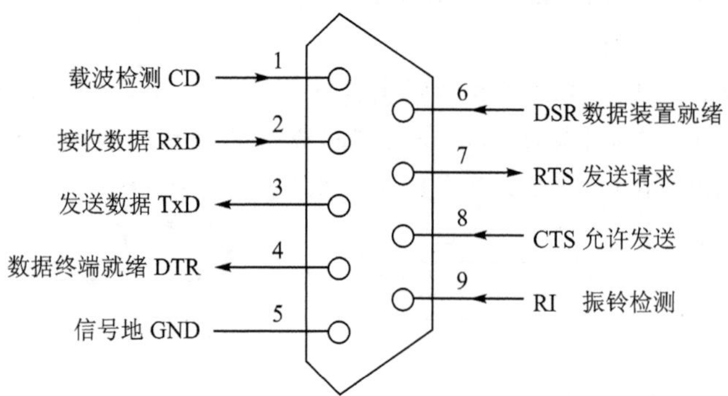

图 6.4 RS-232C 接口引脚定义

嵌入式计算机(或终端)之间的串行通信大多采用 RS-232C 标准接口电路设计，嵌入式计算机 RS-232C 远距离串行通信原理如图 6.5 所示。

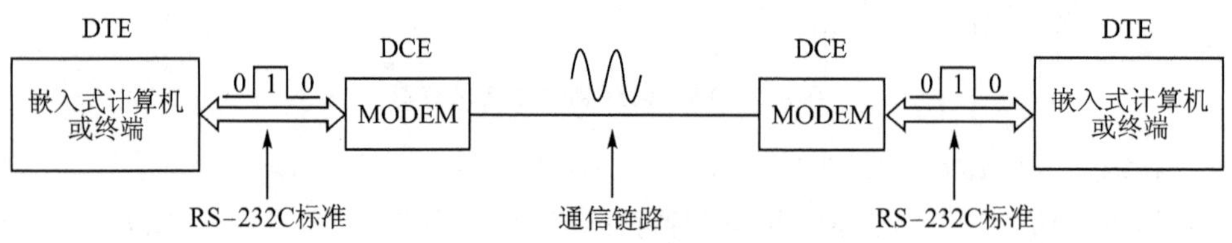

图 6.5 RS-232C 远距离串行通信原理图

RS-232C 接口信号说明如下：

① 发送数据 TxD(Transimitted Data)：计算机或终端通过 TxD 线将串行数据发送到 MODEM(DCE)。

② 接收数据 RxD(Received Data)：计算机或终端通过 RxD 线接收从 MODEM(DCE)送来的串行数据。

③ 请求发送 RTS(Request To Send)：RTS 信号表示 DTE 向 DCE 请求发送数据。

④ 允许发送 CTS(Clear To Send)：CTS 信号表示 MODEM(DCE)准备好接收计算机或终端(DTE)发来的数据，是对请求发送信号的响应信号。

在嵌入式计算机中，嵌入式设备甲和嵌入式设备乙交换信息(通信)，甲乙双方采用某种通信协议(规范)交换数据，它们的联络过程称为握手(handshake)，用来联络的信号称为"握手信号"。RTS/CTS 这一对联络信号可以用于半双工系统发送方式和接收方式之间的切换。在全双工系统发送方式和接收方式之间的切换因配置了双通道，故不需要 RTS/CTS 联络(握手)信号，应将其接到高电平。

⑤ 数据装置就绪 DSR(Data Set Ready)：DSR 信号有效时表明 MODEM(DCE)可以使用。

⑥ 载波检测 DCD(Data Carrier Detection)：CD/DCD 信号用来表示 MODEM(DCE)已接通通信链路，即本地 MODEM 检测到通信链路另一端(远地)的 MODEM(DCE)送来的载波信号，通知计算机或终端(DTE)准备接收数据。

⑦ 振铃指示 RI(Ringing Indicator)：当 MODEM 检测到线路上的振铃呼叫信号时，就发出 RI 信号通知计算机或终端，是否接听呼叫由计算机或终端决定。

⑧ 数据终端准备好 DTR(Data Terminal Ready)：计算机或终端收到 RI 信号后，就发出 DTR 信号到 MODEM 作为回答，表明计算机或终端(DTE)可以使用。

计算机(或终端)之间的近距离 RS－232C 串行通信通常不连接 MODEM，也叫零 MODEM(Null MODEM)连接方式。图 6.6 是两种常见的 RS－232C 串行通信零 MODEM 连接方式。

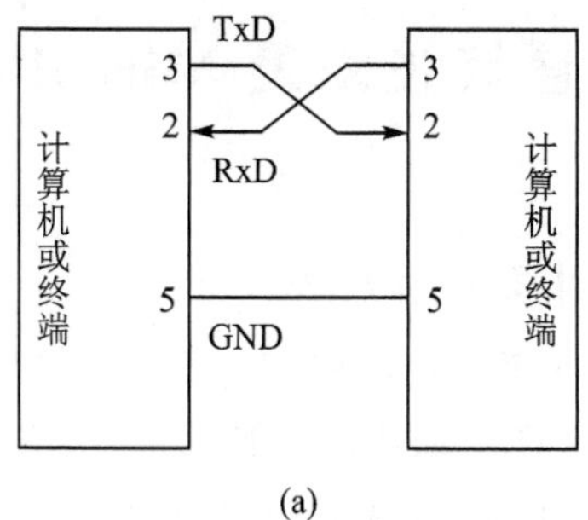

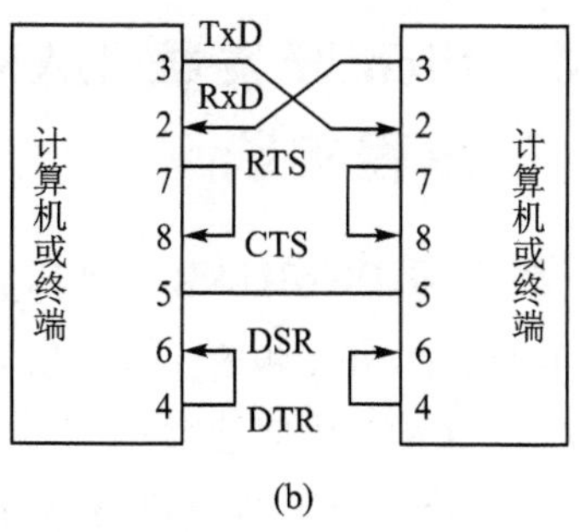

图 6.6　两种常见的 RS－232C 串行通信零 MODEM 连接方式

RS－232C 接口电气信号说明如下：

1）电平规定

对于数据发送 TxD 和数据接收 RxD 线上的信号电平规定为：

逻辑“1”(MARK：传号)＝－3～－15 V，典型值为－12 V；

逻辑“0”(SPACE：空号)＝＋3～＋15 V，典型值为＋12 V。

对于 RTS、CTS、DTR、DSR 和 DCD 等控制和状态信号电平规定为：信号有效(接通，ON 状态)＝＋3～＋15 V，典型值为＋12 V；信号无效(断开，OFF 状态)＝－3～－15 V，典型值为－12 V。

这种电平规定称为 EIA RS－232 电平。

2）电平转换

在 5 V 供电的 80C51、Arduino Uno 等单片机系统中，逻辑电平一般采用 TTL 电平，TTL 逻辑“1”对应的输出电压和输入范围分别为 2.4～5 V 和 2～5 V，TTL 逻辑“0”对应的输出电压和输入电压范围分别为 0～0.5 V 和 0～0.8 V。如果使用 80C51 单片机系统 RS－232 接口标准进行 UART 串行通信，则必须要对 UART TTL 和 EIA RS－232 两种不同的电平进行转换，一般可使用 MAX232 等专用 IC 芯片实现 UART TTL 和 RS－232 电路电平的转换。

在 3.3 V 供电的 ARM 系列嵌入式系统中，逻辑电平一般采用 LVTTL/LVCMOS 电平(即低电压 TTL 电平/低电压 CMOS)。LVTTL 逻辑“1”对应的输出电压和输入范围分别为 2.4～3.3 V 和 2～3.3 V(LVTTL 的高电平)，LVTTL 逻辑“0”对应的输出电压和输入电压范围分别为 0～0.4 V 和 0～0.8 V；LVCMOS 逻辑“1”对应的输出电压和输入范围分别为 3.2～3.3 V 和 2～3.3 V(LVCMOS 的高电平)，LVCMOS 逻辑“0”对应的输出电压和输入电压范围分别为 0～0.1 V 和 0～0.7 V。显然，如果使用 ARM 嵌入式系统 RS－232 接口标准进行 UART 串行通信，则必须要对 UART LVTTL/CMOS 和 EIA RS－232 两种不同的电平进行转换，目前一般使用 MAX3232、SP3232 等专用 IC 芯片实现 UART LVTTL/CMOS 和 RS－232 电路电平的转换。

6.1.2 Pico 开发板 UART 串行通信技术及 MicroPython 编程实践

1. 树莓派 Pico UART 串口及 UART 对象常用方法

树莓派 Pico 开发板有 UART0 和 UART1 两个串口，每个 UART 串口都有 TX(数据发送)和 RX(数据接收)引脚。图 6.7 是 UART 通道的引脚配置。

Pico 开发板 UART 通道有些是重复同名的，我们只能同时使用重复同名的 PWM 通道中的一个。

若使用 UART 接口功能，则只需要通过 machine.UART 类构造器建立 UART 对象并对其初始化，运用 UART 对象方法进行串行通信即可。

图 6.7　Pico 开发板可编程 PWM 通道

(1) Pico UART 构造器

使用 machine. UART 类构造器构建 UART 对象格式：

```
uart = machine.UART(id,baudrate = 115200,bits = 8,parity = None,stop = 1,tx = None,rx
= None)
```

参数说明：

- id：UART 串口编号，0 表示 UART0，1 表示 UART1；
- baudrate：波特率，常用 9 600、115 200；
- bits：数据位长度，常用 7 位或 8 位；
- parity：奇偶校验位，默认为 None，0 为偶校验，1 为奇校验；
- stop：停止位长度，默认为 1；
- tx：TxD 引脚，为 Pin 对象；
- rx：RxD 引脚，为 Pin 对象。

建立 UART 串口对象可以有两种方法。

1) 法 1

```
from machine import UART
uart  =  UART(id = 0,baudrate = 9600,bits = 8,parity = None,stop = 1)
```

其中，id 是 UART 串口编号（如 0 表示 TX0、RX0）。默认情况下，字符数据比特数为 8、奇偶校验为 None，停止位为 1。

如果使用 UART0 为 GP0 端口引脚，串口传输速率 9 600 波特，则还可以将以上第二条语句写为：

```
uart = UART(0, 9600)
```

2）法 2

```
import machine
uart = machine.UART(id = 0,baudrate = 9600,bits = 8,parity = None,stop = 1)
```

(2) Pico 常用 UART 对象方法

1）uart. any( )

any 方法用于检测当前接收缓冲区是否有数据，接收缓冲区有数据就返回 1，否则返回 0。通俗地说，该方法返回等待读取的字节数据，返回 0 表示没有。

2）uart. read([nbytes])

read 方法用于读取字符串。参数 nbytes 为最多读取的字节数。

3）uart. readline( )

readline 方法用于读取一行，以换行符'\n'作为结束标志。该方法返回所读取的行，超时则返回 None。

4）uart. readinto(buf[，nbytes])

readinto 方法用于读取字符串并存储到给定的缓存 buf 中。参数 buf 为给定的缓存，nbytes 为最多读取的字节数。

5）uart. write(buf)

write 方法用于发送字符串，方法返回值为发送的字节数。参数 buf 为需要发送的字符串。

6）uart. sendbreak( )

sendbreak 方法用于向串口线发送停止信号，它将串口线呈现高电平的时间拉长。

7）uart. deinit( )

deinit()方法用于关闭串口。

2. Pico 开发板 UART LV TTL 与 EIA RS－232 电路电平转换

以 MAX3232 集成芯片为例说明 Pico 开发板 UART LV TTL 与 EIA RS－232 电路电平转换原理，MAX3232 芯片消耗电流为 0.3 mA，数据传输速率达 120 kbps，该芯片仅需要外接 4 个 0.1 μF 电容就能实现 RS－232 标准接口的性能。

当 MAX3232 芯片使用 5 V 电源电压供电时，则可以实现 UART TTL 电平和 RS－232 电平的转换，可用于 5 V 电源供电的单片机 RS－232 接口通信，如 80C51、Arduino Uno 等。

当 MAX3232 芯片使用 3.3 V 电源电压供电时，则能实现 UART LVTTL/CMOS 电平和 RS－232 电平的转换，可用于 3.3 V 电源供电的嵌入式计算机 RS－

232 接口通信，如树莓派 Pico 等。图 6.8 是树莓派 Pico 开发板 LVTTL/CMOS 与 EIA RS-232 电路电平转换原理图。

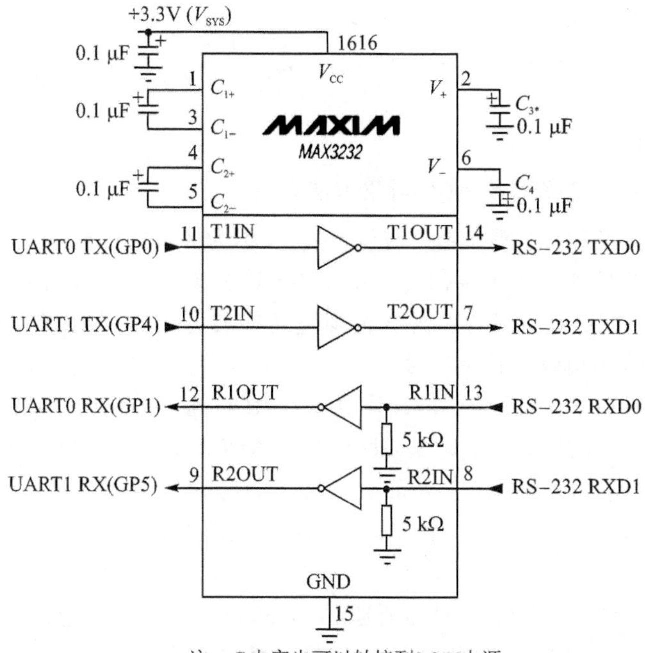

图 6.8　Pico 开发板 UART LVTTL/CMOS 与 EIA-RS-232C 电路电平转换原理图

图 6.8 的 MAX3232 芯片右端 7、8、13、14 引脚为 RS-232 逻辑电平，逻辑"1"为－12 V，逻辑"0"为＋12 V；MAX3232 芯片左端 9、10、11、12 引脚为 Pico 开发板 UART LVTTL/CMOS 逻辑电平，逻辑"1"典型值为＋3.3 V，逻辑"0"为 0 V。Pico 开发板有两个 UART 串口，分别是 UART0 和 UART1，UART0 串口可使用 Pico 开发板扩展硬件接口 GP0 引脚（对应串行发送数据线 TxD0）和 GP1 引脚（对应串行接收数据线 RxD0），UART1 串口可使用 Pico 开发板扩展硬件接口 GP4 引脚（对应串行发送数据线 TxD1）和 GP5 引脚（对应串行接收数据线 RxD1）。

使用 Pico 开发板进行 RS-232 串行通信时，不必自行制作图 6.8 的电路板，我们可直接购买树莓派 Pico 双通道 RS-232 扩展模块来实现 Pico 开发板 UART LVTTL/CMOS 与 RS-232 电平的转换。

3. Pico 开发板 UART 串行通信 MicroPython 编程实践

实践任务：使用树莓派 Pico 开发板硬件扩展接口 GP0 引脚、GP1 引脚实现 UART0 串口自发自收功能，编写满足以下要求的 MicroPython 程序：使用 ADC 读取 RP2040 片内温度传感器温度值；向 TXD0 串行数据线发送温度数据，RXD0 串行数据线接收温度数据并在 Thonny Python Shell 窗口显示温度数值。

(1) 材　料

所需硬件材料如下：

- Pico 开发板×1；
- Micro-USB 数据线×1；
- 面包板×1；
- 跳线×1。

(2) Pico A/D 转换器及 ADC 对象方法介绍

模拟数字转换简称模数转换(A/D 转换，全称为 Analog to Digital Conversion)，意思是将模拟信号转化成数字信号。由于 MCU 只能识别二进制数字量，因此常用 A/D 转换器或 ADC 硬件部件将外界模拟量转换成可以识别的数字量，如将变化的模拟电压信号转成相应的数字信号。

Pico 开发板有 5 个 12 位 ADC，其中 3 个 ADC 通道分别由多功能 GPIO 端口引脚 GP26、GP27、GP28、GP29 定义(即 GP26_ADC0、GP27_ADC1、GP28_ADC2)，ADC0～ADC2 模拟通道可用于外部电压模拟量感知。第 4 个 ADC 通道 ADC3 可用于 Pico 开发板 V_{SYS} 电压测量。第 5 个 ADC 通道 ADC4 连接到 RP2040 片内温度传感器。

若使用 A/D 转换功能，则只需要通过 machine.ADC 类构造器建立 ADC 对象，用 ADC 对象 read_16()方法获取 ADC 转换的数字量即可。

1) Pico ADC 构造器

使用 machine.ADC 类构造器构建 UART 对象：

```
adc = machine.ADC(id)
```

其中，id 为 Pico 的 ADC 通道号。

- 0:GP26 引脚；
- 1:GP27 引脚；
- 2:GP28 引脚；
- 3:GP29 引脚(一般用于 V_{SYS} 电压检测，Pico 开发板硬件扩展接口无此引脚)；
- 4:内部温度传感器。

2) Pico ADC 对象方法

ADC 对象方法 adc.read16()用于获取 ADC 值。由于测量精度是 12 位，因此 ADC 值的范围为 0～4 095(注意：由于 MicroPython ADC 值类型是 16 位，故返回值范围为 0～65 535，对应于 0～3.3 V)。

(3) Pico 开发板硬件接口 GP0 和 GP1 引脚扩展 UART0 串口自发自收功能

UART0 串口自发自收是指串行数据从 UART0 TXD 发送数据线发出，然后从 UART0 RXD 接收数据线接收，使用 Pico 开发板 GP0 和 GP1 引脚扩展 UART0 串口自发自收功能；只需要用一根跳线将 GP0 引脚和 GP1 引脚短接即可，其原理图如

图 6.9 所示。

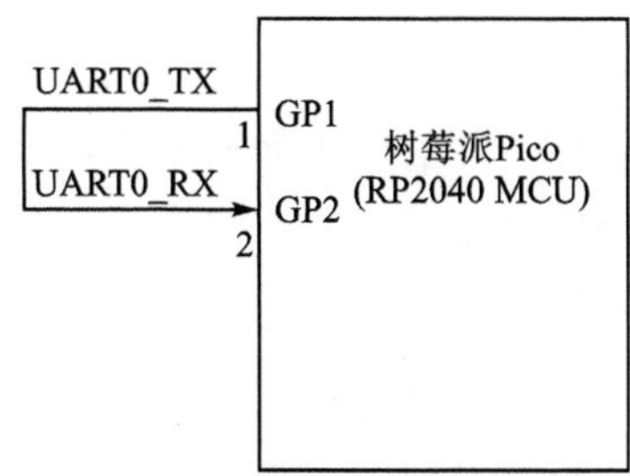

图 6.9　使用 Pico 开发板 GP0 和 GP1 引脚扩展 UART0 串口自发自收原理图

(4) Pico UART0 串口自发自收程序实现

满足实践任务的 Pico 开发板 UART0 串口自发自收程序清单(程序名:ch6_1.py)如下:

```
# Filename: ch6_1.py
'''
Pico 开发板 UART0 口自发自收 MicroPython 实现
硬件设置:用一根跳线将面包板上 Pico 开发板的 UART0 TXD(GP0)与 UART1 RXD(GP1)短接
'''
from machine import UART, ADC
import time
analogIn = ADC(4)    # ADC4
uart = UART(0, baudrate = 9600)
Conv = 3.3/65 535 # 转换因子,3.3 V 对应于 65 535
while True:
    U = analogIn.read_u16()    # 读取 ADC4 温度
    U = U * Conv # 转换成电压值
    temp = 27 - (U - 0.706) / 0.001721    # RP2040 片内温度传感器电压 - 温度转换公式
    tempStr = str(temp) # 转换成字符字
    uart.write(tempStr[:5])    # 通过 UART0 TXD(GP0 引脚)发送字符串
    uart.write( "摄氏度\n ")
    time.sleep(10)    # 延时 10ms
    if uart.any():
        data = uart.readline()    # 通过 UART0 RXD(GP1)接收字符串
        print('读取温度: {}'.format(data.decode()))
```

运行 Thonny Python 并在线执行本程序,则在 Shell 窗口可以看到不停地显示片内温度传感器获取的摄氏温度数值,如图 6.10 所示。

```
ch6_1.py
# Filename: ch6_1.py
'''
Pico开发板UART0口自发自收MicroPython实现
硬件设置：用一根跳线将面包板上Pico开发板的UART0 TXD(GP0)与UART1 RXD(GP1)短接
'''
from machine import UART, ADC
import time
analogIn = ADC(4)    # ADC4
uart = UART(0, baudrate=9600)
Conv = 3.3/65535 # 转换因子，3.3V对应于65535
while True:
    U = analogIn.read_u16()    # 读取ADC4温度
    U = U * Conv # 转换成电压值
    temp = 27 - (U - 0.706) / 0.001721    # RP2040片内温度传感器电压-温度转换公式
    tempStr = str(temp) # 转换成字符字
    uart.write(tempStr[:5])    # 通过UART0 TXD(GP0引脚)发送字符串
    uart.write("摄氏度\n")
    time.sleep(10)  # 延时10ms
Shell
>>> %Run -c $EDITOR_CONTENT
 读取温度：30.32摄氏度

 读取温度：30.32摄氏度
```

图 6.10　RP2040 片内温度传感器温度感知与 UART0 串口自发自收温度显示

6.2　网络接口技术

网络协议有多种，如 RS-232 协议、RS-485 总线协议、I^2C 总线协议、SPI 总线协议、CAN 总线协议、以太网协议等。我们可以采用这些协议并根据实际应用需要构造出相应的分布嵌入式系统网络。前面已经介绍了 RS-232 标准协议，本章后续各节重点介绍 I^2C 总线协议和 SPI 总线协议及接口。

6.2.1　分布嵌入式系统结构

构造基于网络的分布嵌入式系统应用主要基于如下几点考虑：

- 所处理的任务是分布式的，因此需要将嵌入式装置或计算源置于靠近事件的发生地，并通过网络进行协调工作；
- 提高网络环境下的信息共享程度；
- 嵌入式系统需要较高的容错性能，采用分布嵌入式结构可以提高系统的容错性。

通常，一个基本的分布嵌入式系统由处理单元(PE，全称为 Processing Element)和通信网络(Communication Network)构成。其中，处理单元可以是可编程的微控制器(内部包含 CPU、存储器及相关 I/O 等)，也可以是支持网络协议的不可编程单元(如具有网络接口功能的传感器、执行机构或其他 I/O 设备等)，如图 6.11 所示。

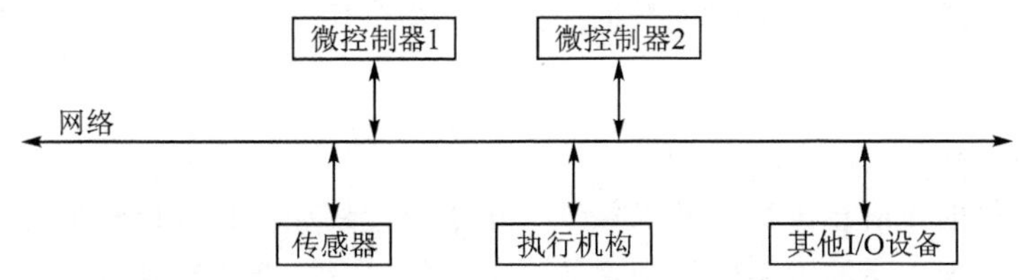

图 6.11　分布嵌入式系统基本结构

分布嵌入式系统中的网络链路有时也被称为“总线”，但这里的“总线”与微处理器或微控制器总线是有区别的，分布式系统中的总线没有存储系统，并且不能支持网络总线上的取指操作。

分布嵌入式系统中网络链路通常采用“分层”的体系结构模型来实现各部件之间的通信，即对分布嵌入式系统网络而言，一般只用到开放系统互连参考模型（OSI，全称为 Open System Interconnection Reference Model）中的几层。

尽管 OSI 的 7 层参考模式的实际应用意义不大，但它对理解网络协议内部运作还是很有帮助的。下面从底层到高层对 OSI 参考模式作简要说明。

(1) 物理层

物理层规定了激活、维持、关闭通信端点之间的机械特性、电气特性、功能特性以及过程特性。该层为上层协议提供了一个传输数据的物理媒体。在这一层，数据的单位称为比特（bit）。属于物理层定义的典型协议代表包括 EIA RS-232、EIA RS-485 等。

(2) 数据链路层

它在不可靠的物理介质上提供可靠的传输。该层的作用包括物理地址寻址、数据的成帧、流量控制、数据的检错、重发等。在这一层，数据的单位称为帧（frame）。数据链路层协议的代表包括 SDLC、HDLC、PPP、STP、帧中继等。

(3) 网络层

它负责对子网间的数据包进行路由选择。网络层还可以实现拥塞控制、网际互联等功能。在这一层，数据的单位称为数据包（Packet）。网络层协议的代表包括 IP、IPX、RIP、OSPF 等。

(4) 传输层

传输层是第一个端到端，即主机到主机的层次。传输层负责将上层数据分段并提供端到端的、可靠的或不可靠的传输。此外，传输层还要处理端到端的差错控制和流量控制问题。在这一层，数据的单位称为数据段（Segment）。传输层协议的代表包括 TCP、UDP、SPX 等。

(5) 会话层

管理主机之间的会话进程，即负责建立、管理、终止进程之间的会话。会话层还利用在数据中插入校验点来实现数据的同步。会话层协议的代表有 RPC(远程过程调用协议)等。

(6) 表示层

对上层数据或信息进行变换以保证一个主机应用层信息可以被另一个主机的应用程序理解。表示层的数据转换包括数据的加密、压缩、格式转换等。表示层协议的代表有 LPP(轻量级表示协议)等。

(7) 应用层

应用层为操作系统或网络应用程序提供访问网络服务的接口。应用层协议的代表包括 Telnet、FTP、HTTP、SNMP、DNS 等。

前面介绍的 UART 串口通信实际包含了物理层(物理链路传输,串口线)、数据链路层(一帧包括起始位、数据位、校验位、停止位)、应用层(应用数据的打包由串口编程自行设定)三方面的功能。

6.2.2 分布嵌入式网络通信方式

在分布嵌入式系统应用领域,通常按成本预算和实际需求来构造不同方式的分布嵌入式网络。可用于分布嵌入式系统的网络有许多,分布嵌入式网络通信方式主要有点对点通信方式和总线通信方式。

所谓点对点通信方式是指两台或两台以上嵌入式系统之间相互交换信息的方式,它具有安全、快捷、直观、同步和经济等优点。如两台嵌入式系统采用的 RS-232 通信即一种典型的点对点通信方式。

在分布嵌入式系统网络应用中,通常是多个设备相互连接,这时,需要采用总线通信方式。在总线通信方式中,连接到总线上的所有处理单元都必须有自己的唯一地址或标识;总线上的通信一般是以报文组的形式进行的,一个分组报文中包含一个目的地址和欲被传送的数据以及检错纠错信息,如图 6.12 所示。

头	地址	数据	纠错信息

图 6.12 分组报文格式

分布嵌入式网络中的总线必须要满足仲裁机制,即网络总线上同时出现传送操作时需要进行必要的选择。仲裁机制主要有两种类型:①固定优先级仲裁机制,即嵌入式网络中采用固定优先级方式给予竞争系统优先级。当嵌入式网络中高优先级和低优先级的嵌入式系统都要同时进行大量的数据传送时,往往是高优先级系统先传送数据包,然后低优先级系统再传送数据包;②公平仲裁机制,即嵌入式网络中各系统具有相同的待遇,循环仲裁是一种常见的公平仲裁机制。

需要强调的是,分布嵌入式系统网络的信息交互不是通过共享内存实现的,而是在总线上通过传递报文来实现的。由于报文数据的长度并不一定刚好是一个报文数据单位,因此报文需要分组在网络上传送。

6.3 Pico 开发板 I^2C 总线通信接口技术与实践

I^2C 接口是嵌入式系统中常用的网络接口之一，它采用串行通信方式将微控制器连接到系统总线，它能以 100 kbps 的标准传输速率支持 40 个组件，全速传输速率 400 kbps，高速传输速率达 3.2 Mbps。

6.3.1 I^2C 总线接口技术原理

I2C/IIC/I^2C(Inter - Integrated Circuit，集成电路互连)总线是由 PHILIPS 针对微控制器需要而研制的一种两线式串行总线，适用于微控制器与外围设备芯片之间的接口连接。

I^2C 总线的主要特点如下：

- 最主要的优点是其简单性和有效性。
- 由于接口直接在组件之上，因此 I^2C 总线占用的空间非常小，减少了电路板的空间和芯片管脚的数量，降低了互联成本。
- 总线的长度可高达 25 英尺(约 7.6 m)，并且能够以 100 kbps 的最大传输速率支持 40 个组件。
- I^2C 总线的另一个优点是支持多主机，其中任何能够进行发送和接收的设备都可以成为主机。一个主机能够控制信号传输和时钟频率。当然，在任何时间点上只能有一个主机。

1. I^2C 总线系统组成

I^2C 总线协议包含两层协议：物理层和数据链路层。

在物理层，I^2C 总线仅使用了两条信号线：一个是串行数据线 SDA(Serial DAta line)，它用于数据的发送和接收；另一个是串行时钟线 SCL(Serial Clock Line)构成的串行总线，它用于指示何时数据线上是有效数据，即数据同步。MCU 与被控 IC 之间、IC 与 IC 之间进行双向传送，最高传送速率达 100 kbps。

在数据链路层，每个连接到 I^2C 总线上的设备都有唯一的地址，设备的地址由系统设计者决定。在信息的传输过程中，I^2C 总线上并接的每一设备既是主设备(或从设备)又是发送器(或接收器)，这取决于它所要完成的功能。

由 I^2C 总线所构成的系统可以有多个 I^2C 节点设备，并且可以是多主系统，任何一个设备都可以为主 I^2C；但是任一时刻只能有一个主 I^2C 设备，I^2C 具有总线仲裁功能，以保证系统正确运行。主 I^2C 设备发出时钟信号、地址信号和控制信号，选择通信的从 I^2C 设备并控制收发。I^2C 总线要求：①各个节点设备必须具有 I^2C 接口功能；②各个节点设备必须共地；③两根信号线必须接上拉电阻，如图 6.13 所示。

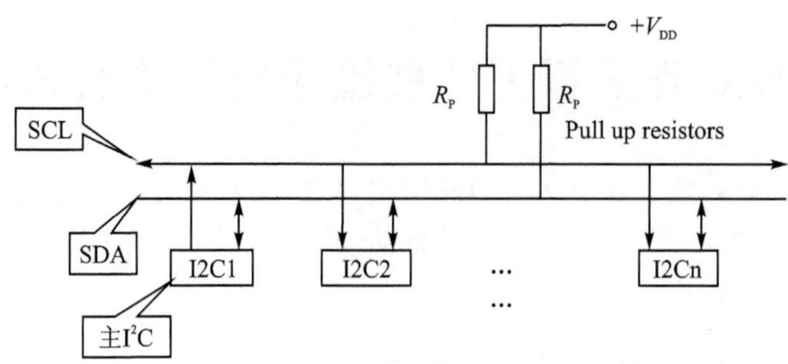

图 6.13　多 I²C 设备接口示意图

2. I²C 总线的状态及信号

1）空闲状态

SCL 和 SDA 均处于高电平状态，即为总线空闲状态（空闲状态为高电平是因为它们都接上拉电阻）。

2）占有总线和释放总线

若想让器件使用总线，则应当先占有它，占有总线的主控器向 SCL 线发出时钟信号。数据传送完成后应当及时释放总线，即解除对总线的控制（或占有），使其恢复成空闲状态。

3）启动信号(S)

启动信号由主控器产生。在 SCL 信号为高时，SDA 产生一个由高变低的电平变化，产生启动信号。

4）结束/停止信号(P)

当 SCL 线高电平时，主控器在 SDA 线上产生一个由低电平向高电平跳变，产生停止信号。启动信号和停止信号的产生如图 6.14 所示。

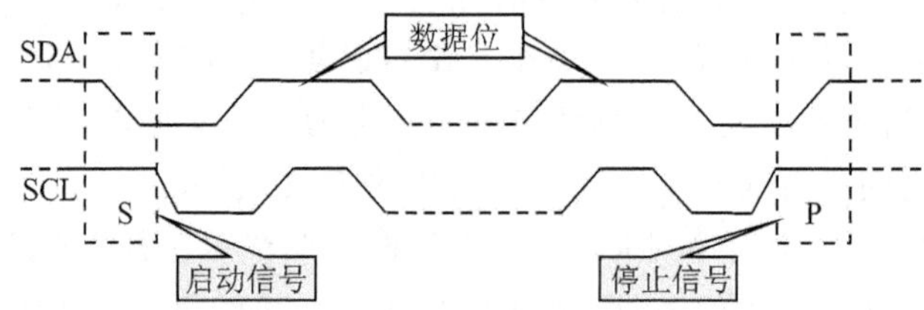

图 6.14　启动信号和停止信号的产生

5）应答/响应信号(A/NACK)

应答信号是对字节数据传输的确认。应答信号占 1 位，数据接收者接收 1 字节数据后，应向数据发出者发送一个应答信号。对应于 SCL 第 9 个应答时钟脉冲，若 SDA 线仍保持高电平，则为非应答信号（NA/NACK）。低电平为应答，继续发送；高电平为非应答，停止发送。

6）控制位信号（R/nW）

控制位信号占 1 位，I^2C 主机发出的读/写控制信号高为读、低为写（对 I^2C 主机而言）。控制位（或方向位）在寻址字节中给出。

7）地址信号

地址信号为从机地址，占 7 位，如表 6.1 所列，称之为“寻址字节”。

表 6.1　寻址字节

寻址字节位	D7	D6	D5	D4	D3	D2	D1	D0
寻址位字段	DA3	DA2	DA1	DA0	A2	A1	A0	R/nW

下面对表 6.1 中的各寻址位字段进行说明。

- 器件地址（DA3～DA0）：DA3～DA0 是 I^2C 总线接口器件固有的地址编码，由器件生产厂家给定，如 24LC×× I^2C 总线 EEPROM 器件的地址为 1010 等。
- 引脚地址（A2、A1、A0）：引脚地址由 I^2C 总线接口器件的地址引脚 A2、A1、A0 的高低来确定，接高电平者为 1，接地者为 0。
- 读/写控制位/方向位（R/nW）：R/nW 为 1 表示主机读，R/nW 为 0 表示主机写。

7 位地址和读/写控制位组成一个字节，即寻址字节。

8）等待状态

在 I^2C 总线中，赋予接收数据的器件具有使系统进行等待状态的权力，但等待状态只能在一个数据字节完整接收之后进行。例如，当进行主机发送从机接收的数据传送操作时，若从机在接收到一个数据字节后，由于中断处理等原因而不能按时接收下一个字节，则从机可以通过把 SCL 下拉为低电平，强行使主机进入等待状态；在等待状态下，主机不能发送数据，直到从机认为自己能继续接收数据时再释放 SCL 线，使系统退出等待状态，主机才可以继续进行后续的数据传送。

3. I^2C 总线基本操作

① 串行数据线 SDA 和串行时钟线 SCL 在连接到总线的器件间传递信息。

② 每个器件都有一个唯一的地址标识，无论是 MCU、LCD 驱动器、存储器、键盘接口或传感器。

③ 每个器件都可以作为一个发送器或接收器，由器件的功能决定。显然，LCD 驱动器只是一个接收器，而存储器则既可以接收又可以发送数据。

④ 除了将器件看作发送器和接收器外，在执行数据传输时它也可以被看作主机或从机。

⑤ 主机是初始化总线的数据传输并产生允许传输时钟信号的器件，此时任何被寻址的器件都被看作从机。

I^2C 总线操作的有关术语如表 6.2 所列。

表 6.2　I²C 总线操作常用术语

术　语	描　述
发送器	发送数据到总线的器件
接收器	从总线接收数据的器件
主机	初始化发送产生时钟信号和停止发送的器件
从机	被主机寻址的器件
多主机	同时有多于一个主机尝试控制总线但不破坏报文
仲裁	是一个在有多个主机同时尝试控制总线但只允许其中一个控制总线、并使报文不被破坏的过程
同步	两个或多个器件同步时钟信号的过程

4. 启动和停止条件

在 SCL 线是高电平时，SDA 线从高电平向低电平切换，这个情况称为启动条件。当 SCL 是高电平时，SDA 线由低电平向高电平切换，称为停止条件。

启动和停止条件一般由主机产生。总线在启动条件后被认为处于忙的状态，在停止条件的某段时间后，总线被认为再次处于空闲状态。如果产生重复启动条件 Sr 而不产生停止条件 P，则总线将一直处于忙状态。

5. I²C 总线数据传输格式

(1) 一般格式

I²C 总线数据传输一般格式如图 6.15 所示。在图 6.15 中，S 为启动信号，R/nW 为读/写控制位，A 为应答信号，P 为停止信号。

S	从I²C地址（7位）	R/nW	A	传输数据……	A	P

图 6.15　I²C 总线数据传输一般格式

(2) 主控制器写操作格式

I²C 总线主控制器写操作格式如图 6.16 所示。启动信号 S、从 I²C 地址、控制信号 nW 以及各个数据均由主 I²C 设备发送，从 I²C 设备接收；应答信号 A/NA 由从 I²C 设备发送，主 I²C 设备接收。

S	从I²C地址（7位）	nW	A	数据1	A	数据2	A	……	数据n	A/NA	P

图 6.16　I²C 总线主控制器写操作格式

(3) 主控制器读操作格式

I²C 总线主控制器读操作格式如图 6.17 所示。启动信号 S、从 I²C 地址、控制信号 R、数据 1 后的应答信号 A/NA、停止信号 P 由主 I^2C 设备发送，从 I^2C 设备接收；数据 1 前的应答信号 A 和各个数据均由从 I^2C 设备发送，主 I^2C 设备接收。

S	从 I^2C 地址（7位）	R	A	数据1	A	数据2	A	……	数据n	NA	P

图 6.17　I^2C 总线主控制器读操作格式

(4) 主控制器读/写操作格式

I^2C 总线主控制器读/写操作格式如图 6.18 所示。由于在一次传输过程中要改变数据的传输方向，因此启动信号和寻址字节都要重复一次（这里重复启动信号用 Sr 表示），而中间可以不要结束信号。一次传输中可以有多次启动信号。

S	从 I^2C 地址	R	A	数据1	A	数据2	A	……	A	Sr	从 I^2C 地址	nW	A

数据1	A	数据2	A	数据3	A	……	数据m	A/NA	P

图 6.18　I^2C 总线主控制器读/写操作格式

6. I^2C 总线多主机互连

I^2C 总线带有竞争检测和仲裁电路，可实现真正的多主机互连。当多主机同时使用总线发送数据时，根据仲裁方式决定由哪个设备占用总线，以防止数据冲突和数据丢失。当然，尽管 I^2C 支持多主机互连，但同一时刻只能有一个主机。

7. I^2C 总线上拉电阻的估算与选取

由于 I^2C 设备的 SCL、SDA 线是漏极开路的，因此在前面的图 6.13 中，I^2C 总线的 SCL、SDA 引脚必须外接上拉电阻 R_p。

一般 I^2C 的上拉电阻 R_p 在 1～10 kΩ 之间选取，如 R_p 可以取 1.5 kΩ、1.8 kΩ、2.2 kΩ、4.7 kΩ、5.1 kΩ、6.8 kΩ、10 kΩ 等典型值。上拉电阻的大小对时序有一定影响，对信号的上升时间和下降时间也有影响。

I^2C 上拉电阻 R_p 选取估算公式如下：

$$R_{pmin} = \{V_{DD(min)} - 0.4\ \text{V}\}/3\ \text{mA} \tag{6.3}$$

R_p 最小值由 $V_{DD(min)}$ 与上拉驱动电流（设最大值为 3 mA）决定。

$$R_{pmax} = (T/0.874)C \tag{6.4}$$

当 I^2C 时钟频率为 100 kHz 时，$T=1\ \mu s$；当 I^2C 时钟频率为 400 kHz 时，$T=0.3\ \mu s$。

R_p 最大值由总线电容（Bus Capacitance）或总线负载电容 C 的最大值 C_{Bmax} 决定。

R_{pmin} 取值计算说明：在 5 V 供电的嵌入式系统中，有 $R_{pmin}=5\ \text{V}/3\ \text{mA}\approx 1.7\ \text{k}\Omega$；在 3.3 V 供电的嵌入式系统中，有 $R_{pmin}=3.3\ \text{V}/3\ \text{mA}=1.1\ \text{k}\Omega$；在 2.8 V 供电的嵌入式系统中，有 $R_{pmin}=2.8\ \text{V}/3\ \text{mA}\approx 1\ \text{k}\Omega$。

R_{pmax} 取值计算说明：在 I^2C 标准模式下，100 kbps 总线负载电容最大值≤400 pF；在

I^2C 快速模式下，400 kbps 总线的负载电容最大值≤200 pF。

根据具体的使用场景、当前的器件制造工艺、PCB 的走线距离等因素以及标准向下兼容性，设计中以 I^2C 快速模式为基础，即总线负载电容＜200 pF 时，传输速度达到 400 kbps 是不成问题的。现按 5 V 供电系统对应于 50～200 pF 估算，有 R_{pmax} 取值范围是 1.7～6.9 kΩ。根据 R_{pmin} 与 R_{pmax} 的限制范围，在 5 V 供电的嵌入式系统中，可取 R_p＝5.1 kΩ，总线负载电容的环境要求也容易达到；在 3.3 V 供电的嵌入式系统中，可选 R_p＝1.8～4.7 kΩ；在 2.8 V 供电的嵌入式系统中，可选 R_p＝1.5～2.2 kΩ。可穿戴式或便携式等低功耗应用可选 R_p＝4.7～10 kΩ 牺牲速度来换取电池使用时间。

总之，电源电压限制了上拉电阻 R_p 的最小值，总线负载电容（总线电容）限制了上拉电阻 R_p 的最大值。

6.3.2 Pico I^2C 总线引脚及 Pico I^2C 对象的使用方法

1. 树莓派 Pico 开发板 I^2C 总线引脚

树莓派 Pico 有两个 I^2C 总线，即 I2C0 和 I2C1。图 6.19 是 Pico 开发板 I^2C 总线引脚配置。可以看出，Pico 开发板 I^2C 总线引脚都是重复同名的，我们只能同时使用重复同名的 I^2C 总线中的一个。

图 6.19 Pico I^2C 总线引脚

Pico 开发板默认 I^2C 总线接口及引脚如下：

- I2C0：I2C0 SCL(GP9)、I2C0 SDA(GP8)；
- I2C1：I2C1 SCL(GP7)、I2C1 SDA(GP6)。

2. Pico I^2C 对象方法

若使用 I^2C 总线功能，则可以通过 machine.I2C 类构造器建立 I^2C 对象，并运用 I^2C 对象方法进行 I^2C 总线通信即可。

(1) I^2C 对象构造器

使用 machine.I^2C 类构造器构建 I^2C 对象格式：

```
i2c = machine.I2C(i2c_id,scl,sda,freq = 400000)
```

使用 I^2C 对象构造器建立 I^2C 对象，作用为初始化对应 I^2C 通道和引脚。各参数说明如下：

- i2c_id：使用 I^2C 总线通道，可以为 0 或 1；
- scl：SCL 引脚，应为 GPIO 引脚对象(I2C0 默认为 GP9，I2C1 默认为 GP7)；
- sda：SDA 引脚，应为 GPIO 引脚对象(I2C0 默认为 GP8，I2C1 默认为 GP6)；
- freq：I^2C 时钟频率，默认为 400 kbps。

(2) I^2C 对象常用方法

1) i2c.scan()

扫描 I^2C 从设备方法，返回所有 I^2C 总线上挂载从设备 7 位地址的列表。

2) i2c.readfrom(addr, nbytes, stop=True)

readfrom()方法的作用为通过 I^2C 总线从指定地址读取数据并返回字节串。各参数说明如下：

- addr：从设备地址；
- nbytes：读取字符长度；
- stop：是否在接收完成数据后发送结束信号。

3) i2c.readfrom_into(addr, buf, stop=True)

readfrom_into()方法的作用为 readfrom 函数的升级版，可以将读取数据指定存放在字符数组中。各参数说明如下：

- addr：从设备地址；
- buf：字符数组，用于存放数据；
- stop：是否在接收完成数据后发送结束信号。

4) i2c.writeto(addr, buf, stop=True)

writeto 方法的作用是向从设备写入数据。各参数说明如下：

- addr：从设备地址；
- buf：发送的字符串；
- stop：是否在接收完成数据后发送结束信号。

(3) I²C 对象存储器操作方法

1) i2c. readfrom_mem(addr, memaddr, nbytes, addrsize=8)

readfrom_mem 方法的作用是向从设备的存储器中读取数据。各参数说明如下：

- addr:从设备地址；
- memaddr:存储器地址；
- nbytes:读取字节长度；
- addrsize:存储器地址大小(单位:比特)。

2) i2c. readfrom_mem_into(addr, memaddr, buf, addrsize=8)

readfrom_mem_into 方法的作用是向从设备的存储器读取数据到指定字符数组中。各参数说明如下：

- addr:从设备地址；
- memaddr:存储器地址；
- buf:字符数组,用于存放数据；
- addrsize:存储器地址大小(单位:比特)。

3) i2c. writeto_mem(addr, memaddr, buf, addrsize=8)

writeto_mem 方法的作用是将数据写入从设备的存储器中。各参数说明如下：

- addr:从设备地址；
- memaddr:存储器地址；
- buf:发送字符串；
- addrsize:存储器地址大小(单位:比特)。

(4) SoftI2C 对象方法

以下 I²C 对象构造器及方法只适用 I²C SoftI2C 类的软件 I²C 对象。

1) i2c = machine. SoftI2C(scl, sda)

该构造器用于构建软件 I²C 对象。各参数说明如下：

- scl:SCL 引脚,应为 GPIO 引脚对象；
- sda:SDA 引脚,应为 GPIO 引脚对象。

2) i2c. start()

start()方法的作用是在 I²C 总线中发送启动信号(SCL 保持高电平,SDA 由高电平变低电平)。

3) i2c. stop()

start()方法的作用是在 I²C 总线中发送停止信号(SCL 保持高电平,SDA 由低电平变为高电平)。

4) i2c. readinto(buf, nack=True)

readinto()方法的作用是从 I²C 总线读取数据到指定的字符数组,读取长度为字符数组的长度。各参数说明如下：

- buf：存放数据的字符数组。
- nack：在接收最后一个数据后是否发送 nack 信号。

5）i2c. write(buf)

write()方法的作用是将 buf 字符数组的数据写入到 I^2C 总线中。其中，buf 参数为需要发送的字符数组。

举例：

```
from machine import SoftI2C, Pin
# 构建软件 I²C 对象，并初始化 GP10 引脚为 I2C1 SCL 线，GP11 引脚为 I2C1 SDA 线
i2c  = SoftI2C(scl = Pin(10), sda = Pin(11))
#显示 I²C 总线上的从设备地址
print( "I2C address =  ", i2c.scan())
#将 56 写到 I2C 总线 0x20 地址单元
i2c.writeto(0x20, b'56')
#将缓冲器 buff 中的内容写到 I²C 总线 0x20 地址单元
i2c.writeto(0x20, bytearray(buff))
# 从 I²C 总线 0x20 地址单元读取 3 个字节数据
i2c.readfrom(0x20, 3)
#将 0x35 写入 I²C 总线 0x20 地址的从设备 0x10 存储单元
i2c.writeto_mem(0x20, 0x10, b'\x35')
# 从 I²C 总线 0x20 地址的从设备 0x10 存储单元开始读取 3 个字节数据
i2c.readfrom_mem(0x20, 0x10, 3)
```

6.3.3　树莓派 Pico 开发板 I^2C EEPROM 接口与编程实践

实践任务：设计 Pico 开发板与 I^2C EEPROM 存储芯片 24LC256 接口电路；将一串数据'Life is short, I like Pico.'写入 I^2C EERPOM 地址为 0x100 开始的存储单元，然后从这些存储单元读取数据并显示在 Thonny Python Shell 窗口，检查 Pico 开发板控制读/写 I^2C EEPROM 操作有效性。

1. 材　料

所需硬件材料如下：

- Pico 开发板×1；
- Micro - USB 数据线×1；
- 24LC256 芯片×1；
- 10 kΩ 电阻×2；
- 面包板×1；
- 跳线若干。

2. I²C EEPROM 存储芯片 24LC256

24LC256 是 Microchip 公司生产的 I²C 接口 32 KB(256 kbit)EEPROM(Electrically Erasable Programmable Read - Only Memory,电可擦除可编程存储器)存储器芯片。该器件电源电压范围为 1.7～5.5 V,待机电流为 1 μA,写入电流为 3 mA,芯片工作频率为 100 kHz～1 MHz。芯片提供硬件写保护引脚禁止写入操作。24LC256 芯片有 32 768 个字节地址,其地址范围为 0x0000～ 0x7FFF。芯片能随机和顺序读取,存储容量达 256 kbit,提供 64 字节数据页写功能。24LC256 芯片引脚排列如图 6.20 所示。A2～A0 引脚地址是 I²C 总线接口器件 24LC256 芯片 LSB 位的地址,与 DA7 ～ DA3(24LC256 取固定值 0b1010)一起构成器件寻址字节地址,详见表 6.1 及其说明。

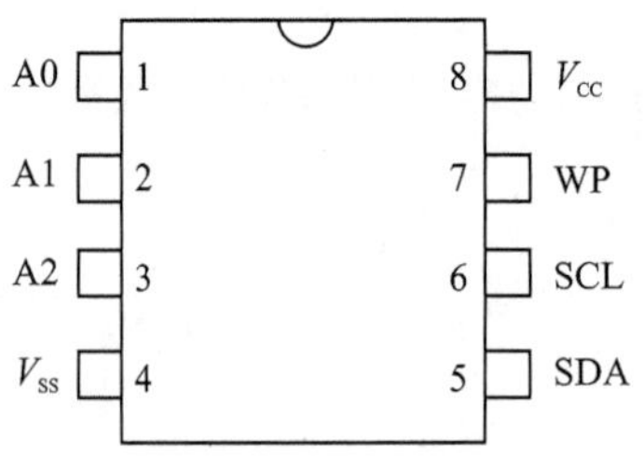

图 6.20　24LC256 芯片引脚排列

WP 为写保护引脚,当 WP 接到低电平或地时,允许写操作;当 WP 接到高电平或电源时,写操作无效。V_{CC} 和 V_{SS} 是电源引脚。

3. Pico 开发板与 24LC256 EEPROM 接口电路原理及 EEPROM 读/写操作

图 6.21 是 Pico 开发板与 24LC256 EEPROM 存储器接口电路原理图。从图中可以看出,24LC250 芯片 A2A1A0 全部接地,故该器件 I²C 寻址地址为 0xA0。要说明的是,在 MicroPython I²C EEPROM 存储器编程中,I²C 器件地址要取真实的 DA3～DA0 及 A2～A0 位地址(见前面的表 6.1),故 EEPROM I²C 地址为 DA3/DA2/DA1/DA0/A2/A1/A0＝0b1010000＝0x50。

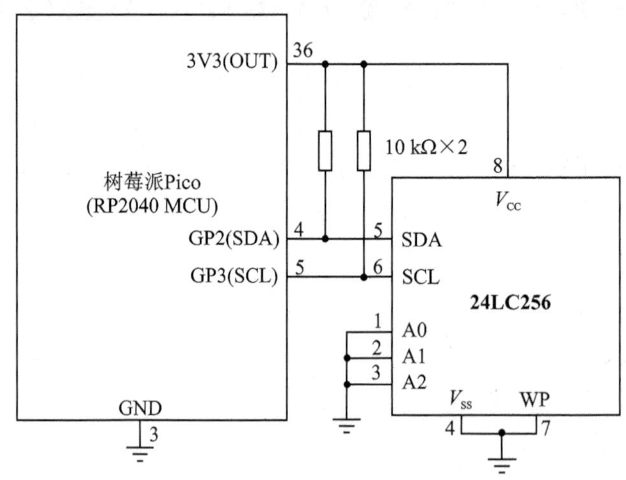

图 6.21　Pico 与 24LC256 EEPROM 接口电路原理图

图 6.22　Pico 开发板与 24LC256 EEPROM 存储器接口面包板硬件接线实物图

图 6.22 是 Pico 开发板与 24LC256 EEPROM 存储器接口面包板硬件接线实物图。

(1) EEPROM 写操作

假设 Pico 要将一个字节 0x25 写入 EEPROM 内存单元 0x0250。图 6.23 是 EEPROM 写操作详细步骤：首先，Pico 向 I^2C 总线发送 Start 位，然后发送 I^2C 设备寻址地址 0xA0，I^2C 寻址地址的 LSB 位为 0 表示进行写操作；接着将 EEPROM 内存地址 0x0250 分成高字节和低字节（0x02 和 0x25）顺序发送；最后发送字节 0x25（称为写字节，因为只有一个字节写入 EEPROM 内存单元）。注意，ACK 位是在字节传输之间由 EEPROM 发送的，写 EPROM 操作以 Stop 停止位结束。

	Address	R/W						0x02										0x50					Data		
Start	0xA0	0	ACK	0	0	0	0	0	0	1	0	ACK	0	1	0	1	0	0	0	0	ACK	0x25	ACK	Stop

图 6.23　EEPROM 写字节操作

也可以向 EEPROM 写入多个字节（称为写页），最多能连续写入 64 个字节（共 512 页，每页长度 64 字节）；每次向写入 EEPROM 一个字节后，EEPROM 内部地址计数器会动加 1。

(2) EEPROM 读操作

EEPROM 存储器读操作稍复杂一些，有当前地址单元读、随机读和顺序读 3 种读操作方式。随机读是最常用的一种方式，在该方式下，主机能以随机读方式访问任何内存单元。

假设要读取 EEPROM 内存单元 0x0250 中的字节数据（图 6.23 中的 0x25 存储在该 EEPROM 单元）。图 6.24 是随机读操作详细步骤：为了实现随机读，Pico 主机须首先发送 I^{2}C 设备的寻址地址 0xA0(R/W 位设置为 0),然后主机将 EEPROM 内存地址 0x0250 分成高字节和低字节(0x02 和 0x25)顺序发送;一旦成功发送内存地址,主机将在 ACK 之后生成 Start 条件,此时终止写操作,主机再次发送 EEPROM 设备寻址地址 0xA0(R/W 位设置为 1);最后,EEPROM 发出 ACK 并传输 8 位字节数据后,主机发出 NACK 并产生 Stop 条件以停止 EEPROM 数据传输。在随机读命令执行之后,EEPROM 内部地址计数器自动加 1 指向刚被读取单元之后的存储单元。

	Address	R/W					0x02									0x50						Address	R/W
Start	0xA0	0	ACK	0	0	0	0	0	0	1	0	ACK	0	1	0	1	0	0	0	0	ACK	Start	0xA0	0

ACK	0x25	NO ACK	Stop

图 6.24 EEPROM 随机读操作

4. Pico I^{2}C EERPOM 读/写操作 MicroPython 实践

满足实践任务的 Pico 开发板控制读/写 I^{2}C EEPROM 操作程序清单(程序名:ch6_2.py)如下:

```
# Filename: ch6_2.py
'''
Pico 控制 I2C 总线存取 EEPROM 存储器数据
'''
from machine import Pin, I2C
import utime
#创建 I2C 对象:使用 Pico I2C1 总线接口,GP3 引脚 - I2C1 SCL, GP2 引脚 - I2C1 SDA
i2c = machine.I2C(1, scl = Pin(3), sda = Pin(2), freq = 100000)
i2cSlaveAddress = i2c.scan()
print( "EEPROM I2C 地址为 ", i2cSlaveAddress)
#
deviceAddress = 0x50   # EEPROM I2C 地址,其十进制为 80
'''
Read()自定义函数:从 EEPROM 存储器 16 位地址单元 memoryLocation 开始读取 length 长度数据
'''
def Read(memoryLocation, length):
    data = [0] * length
    data = i2c.readfrom_mem(deviceAddress, memoryLocation, length, addrsize = 16)
```

```
    return(data)
'''
Write()自定义函数:从 EEPROM 存储器 16 位地址单元 memoryLocation 开始写入 length 长度数据 data
'''
def Write(memoryLocation, data, length):
    i2c.writeto_mem(deviceAddress, memoryLocation, data, addrsize = 16)
    utime.sleep_ms(10)
#
writeString = 'Life is short, I like Pico.'    #要写入 EEPROM 的一串数据
length = len(writeString)
readString = [0] * length    #初始化要读取的数据列表
Write(0x100,writeString, length)    #从 EEPROM 存储单元 0x100 开始写一串数据
readString = Read(0x100, length)    #从 EEPROM 存储单元 0x100 开始读取一串数据
#显示从 EEPROM 0x100 地址单元开始的一串数据
print( "读取 EEPROM 数据为 ", end = '')    #end = 参数的作用:给 end = 传递一个空字符串
for i in range(length):
    print( "%c " % readString[i], end = '')
```

将如图 6.22 所示硬件实物中与 Pico 相连的 micro - USB 线另一端插入电脑 USB 口。启动 Thonny Python 编辑本程序并运行,Thonny Python Shell 窗口输出结果如下:

```
>>> %Run -c $EDITOR_CONTENT
EEPROM I2C 地址为 [80]
读取 EEPROM 数据为 Life is short, I like Pico.
```

6.3.4　树莓派 Pico 开发板 I²C OLED 接口与编程实践

实践任务:采用 Pico 开发板与 I²C 总线 OLED SSD1306 显示模块接口,分别编写 OLED 屏显示一串英文文字“Life is short, I need Pico.”并绘制几何图形的程序。

1. 材　料

所需硬件材料如下:

- Pico 开发板×1;
- Micro - USB 数据线×1;
- SSD 1306 OLED 显示模块×1;
- 面包板×1;
- 公对母杜邦线×4。

2. OLED 显示器

OLED 显示器(Organic Light - Emitting Diode,有机发光二极管显示器)在手

机、平板、电脑等智能硬件显示领域有着广泛应用，被誉为"梦幻显示器"。当电流流过有机材料时，OLED 就会发光。相比于传统的 LCD 显示技术，OLED 显示技术具有如下主要优点：OLED 屏厚度可以控制在 1 mm 以内，而 LCD 屏厚度通常在 3 mm 左右，OLED 屏重量更加轻盈；OLED 屏幕显示视角大，功耗更低；OLED 屏具有良好的低温性能，即使零下 40 度也能正常显示；OLED 使用自发光二极管，不需要背景光源；OLED 使用低压直流驱动，可以用电池点亮；OLED 具有高亮度，达 300 流明(Lumen)以上。

3. Pico 开发板与 I²C 总线 OLED SSD1306 模块接口电路原理

SSD1306 显示模块是一块包含 SSD1306 控制驱动芯片和 OLED 显示屏的模块，该模块可采用 3.3 V 或 5 V 电源供电。其中，OLED 显示屏为一块单色屏，其分辨率为 128×64 像素；SSD1306 控制芯片为一款 OLED 驱动芯片，它用于控制驱动 OLED 屏显示并提供 I²C 总线接口。Pico 开发板与 I²C 总线 OLED SSD1306 模块接口电路原理如图 6.25 所示。

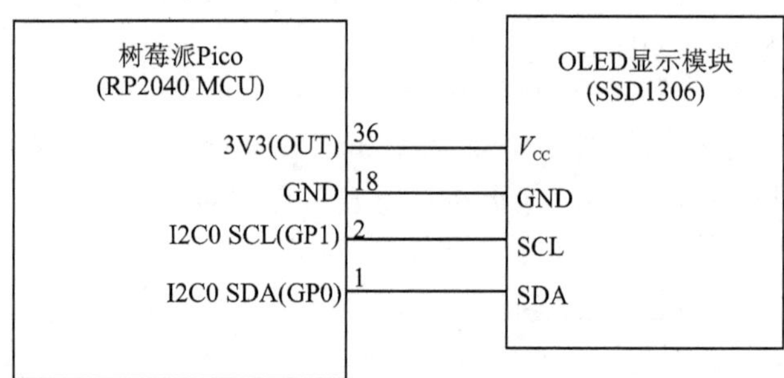

图 6.25 Pico 开发板与 SSD1306 显示模块接口电路原理

4. 使用 MicroPython 编写 OLED 屏显示程序示例

采用 MicroPython 编制 OLED 屏显示程序要用到第三方 SSD1306 库。运行 Thonny，选择 Tools→Manage Packages 菜单项安装 OLED 屏 SSD1306 库，安装成功后，SSD1306.py 模块文件会保存到 Thonny 的 LIB 库文件夹。

(1) OLED 屏显示文字串程序示例

Pico 开发板控制 OLED 屏显示文字串程序清单(程序名：ch6_3.py)如下：

```
#Filename：ch6_3.py
'''
Pico 控制 I²C OLED 屏显示文字串
'''
from machine import I2C, Pin
#加载 ssd1306 模块 SSD1306_I2C 类
from ssd1306 import SSD1306_I2C
```

```
#使用 Pico I2C0 总线接口创建 I²C 对象
i2c  = I2C(0, sda = Pin(0), scl = Pin(1), freq = 100000)
#创建 oled 对象:初始化 OLED 屏(分辨率为 128 × 64),使用 I²C 总线接口
oled  =  SSD1306_I2C(128, 64, i2c)
oled.fill(0)    #清除 OLED 屏(0:背景黑色,1:背景白色)
oled.text('Life is short,', 0, 0)    #在(0,0)像素坐标显示文字串
oled.text('I need Pico.', 0, 30)   #在(0,30)像素坐标显示文字串
oled.show()    #OLED 执行显示
```

程序执行情况如图 6.26 所示。

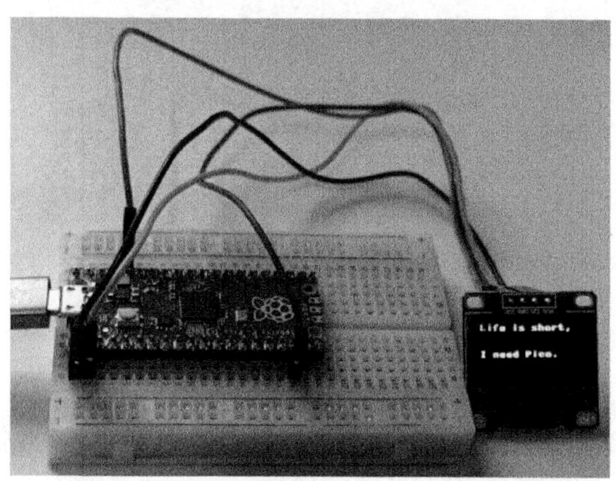

图 6.26　Pico 控制 OLED 显示文字串

(2) OLED 屏绘制几何图形程序示例

Pico 开发板控制 OLED 屏显示几何图形程序清单(程序名:ch6_4.py)如下:

```
#Filename: ch6_4.py
'''
Pico 控制 I²C OLED 屏绘制几何图形
'''
from machine import I2C, Pin
#加载 ssd1306 模块 SSD1306_I2C 类
from ssd1306 import SSD1306_I2C
#使用 Pico IC20 总线接口创建 I²C 对象:I2C0 SDA(GP0),I2C0 SCL(GP1),I²C 总线传输频率 100 kbps
i2c  = I2C(0,sda = Pin(0),scl = Pin(1), freq = 100000)
#创建 oled 对象:初始化 OLED 屏(分辨率为 128 × 64),使用 I²C 总线接口
oled  =  SSD1306_I2C(128, 64, i2c)
oled.fill(0)    #清除 OLED 屏
oled.pixel(63,31,1)      #在(63,31)像素坐标处画一个点
oled.line(0, 0, 31, 31, 1)    #将(0,0)像素坐标点和(31,31)像素坐标点连成直线
```

```
oled.line(0, 63, 31, 31, 1)   #将(0,63)像素坐标点和(31,31)像素坐标点连成直线
#以 OLED 屏左上角(0,0)像素坐标和右下角(127,63)像素坐标绘制一个矩形
oled.rect(0,0,127,63,1)
oled.show()   #OLED 执行显示
```

程序执行结果如图 6.27 所示。

图 6.27　Pico 控制 OLED 绘制几何图形

6.4　Pico 开发板 SPI 总线通信接口技术与实践

与前面讲述的 UART 串行通信、I^2C 总线通信相比，SPI 总线通信速度具有更高的通信速率，其时钟 SCK 最高可达几十 MHz。SPI 总线通信广泛应用于微控制器与 ADC、OLED 显示器、传感器等外设通信，尤其是高速通信的场合。微控制器还可以通过 SPI 总线组成一个小型同步网络进行高速数据交换，完成较复杂的工作。

6.4.1　SPI 总线接口技术原理

1. SPI 总线接口概述

SPI(Serial Peripheral Interface，串行外围设备接口)总线是 Motorola 公司推出的一种串行接口标准总线，允许微控制器与不同厂家的标准外围设备直接相连，以串行通信方式交换信息。通过 SPI 接口可方便地与多种拥有 SPI 的外围器件或外设进行通信。

SPI 采用主从(Master/Slave)方式传送数据，主机控制传输的启动。SPI 接口使用了 SCLK、MOSI 和 MISO 这 3 条信号线，另有一条选择通信从机的 nSS 从机选择信号线。在 SCLK 信号同步下，数据在 MOSI 和 MISO 两根信号线上进行传输；nSS 则是主机发出的选择进行数据传输的从机控制线，低电平有效，只有被主机发送的 nSS 选中的从机才能和主机交换数据。SPI 主要支持一主多从机的连接方式。

2. SPI 接口信号定义

SPI 接口信号定义说明如下：

① SCLK(SPI Clock，串行时钟信号)：该信号由主机输出到从机，用于同步主机和从机之间在 MOSI 和 MISO 线上的串行数据传输；当主机启动一次数据传输时，自动产生 SCLK 时钟信号给从机，在 SCLK 的每个边沿处(上升沿或下降沿)移出一位数据，以此同步数据的发送或接收。因此，SCLK 信号的频率决定了 SPI 数据传送的速率。

② MOSI(Master Out Slave In，主机输出/从机输入，简称主出从入)：主机的输出和从机的输入，用于从主机到从机的串行传输；当 SPI 接口作为主机时，该信号是输出；当 SPI 接口为从机模块时，该信号是输入。根据 SPI 规范，多个从机可以挂在这一信号线上共享一根 MOSI 信号线。

③ MISO(Master In Slave Out，主机输入/从机输出，简称主入从出)：从机的输出和主机的输入，用于从机到主机的串行数据传输；当 SPI 接口作为主机时，该信号是输入；当 SPI 接口为从机模块时，该信号是输出；同样在 SPI 规范下，多个从机共享一根 MISO 信号线。当主机与一个从机通信时，其他从机应将其 MISO 引脚驱动置为高阻状态。

④ nSS 或 nCS(Slave Select 或 Chip Select，从机选择信号或从机片选信号)：对从机而言，该信号是输入信号，由主机输出来选择处于从机工作方式的模块，低电平有效；对主机而言，其 nSS 引脚可通过 10 kΩ 电阻上拉至高电平。每一个从机的 nSS 可接到主机的 I/O 口，由主机控制电平的高低，以便主机选择从机；对于从机，只有在 nSS 信号有效的情况下才能进行发送或者接收；SPI 主机可以使用本信号选择一个 SPI 总线通信模块作为当前的从机。

3. SPI 总线互连方式

应用微控制器的 SPI 总线接口可组成如下几种互连方式：单主机－单从机方式(一主一从)、单主机－多从机方式(一主多从)和双器件方式(器件互为主机和从机)。SPI 总线互连方式主要有“一主一从”和“一主多从”两种互连方式。

(1) 一主一从 SPI 总线互连方式

在一主一从(全双工)SPI 总线互连方式中，只有一个 SPI 主机和一个 SPI 从机进行通信。这种情况下，只须分别将主机的 SCK、MOSI、MISO 和从机的 SCK、MOSI、MISO 直接相连，并将主机的 nSS 设置为高电平、从机的 nSS 接地(即设置为低电平，片选有效，选中该从机外设)即可。

值得注意的是，在前面讲述的 UART 串行通信时，通信双方 UART 的两根数据线必须交叉连接，即一端的 TxD 必须与另一端的 RxD 相连，一端的 RxD 必须与另一端的 TxD 相连。而当 SPI 通信时，主机和从机的两根数据线必须直接相连，即主机的 MISO 和从机的 MISO 相连，主机的 MOSI 与从机的 MOSI 相连。

(2) 一主多从 SPI 总线互连方式

在一主多从 SPI 总线互连方式下,一个 SPI 主机可以和多个 SPI 从机相互通信。这种情况下,所有的 SPI 器件(包括主机和从机)共享时钟线(SCK)和数据线(MOSI 和 MISO),并在主机端使用多个 GPIO 引脚来模拟多个 nSS 引脚,以实现多个从机的选择,如图 6.28 所示。

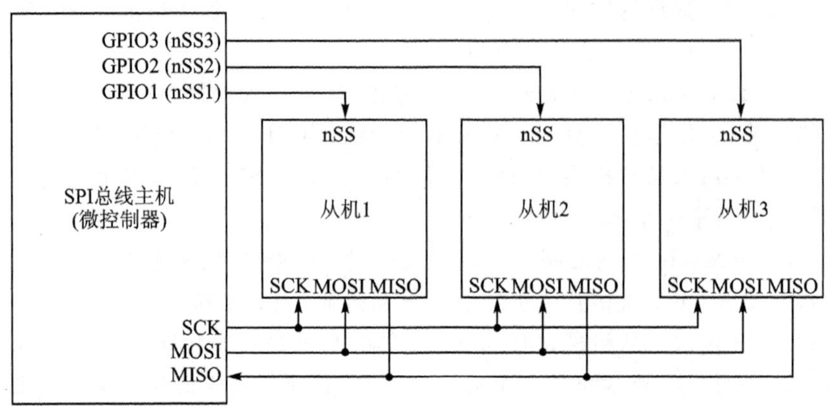

图 6.28 一主多从 SPI 总线互连方式

对于图 6.28 所示的一主三从 SPI 总线互连方式,其典型通信过程如下:

① 主机使能从机 1(GPIO1=nSS1=0,GPIO2=GPIO3=1);

② 主机发送 SCK 信号,向从机 1 读或写数据;

③ 主机禁止从机 1(GPIO1=GPIO3=1),使能从机 2(GPIO2=nSS2=0);

④ 主机发送 SCK 信号,向从机 2 读或写数据;

⑤ 主机禁止从机 2(GPIO1=GPIO2=1),使能从机 3(GPIO3=nSS3=0);

⑥ 主机发送 SCK 信号,向从机 3 读或写数据;

⑦ 根据需要重复①~⑥。

需要特别注意的是,在多个从机的 SPI 总线系统中,由于时钟线和数据线为所有的 SPI 器件共享,因此,在同一时刻只能有一个从机参与通信。而且,当主机与其中一个从机进行通信时,其他从机的时钟线和数据线都应保持高阻状态,以免影响当前数据的传输。

4. SPI 总线时序

SPI 是串行同步全双工通信,因此它按照 SPI 串行时钟线 SCK 的时钟节拍在数据线 MOSI 和 MISO 逐位进行数据传输。SCK 每产生一个时钟脉冲,MOSI 和 MISO 就各自传输一位数据。经过若干个(由 SPI 数据格式决定)SCK 时钟脉冲,完成一个 SPI 数据帧的传输,SPI 主机的串行寄存器和 SPI 从机的串行寄存器完成一次数据交换。

SPI 总线时序与其时钟极性和时钟相位有关。

(1) 时钟极性

时钟极性(CPOL,全称为 Clock POLarity)是指 SPI 总线通信器件空闲时,时钟信号是高电平还是低电平。当 CPOL=0 时,SCK 在空闲状态时为低电平;当 CPOL=1 时,SCK 在空闲状态时为低电平。

(2) 时钟相位

时钟相位(CPHA,全称为 Clock PHAse)表示 SPI 总线通信器件是在 SCK 引脚的时钟信号变为上升沿触发数据采样,还是在时钟信号变为下降沿时触发数据采样。当 CPHA=0 时,在 SCK 时钟周期第一个边沿(上升沿或下降沿)数据被采样;当 CPHA=1 时,在 SCK 时钟周期第 2 个边沿(上升沿或下降沿)采样。

主机会根据将要交换的数据来产生相应的时钟脉冲(Clock Pulse),时钟脉冲组成了时钟信号(Clock Signal)。时钟信号通过时钟极性(CPOL)和时钟相位(CPHA)控制两个 SPI 器件之间何时数据交换以及何时对接收到的数据进行采样,从而确保数据在 2 个器件之间是同步传输的。

SPI 总线共有 4 种数据传输方式,这 4 种数据传输方式分别由时钟极性(CPOL)和时钟相位(CPHA)来定义,其中,CPOL 参数规定了 SCK 时钟信号空闲状态的电平,CPHA 规定了数据是在 SCK 时钟的上升沿被采样还是下降沿被采样。4 种 SPI 总线数据传输方式时序图如图 6.29 所示。

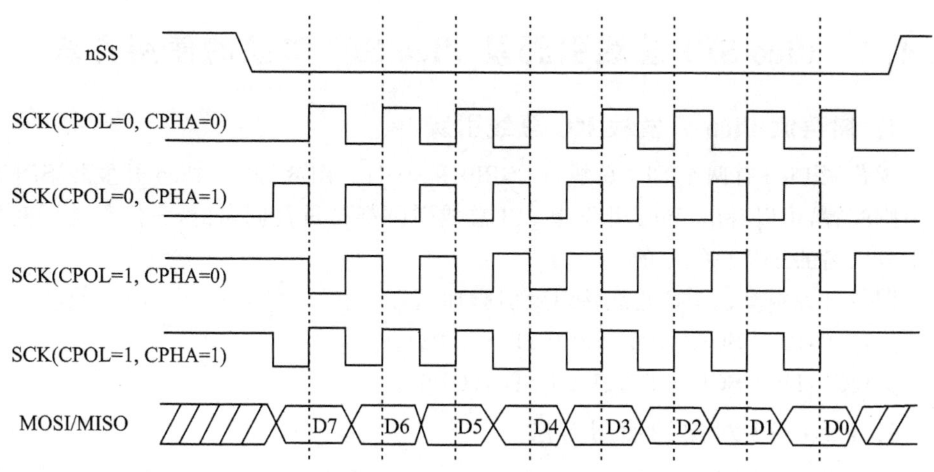

图 6.29　4 种 SPI 总线数据传输方式时序

4 种 SPI 总线传输方式说明如下:

① SPI 总线传输方式 0:CPOL= 0,CPHA=0。SCK 串行时钟线空闲时为低电平,数据在 SCK 时钟上升沿被采样,数据在 SCK 时钟下降沿切换。

② SPI 总线传输方式 1:CPOL= 0,CPHA=1。SCK 串行时钟线空闲时为低电

平，数据在 SCK 时钟下降沿被采样，数据在 SCK 时钟上升沿切换。

③ SPI 总线传输方式 2：CPOL= 1，CPHA=0。SCK 串行时钟线空闲时为高电平，数据在 SCK 时钟下降沿被采样，数据在 SCK 时钟上升沿切换。

④ SPI 总线传输方式 3：CPOL= 1，CPHA=1。SCK 串行时钟线空闲时为高电平，数据在 SCK 时钟上升沿被采样，数据在 SCK 时钟下降沿切换。

与 UART 串行通信相似，SPI 总线数据传输也以帧为单位，通常可以选择 8 位或 16 位数据帧格式；数据帧可以从高位到低位（即 MSB 在前，LSB 在后），也可以由低位到高位（即 LSB 在前，MSB 在后）依次传输。实际问题具体采用哪种数据帧格式由 SPI 器件决定。

举例：采用 SPI 总线传输方式 1 时序，SPI 主机向 SPI 从机发送字节数据 0x1C（0b00011100），8 位数据帧高位在前、低位在后传输。

在 SPI 总线传输方式 1（CPOL=0，CPHA=1）中，SCK 呈现正脉冲周期形式，数据在 SCK 时钟下降存取（被采样），在 SCK 时钟上升沿切换，并且采用 8 位数据帧格式和高位在先、低位在后的顺序传输。因此，SPI 主机向 SPI 从机发送字节数据 0x1C 的具体过程如下：

① 将从机的片选线 nSS 置为低电平。

② 主机在 SCK 每个时钟下降沿将字节数据 0x1C（0b00011100）从高位到低位逐位送到 MOSI 数据线上。

③ 将从机的片选线 nSS 置回高电平。

6.4.2 Pico SPI 总线引脚及 Pico SPI 对象的使用方法

1. 树莓派 Pico 开发板 I^2C 总线引脚

树莓派 Pico 有两个 SPI 总线，即 SPI0 和 SPI1。图 6.30 是 Pico 开发板 SPI 总线引脚配置，可以看出，Pico 开发板 SPI 总线引脚都是重复同名的，我们只能同时使用重复同名的 SPI 总线中的一个。

Pico 开发板默认 I^2C 总线接口及引脚如下：

- I2C0：I2C0 SCL（GP9）、I2C0 SDA（GP8）；
- I2C1：I2C1 SCL（GP7）、I2C1 SDA（GP6）。

2. Pico SPI 对象的使用方法

若使用 SPI 总线功能，则可以通过 machine.SPI 类构造器建立 SPI 对象，并运用 SPI 对象的使用方法进行 SPI 总线通信即可。

(1) SPI 对象构造器

使用 machine.SPI 类 SPI 对象构造器来构建 SPI 对象格式：

```
    spi = machine.SPI(id,baudrate = 1000000, polarity = 0, phase = 0, bits = 8, firstbit
= SPI.MSB, sck = None, mosi = None, miso = None)
```

图 6.30 Pico SPI 总线引脚

使用 SPI 对象构造器建立 SPI 对象，作用为初始化对应 SPI 通道和引脚。各参数说明如下：

- id：使用 SPI 通道，可以为 0 或者 1。
- baudrate：SPI 总线通信速率，即 SCK 引脚的时钟信号频率。
- polarity：时钟极性，若为 0，则总线空闲时 SCK 输出低电平，反之则输出高电平。
- phase：时钟相位，若为 0，则在第 1 个时钟边沿采集数据，反之则在第 2 个时钟边沿采样数据。
- bits：每次传输的数据位数。
- firstbit：先传输高位还是低位，SPI. MSB—高位，SPI. LSB—低位。
- sck：SCK 引脚，应为 GPIO 引脚对象。
- mosi：MOSI 引脚，应为 GPIO 引脚对象。
- miso：MISO 引脚，应为 GPIO 引脚对象。

(2) SPI 对象常用方法

1) spi. init( )

init()方法的作用是重新开启 SPI 总线。

2) spi. deinit( )

deinit()方法的作用是关闭 SPI 总线。

3) spi.read(nbytes,write=0x00)

read()方法的作用是读取从机数据并返回。各参数说明如下：

nbytes:读取字节数。

write:读取数据时,MOSI 输出数据。

4) spi.readinto(buf,write=0x00)

readinto()方法用于读取从机数据并存入指定字符数组中。各参数说明如下：

buf:字符数组,用于存放接收数据。

write:读取数据时,MOSI 输出数据。

5) spi.write(buf)

write()方法用于将字符数组写入从机。其中,buf 字符数组参数用于存放传输数据。

6) spi.write_readinto(write_buf, read_buf)

write_readinto()方法用于同时发送和接收数据。各参数说明如下：

write_buf:字符数组,用于存放传输数据。

read_buf:字符数组,用于存放接收数据。

说明:这里要求传输和接收数据的字符数组长度保持一致。

6.4.3 Pico 与 ADXL345 加速度传感器 SPI 总线接口及编程实践

实践任务:使用 Pico 开发板硬件扩展 4 线 SPI 总线接口与 ADXL345 三轴加速度传感器模块进行连接,编写读取 ADXL345 三轴加速度传感器数据的程序。

1. 材　料

所需硬件材料如下：

- Pico 开发板×1;
- Micro - USB 数据线×1;
- ADXL345 加速度传感器×1;
- 面包板×1;
- 公对母杜邦线×6。

2. AXL345 加速度传感器模块

图 6.31 为某款 ADXL345 三轴加速度传感器模块外观图,该模块电路原理图如图 6.30 所示。

在图 6.31 中,由于 ADXL345 三轴加速度传感器模块 SDO(MISO)引脚通过 $R_4=0\ \Omega$ 电阻直接接地,SDO 保持为低电平,只能实现 3 线 SPI 总线通信。而本节实践任务采用 4 线 SPI 总线与 ADXL345 模块进行通信,因此必须用电烙铁将 R_4 电阻焊接取下来,否则不能进行 4 线 SPI 总线通信。

ADXL345 模块 4 线 SPI 总线接口信号如下：

- SDA：MOSI；
- SDO：MISO；
- SCL：SCK；
- CS：nSS；
- 3.3～5 V：电源；
- GND：地。

图 6.31　ADXL345 三轴加速度传感器模块

下面简单介绍一下 ADXL345 三轴加速度传感器。ADXL345 为一款超低功耗加速度传感器，其分辨率为 13 位，测量范围达±16g（可选±2g、±4g、±8g），输出数据格式为 16 位二进制补码，可通过 SPI 总线接口（三线/四线）或者 I^2C 总线接口访问；同时，它还支持 32 级的 FIFO 数据存储，以满足快速读取数据的要求。

ADXL345 模块 SPI 时钟要求：在设置读取速率时，要和 SPI 的时钟匹配，否则可能读取到错误数据，比如设置 1 600 Hz，SPI 时钟频率要大于 2 MHz，SPI 总线接口读取数据时钟频率最大为 5 MHz。

SPI 接口要读取一个数据，必须先写入一个数据，写入数据时才会启动 SCK 时钟线；SCK 上升沿时进行数据采样，SCK 下降沿时进行数据切换更新。

3. Pico 开发板与 SPI 总线 ADX345 模块接口电路原理

Pico 开发板与 ADXL345 加速度传感器模块 4 线 SPI 接口连接原理如图 6.32 所示。

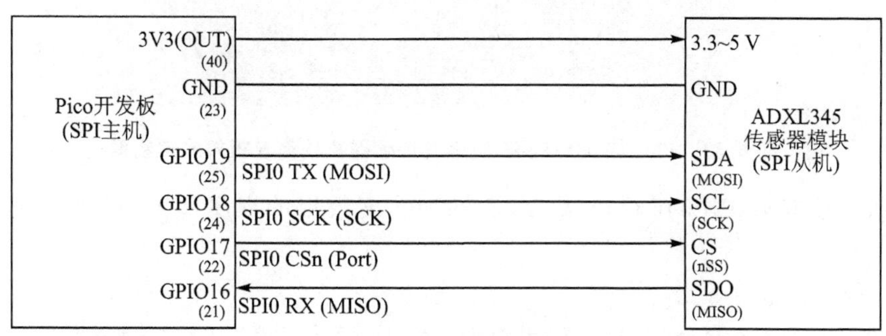

图 6.32　Pico 与 ADXL345 加速度传感器模块 4 线 SPI 总线接口原理

这里 Pico 开发板使用 SPI0 总线接口，各接口信号说明如下：

- SPI0 RX：MOSI，GP16 端口引脚，21 物理引脚；
- SPI0 CSn：nSS，GP17 端口引脚，22 物理引脚；
- SPI0 SCK：SCK，GP18 端口引脚，24 物理引脚；
- SPI0 TX：MOSI，GP19 端口引脚，25 物理引脚。

Pico 与 ADXL345 加速度传感器 4 线 SPI 总线互连方式为一主一从方式，Pico

为主机(Master),ADXL345 为从机(Slave),由 GPIO17 口线程控从机片选。以 SPI 总线字节读写为例,当主机程序向 SPI 接口的数据缓冲器写入字节数据时,立即启动一个连续的 8 位移位通信过程:主机 SCK 引脚向从机 SCL 引脚发出一串脉冲,在该串脉冲驱动下,主机 SPI 接口的 8 位移位寄存器中的数据移动到从机 SPI 接口的 8 位移位寄存器中;与此同时,从机 SPI 接口的 8 位移位寄存器中的数据也可移动到主机 SPI 接口的 8 位移位寄存器中。由此,主机既可向从机发送数据,又可读取从机中的数据。

4. 使用 MicroPython 编写 Pico 读取 ADXL345 模块 *X*、*Y*、*Z* 轴加速度数据的程序

与图 6.32 对应的硬件面包板接线实物图如图 6.33 所示。

图 6.33 Pico 与 ADXL345 加速度传感器模块面包板接线实物图

Pico 读取 ADXL345 模块 *X*、*Y*、*Z* 轴加速度数据的程序清单(程序名:ch6_5.py)如下:

```
#Filename: ch6_5.py
#Pico 与 ADXL345 加速度传感器模块 4 线 SPI 总线通信读取 X、Y、Z 轴加速度数据
import machine
import utime
import ustruct
import sys
#ADXL345 常量
#ADXL345 寄存器常量
REG_DEVID = 0x00   #0x00 - 器件 ID 寄存器,用于获得器件 ID
```

```
REG_POWER_CTL = 0x2D   #0x2D-节电控制寄存器
#
'''
0x32-X轴数据0寄存器,0x33-X轴数据1寄存器
0x34-Y轴数据0寄存器,0x35-Y轴数据1寄存器
0x36-Z轴数据0寄存器,0x37-Z轴数据1寄存器
'''
REG_DATAX0 = 0x32
#
#其他常量
DEVID = 0xE5   #0xE5-ADXL345器件ID
SENSITIVITY_2G = 1.0/256     #(g/LSB)
EARTH_GRAVITY = 9.80665      #重力加速度[m/(s*s)]
#
#指定PIO17端口引脚为程控从机的CS片选信号
cs = machine.Pin(17, machine.Pin.OUT)
#
#建立SPI对象并初始化
spi = machine.SPI(0,
                  baudrate=1000000,
                  polarity=1,
                  phase=1,
                  bits=8,
                  firstbit=machine.SPI.MSB,
                  sck=machine.Pin(18),
                  mosi=machine.Pin(19),
                  miso=machine.Pin(16))
#
#函数定义
def reg_write(spi, cs, reg, data):
    """
    写入字节到指定的寄存器
    """
    msg = bytearray()
    msg.append(0x00|reg)
    msg.append(data)
    cs.value(0)
    spi.write(msg)
    cs.value(1)
#
def reg_read(spi, cs, reg, nbytes=1):
```

```
    """
    从指定的寄存器中读取字节；如果 nbytes > 1，则从连续的寄存器中读取
    """
    if nbytes < 1:
        return bytearray()
    elif nbytes == 1:
        mb = 0
    else:
        mb = 1
    msg = bytearray()
    msg.append(0x80|(mb << 6)|reg)
    cs.value(0)
    spi.write(msg)
    data = spi.read(nbytes)
    cs.value(1)
    return data
#
#主程序开始
cs.value(1)
reg_read(spi, cs, REG_DEVID)
#读取器件 ID,通过器件 ID 判断是否能与 ADXL345 模块进行 SPI 总线通信
data = reg_read(spi, cs, REG_DEVID)
#
test = bytearray((DEVID,))
if (data != bytearray((DEVID,))):
    print("出错：Pico 不能与 ADXL345 通信！")
    sys.exit()
data = reg_read(spi, cs, REG_POWER_CTL)
print(data)
data = int.from_bytes(data, "big")|(1 << 3)
reg_write(spi, cs, REG_POWER_CTL, data)
data = reg_read(spi, cs, REG_POWER_CTL)
print(data)
utime.sleep(2.0)
while True:
    data = reg_read(spi, cs, REG_DATAX0, 6)
    acc_x = ustruct.unpack_from("<h", data, 0)[0]
    acc_y = ustruct.unpack_from("<h", data, 2)[0]
    acc_z = ustruct.unpack_from("<h", data, 4)[0]
    acc_x = acc_x * SENSITIVITY_2G * EARTH_GRAVITY
    acc_y = acc_y * SENSITIVITY_2G * EARTH_GRAVITY
```

```
acc_z = acc_z * SENSITIVITY_2G * EARTH_GRAVITY
print( "X= ", "{:.2f} ".format(acc_x), \
     ", Y= ", "{:.2f} ".format(acc_y), \
     ", Z= ", "{:.2f} ".format(acc_z))
utime.sleep(0.5)
```

将图 6.33 所示硬件实物与 Pico 相连的 micro - USB 线另一端插入电脑 USB 口。启动 Thonny Python 编辑本程序并运行。在 Thonny Python Shell 窗口中，程序每 0.5 s 显示读取到的 X、Y、Z 轴加速度数据，执行情况如图 6.34 所示。

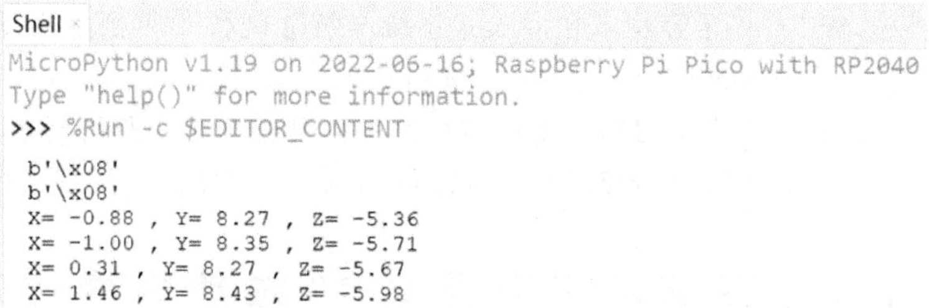

```
Shell
MicroPython v1.19 on 2022-06-16; Raspberry Pi Pico with RP2040
Type "help()" for more information.
>>> %Run -c $EDITOR_CONTENT

 b'\x08'
 b'\x08'
 X= -0.88 , Y= 8.27 , Z= -5.36
 X= -1.00 , Y= 8.35 , Z= -5.71
 X= 0.31 , Y= 8.27 , Z= -5.67
 X= 1.46 , Y= 8.43 , Z= -5.98
```

图 6.34　Pico 读取 ADXL345 模块 *X*、*Y*、*Z* 轴加速度数据

第 7 章　树莓派 Pico 无线通信技术实践

嵌入式无线通信主要有 WiFi、蓝牙、红外(IrDA)、Zigbee、Home RF、GSM、5G 等技术。其中,WiFi、蓝牙等技术在嵌入式系统与智能硬件中得到了广泛应用。本章重点讲述树莓派 Pico 开发板 UART 接口和 ESP-01S 模块扩展 WiFi 无线通信技术实践、Pico 开发板 UART 接口和 HC-06 模块扩展蓝牙无线通信技术实践,并介绍 Wio RP2040 迷你开发板 WiFi 无线局域网通信及 MQTT 远程无线通信实践。

7.1　Pico 开发板扩展无线 WiFi 模块通信技术实践

7.1.1　ESP-01 无线 WiFi 模块

ESP-01 无线 WiFi 模块全称是 UART 串口转无线 WiFi 模块,该模块基于乐鑫 ESP8266 芯片设计。ESP-01S 模块是 ESP-01S 模块的改进,它在内部电路进一步做了优化,使用更为方便。图 7.1 是 ESP-01S 无线 WiFi 模块外观图。

图 7.1　ESP-01S 无线 WiFi 模块外观图

1. ESP-01 无线 WiFi 模块主要特性

ESP-01 无线 WiFi 模块主要特性如下:

- 工作电源电压为+3.3 V,官方手册给出的外接电源参数是工作电压范围为 2.7~3.6 V,最大电流为 I_{max}>500 mA;
- 使用 UART 串口,采用 AT 指令与 ESP-01 无线 WiFi 模块进行通信;

- UART 串口波特率为 115 200 bps；
- 集成 TCP/IP 协议栈；
- WiFi 标准采用 802.11b/g/n 通信协议；
- WiFi 工作模式有 WiFi STA、WiFi AP 和 WiFi STA＋AP；
- 使用时无须接外部元件。

2. ESP-01 无线 WiFi 模块接口信号

ESP01 无线 WiFi 模块通过其 TX(数据发送线)和 RX(数据接收线)与树莓派 Pico 开发板 UART 接口进行串行通信。ESP01 模块接口信号引脚如图 7.2 所示，各引脚说明如下：

① V_{CC}：3.3 V 电源电压；

② GND：接地；

③ GPIO0-Flash：GPIO 引脚，将该引脚连接到＋3.3 V 为运行模式，连接到 GND 为下载模式(若使用 ESP01S 模块，则运行模式可将该引脚悬空)；

④ GPIO2：GPIO 引脚；

⑤ RST：复位引脚(若使用 ESP01 模块，则运行模式须将该引脚上拉；若使用 ESP01S 模块，则运行模式可将该引脚悬空)；

⑥ EN/CH_PD：芯片使能引脚(若使用 ESP01 模块，则运行模式须将该引脚上拉；若使用 ESP01S 模块，则运行模式可将该引脚悬空)；

⑦ TX：串行数据发送信号引脚；

⑧ RX：串行数据接收信号引脚。

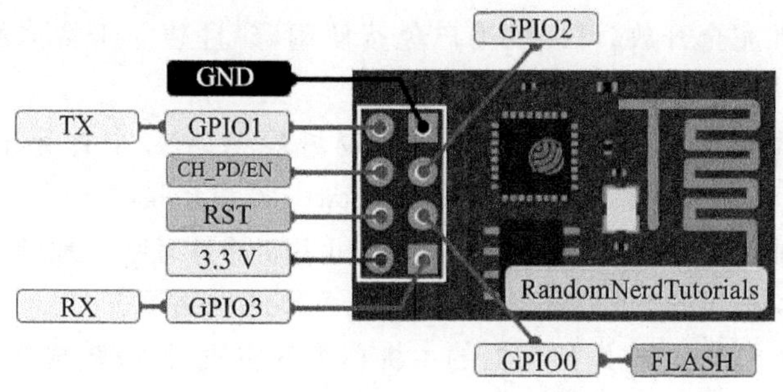

图 7.2　ESP-01 无线 WiFi 模块接口信号引脚图

7.1.2　嵌入式 TCP/IP 协议栈

1. TCP/IP 协议

TCP/IP(Transmission Control Protocol/Internet Protocol，传输控制协议/网际协议)是指能够在多个不同网络间实现信息传输的协议簇。TCP/IP 协议不仅仅指的是 TCP 和 IP 两个协议，而是指一个由 FTP、SMTP、TCP、UDP、IP 等协议构成的协议簇，只是因为 TCP 协议和 IP 协议最具代表性，因此被称为 TCP/IP 协议。

TCP/IP 协议是在参考 OSI 的 7 层模型的基础上进行了简化，其协议体系结构包含以下 4 层：

① 应用层：是 TCP/IP 协议的第一层，它是直接为应用进程提供服务的。OSI 模型中的应用层、会话层、表示层所提供的服务差异不是很大，在 TCP/IP 协议中将它们合并为应用层。该层包括 Telnet 远程登录协议、SSH 协议（Secure Shell，安全外壳协议）、OSPF 协议（Open Shorttest Path First，开放最短路径优先）、DNS 协议（Domain Name Service，域名服务）、FTP（File Transfer Protocol）、HTTP（HyperText Transfer Protocol，超文本传输协议）等。

② 传输层：是 TCP/IP 协议的第二层，它在整个 TCP/IP 协议中起到中流砥柱的作用。该层包括 TCP 协议（Transmission Control Protocol，传输控制协议）、UDP 协议（User Datagram Protocol，用户数据报协议）。

③ 网络层：是 TCP/IP 协议的第三层，它在 TCP/IP 协议中可以进行网络连接的建立、终止以及 IP 地址的寻找等功能。该层包括 IP 协议（Internet Protocol，因特网协议）、ICMP 协议（Internet Control Message Protocol，因特网控制报文协议）。

④ 网络接口层：是 TCP/IP 协议的第四层，由于网络接口层兼并了 OSI 模型中的物理层和数据链路层，因此网络接口层既是传输数据的物理媒介，也能为网络层提供准确无误的线路。该层包括 ARP 协议（Address Resolve Protocol，地址解析协议）和 RARP 协议（Reverse Address Resolve Protocol，逆地址解析协议），用于实现 IP 地址和物理地址（MAC 地址）之间的转换。

TCP/IP 协议特点如下：

① 协议标准完全开放，可以供用户免费使用，并且独立于特定的计算机硬件与操作系统。

② 独立于网络硬件系统，可以运行于局域网（LAN，全称为 Local Area Network）、广域网（WAN，全称为 Wide Area Network）和互联网。

③ 网络地址统一分配，网络中每一设备和终端都具有唯一地址。

④ 高层协议标准化，可以提供多种多样、可靠的网络服务。

在网络通信过程中，将发出数据的主机称为源主机，接收数据的主机称为目的主机。当源主机发出数据时，数据在源主机中从上层向下层依次传送。源主机中的应用进程先将数据交给应用层，应用层加上必要的控制信息就成了报文流，向下传给传输层。传输层将收到的数据单元加上本层的控制信息形成报文段、数据报，再交给网络层。网络层加上本层的控制信息形成 IP 数据报，再传给网络接口层。网络接口层将网络层交下来的 IP 数据报组装成帧，并以比特流的形式传给网络硬件（即物理层），数据就再离开源主机。

2. 嵌入式 TCP/IP 协议栈 LwIP

嵌入式 TCP/IP 协议栈的实现有多种，LwIP 是由瑞典计算科学研究院设计的一种开源嵌入式 TCP/IP 协议栈，其全称是 Light weight IP(轻量级 TCP/IP 协议栈)，目的是减少内存使用率和代码大小，使 LwIP 适用于资源受限的嵌入式系统。

与许多其他的 TCP/IP 协议实现一样，LwIP 也是以 TCP/IP 分层协议为参照来设计实现 TCP/IP 协议的。LwIP 由几个模块组成，除了 TCP/IP 协议的实现模块(IP、ICMP、TCP 和 UDP)外，还包括许多相关支持模块，如操作系统模拟层、缓存与存储管理子系统、网络接口函数及一组 Internet 校验和计算函数。同时，LwIP 还提供了一组抽象的 API 应用程序接口供用户调用。

目前广泛使用的上海乐鑫 WiFi SoC 系列芯片(ESP8266、ESP8285 等)内部就集成有嵌入式 TCP/IP 协议栈，并提供 AT 指令通信功能。

3. TCP 协议和 UDP 协议的基本原理

TCP 协议和 UDP 协议都工作于 TCP/IP 协议的传输层，用于程序之间传输数据，传输数据类型可以包括文件、视频、JPG 图片等。

(1) TCP 协议

TCP 协议为应用程序提供可靠、面向连接、基于流的服务，具有超时重传、数据确认等功能来确保数据包正确发送到目的端。TCP 服务是可靠的，使用 TCP 协议通信的双方必须先建立 TCP 连接，并在系统内核中为该连接维持一些必要的数据结构，比如连接状态、读/写缓冲区、多少个定时器等。当通信结束时双方必须关闭连接以释放这些内核数据。基于流的发送是指数据没有长度限制，它可源源不断地从通信一端流入到另一端。

(2) UDP 协议

UDP 协议与 TCP 协议相反，它为应用程序提供不可靠、无连接、基于数据报的服务。无连接是指通信双方不保持长久联系，故应用程序每次发送数据都要明确指定接收方地址。基于数据报的服务是相对于 TCP 协议的数据流而言的，每个 UDP 数据报都有一个长度，接收端必须以该长度为最小单位将其内容一次性读出，否则数据将被截断。UDP 不具有发送时重发的功能，故 UDP 协议在内核实现中无须为应用程序数据保存副本；当 UDP 数据报成功发送后，UDP 内核缓冲区数据报就被丢弃。

TCP 和 UDP 的主要区别如下：

① TCP 是基于连接的，而 UDP 是基于非连接的。

② TCP 数据传输的优点是稳定可靠，可以把数据准确无误地传输给另一端，因此 TCP 适用于对网络通信质量要求较高的应用场合。

③ UDP 数据传输的优点是速度快，但有可能丢包，因此适用于对实时性要求较高但是对少量丢包没有很高要求的应用场合。

4. 客户机/服务器(Client/Server)模型

在计算机网络系统中，提供数据和服务的计算机称为服务器(TCP Server)，向服务器提出请求数据和服务的计算机称为客户机(Client)。我们把这种工作模型称为客户机/服务器(Client/Server)模型,简称C/S模型。

从广义上说,客户机、服务器也可以是进程。因此,C/S模型完全可以在一台计算机系统中实现。

C/S模型主要优点如下:

1) 简化软件产品的设计

这种结构把软件分成两个部分,客户机部分可以专门解决应用问题、界面设计、人机交互等,服务器则侧重于服务操作的实现、数据的组织以及系统性能等。

2) 提高软件的可靠性

在C/S结构模型的系统中,不仅客户机与服务器是独立的,服务器与服务器之间也是独立的,一个服务由一个服务器完成,它不影响其他服务器的工作。

3) 适合分布式处理环境

在C/S模型的软件中,客户机与服务器之间的通信通常以消息传递方式实现;对客户机来说,它只关心服务请求的结果能正确地获得,至于服务的处理是在本地还是在远程并不重要。

7.1.3 常用AT指令

AT指令集(命令集)是用于数据终端设备(DTE)与数据通信设备(DCE)应用之间连接与通信的指令;AT指令或AT命令(ATtention command,关注命令)是单词ATtention的前两个字母。

在GSM等移动无线网络通信中,GSM等模块与DTE之间的通信协议都是一些AT指令集,我们可以通过DTE等发送AT指令来控制移动台(Mobile Station,简称MS)的功能,以便与GSM等网络业务进行交互。用户可以通过AT指令进行呼叫、短信、电话本、数据业务、传真等方面的控制。

每个AT命令行只能包含一条AT指令;AT指令是以AT开头的字符串;AT指令以回车作为结尾,响应或上报以回车换行作为结尾。AT指令主要分为基础AT指令、WiFi功能AT指令、TCP/IP相关AT指令等。下面介绍一些常用的AT指令。

1. 基础AT指令

- AT:测试AT启动;
- AT+RST:重启模块;
- AT+GMR:查看版本信息;
- AT+RESTORE:恢复出厂信息。

2. UDP传输AT指令

UDP传输不区分服务器或者客户端,直接使用AT+CIPSTART指令建立

UDP 传输。

1）配置 WiFi 模式

格式：AT＋CWMODE＝<mode>

参数：<mode>参数有 3 种取值：1－Station 模式，2－Soft AP 模式，3－Soft AP ＋Station 模式。

说明：Station 模式即客户端模式；AP(Access Point)模式即热点模式或无线接入点模式；Soft AP 模式是通过无线网卡并采用专用软件实现 AP 功能的一种技术，它能取代无线网络中的 AP，从而降低无线组网的成本。

2）连接路由器

格式：AT＋CWJAP＝ "SSID ", "password "

参数：SSID 为路由器的 SSDI(Service Set Identifier，网络服务集标识符)，即要使用的 WiFi 无线网名称；password 是密码，最长为 64 字节。

3）查询无线模块 IP 地址

格式：AT＋CIFSR

4）列出当前可用的 AP

格式：AT＋CWLAP

5）设置连接模式

格式：AT＋CIPMUX＝<mode>

参数：<mode>有两种取值：0—单连接模式；1—多连接模式。

说明：默认为单连接；只有非透传模式("AT＋CIPMODE＝0")，才能设置为多连接；必须在没有连接建立的情况下设置连接模式；服务器仅支持多连接，如果建立了 TCP 服务器，要切换为单连接，则必须关闭服务器("AT＋CIPSERVER＝0")。

6）设置传输模式

格式：AT＋CIPMODE＝<mode>

参数：<mode>有两种取值：0－退出透传模式；1－透传模式。

说明：所谓透传(Pass through)是指用户只关心收、发数据，而无须关注数据传输过程及所用的通信协议。无线透传模式可以采用多种无线技术实现，如 Zigbee 透传模式、蓝牙透传模式、WiFi 透传模式等。而非透传是指用户需要开发数据收发的传输过程。使用透传能高效地调试出产品。

7）建立 UDP 传输

单连接模式(AT＋CIPMUX＝0)时，格式如下：

```
AT + CIPSTART = < type > , < remote IP > , < remote port > ,[ < UDP local port > , < UDP mode > ]
```

参数：<type>为字符串参数，有"TCP"和"UDP"这两种连接类型；<remote IP>为远端 IP 地址的字符串参数；<remote port>为远端端口号；<UDP local port>为 UDP 传输时本地端口号；<UDP mode>为 UDP 传输属性，若透传则必须设置为

0,0 表示收到数据后不更改远端目标,1 表示收到数据后更改一次远端目标,2 表示收到数据后更改远端目标。

8）发送数据

格式:AT+CIPSEND=[<link ID>],<length>,[<remote IP>,<remote port>]

参数:<link ID>为网络连接 ID(0～4),用于(AT+CIPMUX=1)多连接时的情况,单连接(AT+CIPMUX=0)时省略此参数;<length>为发送数据的长度,最大值为 2 048;<remote IP>为 UDP 传输的远端 IP;<remote port>为 UDP 传输的远端端口号。

9）关闭 TCP/UDP 传输

格式:AT+CIPCLOSE[=<link ID>]

参数:<link ID>用于多连接情况时需要关闭的连接 ID 号,单连接情况时使用 AT+CIPCLOSE 命令。

3. TCP 传输 AT 指令

(1) TCP 客户机(TCP Client)

1）配置 WiFi 模式

AT 命令:

```
AT + CWMODE = 3  //Soft AP 模式 + Station 模式
```

2）连接路由器

AT 命令:

```
AT + CWJAP = "SSID", "password"  //路由器的 SSID 和 password
```

3）查询 ESP-01S 无线 WiFi 模块的 IP 地址

AT 命令:

```
AT + CIFSR
```

4）ESP-01S 无线模块作为 TCP 客户端连接到 TCP 服务器

设电脑与 Pico+ESP-01S 无线模块连接同一个路由器,在电脑端使用网络助手工具建立一个 TCP Server,设电脑服务器的 IP 地址为 192.168.124.2,端口号为 5050,则将 Pico+ESP-01S 无线模块连接到 TCP Server 的命令如下:

AT 命令:

```
AT + CIPSTART = "TCP", "192.168.124.2", 5050  //协议,服务器 IP,端口号
```

5）ESP-01S 无线模块向 TCP 服务器发送指定长度数据

AT 命令:

```
AT + CIPSEND = <length>
```

6）开启透传模式,数据可以直接传输

AT 命令:

```
AT + CIPMODE = 1
```

7）开始透传，ESP－01S 无线模块向 TCP 服务器传输数据

AT 命令：

```
AT + CIPSEND
```

8）退出透传模式

AT 命令：

```
AT + CIPMODE = 0
```

9）断开 TCP 连接

AT 命令：

```
AT + CIPCLOSE
```

（2）TCP 服务器（TCP Server）

1）配置 WiFi 模式

AT 命令：

```
AT + CWMODE = 3  //Soft AP 模式 + Station 模式
```

2）连接路由器

AT 命令：

```
AT + CWJAP = "SSID", "password"  //路由器的 SSID 和 password
```

3）查询 ESP－01S 无线 WiFi 模块的 IP 地址

AT 命令：

```
AT + CIFSR
```

4）使用多连接

AT 命令：

```
AT + CIPMUX = 1
```

5）建立 TCP server

AT 命令：

```
AT + CIPSERVER = 1, 5050  //1 - 建立 ICP Server(0 - 关闭 ICP Server),端口号
```

设电脑与 Pico＋ESP－01S 无线模块连接同一路由器，在电脑端使用网络调试工具建立一个 TCP Client 连接到 Pico＋ESP－01S 无线模块 TCP server。

6）断开 TCP 连接

AT 命令：

```
AT + CIPCLOSE
```

7.1.4　Pico 开发板与 ESP－01S 无线 WiFi 模块接口及通信编程实践

实践任务：设计 Pico 开发板与 ESP－01S/ESP－01 无线 WiFi 模块接口；采用

UART 串口 AT 命令实现 Pico＋ESP－01S 无线 WiFi UDP 协议通信功能，并控制 Pico 板载 LED 发光的 MicroPython 程序；下载并安装一款 Android 手机网络助手 App，使用 Android 手机控制 Pico 板载 LED 发光，从手机网络助手 App 输入 ONA 时，LED 点亮；输入 OFF 时，LED 熄灭。

1. 材　料

所需硬件材料如下：

- Pico 开发板×1；
- Micro－USB 数据线×1；
- ESP－01S 无线 WiFi 模块×1；
- 面包板×1；
- 带开关的电池盒×1（用于串联 2 节 5 号电池给 ESP－01S 模块供电）；
- 杜邦线若干。

2. Pico 开发板与 ESP－01S/ESP－01 无线 WiFi 模块硬件接口

Pico 开发板与 ESP－01S 无线 WiFi 模块硬件接口原理如图 7.3 所示。

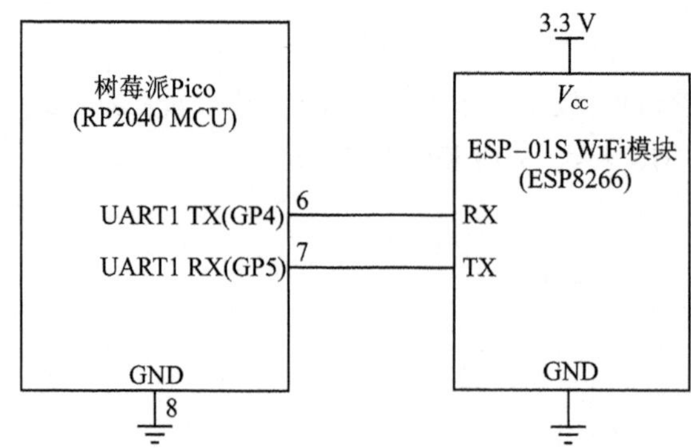

图 7.3　Pico 开发板与 ESP－01S 无线 WiFi 模块硬件接口原理图

如果使用 ESP－01 无线 WiFi 模块与 Pico 开发板进行接口连接，除了保留图 7.3 的连接信号外，还必须将 GPIO0、CH_PD 和 RST 接到高电平（可直接连到 3.3 V 电源）。

根据前面的 ESP01S 无线 WiFi 模块电气参数可知，ESP－01S 模块电源电压范围为 2.7～3.6 V，最大工作电流 I_{max} 为 500 mA。笔记本电脑单个 USB 接口输出电流一般不超过 500 mA，可以使用 Pico 开发板硬件扩展接口 3.3 V 电源输出引脚 3V3(OUT)给 ESP－01S 模块供电。在实际应用中，为确保无线 WiFi 通信系统工作更加稳定可靠，很多时候使用外部电源给 ESP－01S 模块供电。常用的外部直流电源获取方案如下：

① 直流稳压电源输出 3.3 V 电源电压；

② 5 V 充电器连接到 ASM1117 三端稳压器模块产生 3.3 V 电源电压（ASM1117 三端稳压器输入电压范围为 4.75～12 V，输出电压为 3.3 V）；

③ 带开关的电池盒(两节 5 号电池串联)产生 3 V 电源电压,符合 ESP-01S 模块电源供电电压范围 2.7～3.6 V 的要求,并与 Pico 开发板 LV TTL/CMOS 逻辑电平兼容。

图 7.4(a)是直接使用 Pico 硬件扩展接口 3.3 V 电源输出引脚 3V3(OUT)给 ESP-01S 模块供电的硬件接线实物图,图 7.4(b)是使用带开关的电池盒(两节 5 号电池串联)产生 3 V 电源电压给 ESP-01S 模块供电的硬件接线实物图。

(a)

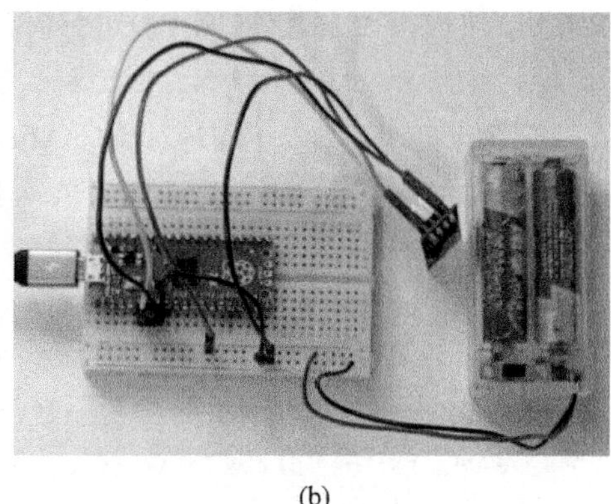

(b)

图 7.4　Pico 开发板与 ESP-01S 无线 WiFi 模块接口硬件接线实物图

3. ESP01S 无线 WiFi 模块 AT 命令使用方法

(1) ESP01S 连接无线 WiFi

ESP01S 连接到 WiFi,也就是上网用的无线信号,假设当前现场使用的无线信号(网络热点 ssid)为 H3C_1202,密码(psw)为 abcde12345。AT 命令如下:

步骤 1:AT+RST。ESP01S 复位,延时不少于 2 s。

步骤 2:AT+CWMODE=1。设置 Station 模式,顺延时不少于 2.5 s。

步骤 3:AT+CIPMUX=0。设置单路连接模式,延时不少于 1 s。

步骤 4:AT+CWJAP="H3C_1202""abcde12345"。连接 WiFi 延时时间要长一些,建议测试延时不少于 8 s。

采用 MicroPython 实现 ESP01S 连接 WiFi 的程序片段如下:

```
import utime
uart1.write( "AT + RST\r\n ")                    # 复位 ESP01S 无线模块
utime.sleep(2)
uart1.write( "AT + CWMODE = 1\r\n ")             # 使用 Station 模式
utime.sleep(3)
uart1.write( "AT + CIPMUX = 0\r\n ")             # 0:使用单连接模式,1: 使用多连接模式
utime.sleep(1)
uart1.write('''AT + CWJAP = "H3C_202 ", "abcde12345 "\r\n''')
# 连接网络热点,ssid:H3C_2202, psw:abcde12345
utime.sleep(10)
```

另外，还可使用 AT 命令 AT+CWLAP 列出当前能查到的 WiFi 信号，此命令不是必须，该命令延时不少于 1 s。

(2) ESP01S 连接 UDP/TCP

以 UDP 协议为例，假设在使用的 WiFi 网络中，192.168.124.2 为智能手机的 IP 地址（端口号 5000），192.168.124.3 为电脑的 IP 地址，192.168.124.6 为 Pico+ESP01 无线模块的 IP 地址（端口号 5000）。若使用智能手机与 Pico+ESP-01S 无线 WiFi 模块进行无线通信，则 Pico+EPS01S 连接 UDP 的 AT 命令为：

```
AT+CIPSTART="UDP","192.168.124.2",5000
```

以上命令延时不少于 4 s。对应的 MicroPython 程序语句为：

```
uart1.write('''AT+CIPSTART="UDP","192.168.124.2",5000,5000,2\r\n''')
utime.sleep(4)
```

可将以上(1)和(2)的 AT 命令定义为一个 ConnectToWiFi()函数，使用时直接调用 ConnectToWiFi()函数。

```
def ConnectToWiFi():
    uart1.write("AT+RST\r\n")                    #复位 ESP01S 无线模块
    utime.sleep(2)
    uart1.write("AT+CWMODE=1\r\n")               #使用 Station 模式
    utime.sleep(3)
    uart1.write("AT+CIPMUX=0\r\n")               #0:使用单连接模式
    utime.sleep(1)
    uart1.write('''AT+CWJAP="H3C_1202","abcde12345"\r\n''')
    #连接网络热点,ssid:H3C_202, psw:abcde12345
    utime.sleep(10)
    #uart1.write("AT+CWLAP")                     #不是必须
    #utime.sleep(1)
    uart1.write('''AT+CIPSTART="UDP","192.168.124.2",5000,5000,2\r\n''')
    #192.168.124.2 为智能手机使用的 IP 地址(端口号 5000)
    #192.168.124.6 为 Pico+ESP01 使用的 IP 地址(端口号 5000)
    utime.sleep(4)
```

4. 使用智能手机测试无线 WiFi 控制树莓派 Pico 板载 LED 发光

在网上找一款手机网络助手 App，根据实践任务，在网络助手中输入 ONA 命令点亮 Pico 板载 LED，输入 OFF 命令熄灭 Pico 板载 LED。当 Pico+ESP-01S 模块一侧接收到手机发来的 ONA 字符串命令时将点亮 Pico 板载 LED，接收到 OFF 字符串命令时将熄灭 Pico 板载 LED。满足要求的 MicroPython 程序段可用如下的 while 循环实现：

```
#执行循环主程序
while True:
    if uart1.any():   #判断是否有数据可以接收
        buffer = uart1.read(3)        #读取数据
        data = buffer.decode('utf-8')   #以 UTF-8 编码格式对 buffer 数据进行解码
        print(data)
    if data == "ONA":     #若接收到的数据为"ONA",则 Pico 板载 LED 点亮
        LED.value(1)
    if data == "OFF":    #若接收到的数据为"OFF",则 Pico 板载 LED 熄灭
        LED.value(0)
```

满足实践任务的完整 MicroPython 程序清单(程序名:ch7_1.py)如下:

```
#程序文件名:ch7_1.py
#树莓派 Pico + ESP-01S 无线 WiFi 模块通信
#使用 UART 串口 AT 命令
from machine import Pin, UART
import utime
uart1 =UART(1,baudrate=115200,rx=Pin(5),tx=Pin(4))
LED =Pin(25, Pin.OUT)
LED.value(1)
utime.sleep(1)
LED.value(0)
'''
ConnectToWiFi(): Pico + ESP-01S 无线模块连接到 WiFi 自定义函数
功能:树莓派 Pico UART 串口向 ESP-01S 无线 WiFi 模块发送 AT 命令,
        将 Pico + ESP-01S 连接到本地可用的 WiFi 网络
'''
def ConnectToWiFi():
    uart1.write("AT+RST\r\n")
    utime.sleep(2)

    uart1.write("AT+CWMODE=1\r\n")
    utime.sleep(3)

    uart1.write("AT+CIPMUX=0\r\n")
    utime.sleep(1)
    #连接本地 WiFi 热点, ssid: H3C_1202, psw:abcde12345
    uart1.write('''AT+CWJAP="H3C_1202","abcde12345"\r\n''')

    utime.sleep(10)
    #uart1.write("AT+CWLAP")      #不是必须
    #utime.sleep(1)
```

```
    uart1.write('''AT+CIPSTART="UDP","192.168.124.2",5000,5000,2\r\n''')
    #192.168.124.3 为智能手机使用的 IP 地址
    #192.168.124.9 为 Pico+ESP01 使用的 IP 地址
    utime.sleep(4)
#连接本地 WiFi 热点
ConnectToWiFi()
#执行循环主程序
while True:
    if uart1.any():
        buffer = uart1.read(3)
        data = buffer.decode('utf-8')
        print(data)
    if data == "ONA":
        LED.value(1)
    if data == "OFF":
        LED.value(0)
```

将图 7.4 所示硬件实物与 Pico 相连的 micro-USB 线另一端插入电脑 USB 口。启动 Thonny Python 编辑本程序并运行。当 ESP-01S 无线 WiFi 模块连接成功后，Python Shell 窗口显示信息如下：

```
>>> %Run -c $EDITOR_CONTENT
AT+RST
OK
WIFI DISCONNECT
ets Jan  8 2013,rst cause:2, boot mode:(3,6)
load 0x40100000, len 1856, room 16
tail 0
chksum 0x63
load 0x3ffe8000, len 776, room 8
tail 0
chksum 0x02
load 0x3ffe8310, len 552, room 8
tail 0
chksum 0x79
csum 0x79
2nd bootversion : 1.5
```

下面介绍使用 Android 手机网络助手 App 测试无线 WiFi 控制树莓派 Pico 板载 LED 的亮灭。

作者使用的是 Vivo Android 手机，现用 UDP/TCP Widget 网络助手 App(也可用 WiFi TCP UDP Controller、WiFi Controller ESP8266 等 App)测试无线 WiFi 控制树莓派 Pico 板载 LED 的亮灭。

首先，下载 UDP/TCP Widget 网络助手 App 并将其安装到手机。运行 Widget 手机网络助手应用程序后，切换到 Connection 选项卡，设置通信协议为 UDP、IP 地址为 192.168.124.6(即 Pico+ESP01S 嵌入式设备的 IP 地址)、端口号为 5000，选中 Needs WiFi，选中圆形勾选按钮，设置成功如图 7.5 所示。

接下来，切换至 MESSAGE 选项卡，在 Message 文本框输入 ONA 命令字符串，选中回车 CR(\r：其 16 进制 ASCII 码为 0x0D)和换行 LF(\n：其 16 进制 ASCII 为 0x0A)，选中圆形勾选按钮，如图 7.6 所示。

图 7.5　Android 手机端设置 Pico+ESP-01S 嵌入式设备的 UDP、IP 及 Port 设置界面

图 7.6　Android 手机端设置 WiFi 控制 Pico 板载 LED 点亮的命令设置界面

图 7.6 设置成功后的 GUI 界面如图 7.7 所示。选中 Send 则发出 ONA 命令串，Pico+ESP-01S 嵌入式设备接收到该命令后，执行 while True 主循环时，若 uart1.any()语句判断有数据可以接收，则执行 uart1.read(3)语句读取字符串，并对其进行 UTF-8 解码后存入 data；若接收到的数据为 ONA，则执行 LED.value(1)点亮 Pico 板载 LED；若接收到的数据为 OFF，则执行 LED.value(0)熄灭 Pico 板载 LED。

图 7.7　Android 手机端测试 WiFi 控制 Pico 板载 LED 点亮操作界面

7.2 Pico 开发板扩展蓝牙模块通信技术实践

7.2.1 蓝牙技术

蓝牙技术是一种无线数据和语音通信开放的全球规范，它是基于低成本的短距离（一般 10 m 内）无线连接，为固定和移动设备建立通信环境的一种特殊的短距离无线技术连接。利用蓝牙技术能有效地简化移动通信终端设备之间的通信，也能成功地简化设备与因特网（Internet）之间的通信，从而使数据传输变得更加高效。

蓝牙技术主要特点如下：

➢ 适用设备多，无需电缆，通过无线使电脑和电信联网进行通信。

➢ 工作频段全球通用，适用于全球范围内用户无界限的使用。

➢ 安全性和抗干扰能力强，蓝牙技术具有跳频的功能，有效避免了 ISM 频带（ISM，Industrial Scientific Medical，工业、科学及医疗频带）遇到干扰源。

➢ 工作距离 10 m 左右，经过增加射频功率后的蓝牙技术能在 100 m 范围工作。

➢ 蓝牙适配器采用全球通用的短距离无线连接技术，使用与微波、遥控器以及有些民用无线通信相同的 2.4 GHz 附近无线电频段。

蓝牙系统由底层硬件模块、中间协议层、应用层等部分组成。底层硬件模块包括基带、跳频和链路管理，基带用于完成蓝牙数据和跳频的传输，链路管理用于实现链路建立、连接和拆除的安全控制。中间协议层主要包括服务发现协议、逻辑链路控制和适配协议、电话通信协议和串口仿真协议等部分，服务发现协议层的作用是为上层应用程序提供一种机制以便于使用网络中的服务，逻辑链路控制和适应协议负责数据拆装、复用协议和控制服务质量。应用层主要包括文件传输、网络、局域网访问。

典型的蓝牙协议标准有 V2.0、V4.0、V4.1、V4.2、V5.0、V5.1、V5.2 等。V4.0 之前的蓝牙标准是经典蓝牙，从 V4.0 开始的蓝牙标准是低功耗蓝牙，简称 BLE（Bluetooth Low Energy），其显著区别是功耗更低。蓝牙 V4.1 标准主要在蓝牙 V4.0 标准基础上增加了物联网相关的内容；蓝牙 V4.2 标准改善了数据传输速率和隐私保护程度；蓝牙 V5.0 标准增强了物联网功能，支持 2M PHY，它是之前版本的 1M PHY 传输速度的 2 倍；蓝牙 V5.1 标准与蓝牙 V5.0 标准相比，增加了测向功能和厘米级定位服务，即到达角（Angle of Arrival，AoA）和出发角（Angle of Departure，AoD），以提供精准的室内无线蓝牙定位；蓝牙 V5.2 标准主要新增功能包括 LE 同步信道（LE Isochronous Channels）、增强版 ATT（Enhanced ATT）协议及 LE 功率控制（LE Power Control）。

蓝牙通信是指两个蓝牙模块或蓝牙设备之间进行通信，进行数据通信的双方一个是主机（主设备），另一个是从机（从设备）。工作于主模式下的蓝牙模块可以对周围设备进行搜索并选择要连接的从设备进行连接，理论上，一个蓝牙主设备能同时与 7 个蓝牙从设备进行通信。工作于从模式下的蓝牙模块只能被主设备搜索，不能主动搜索。从设备与主设备连接后，也可以和主设备发送和接收数据。

主模式与从模式的区别：主模式可以主动搜索其他可见的蓝牙模块，并从中选取要连接的蓝牙设备；从模式只能等待主模式的蓝牙设备连接。

7.2.2　蓝牙模块

树莓派 Pico 开发板没有内置蓝牙，必须为其扩展外部蓝牙模块才能实现与其他蓝牙设备通信。常见的蓝牙模块有 HC－05 蓝牙模块、HC－06 蓝牙模块、HC－08 蓝牙模块、AT－09 蓝牙等型号。其中，HC－05 是主从一体的蓝牙模块，HC－06 是从机蓝牙模块，它们所支持的蓝牙协议标准为 V2.0；HC－08 和 AT－09 都是基于 BLE4.0 蓝牙协议的低功耗蓝牙模块。下面介绍 HC－06 蓝牙模块。

HC－06 蓝牙模块是一款只支持从模式的串口蓝牙模块，指令少于 HC－05 串口蓝牙模块，使用简便。图 7.8 是 HC－06 蓝牙模块外观图。

图 7.8　HC－06 蓝牙模块外观图

HC－06 蓝牙模块作从模块使用的常用方法是将树莓派 4B、手机或电脑作为主模块，主机可以与从机配对，从机不能和从机配对。如果两个嵌入式系统之间进行蓝牙通信，那么其中一个必须是主机，两个都是从机将无法完成通信。

HC－06 蓝牙模块主要特性如下：

- 采用 CSR 主流蓝牙芯片，蓝牙 V2.0 协议标准；
- 模块供电电压 3.6～6.0 V；
- 内置天线；
- 带宽 2.4～2.48 GHz；
- 默认通信速率 9 600 bps，8 位数据位，无奇偶校验，1 位停止位；
- 默认配对密码：1234；

➤ 工作模式:从机;

➤ 工作电流:不大于 50 mA;

➤ 通信距离:空旷条件下 10 m 左右,正常使用环境 8 m 左右;

➤ 调制模式:高斯频移键控(Gaussian frequency - shift keying)。

HC - 06 蓝牙模块通过其 TXD(数据发送线)和 RXD(数据接收线)与树莓派 Pico 开发板 UART 接口进行串行通信,各引脚定义如下:

➤ V_{CC}:电源端,电源电压范围 3.6～6.0 V;

➤ GND:接地端;

➤ TXD:数据发送端;

➤ RXD:数据接收端。

与前面讲述的通过 UART 串口 AT 指令对 WiFi 模块进行设置相似,HC - 06 蓝牙模块的设置也可以通过 UART 串口 AT 指令实现,如表 7.1 所列。

表 7.1　HC - 06 蓝牙模块常用设置 AT 指令

指　令	响　应	描　述
AT	OK	进入 AT 模式
AT+RESET	OK	HC - 06 复位
AT+NAMExxxx	OKsetname	设置蓝牙名称(默认 HC - 06)
AT+PINxxxx	OKsetPIN	设置蓝牙配对密码(默认 1234)
AT+BAUD1	OK1200	设置 UART 串口波特率为 1 200
AT+BAUD2	OK2400	设置 UART 串口波特率为 2 400
AT+BAUD3	OK4800	设置 UART 串口波特率为 2 400
AT+BAUD4	OK9600	设置 UART 串口波特率为 9 600(默认)
AT+BAUD8	OK115200	设置 UART 串口波特率为 115 200

可以看到,HC - 06 蓝牙模块的设置指令实质上只有 4 条。HC - 06 蓝牙模块使用 UART 串口和微控制器通信,默认波特率为 9 600 bps;如果想修改成其他速率,则可使用相应的 AT 命令设置。

直接通过 UART 串口发送 AT 命令,将收到 OK 作为响应,表明 HC - 06 蓝牙模块和微控制器的通信正常。我们经常使用该命令来判断蓝牙模块是否正确连接。进行蓝牙无线连接时,一方面,蓝牙模块需要有一个识别名称,在蓝牙主机的搜索中,该蓝牙模块能被发现并识别,默认的蓝牙名称是 HC - 06;另一方面,蓝牙模块也需要一个 4 位数字的密码(PIN 码),默认密码是 1234。

举例:

```
AT + NAMEyuanyixue            //默认 HC - 06 蓝牙名称修改为 yuanyixue
AT + PIN6688                  //默认 1234 密码修改为 6688
```

7.2.3 认识 MOSFET 晶体管

1. MOSFET 基本概念与电路图符号

MOSFET 器件属于单极性三极管(单极性晶体管),中文全称是金属氧化物场效应晶体管(Metal Oxide Semiconductor Field Effect Transistor),它与前面介绍的 2N3904、2N2222 等双极性三极管(BJT,双极性晶体管)的最大不同在于,BJT 器件是使用电流控制开关,MOSFET 则是使用电压控制开关。

MOSFET 器件按其工作状态的不同又可分为增强型(Enhancement)MOSFET 和耗尽型(Depletion)MOSFET,本书只介绍增强型 MOSFET 及其相关应用。

增强型 MOSFET 可分为 N 沟道和 P 沟道两种,N 沟道 MOSFET 管简称 NMOS 管,P 沟道 MOSFET 管简称 PMOS 管。两种增强型 MOS 管(E - MOSFET)电路图符号如图 7.9 所示,MOS 管有栅极(Gate)、源极(Source)和漏极(Drain)3 个引脚。

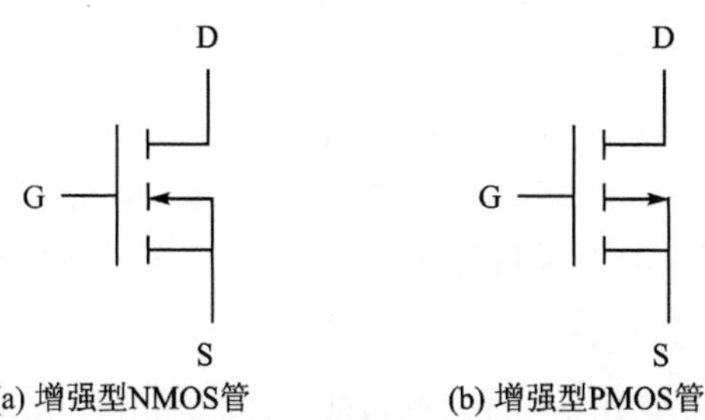

图 7.9　增强型 NMOS 管和增强型 PMOS 管电路图符号

图 7.10 是常用的 2N7000 和 FQP30N06L 两种型号的 N 沟道 MOSFET 管外观图和电路图符号,它们都属于增强型 NMOS 管。两种型号 MOS 管内部都有一只二极管与 D 引脚和 S 引脚相连,其作用是避免 MOS 管遭受静电放电(Electro - Static Discharge,简称 ESD)而受损。

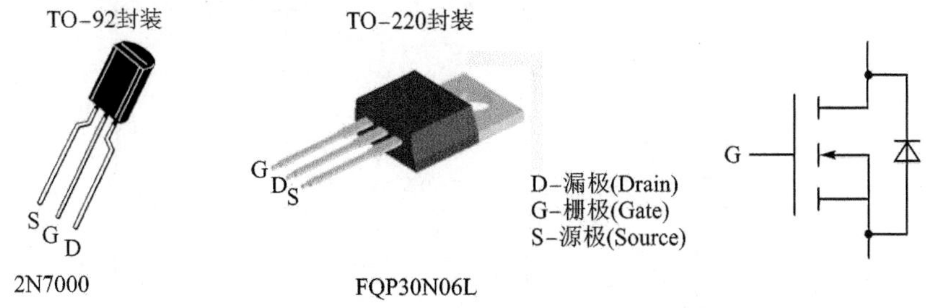

图 7.10　两种型号 MOSFET 及其电路图符号

2. MOSFET 主要技术参数

MOSFET 主要技术参数如下：

- 开启电压 $U_{GS(th)}$：当漏源极电压 U_{DS} 为一确定值时，MOS 管出现导通，开始有漏极电流 I_D 的电压。MOS 管的开启电压为正电压，即 $U_{GS(th)}>0$；PMOS 管的开启电压为负电压，即 $U_{GS(th)}<0$。
- 漏源导通电阻 R_{DSon}：MOS 管完全导通时的漏源极电阻，R_{DSon} 值越小越好。R_{DSon} 阻值接近于零，但无论多小都会有一个阻值。
- 栅源极寄生电容 C_{GS}：是指栅源极之间的寄生电容；所有的 MOS 管都存在寄生电容，这是制造工艺问题，无法避免。参数 C_{GS} 会影 MOS 管的导通速度，因为加载到栅极的电压要给该电容充电，这就会导致 U_{GS} 电压不能很快达到给定的数值，而是有一个爬升的过程。
- 输入电阻 R_{GS}：是指栅源极输入电阻的典型值。MOSFET 输入电阻在 1～100 MΩ 之间。
- 最大漏极电流 I_{DM}：漏极允许通过的最大电流，有最大持续漏极电流和最大脉冲漏极电流两种取值。
- 最大漏源极电压 U_{DSS}：允许的最大漏源极电压。
- 最大漏极功耗 P_{DM}：可由 $P_{DM}=U_{DS}I_D$ 决定，与双极性三极管的 P_{CM} 相当；MOS 管正常使用时不得超过此值，否则将会由过热而造成 MOS 管的损坏。

3. MOSFET 数字开关

与前面介绍的三极管用法相似，MOSFET 也可用作电子开关；而且 MOSFET 既能用作数字开关也能用作模拟开关，但许多模拟开关应用根本不能用三极管实现。

理想的 NMOS 管数字开关如图 7.11 所示。给栅极加上高电平时，管子的栅源极电压大于开启电压，即 $U_{GS}>U_{GS(th)}$，管子导通，相当于开关闭合，漏极与源极之间的电阻为 0；若给栅极加上低电平，则管子的栅源极电压小于开启电压，即 $U_{GS}<U_{GS(th)}$，管子截止，相当于开关断开，漏极与源极之间的电阻为无穷大。

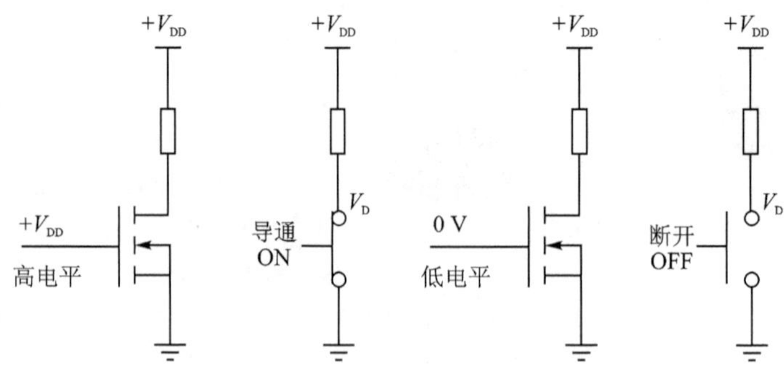

图 7.11 理想的 NMOS 管数字开关等效电路图

理想的 PMOS 管数字开关如图 7.12 所示，其开关动作与 NMOS 管正好相反，读者可自行分析。

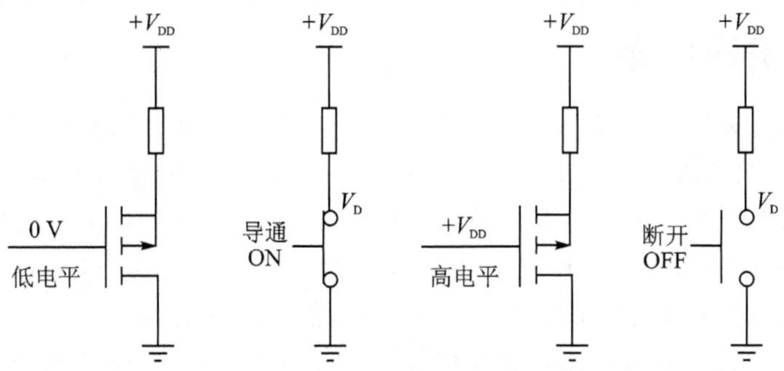

图 7.12　理想的 PMOS 管数字开关等效电路图

漏源导通电阻 R_{DSon} 为零的 MOS 管是不存在的，任何 MOS 管都有一定的 R_{DSon}，如 2N7000 的导通电阻典型值为 1.2 Ω，FQP30N06L 的导通电阻典型值为 0.035 Ω。

4. MOSFET 模拟开关

在控制信号作用下，用于阻止或通过模拟信号（包括交流与直流信号）的电路称为模拟开关电路。

图 7.13 是基本的 MOSFET 模拟开关原理图。图中的 Q 是一个 NMOS 管，负载 R_L 可以是一个电路单元，也可以是一个终端负载，如 LED、继电器等。

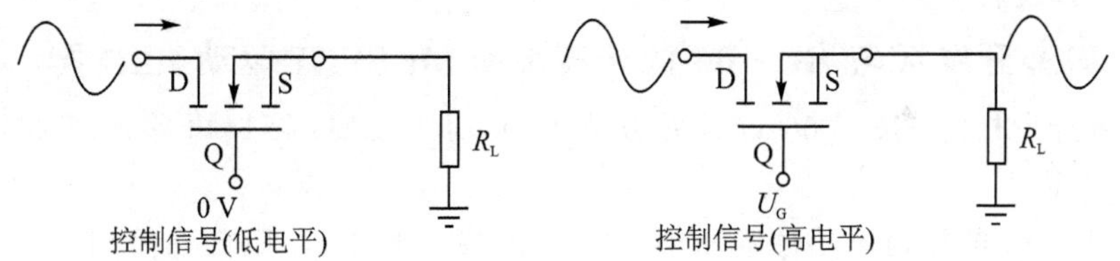

图 7.13　MOSFET 模拟开关原理图

输入到栅极的控制信号为低电平（通常为 0 V，或者是负压），管子漏源极不导通，漏源电阻 R_{OFF} 一般大于 10^4 MΩ，相当于开关断开，信号不能通过管子的漏源通道。当然，在高频条件下，由于存在漏源电容，会有少量耦合输出。

输入到栅极的控制信号为高电平时，管子漏源极导通，信号输出到负载。管子导通时，漏源导通电阻（R_{DSon}）很小，当今 MOSFET 开关管的导通电阻可以达到毫欧（mΩ）级，信号几乎可以无损通过。注意，这里栅极的控制信号必须大于管子开启电压，即 $U_G > U_{GS(th)}$。

对于 NMOS 开关管而言，信号通常由漏极输入、源极输出。PMOS 开关管正好相反，信号由源极输入、漏极输出。不过，由于 MOSFET 开关是双向器件，信号可以从漏极或源极任何一个方向通过，就像普通的机械开关一样。

7.2.4 Pico 开发板与 HC－06 无线蓝牙模块接口及通信编程实践

实践任务：设计并实现 Pico 开发板与 HC－06 蓝牙模块 UART 通信功能、一个 GP15 端口＋MOSFET 晶体管控制驱动一只中功率 LED 的接口电路（LED 选择 0.5 W 中功率 LED，LED 由 Pico 开发板扩展接口 V_{BUS} 引脚＋5 V 供电，LED 点亮工作时正向导通电压为 2 V，设计 LED 正向电流约 40 mA）；采用 MicroPython UART 串口对象方法实现 Pico＋HC－06 蓝牙模块通信功能并控制中大功率 LED 发光的程序；下载并安装一款 Android 蓝牙控制器 App，使用 Android 手机控制 Pico＋HC－06 蓝牙模块的中大功率 LED 发光。

1. 材　料

所需硬件材料如下：

- Pico 开发板×1；
- Micro－USB 数据线×1；
- HC－06 蓝牙模块×1；
- 75 Ω 电阻×1；
- 6 V 外部直流电源×1；
- 面包板×1；
- 杜邦线若干。

2. Pico 开发板与 HC－06 蓝牙模块和 MOSFET 驱动 LED 接口电路

Pico 开发板与 HC－06 蓝牙模块及中大功率 LED 接口电路原理如图 7.14 所示。

在图 7.14 的接口电路原理图中，HC－06 模块和 LED 驱动都使用 Pico 扩展接口 V_{BUS}（物理引脚 Pin40）＋5 V 电源，MOSFET 选用 2N7000，限流电阻 R_B 选用 1 kΩ，漏极电阻/负载电阻 R_L 选择 75 Ω，Pico 开发板 GP15 端口端口引脚接电阻 R_B 一端，R_B 另一端接 MOSFET 栅极。

假设 LED 驱动电流为 40 mA，＋5 V 电源可以直接连接到 Pico 开发板的 USB 总线电源引脚 V_{BUS}（物理引脚 Pin40）。笔记本电脑 USB 接口所提供的 V_{BUS} 最大驱动电流一般不超过 500 mA，如果负载驱动电流较大，则须外接大功率电源。

(1) 选择 MOSFET

根据实践任务要求，Pico 开发板 GPIO 端口输出电压为 LV TTL 电平，LED 正向电流为 40 mA；选择 MOSFET 型号时，典型开启电压一般为 0.7～2.5 V、最大漏极电流不小于 80 mA，型号为 2N7000 的 MOSFET 符合要求。

查阅 2N7000 数据手册，2N7000 主要技术参数如下：

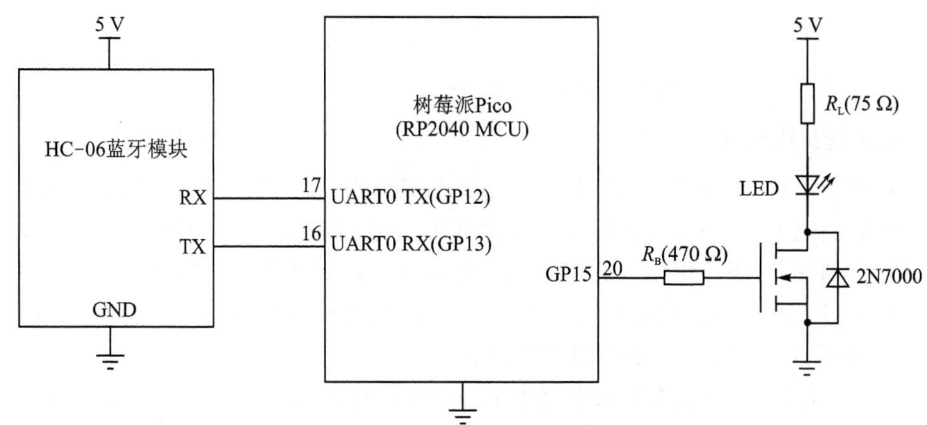

图 7.14　Pico 开发板与 HC-06 蓝牙模块和中大功率 LED 接口电路原理图

- 开启电压 $U_{GS(th)}$ = 2.1 V，栅极可以采用 LV TTL 逻辑电平驱动；
- 最大持续漏极电流（I_{DM}）= 350 mA；
- 最大脉冲瞬间漏极电流（I_{DM}）= 1.4 A；
- 最大漏源极电压 U_{DSS} = 60 V。

FQP30N06L 为中大功率 MOSFET，其最大持续漏极电流达 32 A，适用于大电流开关和驱动直流电机。FQP30N06L 中的 L 是 Logic 英文首写字母，意思是可采用 TTL 逻辑电平进行驱动。

由于实践任务中的 LED 驱动电流为 40 mA，故 MOSFET 选用较小功率的 2N7000。

表 7.2 归纳了一些常用晶体管型号及主要参数，可供实际晶体管选型时参考。

表 7.2　常用晶体管类型及主要参数

晶体管型号	类　型	封装形式	最大电流	最大电压/V
2N3904	双极性三极管	TO-92	200 mA	40
2N2222	双极性三极管	TO-92	600 mA	40
2N7000	MOSFET	TO-92	200 mA	60
TIP120	达林顿管	TO-220	5 A	60
FQP30N06L	MOSFET	TO-220	30 A	60

(2) 选择电阻 R_L

实践任务所用中大功率 LED 正向导通电压为 2 V，设置的驱动电流 I_{LED} = 40 mA。当 GP15 输出高电平时，MOSFET 2N7000 导通，LED 被点亮，此时，漏极电流 I_D 为：

$$I_D = I_{LED} \approx \frac{5-U_{LED}}{R_L} = \frac{(5-2)\mathrm{V}}{R_L} = 40\ \mathrm{mA} = 0.04\ \mathrm{A} \tag{7.1}$$

计算式(7.1)可得出 R_L 电阻值为 75 Ω。

(3) 选择电阻 R_B

从理论上讲，由于 MOSFET 的栅源极电阻很高，在控制 MOS 管栅极时可以不使用限流电阻 R_B。但是 MOS 管开启瞬间栅极电流较大，为了更好地保护接口电路，还是串联一只限流电阻 R_B，用于保护树莓派 Pico 开发板的 GPIO 端口。

Pico 开发板 GPIO 高电平电压为 3.3 V，设 GPIO 端口引脚输出电流范围为 1～10 mA，则限流电阻 R_B 取值范围计算如下：

① 当 GPIO 端口引脚输出电流为 10 mA 时，有 R_{Bmin}=3.3 V/10 mA=3.3 V/0.01 A=330 Ω；

② 当 GPIO 端口引脚输出电流为 1 mA 时，有 R_{Bmax}=3.3 V/1 mA=3.3 kΩ。

由①和②可知，限流电阻 R_B 的选取范围为 330 Ω～3.3 kΩ，这里 R_B 选择 470 Ω 电阻。

图 7.15 是硬件接线实物图。

图 7.15 Pico 开发板与 HC-06 蓝牙模块和中大功率 LED 接口硬件接线实物图

3. Pico+HC-06 蓝牙模块通信及中功率 LED 发光控制程序

满足 Pico+HC-06 蓝牙模块通信及中功率 LED 发光控制实践任务的 MicroPython 程序清单(程序名：ch7_2.py)如下：

```
#程序文件名：ch7_2.py
#树莓派 Pico + HC-06 无线蓝牙模块通信
from machine import Pin, UART
import utime
```

```
uart = UART(0, baudrate = 9600, rx = Pin(13), tx = Pin(12))
LED = Pin(15, Pin.OUT)
LED.value(1)
utime.sleep(1)
LED.value(0)
uart.write( "AT + NAMEyuanyixue\r\n ") # AT 命令设置 Pico + HC - 06 蓝牙名称为 yuanyixue
utime.sleep(2)
#执行循环主程序
while True:
    if uart.any() > 0:
        buffer = uart.read(1)    #读取数据
        data = buffer.decode('utf - 8')  #以 UTF - 8 编码格式对 buffer 数据进行解码
        print(data)
        if data == "1 ":    #若接收到的数据为 "1 ",则 Pico + HC - 06 设备的 LED 点亮
            LED.value(1)
        if data == "2 ":    #若接收到的数据为 "2 ",则 Pico + HC - 06 设备的 LED 熄灭
            LED.value(0)
```

将图 7.15 所示硬件实物与 Pico 相连的 micro - USB 线另一端插入电脑 USB 口。启动 Thonny Python 编辑本程序并运行。

4. 使用智能手机测试无线蓝牙控制 Pico＋HC - 06 设备的 LED 发光

在网上下载一款手机蓝牙助手 App,根据实践任务,在手机蓝牙助手中输入"1"命令点亮 Pico＋HC - 06 设备的 LED,输入"2"命令熄灭 LED;当 Pico＋HC - 06 设备一侧接收到手机发来的"1"字符命令时将点亮 Pico＋HC - 06 的 LED,接收到"2"字符串命令将熄灭 LED。

下面介绍使用 Android 手机蓝牙助手 App 测试无线蓝牙控制 Pico＋HC - 06 设备的 LED 亮灭。

首先,下载 Arduino Bluetooth Controller 蓝牙助手 App(也可安装 Bluetooth Terminal HC 05 等其他蓝牙助手 App)并将其安装到手机,运行 Arduino Bluetooth Controller 应用程序后,显示蓝牙控制器主界面,可以看到名称为 yuanyixue 的蓝牙设备,如图 7.16 所示。

单击 yuanyixue 蓝牙设备,显示 Connect in 蓝牙连接设置界面,如图 7.17 所示。

蓝牙连接设置界面共有 4 种蓝牙连接模式,分别是控制器模式 Controller mode、开关模式 Switch mode、调光器模式 Dimmer mode 和终端模式 Terminal mode。这里选择开关模式并对其进行设置,如图 7.18 所示。

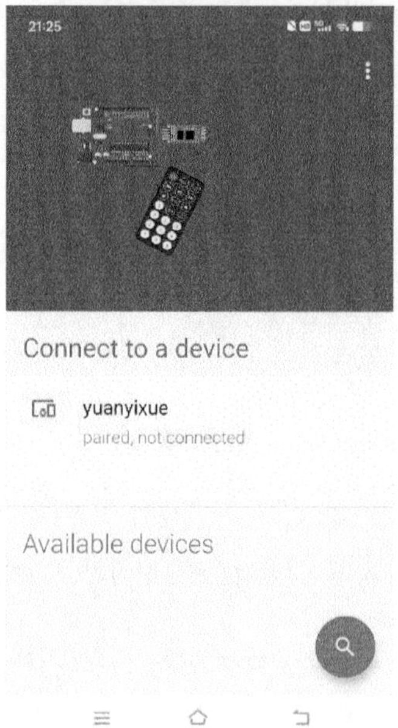

图 7.16　Android 手机 Ardunio 蓝牙控制器主界面

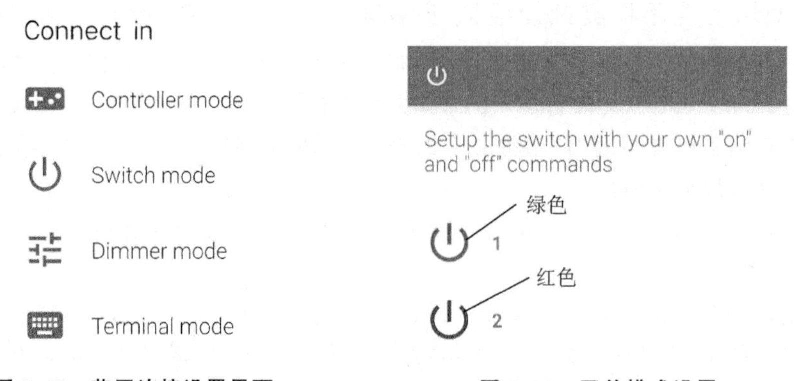

图 7.17　蓝牙连接设置界面　　　　图 7.18　开关模式设置

这里将绿色开关按钮设置为"1",红色开关按钮设置为"2",它们分别对应于 Android 手机端对 Pico+HC-06 设备的开关 LED 灯操作,设置完成后退出,则只显示开关按钮。单击开关按钮即可控制 Pico+HC-06 设备的 LED 亮灭(绿色开关按钮 LED 点亮,红色开关按钮 LED 熄灭)。

接下来,读者可以尝试将 ch7_2.py 程序文件更名另存为 main.py 程序文件到 Pico 开发板上,然后拔下 Pico+HC-06 硬件 micro-USB 线与电脑 USB 接口相连的 USB 插头,将其插头插到+5 V 手机 USB 充电电源;Pico 开发板加电后将自动执行 Pico 上的 main.py 程序,单击开关按钮同样可以控制 Pico+HC-06 设备的 LED

亮灭(绿色开关按钮 LED 点亮,红色开关按钮 LED 熄灭)。

7.3　Wio RP2040 无线 WiFi 局域网通信实践

实践任务:Wio RP2040 无线 WiFi 开发板用作设备端,电脑用作服务器端,将 Wio RP2040 开发板通过 WLAN 连接到电脑服务器端;使用 MicroPython 编写 Wio RP2040 设备端无线 WiFi 程序并向服务器端发送数据程序;使用 Net Assistant 网络调试助手显示在电脑服务器端接收到的数据。

1. 材　料

所需硬件材料如下:

- Wio RP2040 开发板×1;
- USB Type - C 数据线×1。

2. 编写 Wio RP2040 设备端连接无线 WiFi 并向服务器发送数据程序

Wio RP2040 设备端连接无线 WiFi 无线局域网并向电脑服务器端发送数据程序清单(程序名:ch7_3.py)如下:

```
Filename:Ch7_3.py
import time
import network    #导入 network 模块
'''
MicroPython 的 network 模块有 2 个 WiFi 接口:
(1)station: 当 Wio RP2040 开发板连接到路由器时使用
(2)AP(Access Point,热点): 当其他设备连接到 Wio RP2040 开发板时使用
'''
import usocket    #导入 usocket 模块(usocket 模块提供对 BSD 套接字接口的访问)
from machine import Pin
#创建 WLAN station 对象(Create station interface)
station = network.WLAN_SPI(network.STA_IF)
#激活 station 对象(Activate the interface)
station.active(True)
time.sleep(2)
#通过 SSID(WiFi 名称)及 WiFi password 连接到 WiFi(Connect to an AP)
station.connect( "H3C_1202 ", "abcde12345 ")
time.sleep(10)
if station.isconnected():        #判断 station 对象是否连接到 WiFi
    print("    IP          Netmask          Gateway          MAC          SSID ")
    print(station.ifconfig())    #获取 station 对象的网络信息
    #    IP:Wio RP2040 开发板 IP 地址, Netmask:子网掩码, Gateway:网关,MAC:MAC 物理
地址,SSID:WiFi 名称
```

```
    skt = usocket.socket()
    ip_and_port = ['192.168.124.3',5000]    # 所用电脑服务器的 IP 地址和端口号
    skt.connect(ip_and_port)    # ip_and_port 为服务器的 IP 地址和端口号的元组或列表
    time.sleep(5)
    while True:
    # 发送一串数据并返回成功发送的字节数(返回字节数可能比发送的数据长度少)
    skt.send( "Greetings from Wio RP2040 mini Dev. board! ")
    time.sleep(2)
```

将 Wio RP2040 开发板 USB Type - C 数据线 USB 插头一侧连接到电脑 USB 接口。启动 Thonny Python 并设置相应的开发环境(详见第 2 章),在 Thonny Python 编辑窗口输入本程序。

3. 使用 Net Assistant 网络调试助手显示接收数据

NetAssist 网络调试助手是一款 Windows 平台下开发的 TCP/IP 网络调试工具,可以在网上下载 NetAssist 网络调试助手软件并解压。

运行网络调试助手 NetAssist. exe 程序,将显示网络调试助手窗口。下面对服务器参数进行必要设置:①"协议类型"设置为 TCP Server,②"本地主机地址"设置为电脑服务器的 IP 地址(电脑所在 WLAN 的 IP 地址),"本地主机端口"设置为 5 000。服务器参数设置好后,单击"打开"按钮启动 TCP 服务器,如图 7. 19 所示。

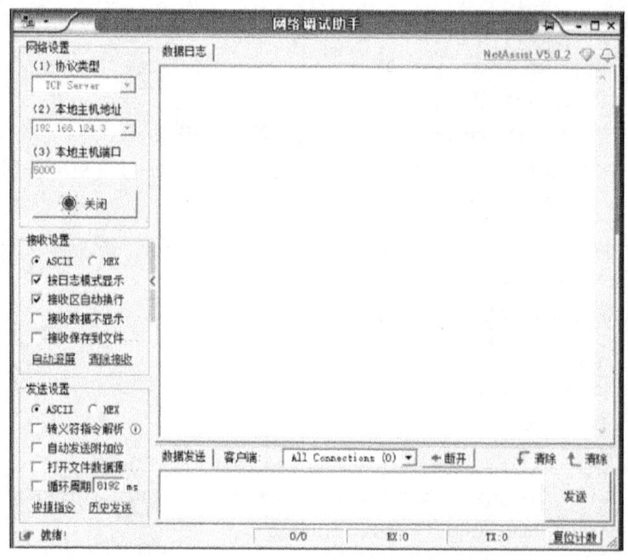

图 7. 19　网络调试助手 TCP 服务器设置与启动

接下来,运行 Thonny Python 编辑器中的 ch7_3. py 程序。当 Wio RP2040 开发板成功连接 WLAN 后,在 Thonny 的 Python Shell 窗口将显示(IP, Netmask, Gateway, MAC, SSID)五元组信息,其中 IP 为 Wio RP2040 设备的 IP 地址, Netmask 为子网掩码，Gateway 为网关，MAC 为 Wio RP2040 设备的 MAC 物理地址，SSID 为 WiFi 名称。Wio RP2040 开发板每 2 s 向电脑服务器端发送字符串“Greetings from Wio RP2040 mini Dev. board!”，电脑服务器端 NetAssist 网络调试助手将同步接收到相应的字符串，如图 7.20 所示。

图 7.20　Wio RP2040 开发板设备端数据发送与电脑服务器端网络调试助手数据接收

除了使用 NetAssist 等网络调试助手作为电脑服务器端程序外，还可以使用 Python、C、Java 等语言编写实际的电脑服务器端应用程序。

需要补充说明的是，在调试 Wio RP2040 设备端网络通信程序过程中，如果电脑和 Wio RP2040 开发板之间通信出现问题，则按下 Wio RP2040 开发板的 RUN 按钮重启便可恢复正常通信功能。

7.4　Wio RP2040 迷你开发板 MQTT 远程无线通信实践

实践任务：使用 Wio RP2040 无线 WiFi 开发板硬件扩展接口 GP15 引脚（Wio RP2040 开发板 Pin14 物理引脚）扩展一只小功率 LED；编写 Wio RP2040 无线 WiFi 开发板远程 MQTT 通信及控制 LED 发光的程序，将 Wio RP2040 设备和 Android 手机无线连接到远程 MQTT 服务器；使用手机 Android MQTT 客户端 App 远程控制 Wio RP2040 开发板板载 LED 及扩展 LED 发光功能。

1. 材　料

所需硬件材料如下：

- Wio RP2040 开发板×1；
- USB Type-C 数据线×1；
- LED×1；
- 470 Ω 电阻×1；
- 跳线×1。

2. MQTT 协议

MQTT(Message Queuing Telemetry Transport，消息队列遥测传输)协议是一种基于发布/订阅(publish/subscribe)模式的“轻量级”通信协议；该协议构建基于TCP/IP 协议，由 IBM 于 1999 年发布。MQTT 协议最大优点在于，可以以极少代码和有限带宽为连接远程设备提供实时可靠的消息服务。作为一种低开销、低带宽占用的即时通信协议，MQTT 协议在物联网、小型设备、移动应用等方面有较广泛的应用。

MQTT 协议是一种基于客户机-服务器的消息发布/订阅传输协议。实现MQTT 协议需要由客户机端和服务器端通信完成，在通信过程中，MQTT 协议有 3 种身份：发布者(Publisher)、消息代理(Broker，服务器)、订阅者(Subscribe)。其中，消息的发布者和订阅者都是客户机，消息代理是服务器，消息发布者可以同时是订阅者。图 7.21 是 MQTT 协议发布-订阅模型示意图。

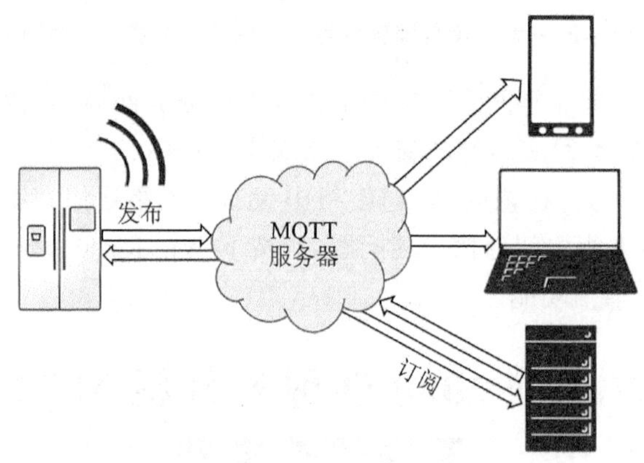

图 7.21　MQTT 协议发布-订阅模型示意图

MQTT 传输的消息是在不同客户机设备之间交换的信息，传输的消息可以是命令，也可以是数据。MQTT 消息格式包括头部(Head)、主题(Topic)和消息内容即负载(Payload)三部分，如图 7.22 所示。其中，MQTT 消息头部是两个字节的数字编码，后面跟主题和消息内容。

MQTT 消息主题和负载说明如下：

① 主题：可以理解为消息类型，订阅者订阅后，就会收到该主题的消息内容(负载)；

② 负载：可以理解为消息内容，是指订阅者具体要使用的内容。

头部	主题	消息内容

图 7.22　MQTT 消息格式

MQTT 消息的头部可以指定是否保留(Retained)消息和服务质量(QoS，Quality of Service)：

① 保留：如果选择 Retained，则 MQTT 消息代理会保存此主题的消息；如果之后有新的订阅者，或之前断线的订阅者，则重新连接时后都能收到最新的保留消息(注意，并非全部消息)；

② 服务质量：可以指定 MQTT 发布者与 MQTT 代理，或 MQTT 代理与 MQTT 订阅者之间的消息传输质量；MQTT 定义有 QoS0～QoS2 共 3 种等级的服务质量，QoS 2 是最安全、最慢的服务质量级别，如表 7.2 所列。

表 7.2　MQTT 服务质量等级

QoS 值	描　述
0	最多传输一次(at most once)-平信
1	至少传输一次(at least once)-挂号
2	确保传输一次(exactly once)-附回信

3. Wio RP2040 开发板硬件接口扩展 LED 电路图

Wio RP2040 开发板硬件接口扩展 LED 接口原理图如图 7.23 所示。

Wio RP2040 开发板硬件接口扩展 LED 接线实物图如图 7.24 所示。

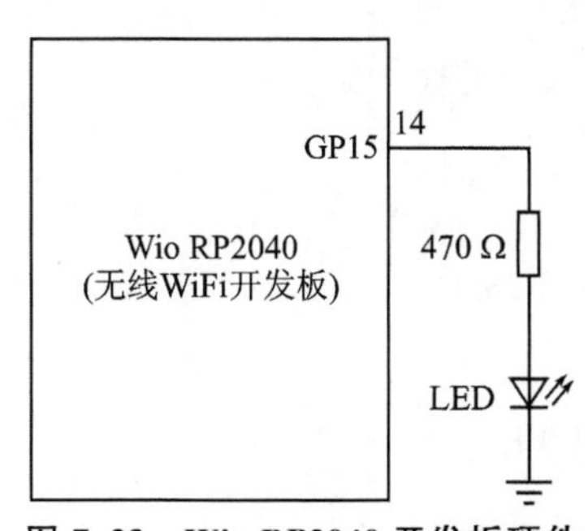

图 7.23　Wio RP2040 开发板硬件接口扩展 LED 原理图

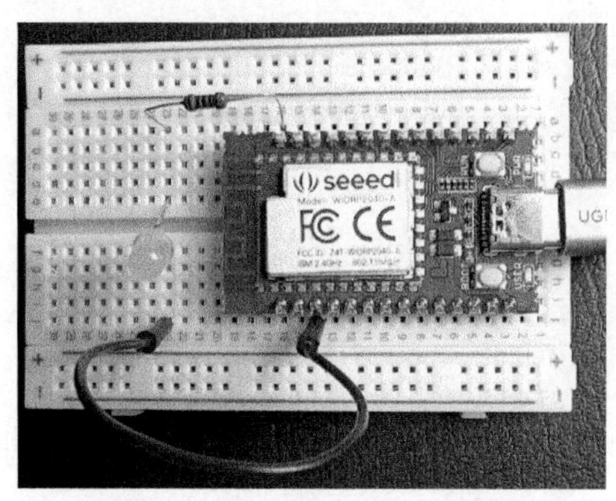

图 7.24　Wio RP2040 开发板硬件接口扩展 LED 接线实物图

4. Wio RP2040 开发板通过 WiFi 连接到远程服务器并控制 LED 发光程序

Wio RP2040 开发板通过 WiFi 连接到远程 MQTT 服务器并控制 LED 发光程序清单(程序名：ch7_4. py)如下：

```
Filename: ch7_4.py
'''
Wio RP2040 无线 WiFi MQTT 通信程序
'''
import network
import mqtt   #导入 MQTT 模块
import time
from machine import Pin
station = network.WLAN_SPI(network.STA_IF)
station.active(True)
station.connect( "H3C_1202 ", "abcde12345 ")
time.sleep(10)
led_onBoard = Pin(13, Pin.OUT)
led_onBoard.value(0)
led_external = Pin(15, Pin.OUT)
led_external.value(0)
#
#MQTT 服务器可选用 test.mosquitto.org, mqtt.p2hp.com, broker.hivemq.com 等
BrokerAddr = 'test.mosquitto.org'
mqttPort = 1883
ClientID = 'Wio_RP2040'
Topic = 'LED'
#
def mqtt_callback(topic):
    print( "topic:{} ".format(topic[0]))          #显示主题
    print( "msg:{} ".format(topic[1]))            #显示消息
    print(topic[1])                               #topic[1]
    if(topic[1] == "关灯 "):                      #"关灯 "命令消息
        led_onBoard.value(0)
        led_external.value(0)
    if(topic[1] == "开灯 "):                      #"开灯 "命令消息
        led_onBoard.value(1)
        led_external.value(1)
#将 Wio RP2040 开发板连接到指定的 MQTT 服务器
client = mqtt.MQTTClient(ClientID, BrokerAddr, mqttPort)
client.connect()
client.publish( "Websocket_test ", "Start ")
client.subscribe(Topic)   #Wio RP2040 开发板订阅主题
client.set_callback(mqtt_callback)
print( "Ok ")
#
while True:
    client.wait_msg()
    time.sleep(1)
```

将 Wio RP2040 开发板连接到电脑，打开电脑并启动 Thonny Python(假设 Wio RP2040 开发板开发环境已事先设置成功)，在 Thonny Python 编辑窗口输入本程序。

5. 使用手机 MQTT 客户端 App 远程控制 Wio RP2040 开发板板载 LED 及扩展 LED 发光

下载一款 Android 手机 MQTT 客户端 App 程序，这里下载 MQTT client_v0.16_apk 并安装到 Android 手机。运行手机 MQTT 客户端程序，如图 7.25 所示。

图 7.26 是设置手机客户端 MQTT 登录信息，这里将 MQTT 服务器和端口号设置为 test.mosquitto.org:1883，设备 ID 设置为手机的设备 ID，这里设置为 My_Android；接下来设置用户名及密码，设置完成后单击“登录”按钮。

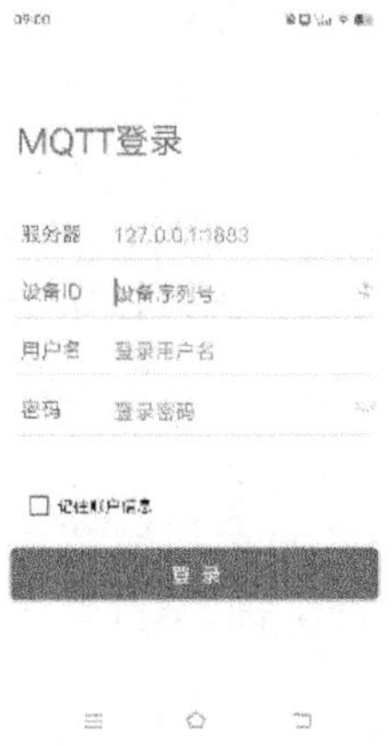

图 7.25　手机 MQTT 客户端运行界面 　　图 7.26　设置手机客户端 MQTT 登录信息

根据前面 Wio RP2040 开发板上要执行的 ch7_4.py 程序可知，我们使用的主题为“LED”，消息为“开灯”或“关灯”字符串命令，这里将手机 MQTT 客户端程序要发布的主题设置为“LED”，如图 7.27 所示。

接下来执行在 Thonny Python 编辑好的 ch7_4.py 程序，当 Wio RP2040 开发板成功连接到 WLAN 和 MQTT 服务器后，Thonny Python Shell 窗口将显示 Ok 字符串信息，表明连接成功。

在手机 MQTT 客户端 App 程序中，单击“消息”按钮并输入“开灯”消息命令，如图 7.28 所示，则可以看到 Wio RP2040 开发板板载蓝色 LED 及扩展硬件接口连接的黄色 LED 被点亮。

下面对本节手机远程控制 Wio RP2040 开发板 LED 发光的 MQTT 通信过程做一个简要说明：当手机端和 Wio RP2040 都连接到同一个 MQTT 服务器并成功执行 Wio RP2040 开发板上的 ch7_4.py 程序后，开发板订阅的主题为“LED”、消息为“开灯”或“关灯”命令；当手机端发布主题也是“LED”并且在手机设备输入“开灯”命令消息时，手机向 MQTT 服务器发送“LED”主题和“开灯”命令消息，MQTT 服务器将“LED”主题和“开灯”命令消息发送到所有连接到该 MQTT 服务器上的设备。远程 Wio RP2040 开发板只有接收到“LED”主题和“开灯” 消息后，将在 1 s 后点亮板载蓝色 LED 小灯和扩展硬件的黄色 LED 灯，当输入“关灯”消息命令后，则熄灭板载蓝色 LED 小灯及扩展硬件的黄色 LED 灯。

图 7.27　设置手机客户端 MQTT 发布主题

图 7.28　手机客户端 MQTT 发布开关 LED 灯消息命令

当程序调试无误后，还可把 ch7_4. py 程序文件存储到 Wio RP2040 开发板的 Flash 中，Wio RP2040 开发板外接 5 V 电源便可独立运行程序。

除了使用本节介绍的 Android 手机 MQTT 客户端 App 与远程 Wio RP2040 进行 MQTT 通信外，还可针对许多应用场景开发出专门的手机 MQTT 客户端、电脑 MQTT 客户端等应用程序。

第 8 章　树莓派 Pico 电机接口与控制技术实践

使用各种电机对机器人、无人机等机电一体化设备进行运动控制一直是嵌入式系统与智能硬件的研究应用热点。本章重点讲述树莓派 Pico 开发板电机接口与控制技术，内容包括 Pico 直流电机调速控制技术基础、Pico 直流电机控制技术实践、Pico 伺服电机控制技术实践及 Pico 步进电机控制技术实践。

8.1　树莓派 Pico 直流电机调速控制技术基础

8.1.1　直流电机简介

直流电机的工作原理是基于电流流过导线线圈而产生的磁场。电机中的转子一般由铜质漆包线绕制，当电流通过时产生强大的磁场，该磁场和定子中的固定磁场产生磁力作用，从而使电机转动。电流流过电机的方向可以决定磁场的方向，该磁场的方向决定了电机的转动方向。因此，如果想让电机反转，则只须交换电机的两个连接即可。

直流电机有各种形状和大小，电机主要技术参数包括扭力（Torque）、转速、工作电压、堵转（Stall）电流等。表 8.1 是 FA－130RA 型直流电机主要技术参数，更详细的参数可参考网页 https://product.mabuchimotor.cn/detail.html?id=9。

表 8.1　FA－130RA 型直流电机主要参数

工作电压	最大效率				堵　转	
	转速	电流	扭力	输出	扭力	电流
1.5～3.0 V	9100 转/分	660 mA	6.0 g·cm	0.43 W	26 g·m	2.2 A

从表 8.1 中的参数可以看出，我们需要使用晶体管或相关驱动模块对直流电机进行控制驱动。设计电机晶体管控制电路最重要的两个参数分别是工作电流和堵转电流。

所谓堵转电流是指直流电机轴受外力卡住而停转时的电流，此时电机线圈形同短路，FA－130 型电机堵转电流达 2.2 A。电机的扭力常用单位是 g·cm，如 5 g·cm 表示离电机转子中心距离为 1 cm 时能够撑起 5 g 重量的物体,如图 8.1 所示。电机的扭力越大,它的转力越强。

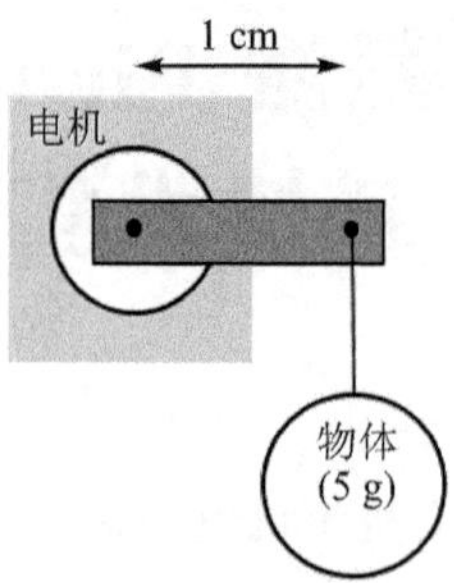

图 8.1　扭距的概念

8.1.2　晶体管电机驱动电路与续流二极管

直流电机可等效为一个电阻元件和一个电感元件的串联。通电时,电感将电能转换成磁能并储存;断电瞬间,磁能释放出电能,它与原先加在线圈两端的电压方向相反,称为反电动势(Back EMF,全称为 Back Electromotive Force),如图 8.2 所示。

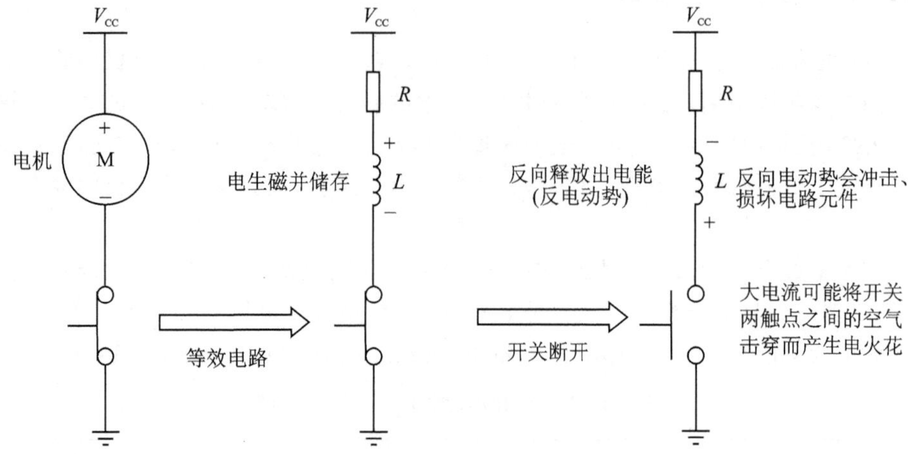

图 8.2　直流电机等效电路及其通断电

为了避免反电动势损坏电路元件,我们可以在电机引脚的两端并联一个二极管(二极管阴极接正电源),并与其形成回路。线圈两端的电压接近于零,从而将线圈产生的反电动势以续电流的方式消耗掉,对电路元件起到保护作用,该二极管称为续流二极管(FWD,全称为 Free - Wheel Diode),如图 8.3 所示;当电机通电时,续流二极管断开,电机断电时,续流二极管导通。

将图 8.3 中的开关用晶体管电子开关替代,就可以构成晶体管电机控制驱动电

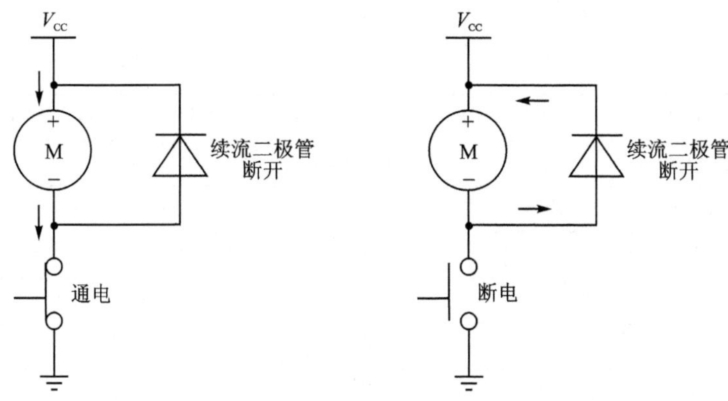

图 8.3　续流二极管对电路元件的保护作用

路。在实际应用开发中，我们常选用 BJT、达林顿、MOSFET、IGBT 等类型晶体管器件或相关模块作为电子开关。下面简单介绍 IGBT 器件用作电子开关的基本原理。

IGBT 是绝缘栅双极性晶体管(Insulated Gate Bipolar Transistor)的简称，是由 MOSFET 和双极型三极管复合而成的一种功率半导体器件，其输入极为 MOSFET，输出极为 PNP 三极管；它融合了这两种器件的优点，既具有 MOSFET 器件驱动功率小和开关速度快的优点，又具有双极型三极管器件饱和压降低而容量大的优点；其频率特性介于 MOSFET 与功率三极管之间，可正常工作于几十～200 kHz 频率范围，在中大功率电力电子技术应用中占据主导地位。

图 8.4 是型号为 NCE30TD60B 的 IGBT 器件外观图及 IGBT 电路图符号。

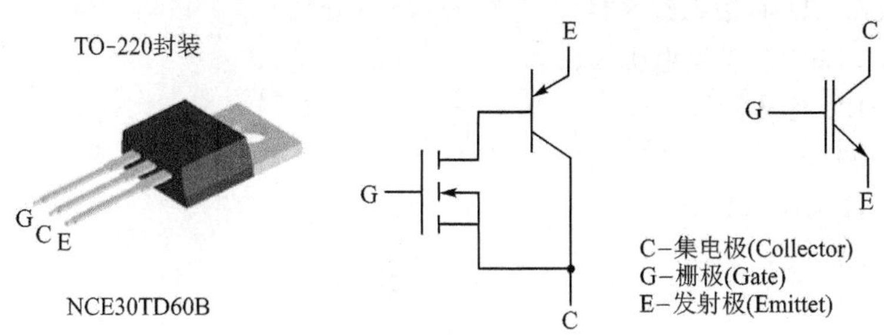

图 8.4　IGBT 器件及其电路图符号

IGBT 用作电子开关的基本工作原理：IGBT 开启电压通常为 3～8 V，当给栅极加上高电平时，管子的栅极与发射极之间的电压大于开启电压，即 $U_{GE}>U_{GE(th)}$，管子导通，集电极与发射极之间的电阻接近于 0，相当于开关闭合；若给栅极加上低电平，使管子的栅极与发射极之间电压小于开启电压，即 $U_{GE}<U_{GE(th)}$，则管子截止，集电极与发射极之间的电阻为无穷大，相当于开关断开($I_{CE}\approx 0$)。型号为 NCE30TD60B 的 IGBT 集电极和发射极引脚内部并联了一只续流二极管(寄生二极管)，该型号 IGBT 的开启电压典型值为 5 V，最大集电极电流为 30 A，最大集电极-发射极电压为

600 V。表 8.2 比较了功率 BJT、功率 MOSFET 和 IGBT。

表 8.2　功率 BJT、功率 MOSFET 和 IGBT 主要特性比较

器件特性	功率 BJT 器件	功率 MOSFET 器件	IGBT 器件
最大电压	<1 kV	<1 kV	>1 kV
最大电流	<500 A	<200 A	>500 A
输入驱动	电流：β=20～200	电压：U_{GS}=3～10 V	电压：U_{GE}=4～8 V
输入阻抗	低	高	高
输出阻抗	低	中	低
开关速度	慢(μs)	快(ns)	中等

通常，高压、1 000 W 以上大功率应用场景选用 IGBT 器件，中小功率应用场景选用 MOSFET 或 BJT。

8.1.3　基于 Pico 开发板和晶体管的直流电机调速控制实践

实践任务：使用 Pico 开发板和达林顿管实现直流电机接口电路，并编写直流电机 PWM 调速控制测试程序。

1. 材　料

所需硬件材料如下：

- Pico 开发板×1；
- Micro‑USB 数据线×1；
- FA‑130RA 直流电机×1；
- TIP120 达林顿管×1；
- 1N4002×1；
- 200 Ω 电阻×1；
- 面包板×1；
- 杜邦线若干。

2. Pico 开发板和达林顿管与直流电机硬件接口电路

Pico 开发板和达林顿管与直流电机硬件接口电路原理图如图 8.5 所示。

R_B 估算方法：

在图 8.5 中，TIP120 达林顿管 $U_{BE}=2.5$ V，电流放大倍数 $\beta=1\ 000$；根据表 8.1，FA‑130A 最大电流 $I_C=2$ A，可知达林顿管基极电流 $I_B=\frac{I_C}{\beta}=2\text{ A}/1\ 000=0.002$ A。当取 $2I_B=0.004$ A 时达林顿管可以深度饱和，故有 $R_B=\frac{3.3\text{ V}-2.5\text{ V}}{0.004\text{ A}}=200\ \Omega$。

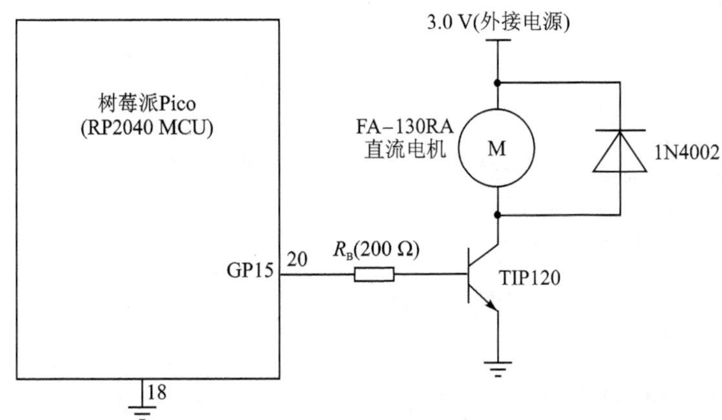

图 8.5　Pico 开发板和达林顿管与直流电机硬件接口电路原理图

图 8.6 是 Pico 开发板和达林顿管与直流电机接口硬件接线实物图。这里提供给直流电机的电源使用了 3.0 V 直流可调电源，当然也可以选用其他直流电源。

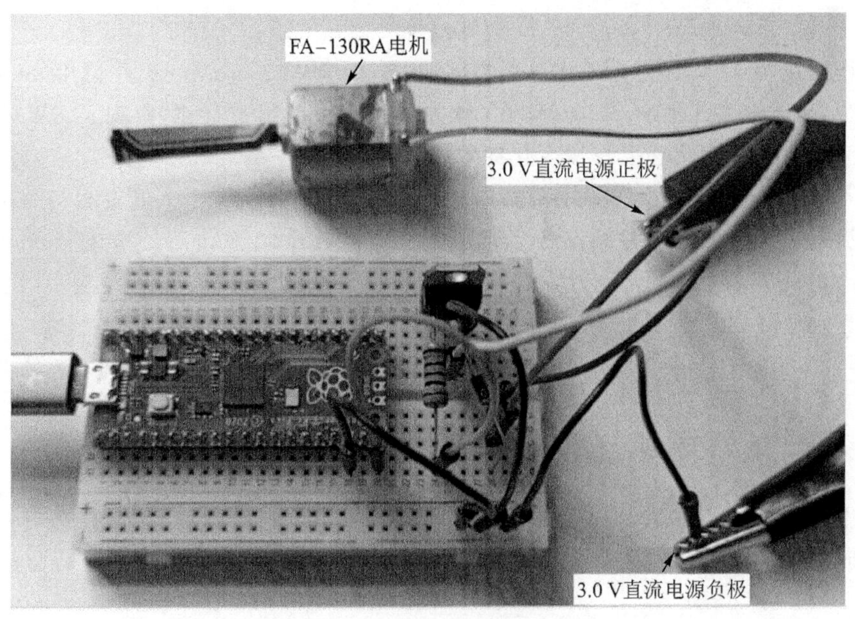

图 8.6　Pico 开发板和达林顿管与直流电机接口硬件接线实物图

3. Pico 开发板输出 PWM 波控制直流电机调速测试程序

满足实践任务的 PWM 波直流电机调速控制 MicroPython 测试程序清单(程序名：ch8_1.py)如下：

```
#Filename: ch8_1.py
'''
Pico 开发板 PG15 端口输出 PWM 波实现 FA-130RA 直流电机调速控制
'''
import utime
from machine import Pin, PWM
PWM_PulseWidth = 0
#构建 PWM 对象 pwmMotor
pwmMotor = PWM(Pin(15))
#设置 PWM 对象 pwmMotor 的频率为 500 Hz
pwmMotor.freq(500)
while True:
    while PWM_PulseWidth < 65535:
        PWM_PulseWidth = PWM_PulseWidth + 500
        utime.sleep_ms(10)  #延时 10 ms
        pwmMotor.duty_u16(PWM_PulseWidth)
    while PWM_PulseWidth > 0:
        PWM_PulseWidth = PWM_PulseWidth - 500
        utime.sleep_ms(10)
        pwmMotor.duty_u16(PWM_PulseWidth)
```

程序说明：本程序使用 GP15 引脚创建 PWM 对象 pwmMotor 并调用 duty_u16()方法，通过改变 PWM_PulseWidth 脉冲宽度数值调整占空比，实现了 PWM 波控制直流电机转子旋转速度快慢变化的效果。

若使用 Pico 开发板和 IGBT 实现直流电机调速控制，则 Pico 开发板与 IGBT 驱动直流电机接口电路可参阅作者 CSND 博文链接 https://yuanyx.blog.csdn.net。

8.2 树莓派 Pico 直流电机控制技术实践

8.2.1 H 桥电机正反转驱动电路

上一节介绍了使用 Pico 和单个晶体管控制直流电机转速，如果在控制电机转速的同时还能控制电机的正反转，就需要采用 H 桥(H Bridge)电机正反转驱动控制电路。

1. H 桥电机驱动电路的基本工作原理

H 桥驱动电路是为直流电机而设计的一种常见电路，它主要用于实现直流电机的正反转驱动。开关组成的 H 桥简化驱动电路原理如图 8.7 所示。

从图 8.7 可以看出，H 桥形状像字母“H”，而作为负载的直流电机像“桥”一样架在上面，因此称之为“H 桥驱动电路”；4 个开关所在位置称为“桥臂”。

H 桥电机驱动电路基本原理如下：①如果 4 个开关全部断开，则电机惯性所产

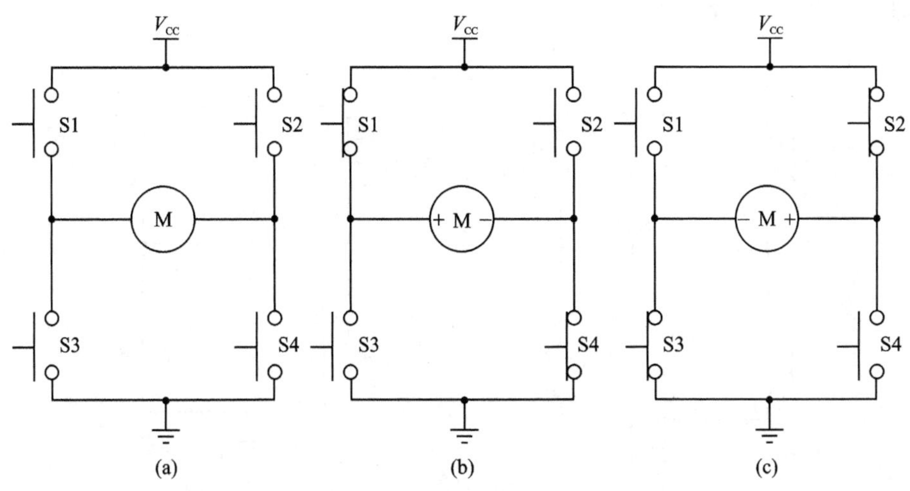

图 8.7　开关组成的 H 桥简化驱动电路原理图

生的电动势将无法形成回路，从而不会产生阻碍转动的反电动势，电机将惯性转动较长一段时间停止，称之为惰行停止状态，如图 8.7(a)所示；②如果开关 S1、S4 闭合，直流电机将正向(顺时针)旋转，如图 8.7(b)所示；③如果开关 S2、S3 闭合，直流电机将反向(逆时针)旋转，如图 8.7(c)所示，从而用 H 桥驱动电路实现了电机的正反向驱动；④电机还有一种制动状态，将 S1、S2 开关(或 S3、S4 开关)闭合，则电机惯性转动产生的电动势将被短路，产生阻碍运动的反电动势(Back EMF)，从而形成制动刹车作用。H 桥的工作状态只有以上 4 种情况，在实际控制过程中，绝对不能将 H 桥同侧的开关同时闭合，比如将 S1 和 S3 同时闭合(即使时间很短)也会直接造成电路短路，如果没有适当的保护措施，则会直接损毁电源。

表 8.3 总结了不同开关状态组合的电机状态，0 表示开关断开状态，1 表示开关闭合状态，X 表示状态不确定。

表 8.3　不同开关状态组合的电机状态

S1	S2	S3	S4	电机状态
1	0	0	1	正向旋转
0	1	1	0	反向旋转
0	0	0	0	停止
1	X	1	X	短路(不允许)
X	1	X	1	短路(不允许)
1	1	0	0	制动
0	0	1	1	制动

实际应用中，H 桥简化驱动电路中的 4 个机械开关须用三极管、MOS 管等晶体

管器件组成的 4 个电子开关来实现,如图 8.8 所示。

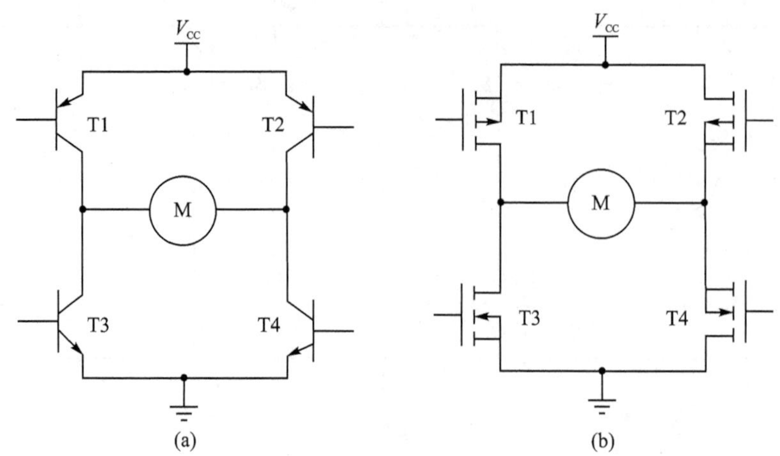

图 8.8　晶体管组成的 H 桥基本驱动电路原理图

图中 T1 和 T2 作为上桥臂,T3 和 T4 作为下桥臂,图中只有对角线的管子导通时,电机才能转动。例如,当 T1、T4 导通时,电机正转;当 T2、T3 导通时,电机反转;当 T1、T2(或 T3、T4)导通时,电机处于制动状态。跟前面的开关一样,应避免同侧桥臂的两个管子同时导通,即避免 T1、T3 同时导通或者 T2、T4 同时导通。

在图 8.8(a)中,上桥臂 T1 和 T2 采用 PNP 型三极管,T3 和 T4 采用 NPN 型三极管。

在图 8.8(b)中,上桥臂 T1 和 T2 采用 PMOS 管,T3 和 T4 采用 NMOS 管。若上桥臂 T1 或 T2 的 PMOS 管导通,那么 PMOS 管栅极电压须低于源极电压,而且栅源极电压要低于开启电压;由于 PMOS 管源极接电源正极,因此只要栅极输入为低电平(0 V 或接近 0 V),PMOS 管就能导通。下桥臂 T3 或 T4 的 NMOS 源极接地,若使其导通,那么栅极输入电压为高电平,并且栅源极电压须大于开启电压。

许多 NPN 三极管都有一个特性与之匹配的 PNP 型"孪生兄弟",如果 H 桥驱动电路使用三极管,则下桥臂 NPN 三极管要选择与上桥臂特性匹配 PNP 型三极管,如 2SB772(PNP)与 2SB882(NPN)、TIP120(NPN 达林顿)与 TIP125(PNP 达林顿)等配对。同样,如果 H 桥驱动电路使用 MOS 管,则下桥臂 NMOS 管要选择与上桥臂特性匹配的 PMOS 管,如 2301(PMOS)与 2302(NMOS)、IRF630(NMOS)与 IRF9630(PMOS)、IRF540(NMOS)与 IRF9540(PMOS)等配对。

当然也不是说上桥臂就不能采用 NPN 三极管或 NMOS 管,只是上桥臂采用 NPN 三极管或 NMOS 管会使 H 桥驱动电路控制变得比较复杂,比如可以采用半桥驱动芯片或者光-电隔离技术进行 H 桥驱动电路控制。

2. 典型 H 桥驱动电路分析

为了对 H 桥驱动电路进行分析,须先讨论 H 桥的性能指标。

H 桥的性能指标包括:

① 驱动效率：驱动效率高是指输入的能量尽可能多地输出给负载，而驱动电路本身最好不消耗或很少消耗能量；针对 H 桥驱动电路，驱动效率高就是指 4 个桥臂导通时最好无压降或者压降越小越好。

② 安全性：是指同侧桥臂不能同时导通，在 PWM 电机控制上可采用带死区的 PWM(或采用逻辑电路)控制来确保安全性。

③ 电压：指能承受的驱动电压。

④ 电流：指允许通过的驱动电流。

可以看出，指标②不是 H 桥本身的问题，而是控制部分考虑的问题。最后两个指标只要不是特别大的负载，我们通过选择合适参数的器件就能满足。只有指标①是由不同器件性能决定的，它直接影响电机驱动的效率。故这里重点分析驱动效率指标，也就是分析桥臂的压降。

为了便于分析和比较，假设 H 桥驱动电流为 2 A，电源电压为 4.8～5 V。在图 8.8(a)中，三极管 T1、T2 选用 PNP 型三极管 2SB772，T3、T4 选用 NPN 型三极管 2SD882。在图 8.8(b)中，MOS 管 H 桥 T1、T2 选用 PMOS 管 2301，T3、T4 选用 NPN 型三极管 2302。查阅数据手册可获得这些管子的主要技术参数。

2SB772、2SD882 主要技术参数如表 8.4 所列。

表 8.4　2SB772、2SD882 主要技术参数

型　号	$V_{CE(sat)}$/V	I_B/A	I_C/A
2SB772(PNP)	−0.5	−0.2	−2
2SD882(NPN)	0.5	0.2	2

2301、2302 主要技术参数如表 8.5 所列。

表 8.5　2SB772、2SD882 主要技术参数

型　号	V_{GS}/V	I_D/A	$R_{DS(on)}/\Omega$
2301(PMOS)	−4.5	−2.8	0.093，0.130
2302(NMOS)	4.5	3.6	0.045，0.060

由于 MOS 管是以导通电阻来衡量的，因此必须换算。以智能小车应用为例，假设智能小车采用 4 节 1.2 V 充电电池供电，小车控制电压为 4.5 V(电池电压)，根据表 8.4 给出的 PMOS 管 2301 导通电阻参数，当驱动电流为 2 A 时，管子最小压降为 2 A×0.093 Ω=0.186 V，最大压降为 2 A×0.130 Ω=0.26 V；同样，对于 PMOS 管 2302，管子最小压降为 2 A×0.045 Ω=0.09 V，最大压降为 2 A×0.06 Ω= 0.12 V。

两种 H 桥驱动自身所消耗功率如下：

➢ 三极管 H 桥(D772、D882)：根据表 8.3，三极管 H 桥驱动自身所消耗功率为 (0.5 V+0.5 V)×2 A=2 W；

➢ MOS 管 H 桥(2301、2302):MOS 管 H 桥驱动自身所消耗功率为(0.26 V+0.12 V)×2 A=0.76 W。

以驱动 4.5 V、2 A 直流电机为例,电机得到的功率为 4.5 V×2 A=9 W;若采用三极管 H 桥(D772、D882)驱动,三极管 H 桥压降为 1 V,则需要 5.5 V 电源电压供电,驱动效率为 9/(5.5×2)=81%;若采用 MOS 管 H 桥(2301、2302)驱动,MOS 管 H 桥最大压降为 0.38 V,需要 4.88 V 电源电压供电,驱动效率为 9/(4.88×2)=92%。

由于智能小车使用 4 节 1.2 V 充电电池供电,电源电压只有 4.8~5 V,三极管 H 桥压降为 1 V,因此使用三极管 H 桥(D772、D882)驱动只能选用 3 V 电机;而改用 MOS 管 H 桥驱动后,MOS 管 H 桥只有不到 0.4 V 压降,故可选用 4.5 V 电机。

3. 微控制器 GPIO 端口控制 MOS 管 H 桥驱动电路

在图 8.8 的 H 桥基本驱动电路中,需要占用微控制器 4 个 GPIO 端口,比较浪费 GPIO 接口,而且微控制器 GPIO 端口引脚输出电平一般是 3.3 V 或者 5 V,不足以使许多型号的 NMOS 管完全导通。图 8.9 是采用微控制器端口控制 MOS 管 H 桥驱动电路原理图,它是将图 8.8(b)MOS 管 H 桥基本驱动电路的 PMOS 管和 NMOS 管的栅极接在一起,然后将两个 10 kΩ 电阻上拉至电源、两个 10 kΩ 电阻下拉至地,再用一个 NPN 三极管来控制它们的栅极,这样就可以将 H 桥控制引脚从 4 个简化成两个,并且可以使用 LV TTL 电平或者 TTL 电平的微控制器对其进行控制。

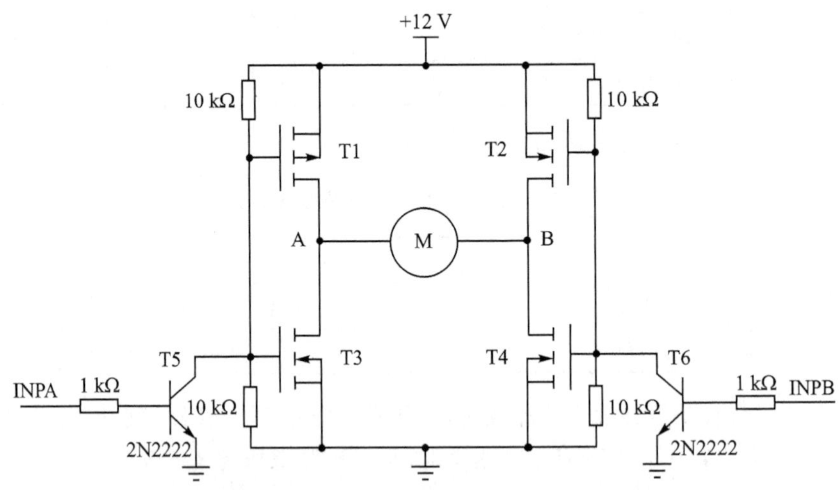

图 8.9 微控制器端口控制 MOS 管 H 桥驱动电路原理图

以树莓派 Pico 开发板 GP0 和 GP1 端口连接图 8.9 的 MOS 管 H 桥驱动电路为例,设 GP0 端口引脚接到 INPA、GP1 端口引脚接到 INPB。Pico 开发板 GP0 和 GP1 端口控制 MOS 管 H 桥电机驱动真值表如表 8.6 所列。

表 8.6　Pico 开发板 GP0 和 GP1 端口控制 MOS 管 H 桥电机驱动真值表

GP0 GP1 (INPA, INPB)	V_A/V	V_B/V	MOS 管 H 桥驱动电机工作情况说明
00	0	0	T3、T4 导通，T1、T2 断开；电机制动
01	0	12	T2、T3 导通，T1、T4 断开；电机反转
10	12	0	T1、T4 导通，T2、T3 断开；电机正转
11	12	12	T1、T2 导通，T3、T4 断开；电机制动

由于电机是感性负载，为了使电机在启动或停止瞬间不损坏 MOS 管，我们需要在连接电机处增加 4 个二极管来提供泄放回路，如图 8.10 所示。

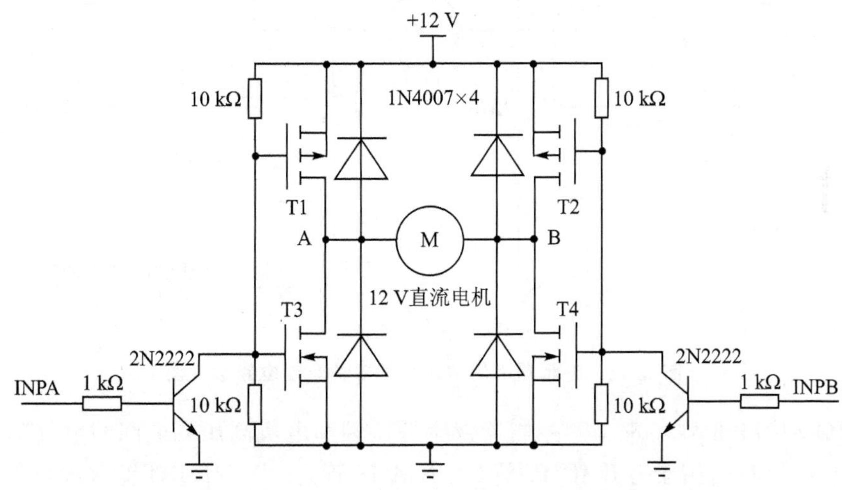

图 8.10　实际的 MOS 管 H 桥驱动电路原理图

在正反转切换频率不太高的情形下，一般只须按照图 8.10 选择合适功率的 NMOS、PMOS 配对对管，就可以驱动 1 000 W 以内不同功率的直流电机。例如，若驱动较小功率的直流电机，则可选择 IRF630 和 IRF9630 对管；若驱动较大功率的直流电机(如驱动功率为 120 W 的 755 直流电机)，则可选用 IRF540 和 IRF9540 分别替换 IRF630 和 IRF9630。

需要强调的是，尽管理论上可以使用两个 NMOS 管和两个 PMOS 管来构建 H 桥电路，但许多实际应用都需要用 4 个 NMOS 管搭建 H 桥电路。之所以在一些应用场景中不用两个 NMOS 管和两个 PMOS 管搭建 H 桥电路，主要原因有：一是现有型号的 PMOS 管较难做到高耐压、大电流，且导通电阻大；二是同样性能的 MOS 管，NMOS 管比 PMOS 更为便宜。

4. 光耦隔离的 IGBT 管 H 桥驱动电路

在大功率开关量输出通道中，为防止现场强电磁干扰，一般采用通道隔离技术。

在输出通道的隔离中，最常用的是光-电隔离技术，因为光信号的传输不受电场、磁场的干扰，可以有效地隔离电信号。

在高电压、大电流开关量控制应用场景中，可以采用光-电隔离技术驱动 IGBT 大功率半导体器件。图 8.12 是采用 4 个光耦(Opto - coupler，光耦合器/光耦)实现低压和高压隔离的 IGBT 管 H 桥驱动电路原理图。

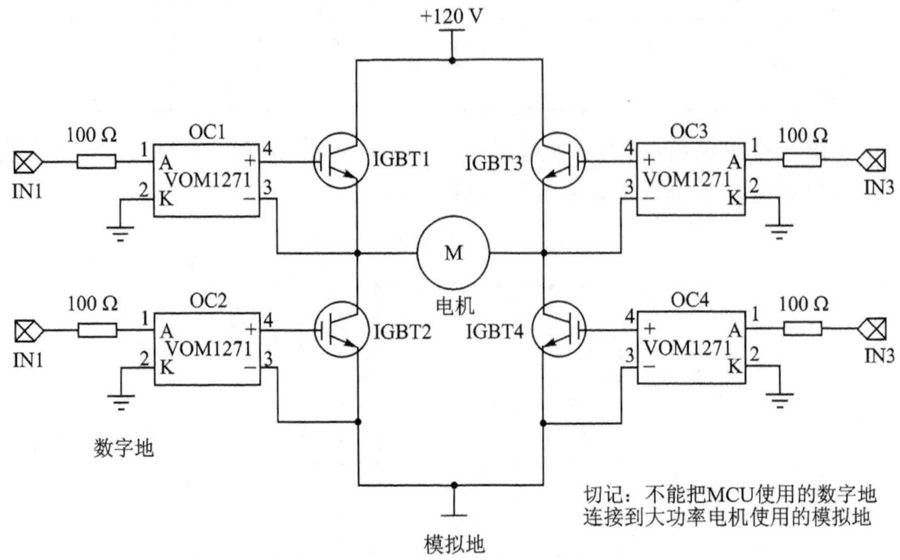

图 8.11　光耦隔离的 IGBT 管 H 桥驱动电路原理图

VOM1271 光耦实现了微控制器数字低压端和电机高压端之间的电气隔离，可以输出 8 V 电压，用于打开 IGBT 管(或 NMOS 管)。当 IN1、IN4 输入高电平时，电机正转；当 IN2、IN3 输入高电平时，电机反转。使用时，将微控制器 GPIO 引脚输出端连接到 IN1～IN4 输入端，编写相关控制程序就能控制驱动较大功率电机的正反转。

5. H 桥驱动电路模块

在实际的直流电机驱动应用中，使用前面的分立元件设计制作 H 桥对于一般用户而言比较麻烦，目前市场上有许多封装好的 H 桥集成电路驱动模块，在额定电压和电流允许的范围内使用时，我们只须将 H 桥驱动模块接通电源、电机和控制信号即可。常见的直流电机驱动模块有 ULN2003(达林顿三极管阵列驱动)、L298N(双 H 桥驱动)、TB6612(双 H 桥驱动)、DRV8833(双 H 桥驱动)等。其中，DRV8833 是 TI 公司出品的一款双通道 H 桥电机驱动芯片(它可以完全取代 TB6612)，采用 DRV8833 芯片设计的典型直流电机驱动电路原理图如图 8.12 所示。

以 DRV8833 芯片为基础，许多电子厂商推出了相应的 DRV8833 驱动模块解决方案。图 8.13 是一款 DRV8833 双 H 桥直流电机驱动模块。

DRV8833 双 H 桥直流电机驱动模块信号引脚说明如下：

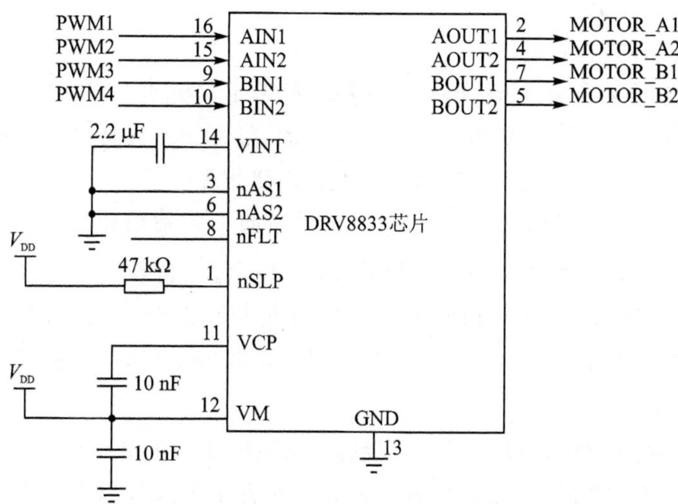

图 8.12　采用 DRV8833 芯片设计的典型直流电机驱动电路原理图

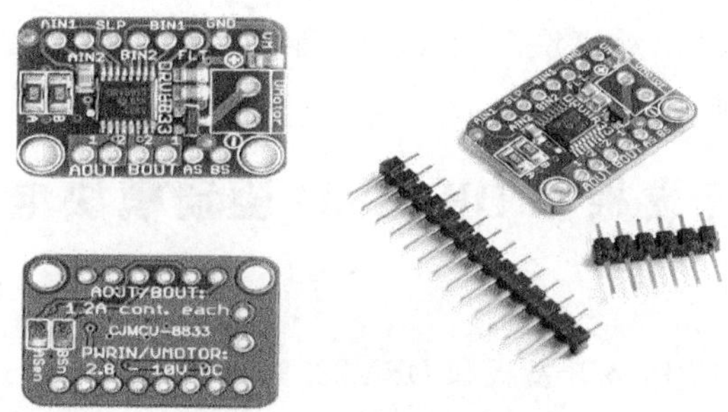

图 8.13　DRV8833 驱动模块

- VM：电源(2.7～10.8 V)；
- GND：地；
- AIN1：电机 A H 桥输入端 1；
- AIN2：电机 A H 桥输入端 2；
- BIN1：电机 B H 桥输入端 1；
- BIN2：电机 B H 桥输入端 2；
- FLT：故障输出；
- AOUT1：电机 A H 桥输出端 1；
- AOUT2：电机 A H 桥输出端 2；
- BOUT1：电机 B H 桥输出端 1；
- BOUT2：电机 B H 桥输出端 2；
- AS1：桥 A 接地(用于桥 A，可连接到电流检测电阻；若不需要电流控制，则可连接到 GND)；

- AS2：桥 B 接地；
- SLP：睡眠模式输入，SLP＝1(如果嵌入式开发板的 GPIO 口是 LV TTL 逻辑，SLP 可接到＋5 V 电源或 3.3 V 电源，则 SLP＝1)时，H 桥驱动电机工作；SLP 悬空或接 GND 时，H 桥不能驱动电机工作。

DRV8833 有两个 H 桥驱动器，可用于驱动两个直流电机、一个双极性步进电机，也可用于驱动其他感性负载。DRV8833 每个 H 桥输出驱动器模块由 4 个 NMOS 管组成，这些 MOS 管被配置成一个 H 桥驱动电路，以驱动电机绕组。每个 H 桥可连续提供 1.5 A 的电流(在 25 ℃且供电电源电压 VM＝5 V 时)，能支持高达 2 A 的峰值电流。

DRV8833 电机驱动模块主要参数包括：电机电压范围 2.7～10.8 V(即 VM 电源电压范围)，峰值电流 2 A，NMOS 管导通电阻为 360 mΩ(因全部采用 NMOS 管，导通电阻较低)。

需要补充说明的是，如果遇到实际问题使用的是大功率电机，则可以改用 DRV8302 大功率电机驱动模块。DRV8302 驱动模块主要参数包括电机电压范围 5.5～45 V、峰值电流 15 A 等。

8.2.2 Pico 开发板和 DRV8833 驱动模块电机接口及编程实践

实践任务：①使用 Pico 开发板和 DRV8833 驱动模块实现 5 V 微型电机接口电路；②编程实现电机的正反转控制；③使用不同占空比的 PWM 波编程实现电机的调速控制。

1. 材　料

所需硬件材料如下：

- Pico 开发板×1；
- Micro - USB 数据线×1；
- DRV8833 电机驱动模块×1；
- R300C 直流电机×1；
- 面包板×1；
- 杜邦线若干。

2. Pico 开发板与 DRV8833 模块驱动微型电机接口

Pico 开发板与 DRV8833 模块驱动微型电机接口原理图如图 8.14 所示。

图 8.15 是相应的硬件接线实物图，这里直流电机型号为 R300C 微型直流电机

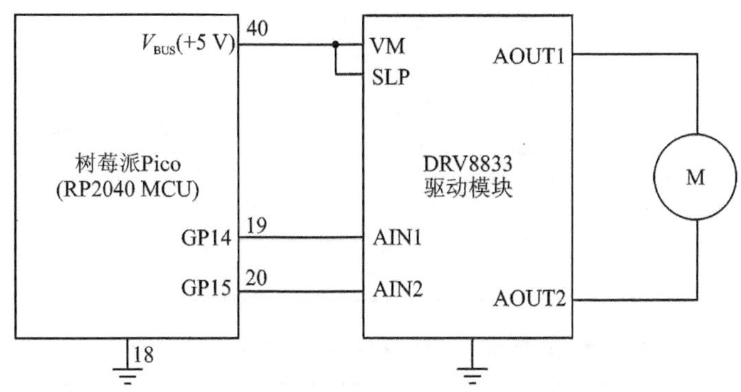

图 8.14　Pico 开发板与 DRV8833 模块驱动微型电机接口原理图

(配风叶片)。R300C 电机的主要参数:电源电压 1.5～6 V,3 V 电压 3 500 转/分,6 V 电压 7 000 转/分。

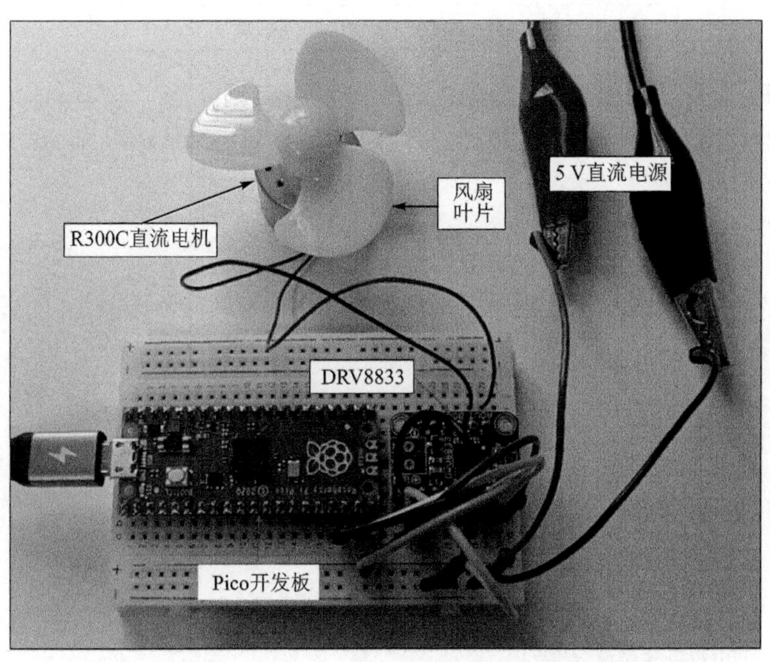

图 8.15　Pico 开发板与 DRV8833 模块驱动电机接口接线实物图

3. DRV8833 模块电机驱动及 PWM 电机调速控制真值表

DRV8833 模块电机驱动控制真值表如表 8.7 所列,PWM 电机调速控制真值表如表 8.8 所列。

表 8.7　DRV8833 模块 H 桥电机驱动控制真值表

AIN1	AIN2	AOUT1	AOUT2	功　能
0	0	Z	Z	惰行状态/快速衰减
0	1	L	H	反转
1	0	H	L	正转
1	1	L	L	制动/慢速衰减

表 8.8　DRV8833 模块 PWM 控制电机转速真值表

AIN1	AIN2	功　能
PWM	0	PWM 控制电机转速,正转,快速衰减
PWM	1	PWM 控制电机转速,反转,慢速衰减
1	PWM	PWM 控制电机转速,正转,慢速衰减
0	PWM	PWM 控制电机转速,反转,快速衰减

4. Pico 开发板控制直流电机正反转程序实现

满足实践任务的 Pico 开发板控制直流电机正反转程序清单(程序名:ch8_2.py)如下:

```
#Filename: ch8_2.py
'''
Pico 开发板 GPIO 扩展硬件 GP14 端口和 GP15 端口控制直流电机正反转
'''
from machine import Pin
import utime
HBridge_AIN1  = Pin(14, Pin.OUT)
HBridge_AIN2  = Pin(15, Pin.OUT)
#控制电机正转函数定义
def motor_forward():
    HBridge_AIN1.high()
HBridge_AIN2.low()
#控制电机反转函数定义
def motor_reverse():
    HBridge_AIN1.low()
HBridge_AIN2.high()
#控制电机停转函数定义
def motor_stop():
    HBridge_AIN1.low()
    HBridge_AIN2.low()
def test():
```

```
        motor_forward()
        utime.sleep(2)
        motor_reverse()
        utime.sleep(2)
        motor_stop()
    test() #测试电机的正反转
```

程序说明：根据图 8.14 和图 8.15 的硬件接口，以及表 8.6 的真值表分析可知，本程序运行后，电机将依次正转 2 s、反转 2 s，最后电机惯性转动一段时间并停止（驱动模块 H 桥的 AOUT1 和 AOUT2 输出为高阻，电机处于惰性状态）。

5. Pico 开发板输出不同占空比的 PWM 波控制直流电机调速程序实现

满足实践任务的 Pico 开发板输出不同占空比的 PWM 波控制直流电机调速程序清单（程序名：ch8_3.py）如下：

```
#Filename: ch8_3.py
'''
Pico 开发板输出 5 个不同占空比的 PWM 波控制直流电机调速
'''
from machine import Pin, PWM
import utime
#使用 Pico 扩展硬件 GP14 端口构建 PWM 对象 PWM_HBridge_AIN1
PWM_HBridge_AIN1 = PWM(Pin(14))
HBridge_AIN2  = Pin(15, Pin.OUT)
#设置 PWM_HBridge_AIN1 频率
PWM_HBridge_AIN1.freq(500)
#设置占空比 PWM_PulseWidth[i]/65535(i = 0～4):100 %,75 %,50 %,25 %,0 %
PWM_PulseWidth = [65535,49151,32767,16383,0]
#定义电机正转函数:以设定的 5 个占空比,电机速度分成 5 挡每 2 s 由快到慢正转,最后
1 挡停转
def motor_forward():
    HBridge_AIN2.low()
    for i in range(len(PWM_PulseWidth)):
        PWM_HBridge_AIN1.duty_u16(PWM_PulseWidth[i])  #电机按设置的占空比正转
        utime.sleep(2)

#定义电机反转函数:以设定的 5 个占空比,电机速度分成 5 挡每 2 s 由快到慢反转,最后
1 挡停转
def motor_reverse():
    HBridge_AIN2.high()
    for i in range(len(PWM_PulseWidth) - 1, - 1, - 1):
        PWM_HBridge_AIN1.duty_u16(PWM_PulseWidth[i]) #电机按设置的占空比反转
        utime.sleep(2)
```

```
def test():
    motor_forward()
    motor_reverse()
test()  #测试电机的 PWM 波调速正反转
```

程序说明：本程序运行后，电机将先按从快到慢的 5 挡不同速度（即 5 个不同的占空比：100%，75%，50%，25%，0%）各正转 2 s，然后再按从快到慢的 5 挡不同速度（100%，75%，50%，25%，0%）各反转 2 s；当电机快速转动时，将同步带动风扇叶片快速旋转。

8.3 树莓派 Pico 伺服电机控制技术实践

8.3.1 伺服电机

伺服电机（Servo motor）是一种可以控制旋转角度的动力装置，它主要由直流电机、角度检测电路、电机驱动电路及减速齿轮等部分组成。伺服电机接收到一个脉冲就会旋转一个脉冲所对应的角度，从而实现位移；伺服电机每旋转一个角度，同时也会发出对应数量的脉冲，从而和伺服电机所接收的脉冲形成呼应，或者叫闭环（Closed loop）。系统知道发出多少个脉冲给伺服电机，同时就收多少个返回脉冲，这样就能精确地控制电机转动，从而实现精确定位，其定位精度可高达 0.001 mm。

舵机是航模、小型机器人等领域中使用的一种特殊伺服电机，通常舵机重量较轻、廉价并附带减速机构。

图 8.16 是型号为 SG90 舵机外观图。SG90 是广泛使用的基础版塑料齿舵机，MG90S 是与 SG90 功能相当的加强版金属齿舵机。

图 8.16 SG90 舵机外观图

SG90 舵机信号说明如下：

- 黄线：(PWM)信号线；
- 红线：电源线(+5 V)；
- 黑线/棕线：接地线(0 V)。

SG90 舵机主要参数：

➢ 电源电压：4.8～6 V；

➢ 操作速度：0.12 s/60°(转 60°需要 0.12 s，转 180°需要 0.36 s)；

➢ 消耗电流：80 mA(正常工作时)或 650 mA(堵转时)；

➢ 堵转扭力(Stall torque)：1.6 kg·cm；

➢ 死区带宽(Dead bandwidth)：5 μs；

➢ 结构材质：塑料齿。

舵机控制周期是约为 20 ms 周期(控制频率 50 Hz)，该控制周期的脉冲宽度一般是 0.5～2.5 ms 范围的角度控制脉冲(占空比：脉冲宽度/周期)，总间隔为2 ms。舵机按旋转角度可分为 180°舵机和 360°舵机两种，所有舵机(特殊定制舵机除外)都是由 20 ms 的 PWM 周期脉冲信号控制的。

180°舵机使用 PWM 周期脉冲信号控制其旋转角度，500～2 500 μs 的 PWM 周期脉冲信号对应于 180°舵机的 0°～180°控制。典型的 PWM 周期脉冲宽度与 180°舵机旋转角度之间的关系如图 8.17 所示。

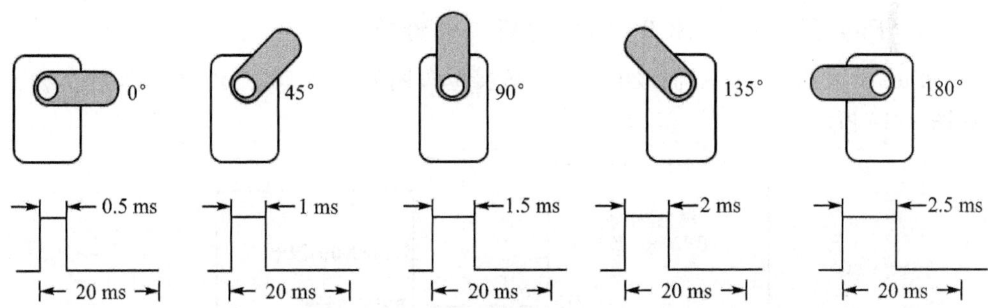

图 8.17　典型的 PWM 周期脉冲宽度与舵机旋转角度之间的关系

从图 8.17 可以看出，典型的 PWM 周期脉冲宽度与 180°舵机旋转角度对应关系如下：

➢ 0.5 ms：0°；

➢ 1.0 ms：45°；

➢ 1.5 ms：90°；

➢ 2 ms：135°；

➢ 2.5 ms：180°。

360°舵机使用 PWM 周期脉冲信号控制其旋转速度和旋转角度，500～1 500 μs 的 PWM 周期脉冲信号控制它正转，值越小，旋转速度越大；1 500 μs 的 PWM 周期脉冲信号控制它停止(每个舵机的中位值可能不同，有些舵机需要 1 520 μs 的 PWM 周期脉冲信号才能停止)。360°舵机其实就是一个普通直流电机和一个电机驱动电路的组合，因此它只能连续旋转，不能定位，也无法知道它的旋转角度和旋转圈数，除非自行在舵机外部加装其他传感器。

8.3.2　Pico 开发板和伺服电机接口连接及编程实践

实践任务：①将 Pico 开发板和 360° SG90 伺服电机接口进行连接；②编程实现伺服电机的旋转及调速控制测试；③使用 MicroPython 面向对象编程思想将伺服电机主要属性与方法改写成类库，以 servo.py 文件名存储到 Pico 开发板 Flash 存储器 LIB 文件夹中，加载 servo 类库及其方法实现伺服电机的旋转及调速控制测试。

1. 材　料

所需硬件材料如下：

- Pico 开发板×1；
- Micro-USB 数据线×1；
- SG90 伺服电机×1；
- 面包板×1；
- 杜邦线×3。

2. Pico 开发板与 SG90 伺服电机硬件连接

Pico 开发板与 SG90 伺服电机硬件连接原理图如图 8.18 所示，硬件连接实物图如图 8.19 所示。

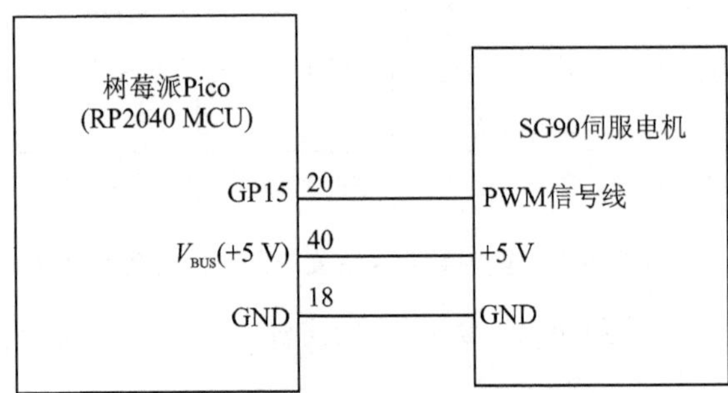

图 8.18　Pico 开发板与 SG90 伺服电机硬件连接原理图

3. 计算伺服电机旋转所对应的 PWM 周期脉冲信号占空比输出值

SG90 伺服电机最小脉冲宽度为 0.5 ms，最大脉冲宽度为 2.5 ms，Pico 开发板的 PWM 输出值范围在 0～65 535 之间，MicroPython 使用占空比产生 PWM 输出信号。SG90 伺服电机所需的最小和最大占空比计算如下：

最小占空比＝0.5 ms/20 ms＝0.025，它所对应的 Pico 开发板 PWM 最小占空比输出值＝0.025×65 535≈1 638；

最大占空比＝2.5 ms/20 ms＝0.125，它所对应的 Pico 开发板 PWM 最大占空比输出值＝0.125×65 535≈8 191。

图 8.19　Pico 开发板与 SG90 伺服电机硬件连接实物图

伺服电机每转动 1°的单位 PWM 输出值为：

(PWM 最大占空比值－PWM 最小占空比值)/180°＝(8 191－1 638)/180°＝36.405

这样就能计算出伺服电机指定角度所对应的 PWM 占空比输出值了。

例如，伺服电机旋转 0°的 PWM 占空比输出值＝36.405×0＋1 638＝1 638，旋转 90°的 PWM 占空比输出值＝36.405×90＋1 638≈4 914，旋转 180°的 PWM 占空比输出值＝36.405×180＋1 638≈8 191。

4. Pico 开发板控制伺服电机旋转及调速测试程序

Pico 开发板控制伺服电机旋转及调速测试程序清单(程序名：ch8_4.py)如下：

```
#Filename: ch8_4.py
"""
Pico 开发板控制伺服电机旋转及调速测试程序
"""
import time
from machine import PWM, Pin
#
servoObject = PWM(Pin(15))   #Servo 对象 servoObject 的引脚是 15
servoObject.freq(50)         #伺服电机控制频率为 50 Hz(控制周期为 20 ms)
#
period = 20000
minDuty = int(500/period * 65535)   #PWM 最小占空比值取整
maxDuty = int(2500/period * 65535)  #PWM 最大占空比值取整
unit = (maxDuty - minDuty)/180
```

```
#
def rotate(servoObject, degree = 90):
    duty = round(unit * degree) + minDuty  #计算指定旋转角度的四舍五入 PWM 占空比值
    duty = min(maxDuty, max(minDuty, duty))
    print(duty)
    servoObject.duty_u16(duty)
#
rotate(servoObject, 0)                          #旋转 0 度
time.sleep(1)
rotate(servoObject, 45)                         #旋转 45 度
time.sleep(1)
rotate(servoObject, 90)                         #旋转 90 度
time.sleep(1)
rotate(servoObject, 135)                        #旋转 135 度
time.sleep(1)
rotate(servoObject, 180)                        #旋转 180 度
```

5. 使用 MicroPython 面向对象编程实现伺服电机旋转及调速控制测试

首先自定义伺服电机类库,伺服电机类库代码清单(模块名:servo.py)如下:

```
#Filename: servo.py
'''
SG90 伺服电机自定义类库 servo
'''
from machine import PWM, Pin
#
class Servo:
    #定义构造器:__init__()
    def __init__(self, pin, min = 500, max = 2500, range = 180):
        self.servoObject = PWM(Pin(pin))  #Servo 对象 servoObject 的抽象引脚 pin
        self.servoObject.freq(50)  #伺服电机 PWM 脉冲信号频率为 50 Hz(PWM 脉冲
信号周期为 20 ms)

        self.period = 20000  #伺服电机 PWM 周期
        self.minDuty = self.__duty(min)  #PWM 最小占空比值
        self.maxDuty = self.__duty(max)  #PWM 最大占空比值
        self.unit = (self.maxDuty - self.minDuty)/range
    #定义计算 PWM 占空比取整方法:__duty()
    def __duty(self, value):
        return int(value/self.period * 65 535)
    #定义计算旋转角方法 rotate()
    def rotate(self, degree = 90):  #旋转角 degree 缺省值设置为 90 度
        duty = round(self.unit * degree) + self.minDuty
        duty = min(self.maxDuty, max(self.minDuty, duty))
        self.servoObject.duty_u16(duty)
```

将 servo. py 模块文件存储到 Pico 开发板 Flash 存储器 lib 文件夹中，如图 8. 20 所示。

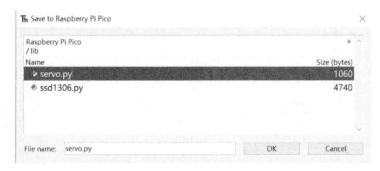

图 8. 20　存储伺服电机自定义类库

采用 MicroPython 面向对象编程控制伺服电机旋转与调速的测试程序清单(程序名：ch8_5. py)如下：

```
#Filename: ch8_5.py
import time
from servo import Servo          #导入自定义类库 servo
#使用 Pico 开发板 pin15 引脚输出 PWM 周期脉冲信号，构建伺服对象 servoObject
servoObject = Servo(15)
servoObject.rotate(0)            #旋转 0 度
time.sleep(1)
servoObject.rotate(45)           #旋转 45 度
time.sleep(1)
servoObject.rotate(90)           #旋转 90 度
time.sleep(1)
servoObject.rotate(135)          #旋转 135 度
time.sleep(1)
servoObject.rotate(180)          #旋转 180 度
```

8.4　树莓派 Pico 步进电机控制技术实践

8.4.1　直流步进电机及其驱动电路原理

根据步进电机定子绕组的不同，可将步进电机(Stepper Motor)分为单相、两相、三相和五相步进电机，两相单极驱动步进电机又称为四相步进电机。下面以 28BYJ - 48 型直流四相步进电机为例，介绍直流步进电机及其驱动电路原理。

28BYJ - 48 为一种直流 4 相 5 线步进电机，其供电电源为 +5 V 直流，消耗电流约为 200 mA。28BYJ－48 直流步进电机型号中的各符号含义如下：28 表示步进电机最大有效外径为 28 mm，B 表示步进电机，Y 表示永磁式，J 表示加速型，48 表示四相八拍。

图 8.21 是 28BYJ－48 型直流步进电机外观及其内部线圈和接线图。

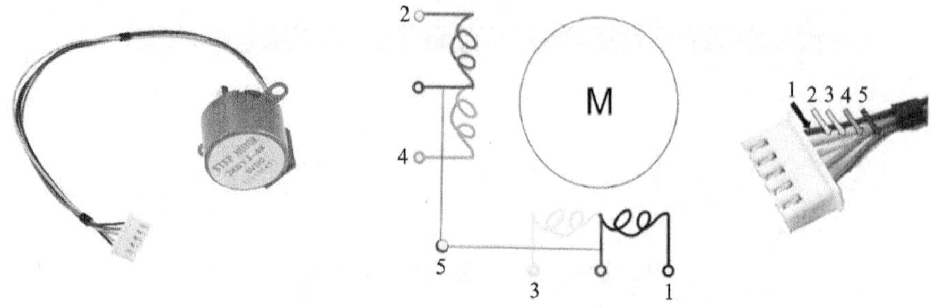

图 8.21　28BYJ－48 型直流步进电机外观及其内部线圈和接线图

在图 8.21 中，28BYJ－48 直流步进电机的 5 个接线端引脚编号含义如下：1 表示蓝色（Blue，D 相线圈），2 表示粉色（Pink，C 相线圈），3 表示黄色（Yellow，B 相线圈），4 表示橙色（Orange，A 相线圈），5 表示红色（Red，＋5 V 电源）。

与使用直流电机需要驱动电路一样，我们必须在微控制器 GPIO 接口和步进电机控制对象之间增加驱动电路。

图 8.22 是一种采用 4 只 PNP 型三极管构成的直流步进电机驱动电路原理图，步进电机 A～D 相线圈可以由微控制器可编程 GPIO 接口相应的 GPIO 口线（如 $GPIO_A$～$GPIO_D$）进行控制（图 8.22 左端），J 插头用来连接 28BYJ－48 直流步进电机（图 8.22 右端）。

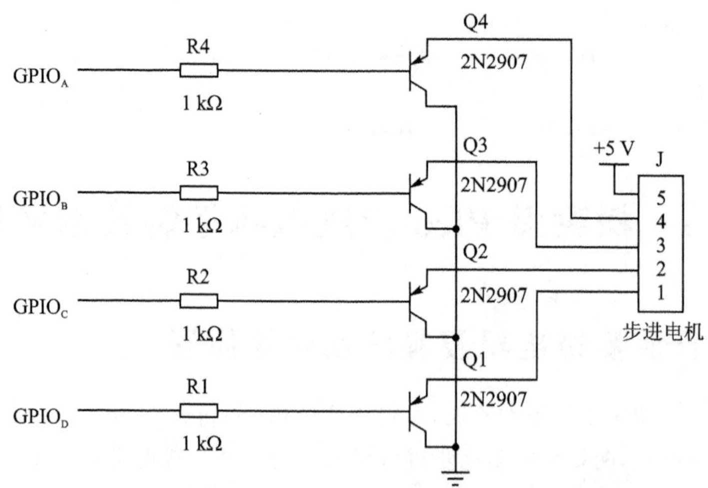

图 8.22　PNP 型三极管直流步进电机驱动电路原理图

除了使用三极管、MOSFET 等分立电子元件设计步进电机驱动电路外，我们还可以使用 H 桥(H Bridge)功率驱动电路实现直流步进电机驱动，如 DRV8833 双 H 桥驱动模块；也可使用直流电机驱动芯片或相关驱动模块实现直流步进电机驱动，如 ULN2003A、ULN2803A(达林顿三极管阵列)直流步进电机驱动芯片或相关驱动模块等。

8.4.2　Pico 开发板步进电机控制技术实践

实践任务：分别采用 Pico 开发板＋ULN2003A 直流步进电机驱动芯片、Pico 开发板＋DRV8833 双 H 桥驱动模块实现与 28BYJ－48 直流步进电机接口电路；使用单相四拍或双相四拍脉冲控制方法编写直流步进电机运动控制测试程序。

1. 材　料

所需硬件材料如下：

- Pico 开发板×1；
- Micro－USB 数据线×1；
- 28BYJ－48 直流步进电机×1；
- ULN2003 步进电机驱动芯片×1；
- DRV8833 双 H 桥驱动模块×1；
- 面包板×1；
- 杜邦线若干。

2. Pico 开发板与直流步进电机驱动接口电路

(1) ULN2003A 步进电机驱动芯片或模块直流步进电机驱动硬件接口

ULN2003A 芯片是高压大电流达林顿晶体管阵列集成电路，它内部有 7 个独立的反相驱动器，每个驱动器输出灌电流可达 500 mA，导通时输出电压约 1 V，截止时输出电压可达 50 V。ULN2003A 输入端的引脚 1～引脚 7(IN1～IN7)，依次对应于输出端的引脚 16～引脚 10，引脚 8 为接地端。

图 8.23 是 Pico 开发板和 ULN2003A 直流步进电机驱动芯片与 28BYJ－48 步进电机接口电路原理图。硬件接口连接实物图如图 8.24 所示。

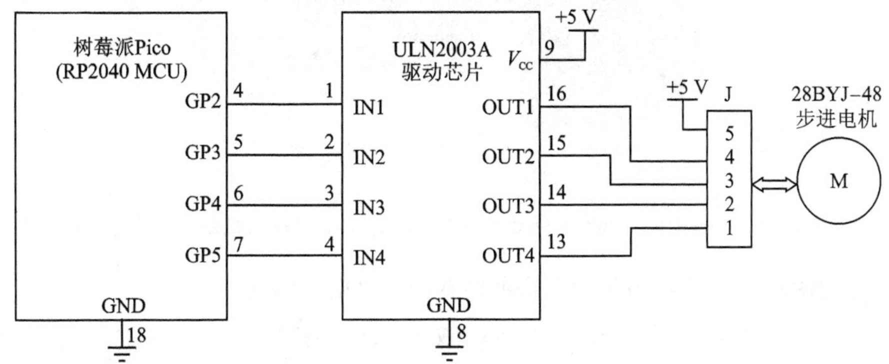

图 8.23　Pico＋ULN2003A 驱动芯片与 28BYJ－48 步进电机接口电路原理图

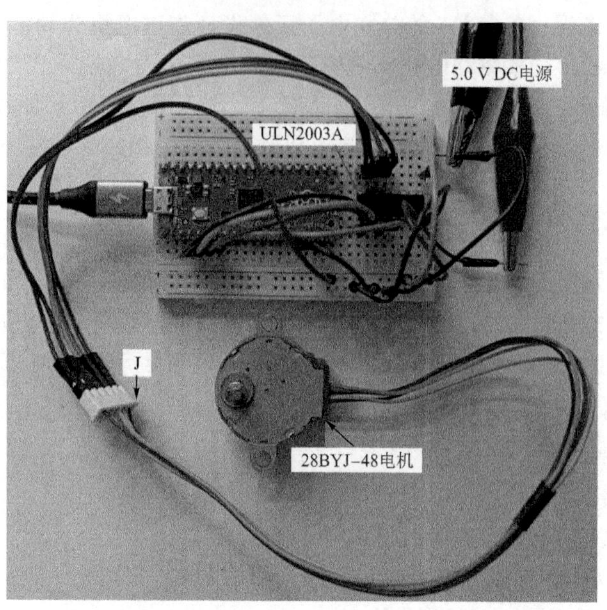

图 8.24　Pico+ULN2003A 驱动芯片与 28BYJ－48 步进电机接口连接实物图

也可以直接采用 ULN2003A 直流步进电机驱动模块对 28BYJ－48 电机进行驱动，图 8.25 是 Pico+ULN2003A 驱动模块与 28BYJ－48 步进电机硬件连接外观图。

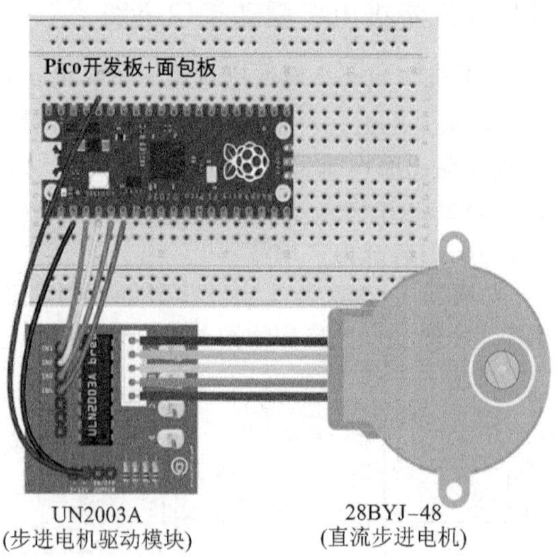

图 8.25　Pico+ULN2003A 驱动模块与 28BYJ－48 步进电机硬件连接外观图

(2) DRV8833 双 H 桥驱动电路模块直流步进电机驱动硬件接口

图 8.26 是 Pico 开发板和 DRV8833 双 H 桥驱动模块与 28BYJ－48 步进电机接口电路原理图。

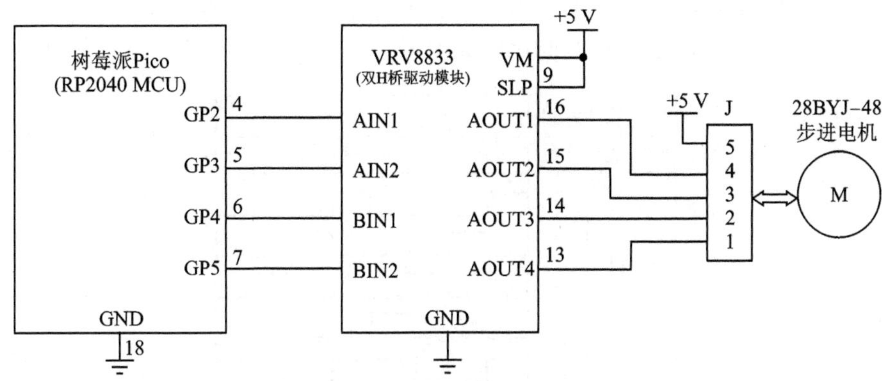

图 8.26　Pico 开发板+DRV8833 双 H 桥驱动模块与 28BYJ - 48 步进电机接口电路原理图

Pico 开发板和 DRV8833 双 H 桥驱动电路模块与 28BYJ - 48 步进电机硬件接口连接说明如下：

① Pico 开发板与 DRV8833 模块输入端接口连接：

Pico GP2(Pin4)：DRV8833 AIN1(A 相)；

Pico GP3(Pin5)：DRV8833 AIN2(B 相)；

Pico GP4(Pin6)：DRV8833 BIN1(C 相)；

Pico GP5(Pin7)：DRV8833 BIN2(D 相)。

② DRV8833 模块输出端与 28BYJ - 48 步进电机接口连接：

DRV8833 AOUT1：接步进电机引脚 4(A 相，橙色)；

DRV8833 AOUT2：接步进电机引脚 3(B 相，黄色)；

DRV8833 AOUT2：接步进电机引脚 2(C 相，粉色)；

DRV8833 AOUT2：接步进电机引脚 1(D 相，蓝色)。

DRV8833 SLP 信号引脚为睡眠模式输入，当 SLP=1 时，H 桥驱动电机工作；当 SLP=0 时，H 桥不能驱动电机工作。这里直接将 SLP 连接到 DRV8833 的+5 V 电源(当然 SLP 也可以连接到 3.3 V，或连接到 Pico 某根 GPIO 输出口线以实现电机的睡眠模式控制)。

3. 28BYJ - 48 直流步进电机脉冲控制方式

28BYJ - 48 直流步进电机为四相八拍电机。步进电机的控制信号必须为脉冲信号，转动的速度和脉冲的频率成正比，28BYJ48 步进电机步进角为 5.625°，转一圈 360°需要 64 个脉冲完成。当对步进电机施加一系列连续不断的控制脉冲时，它可以连续不断地转动；每一个脉冲信号对应步进电机的某一相或两相绕组的通电状态改变一次，也就是对应转子转过一定的角度(一个步进角)；当通电状态的改变完成一个循环时，转子转过一个齿距。

28BYJ - 48 直流步进电机有单相(One phase，单相绕组通电)四拍、双相(Two

phases,双相绕组通电)四拍和单双相(One or two phases,单双相绕组通电)八拍三种脉冲控制方式。3 种脉冲控制时序图如图 8.27 所示。

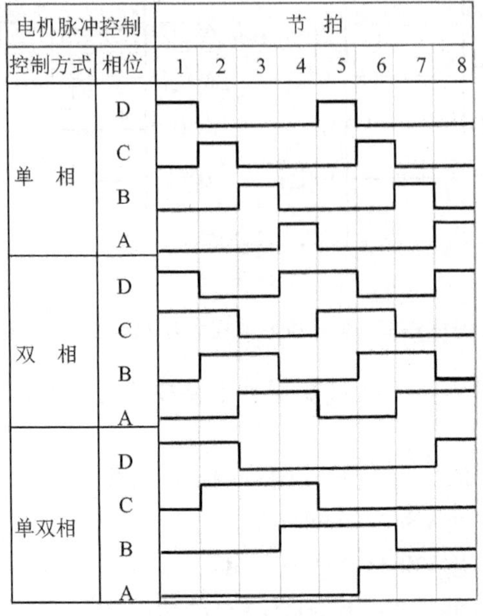

图 8.27 直流步进电机脉冲控制方式及其时序图

从图 8.27 可知,直流步进电机 3 种脉冲控制时序如下:

- 单相四拍脉冲控制时序:D-C-B-A;
- 双相四拍脉冲控制时序:DC-CB-BA-AD;
- 单双相八拍脉冲控制时序:D-DC-C-CB-B-BA-A-AD。

4. 使用 MicroPython 编制步进电机运动控制测试程序

最简单的步进电机控制是采用图 8.27 中的单相四拍脉冲控制方法,对应于图 8.23 和图 8.26 原理图,就是轮流设置 GP5～GP2 这 4 个 GPIO 引脚为高电平,并让其他的 GPIO 引脚为低电平。根据图 8.27 中的单相四拍脉冲控制时序图,我们使用 Pico 扩展硬件 GP2～GP5 引脚控制步进电机 A～D 相,单相四拍脉冲控制的顺序为 D→C→B→A{结合前面的 28BYJ-48 接线端引脚编号看:1 表示蓝色(BLUE,D 相线圈),2 表示粉色(PINK,C 相线圈),3 表示黄色(YELLOW,B 相线圈),4 表示橙色(ORAGE,A 相线圈)},轮流向 GP2～GP5(D～A)发送的二进制控制编码顺序为 0b1000→0b0100→0b0010→0b0001。

单相四拍脉冲控制方式下步进电机运动控制测试程序清单(程序名:ch8_6.py)如下:

```
#Filename：ch8_5a.py
#步进电机的驱动信号必须是脉冲信号，转动的速度和脉冲的频率成正比
#28BYJ48 步进电机步进角为 5.625 度，转一圈 360 度需要 64 个脉冲
#程序使用 Pico 扩展口 GPIO 端口：GP2(Pin4)，GP3(Pin5)，GP4(Pin6)，GP5(Pin7)
#步进电机 A 组线圈对应于 GP2 引脚(ULN2003 模块 - GP2 接 AIN1;DRV8833 模块 - GP2 接 AIN1,AOUT1)
#步进电机 B 组线圈对应于 GP3 引脚(ULN2003 模块 - GP3 接 AIN2;DRV8833 模块 - GP3 接 AIN2,AOUT2)
#步进电机 C 组线圈对应于 GP4 引脚(ULN2003 模块 - GP4 接 AIN3;DRV8833 模块 - GP4 接 BIN1,BOUT1)
#步进电机 D 组线圈对应于 GP5 引脚(ULN2003 模块 - GP5 接 AIN3;DRV8833 模块 - GP5 接 BIN2,BOUT2)
from machine import Pin
import time
#
pins = (Pin(5,Pin.OUT),   #使用 GP2～GP5 控制步进电机 A～D
        Pin(4, Pin.OUT),
        Pin(3, Pin.OUT),
        Pin(2, Pin.OUT))
#使用单相脉冲控制方法:D--C--B--A
#GP5～GP2(IN4～IN1) = 0b1000, GP5 - D
#GP5～GP2(IN4～IN1) = 0b0100, GP4 - C
#GP5～GP2(IN4～IN1) = 0b0010, GP3 - B
#GP5～GP2(IN4～IN1) = 0b0001, GP2 - A
#
while True:
    for step in range(4):   #step: 0～3
        for index, pin in enumerate(pins):
            '''
            把 index 索引值等于当前 step 值的 GPx 引脚设置为高电平，其他 GPx 引脚设置为低电平
            '''
            pin.value(index == step)   #当 index 与 step 相等时,index == step 结果为 1(True)，否则为 0(False)
            time.sleep_ms(2)   #延时 2 ms
```

5．使用 MicroPython 嵌入 pioasm 汇编子程序编写步进电机运动控制程序

使用 MicroPython 嵌入 pioasm 汇编子程序混合编程技术相关介绍可参考作者 CSDN 博文“树莓派 Pico 开发板 MicroPython 嵌入 pioasm 汇编混合编程技术实践”(链接网页:https://yuanyx.blog.csdn.net/article/details/118864313)。

采用 MicroPython 嵌入 pioasm 汇编子程序的单相四拍脉冲控制方式时步进电

机运动控制测试程序清单(程序名:ch8_7.py)如下:

```
#Filename: ch8_7.py
from machine import Pin
from rp2 import PIO, StateMachine, asm_pio
from time import sleep
#使用 Pico 开发板 GP2～GP5 引脚控制步进电机 A～D
#使用单相脉冲控制方式:D--C--B--A
#
#@asm_pio(set_init=(PIO.OUT_LOW,) * 4)
@asm_pio(set_init=(PIO.OUT_LOW, PIO.OUT_LOW, PIO.OUT_LOW, PIO.OUT_LOW))
def stepper_motor():
    wrap_target()
    set(pins, 0b1000) [29]#8:GP5～GP2(IN4～IN1)=1000, GP5-D
    nop()          [29]
    nop()          [29]
    nop()          [29]
    nop()          [29]
    nop()          [29]
    nop()          [29]
    set(pins, 0b0100)[29]#4: GP5～GP2(IN4～IN1)=0100, GP4-C
    nop()          [29]
    nop()          [29]
    nop()          [29]
    nop()          [29]
    nop()          [29]
    nop()          [29]
    set(pins, 0b0010)[29]#2: GP5～GP2(IN4～IN1)=0010, GP3-B
    nop()          [29]
    nop()          [29]
    nop()          [29]
    nop()          [29]
    nop()          [29]
    nop()          [29]
    set(pins, 0b0001)[29]#1: GP5～GP2(IN4～IN1)=0001, GP2-A
    nop()          [29]
    nop()          [29]
    nop()          [29]
    nop()          [29]
    nop()          [29]
    nop()          [29]
    wrap()
#
sm = StateMachine(0, stepper_motor, freq=100000, set_base=Pin(2))
#
sm.active(1)    #启动状态机,执行 stepper_motor ioasm 汇编子程序,步进电机(逆时针
                #CCW)转动
sleep(60)       #延时 1 分钟
sm.active(0)    #关闭状态机,停止执行 stepper_motor ioasm 汇编子程序
sm.exec( "set(pins,0) ")  #设置 Pico 开发板引脚 GP5～GP2(IN4～IN1)=0000
```

程序说明：运行本程序，步进电机将转动 1 min 后停止。下面对程序中的电机脉冲控制进行说明，以 GP5 端口为例，使 GP5＝1 置位的 pioasm 指令是 set(pins，0b1000) [29]，其后跟随 6 条 pioasm 指令 nop() [29]指令；根据 StateMachine()，可知状态机周期(cylces)＝1/100 000 s＝0.01 ms＝10 μs，执行指令占一个状态机周期(1 cycle)。每条指令后都跟中括号[29]表示延时 29 cylces，故从 set(pins，0b1000)[29]指令开始，GP5 端口引脚输出电机控制正脉冲保持时间为(1＋29)×7×0.01 ms＝2.1 ms，它等同于上例 MicroPython 电机控制测试程序中的 time.sleep_ms(2)函数。

采用 MicroPython 嵌入 pioasm 汇编子程序的双相四拍脉冲控制方式步进电机运动控制测试程序清单(程序名：ch8_8.py)如下：

```
#Filename：ch8_8.py
from machine import Pin
from rp2 import PIO，StateMachine，asm_pio
from time import sleep
#使用 GP2～GP5 控制步进电机 A～D
#使用双相脉冲控制方法:DC－－CB－－BA－－AD
#
#@asm_pio(set_init = (PIO.OUT_LOW,) * 4)
@asm_pio(set_init = (PIO.OUT_LOW，PIO.OUT_LOW，PIO.OUT_LOW，PIO.OUT_LOW))
def stepper_motor()：
    wrap_target()
    set(pins，0b1100) [29]#8:GP5～GP2(IN4～IN1) = 1100，DC
    nop()          [29]
    nop()          [29]
    nop()          [29]
    nop()          [29]
    nop()          [29]
    nop()          [29]
    set(pins，0b0110)[29]#4：GP5～GP2(IN4～IN1) = 0110，CB
    nop()          [29]
    nop()          [29]
    nop()          [29]
    nop()          [29]
    nop()          [29]
    nop()          [29]
    set(pins，0b0011)[29]#2：GP5～GP2(IN4～IN1) = 0011，BA
    nop()          [29]
    nop()          [29]
    nop()          [29]
```

```
    nop()          [29]
    nop()          [29]
    nop()          [29]
    set(pins, 0b1001)[29] # 1: GP5～GP2(IN4～IN1) = 1001, AD
    nop()          [29]
    nop()          [29]
    nop()          [29]
    nop()          [29]
    nop()          [29]
    nop()          [29]
    wrap()
#
sm = StateMachine(0, stepper_motor, freq = 100000, set_base = Pin(2))
#
sm.active(1)    # 启动状态机,执行 stepper_motor ioasm 汇编子程序,步进电机(逆时针
                # CCW)转动
sleep(60)       # 延时 1 min
sm.active(0)    # 关闭状态机,停止执行 stepper_motor ioasm 汇编子程序
sm.exec( "set(pins,0) ")    # 设置 Pico 开发板引脚 GP5～GP2(IN4～IN1) = 0000
```

程序说明：本程序双相脉冲控制方式控制顺序为 DC→CB→BA→AD，轮流向 GP5～GP2（D～A）发送的二进制控制编码顺序为 0b1100→0b0110→0b0011→0b1001。

由于 MicroPython 运行较慢且时间精度低，采用 MicroPython 嵌入 pioasm 汇编对 GPIO 端口编程能获得精确的时间延时，从而在 MicroPython 环境下就可以实现步进电机的高精度定时运动控制。使用 pioasm 汇编就是用状态机完成对 GPIO 进行汇编级程序实时控制。

尽管采用 pioasm 汇编比 MicroPython 编写 GPIO 接口程序的难度稍大一些，但使用 pioasm 能摆脱主控制器 MCU 执行 MicroPython 的包袱，对 GPIO 端口引脚的控制会变得更加高效，且不会出现主程序被卡死的情况。

第 2 篇　机器学习与嵌入式机器学习

第 9 章　机器学习技术基础及实践

嵌入式人工智能(Embedded AI)研发包括边缘智能(Edge AI)、嵌入式智能(Emedded AI)、智能芯片等，机器学习方法是研究和开发嵌入式人工智能的重要方法和工具。本章重点介绍常用的几种机器学习技术及华为 AI 云平台实践、神经网络基本方法，在此基础上讲述采用 PCA 特征提取和 MLP 神经网络方法的人脸识别综合案例。

9.1　机器学习简介

本书第 1 章简单介绍了人工智能、机器学习及嵌入式机器学习的一些基本概念。通俗地讲，机器学习是利用计算机或网络对已有数据或经验的学习来构建出概率统计模型，并利用该模型推理或预测未来的一种方法。机器学习是人工智能的子类，深度学习又是机器学习的子类。目前，人工智能主要采用了机器学习方法。

9.1.1　机器学习的分类

我们可从多个角度对机器学习进行分类。按照机器学习基本任务分类方法，机器学习主要包括监督学习(Supervised Learning)、无监督学习(Unsupervised Learning)、强化学习(Reinforcement Learning)、半监督学习(Semi - supervised Learning)等类别。

1. 监督学习

监督学习需要有指导者，也称为有导师的学习，常见的分类和回归(Regression)问题都属于监督学习的范畴，这里的“监督”(Supervised)一词意味着我们已经有标注好的已知数据集。监督学习的目标是从已标注训练样本学习得到样本特征到样本标注的映射关系，这种映射关系要求与已标注样本情况相吻合。映射关系和标注在分类问题中分别指分类器和类别，而在回归分析问题中就是回归函数和实值输出。

需要注意的是，在传统的监督学习中，通常都假设具有足够的已标注样本。如果已标注样本相对于维数或者标注数过少，那么，从中学习得到的映射会缺乏足够的泛化性，即对新样本进行判别分析的能力不足。

一些典型的监督学习方法如下：

- K-近邻法(K-Nearest Neighbors);
- 线性/非线性回归(Linear/Nonlinear Regression);
- 逻辑回归(Logistic Regression);
- 支持向量机(Support Vector Machines,SVM);
- 决策树和随机森林(Decision Trees & Random Forests);
- 神经网络(Neural Networks,NN)。

监督学习的应用场景非常广泛,常见的垃圾邮件过滤、房价预测、图片分类等都是适用于监督学习的应用领域,但其最大缺点是需要大量标注数据,前期投入成本很高。

2. 无监督学习

无监督学习不需要指导者,只需要一批输入数据,其学习目标是发现输入数据集中潜藏的结构或规律,这与概率统计中密度函数估计十分相似。相对于需要大量标注数据的监督学习,无监督学习无须标注数据就能达到某个目标。注意,并不是所有应用场景都适用于无监督学习,无监督学习经常用于聚类(Clustering)、降维(Dimensionality Reduction)、异常检测(Anomaly detection)方面。

- 聚类:在聚类应用场景下,使用无监督学习的频率可能是最高的。比如给出一堆图片,将相似的图片划分在一起。我们既可以预设一个类别总数进行自动划分(即半监督学习),也可以预设一个差异阈值,然后对所有图片进行自动聚类。
- 降维:在数据特征过多、维度过高时,通常需要把高维数据降到合理的低维空间处理,并期望保留最重要的特征数据。主成分分析(Principal Component Analysis,PCA)是其中最为常见的算法应用。

3. 强化学习

强化学习(增强学习)是指智能体在与周围环境的交互过程中学习行为策略,并根据环境的反馈来做出判断。

强化学习用智能体(Agent)这一概念来表示做决策的机器。相比于监督学习中的"模型",强化学习中的"智能体"强调机器不但可以感知周围的环境信息,还可以通过做决策来改变这个环境,而不是只给出一些预测信号。

这里,智能体包括感知、决策和奖励 3 种关键要素。

- 感知:智能体在某种程度上感知环境的状态,从而得知自己所处的现状。比如自动驾驶汽车感知周围道路的车辆、行人和交通信号灯等情况;机器狗通过摄像头感知前面的图像,通过脚底的力学传感器感知地面的摩擦力和倾斜度等情况。
- 决策:智能体根据当前的状态计算出达到目标需要采用动作的过程称为决策。比如针对当前路况,自动驾驶汽车计算出方向盘的角度和刹车、油门的力度;

针对当前采集到的视觉和力觉信号，机器狗给出 4 条腿齿轮的角速度。

➢ 奖励：环境根据状态和智能体采取的动作，产生一个标量信号作为奖励反馈。该标量信号衡量智能体本轮动作的好坏。比如自动驾驶汽车是否安全、平稳且快速地行驶，机器狗是否在前进且没有摔倒。

面向决策任务的强化学习和面向预测任务的监督学习在形式上是有不少区别的。首先，决策任务往往涉及多轮交互，即序贯决策；预测任务总是单轮的独立任务；若决策也是单轮的，那么可将其转化为"判别最优动作"的预测任务。其次，由于决策任务是多轮的，智能体就需要在每轮做决策时考虑未来环境相应的改变，因此当前轮带来最大奖励反馈的动作，长期来看并不一定是最优的。

4. 半监督学习与主动学习

半监督学习(Semi - supervised learning)是指利用标注数据和未标注数据学习预测模型的一种机器学习技术。半监督学习的基本原则是通过大量无标注数据辅助少量已标注数据进行监督学习，从而以较低的成本达到较好的学习效果。

主动学习(Active learning)是指机器不断主动给出实例让导师进行标注，然后利用标注数据学习预测模型的机器学习技术。通常，监督学习使用给定的标注数据往往是随机得到的，可以看作被动学习(Passive learning)；主动学习的目标是找出对学习最有帮助的实例让导师标注，从而以较小的标注代价达到较好的学习效果。

半监督学习和主动学习更接近于监督学习。

9.1.2　机器学习应用开发的基本流程

机器学习应用开发和实施的基本流程大致可划分为 4 个阶段，如图 9.1 所示。下面对这 4 个阶段进行说明。

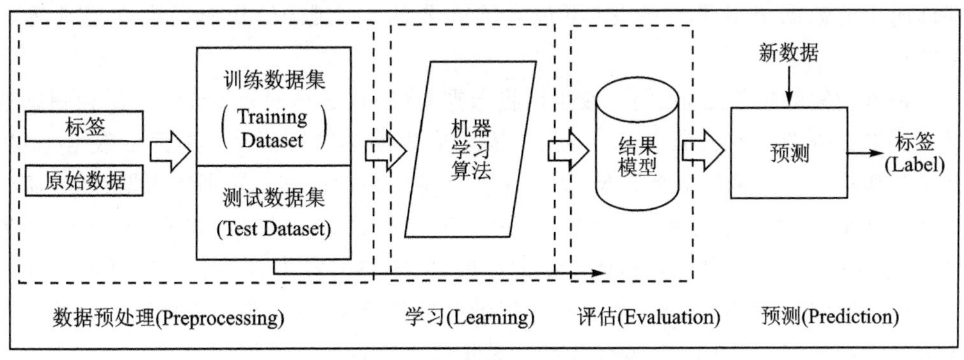

图 9.1　机器学习基本流程

1. 数据预处理

机器学习的第一阶段是数据预处理(Data preprocessing)，即对原始数据进行处理。从图 9.1 可以看出，我们需要处理带有标签的原始数据，形成用于模型训练的训练数据集和用于验证模型效果的测试数据集，包含如下两项核心工作。

(1) 特征提取

在经典机器学习领域中，特征提取显得尤为重要。特征提取(Feature extraction)的基本思想是将处于高维空间中的原始样本特征描述映射为低维特征描述。以人脸识别为例，一开始的原始特征可能很多，如 ORL 人脸数据集中，每幅图像的分辨率为 112×92；如果将每个像素作为 1 维特征，则高达 10 304 维。若把所有的原始特征都用于机器学习，则不仅学习计算量大，而且分类错误概率也不一定小；原始特征的特征空间有很大的冗余，我们完全可以用很小的空间相当好地近似表示图像，这一点与压缩的思想十分类似。因此有必要减少特征数目，以获取“少而精”的分类特征，即获取特征数目少且能使分类错误概率小的特征向量(Feature vector)。若采用 PCA(Principal Component Analysis，主成分分析)对 ORL 人脸图像数据进行特征提取，一张 ORL 图像数据经 PCA 特征提取降维后，可以从原始的 10 304 维向量直接降维到十几维的特征向量。

(2) 数据清洗

数据清洗(Data cleaning)是对数据进行重新审查和校验的过程，目的在于删除重复信息、纠正存在的错误，并提供数据一致性。我们获得的原始数据有时并不能直接用于计算、建模等后续操作，因为可能存在重复或者错误，比如重复录入、小数点错误、特征不存在、特征可能是文字形式等，这时就需要将这些“脏”东西清洗掉，以确保数据的正确、整洁等。就像在地里挖出来的萝卜，我们需要洗净后才能进行加工。比如，将不存在的特征设为 0 或取平均值，对文字形式的特征进行编码，或者对数值区间较大的特征进行归一化(Normalization)等。数据清洗的目的是让机器学习算法训练所用的数据集尽量理想化，不包含不必要的干扰数值，从而提高模型训练的精度。

在处理完数据集后，我们一般可以将数据集(Data set)划分为训练数据和测试数据。测试数据即为测试集(Test set)，是需要应用模型进行预测的那部分数据，是机器学习所有工作的最终服务对象；为了防止训练出来的模型只对训练数据有效，还可将训练数据分为训练集和验证集；训练集(Training set)用来训练模型，而验证集(Validation set)一般只用来验证模型的有效性，不参与模型训练。在监督学习分类模型中，训练集和验证集都是事先标注好的有标签数据，测试集是无标注的数据。在无监督学习模型中，训练集、验证集和测试集都是无标注的数据。

训练集、验证集和测试集的划分通常是随机的，我们可以按 8:1:1、7:2:1等比例随机挑选；比如可以从数据集中随机挑选 80%数据用作模型的训练，10%数据用作模型的验证，剩余 10%数据用作模型的测试。在实际应用中，很多时候只将数据集划分为训练集和测试集两部分，此时可以按 8:2或 7:3等比例随机挑选训练集和测试集。

2. 学习(训练)

学习阶段也称为训练阶段。我们已经在数据预处理阶段构建了合适的数据集，在训练阶段就需要根据最终目标选择合适的机器学习算法模型，并根据数据集进行合理的参数设置，并进行模型训练。

3. 评　估

在学习阶段将误差降到足够小之后就可以停止训练，将训练好的模型用在数据预处理阶段生成的测试集上验证效果。因为测试集的所有数据都没有在训练阶段出现过，所以可以把测试集中的数据视为“新”数据，用来模拟真实环境的输入，从而预估模型被部署到真实环境后的效果。

4. 预测(推理)

在评估阶段确认模型达到了预期的准确率和召回率之后，就可以将模型部署上线。需要注意的是，在小规模研究中可以直接使用训练后的模型；但在真实产品环境中，还需要使用专门的模型转换工具将模型转换为专有的格式，以便在各种对应的设备环境中部署模型并开展相关服务业务。

9.1.3　机器学习常用基本术语

1. 机器学习常用基本术语

下面是机器学习中的一些常用基本术语归纳。

- 样本(sample)：一个具体的研究对象，具有一个或多个可观测量。
- 特征(features)：能从某个方面对样本进行描述、刻画或表达的可观测量(数值型、结构型)，多个特征通常用向量表示，称为特征向量。
- 模式(pattern)：样本特征向量的观测值，是抽象样本的数值表示；从这个意义上看，“样本”与“模式”说的是同一件事。
- 类别(class)：指在一定合理颗粒度、有实际区分意义的前提下，主观或客观地被归属于“同一类”的客观对象(样本、模式)的类别代号；数学上一般处理为整数。
- 样本集(sample set)：多个样本的集合，划分为训练集、验证集、测试集。
- 已知样本(known samples)：事先知道类别标号的样本，也称为样例(example)。
- 未知样本(unknown samples)：指特征已知但类别标号未知的样本，也称为待分类样本或实例(instance)。
- 目标(target)：真实值；理想情况下，对于外部数据源，模型应该能够预测出目标。

- 预测误差(prediction error)或损失值(loss value):模型预测与目标之间的距离。
- 标签(label):分类问题中的类别标注。
- 真值(ground - truth)或标注(annotation):数据集的所有目标,通常由人工收集。
- 二分类(binary classification):一种分类任务,每个输入样本都应被划分到两个互斥的类别中。
- 多分类(multiclass classification):一种分类任务,每个输入样本都应被划分到两个以上的类别中,比如手写体数字分类。
- 多标签分类(multilabel classification):一种分类任务,每个输入样本都可以分配多个标签。比如,如果一幅图像中可能既有猫又有狗,那么应该同时标注"猫"标签和"狗"标签,每幅图像的标签个数通常是可变的。
- 标量回归(scalar regression):目标是连续标量值的任务,比如以预测房价为例,不同的目标价格形成一个连续空间。
- 向量回归(vector regression):目标是一组连续值(比如一个连续向量)的任务,比如对图像边界框坐标多个值进行回归,就是一种向量回归。
- 小批量(mini - batch)或批量(batch):模型同时处理的一小部分样本(样本数通常为 8～128),样本数一般取 2 的幂,这样便于计算机进行内存分配;训练模型时,可使用小批量为模型权重计算一次梯度下降更新。

2. 张量的概念及程序示例

张量(Tensor)概念是向量(矢量)概念的推广,零阶张量或零维张量为标量(Scalar),一阶张量(First - order tensor)或一维张量为向量(Vector)、二阶张量或二维张量为矩阵(Matrix)。

张量是一个数据容器,几乎所有机器学习系统都用张量作为基本数据结构。

张量有以下 3 个关键属性(三要素):

① 阶数(轴的个数):如,标量有 0 个轴,矩阵有两个轴,NumPy 数值计算 Python 库中也叫张量的 ndim;

② 形状(shape):它为一整数元组,表示张量沿每个轴的形状大小,标量的形状为空,即(),向量的形状只包含一个元素,如(3,)等;

③ 数据类型(dtype):张量中所包含的数据的类型,在 Python 库中通常称为 dtype,如张量的类型可以是 float32/uint8/float64 等。

在机器学习技术应用中经常使用的一阶张量～五阶张量,如图 9.2 所示。

在机器学习中,常用的二阶张量～五阶张量数据表示说明如下:

① 向量数据:2D 张量,形状为(samples, features);

② 时间序列数据或序列数据:3D 张量,形状为(samples, timesteps, features);当时间(或序列顺序)对于数据很重要时,应该将数据存储在带有时间轴的 3D 张量

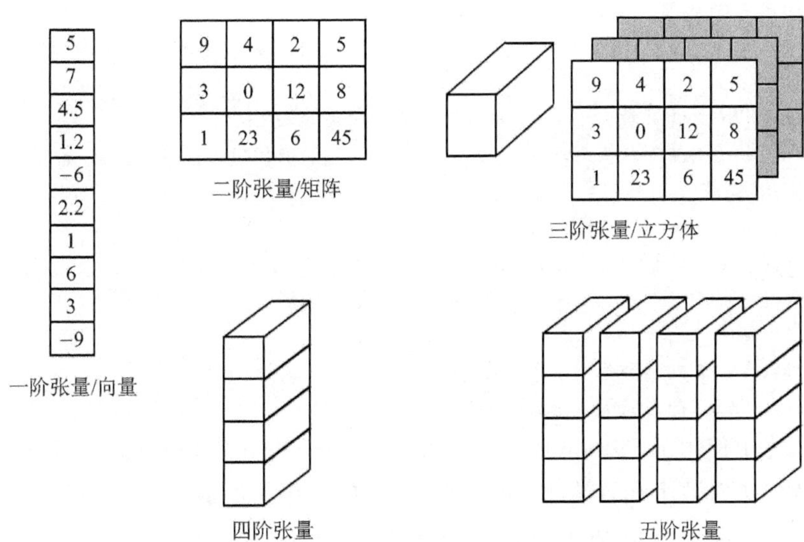

图 9.2　一阶张量～五阶张量示意图

中，每个样本可以被编码为一个向量序列（即 2D 张量），因此一个数据批量就被编码为一个 3D 张量。

③ 图像数据：4D 张量，形状为（samples，height，width，channels）或（samples，channels，height，width）；特别说明的是，黑白图像（samples，height，width）为 3D 张量，它可统一表示成 4D 张量（channels 取 1），即（samples，height，width，channels＝1）。

④ 视频数据：5D 张量，形状为（samples，frames，height，width，channels）或（samples，frames，channels，height，width）。

张量数据表示举例：将股票价格作为数据集时，每一分钟，我们将股票的当前价格、前一分钟的最高价格和前一分钟的最低价格保存下来。因此每分钟被编码为一个 3D 向量，整个交易日被编码为一个形状为(240,3)的 2D 张量（一个交易日有 240 分钟）；而 250 天的数据则可以保存在一个形状为(250,240,3)的 3D 张量中，这里每个样本是指一天的股票数据。

下面是一个 1D～2D 张量的 Python 程序示例（程序名：ch9_1. ipynb）：

```
#Filename:ch9_1.ipynb
import numpy as np                              #导入 numpy 库
#标量 - 0D 张量
x = np.array(5)
print( "x = ",x)
print( "x 的轴数为 ",x.ndim)
print( "x 的形状为 ",x.shape)                   #x 标量的形状为空，即()
print( "x 的数据类型为 ",x.dtype)
```

```
#向量 - 1D 张量
arr1 = np.array([1,2,3])                    #将 Python 列表转换为 NumPy 数组
print(arr1)
print( "arr1 的轴数为 ",arr1.ndim)          #向量的 ndim
print( "arr1 的形状为 ",arr1.shape)         #向量的形状只包含一个元素,如(3,)
#数组/矩阵 - 2D 张量
mat1 = np.array([[1,2],[3,4],[5,6]])
print( "mat1 的轴数为 ",mat1.ndim)          #矩阵的 ndim
print( "mat1 的形状为 ",mat1.shape)         #矩阵的形状
mat2 = mat1.T
print( "mat2 的轴数为 ",mat2.ndim)
print( "mat2 的形状为 ",mat2.shape)
```

本程序中使用了 Python 的开源 NumPy(Numerical Python)扩展库,NumPy 模块工具提供了对数组和科学计算的支持;这里的程序扩展名为“.ipynb”,它是在 Jupyter Notebook 开发环境下执行的交互式 Python 程序(interactive python notebook)。Jupyter Notebook 开发环境是一个交互式笔记本,它可以支持运行 40 多种编程语言,使用它可以方便地创建和共享程序文件、支持全过程计算及结果展示等。

本程序可以在单机版 Python 3(需要用 pip install 安装 numpy 库)、Anconda (Jupyter Notebook)等开发环境下执行,也可以在华为 AI 云平台 ModelArts、Google AI 云平台 Colab 等云端 AI 开发平台下执行。这里以华为 AI 云平台 ModelArts 执行本程序为例进行简要说明。

首先进入华为云网址:https://www.huaweicloud.com,按网上操作说明步骤注册一个账号。然后使用已注册的华为账号登录华为云后,接下来按照 9.2.2 小节中介绍的华为云平台 ModelArts 使用与实践操作过程进行操作。打开 JupyterLab 后,在 JupyterLab 中创建一个程序名为“ch9_1.ipynb”的 Python 程序,复制粘贴本例 Python 程序示例代码到输入 Cell(单元)框中,如图 9.3 所示。

华为 AI 云平台 ModelArts 提供了 JupyterLab,从某种意义上讲,它是为了取代 Jupyter Notebook;不过用户不用担心 Jupyter Notebook 会消失,因为 JupyterLab 包含了 Jupyter Notebook 所有功能。

在华为 AI 平台 ModelArts JupyterLab 开发环境,单击程序窗口中的“运行”按钮或在 Cell 同时按下 Ctrl+Enter 组合键执行程序,程序执行结果如下:

```
x = 5
x 的轴数为 0
x 的形状为 ()
x 的数据类型为 int32
[1 2 3]
arr1 的轴数为 1
```

```
arr1 的形状为 (3,)
mat1 的轴数为 2
mat1 的形状为 (3, 2)
mat2 的轴数为 2
mat2 的形状为 (2, 3)
```

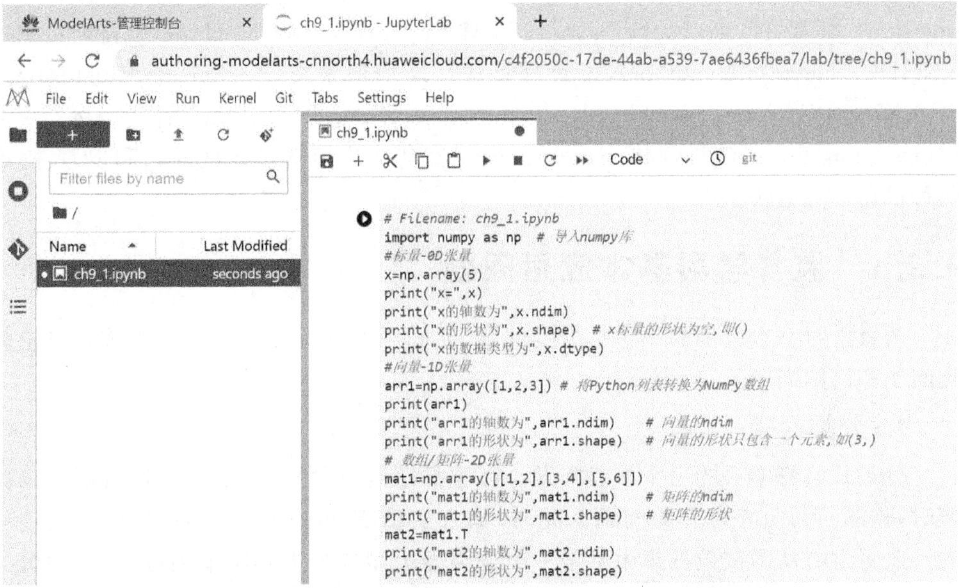
ModelArts-管理控制台
ch9_1.ipynb - JupyterLab
authoring-modelarts-cnnorth4.huaweicloud.com/c4f2050c-17de-44ab-a539-7ae6436fbea7/lab/tree/ch9_1.ipynb
File Edit View Run Kernel Git Tabs Settings Help
Filter files by name
Name
Last Modified
ch9_1.ipynb
seconds ago
Code
git
# Filename: ch9_1.ipynb
import numpy as np # 导入numpy库
#标量-0D张量
x=np.array(5)
print("x=",x)
print("x的轴数为",x.ndim)
print("x的形状为",x.shape) # x标量的形状为空，即()
print("x的数据类型为",x.dtype)
#向量-1D张量
arr1=np.array([1,2,3]) # 将Python列表转换为NumPy数组
print(arr1)
print("arr1的轴数为",arr1.ndim) # 向量的ndim
print("arr1的形状为",arr1.shape) # 向量的形状只包含一个元素，如(3,)
# 数组/矩阵-2D张量
mat1=np.array([[1,2],[3,4],[5,6]])
print("mat1的轴数为",mat1.ndim) # 矩阵的ndim
print("mat1的形状为",mat1.shape) # 矩阵的形状
mat2=mat1.T
print("mat2的轴数为",mat2.ndim)
print("mat2的形状为",mat2.shape)

图 9.3　华为 AI 平台 ModelArts JupyterLab 开发环境

9.1.4　机器学习编程环境及工具

目前，机器学习编程环境大多使用 Python3，单机版 AI 开发环境推荐使用 Anaconda 最新发行版，它包含了 Python3 且不需要单独安装机器学习编程的大多数第三方库。64 位 Windows 版 Anaconda 可从 https://www.anaconda.com/官网下载。

除了使用单机版 AI 开发环境，也可以使用 AI 云平台开发环境，如华为 AI 云平台 ModelArts、Google AI 云平台 Colab 等。

Python 机器学习编程常用的第三方库：NumPy 扩展库提供了数组和科学计算支持；Pandas 是 Python 的数据分析和探索工具；Scipy 库提供矩阵支持，以及矩阵相关的数值计算模块；Scikit - learn(sklearn)是一个基于 Python 的机器学习扩展库；Matplotlib 库主要用于绘图和绘表，是强大的数据可视化工具；SymPy 库主要用于符号计算。深度学习编程还需要第三方深度学习框架，国内常用的深度学习框架有华为 MindSpore、百度 PaddlePaddle 等，国外国内常用的深度学习框架有 Google TensorFlow 及 tf. Keras(TensorFlow 高级 API)、Meta(Facebook) PyTorch、Amazon MxNet 等。

9.2 常用机器学习技术及华为 AI 云平台 ModelArts 实践

常用机器学习方法主要有线性回归(Linear regression)、逻辑回归(Logistic Regression)、朴素贝叶斯(Naive Bayes)、SVM(Support Vector Machine,支持向量机)、KNN(K - Nearest Neighbors,K 近邻算法)、K 均值聚类(K - means Clustering)、PCA 降维(PCA Dimensionality Reduction)、NN(Neural Networks,神经网络)、决策树(Decision Trees、随机森林(Random Forest)等。本节选讲线性回归和 PCA 降维两种机器学习方法。

9.2.1 监督学习基本应用问题

监督学习基本应用问题包括分类问题、回归问题和标注问题。这里重点讨论分类问题和回归问题。

1. 分类问题

分类是监督学习的一个核心问题。在监督学习中,当输出变量 Y 取有限个离散值时,预测问题便成为分类问题。此时,输入变量 X 可以是离散的,也可以是连续的。监督学习从测试数据集中学习一个分类器模型或分类器决策函数,称之为分类器(Classifier)。分类器对新的输入进行输出的预测,称为分类(Classification),可能的输出称为类别(Class)。分类的类别为多个时,称为多分类问题。这里主要讨论二分类问题。

分类问题包括学习和分类两个过程。在学习过程中,根据已知的训练集利用某种有效的学习方法学习一个分类器;在分类过程中,利用学习的分类器对新的输入实例进行分类。

二分类问题举例:根据身高和体重预测性别(男:正类标签,用 1 表示;女:负类标签,可用−1 表示,也可用 0 表示)。

假设给定的训练数据集为:

$T=\{(x_1,y_1),(x_2,y_2),\cdots,(x_{10},y_{10})\}=\{([162,56]^T,1),([182,68]^T,1),([175,62]^T,1),([180,72]^T,1),([178,66]^T,1),([155,48]^T,-1),([159,50]^T,-1),([165,55]^T,-1),([158,55]^T,-1),([170,58]^T,-1)\}$;

给定的测试数据集为:

$C=\{(x_1,y_1),\cdots,(x_4,y_4)\}=\{([175,64]^T,1),([182,67]^T,1),([152,46]^T,-1),([164,55]^T,-1)\}$。

学习系统由训练数据 $T=\{(x_1,y_1),(x_2,y_2),\cdots,(x_{10},y_{10})\}$ 学习一个分类器 $y=f(x)$ 或 $y=P(y|x)$。$y=f(x)$ 叫判别模型(Discriminative model)。$y=P(y|$

x)叫生成模型(Generative model)。生成模型原理上是用统计方法学习联合概率分布 $P(x,y)$,然后求出条件概率分布 $P(y|x)$作为预测模型;分类系统通过学到的分类器 $y=f(x)$或 $y=P(y|x)$对新输入实例 x_i 进行分类,即预测输出的类标签。

为简化起见,假设分类器是线性的,分类器可表示为线性判别模型公式:

$$y=\text{sign}(w_1x_1+w_2x_2+b) \tag{9.1}$$

其中,y 就是标签,它由设定的符号函数 sign()计算得出;x_1(身高)、x_2(体重)为特征值,$y\in\{0,1\}$,在数据集中已标注好。w_1、w_2、b 为待学习的参数,w_1、w_2 叫权重或权值(Weight),b 叫偏置或偏差(Bias)。

假设式(9.1)正确,那么学习就是找到一种合适的机器学习方法(如感知器、支持向量机、神经网络等),根据训练数据集 T 中的数据输入把待学习的参数 w_1、w_2、b 反推出来。一般来说,我们不可能找到100%完美的 w_1、w_2、b,使得算法得到的结果和训练集中所有的输入都一致,只能使结果尽量接近原始数据,并设定损失函数(Loss function)来尽量使整体误差最小。在实际场景中,可以使用 MSE(Mean Squared Error,均方误差)作为损失函数的误差计算,即:

$$J=\frac{1}{N}\sum_{i=1}^{N}(y_i-\hat{y}_i)^2=\frac{1}{N}\sum_{i=1}^{N}(y_i-(w_1x_{i1}+w_2x_{i2}+b))^2 \tag{9.2}$$

其中,N 为样本容量,y_i 为真实值,$\hat{y}_i$ 为预测值。

评估分类器性能的最常用指标是分类准确率(Accuracy,ACC),它定义为:对于给定的测试数据集,分类正确的样本数与总样本数之比。

对于二分类问题,其他常用评价指标还有精确率/查准率(Precision,P)和召回率/查全率(Recall,R)。通常以关注的类为正类,其他类为负类。分类器在测试数据集上的预测或正确或不正确,4 种情况出现的总数分别记作:

- TP(True Positives):将正类预测为正类数(真阳性样本数);
- FN(False Negatives):将正类预测为负类数(假阴性样本数);
- FP(False Positives):将负类预测为正类数(假阳性样本数);
- TN(True Negatives):将负类预测为负类数(真阴性样本数)。

令二分类模型的预测值为 $\hat{y}=1$(正类)或 $\hat{y}=0$(负类),而实际值 y 的取值为 $y=1$ 或 $y=0$,因此$(y,\hat{y})$的组合就代表了预测是否正确,这种组合称为混淆矩阵(Confusion matrix),如表 9.1 所列。

表 9.1　混淆矩阵

	$\hat{y}=1$	$\hat{y}=0$
y=1	TP	FN
y=1	FP	TN

精确率定义为：

$$P=\frac{\mathrm{TP}}{\mathrm{TP}+\mathrm{FP}} \tag{9.3}$$

召回率定义为：

$$R=\frac{\mathrm{TP}}{\mathrm{TP}+\mathrm{FN}} \tag{9.4}$$

另外，还有 F1 值（F1 - Score）作为评价指标，它是精确率和召回率的调和平均值，即：

$$\frac{2}{\mathrm{F1}}=\frac{1}{P}+\frac{1}{R}$$

故，F1 值计算公式可表示为：

$$\mathrm{F1}=\frac{2\cdot P\cdot R}{P+R} \tag{9.5}$$

当精确率和召回率都高时，F1 值也会高。

结合评价精确率和召回率的另一种方法是 ROC 曲线（Reveiver Operating Characteristic Curve，受试者工作特征曲线）。ROC 反映了在不同阈值（如模型分类置信度等）下某类别的召回率随该类别下 FPR（False Positive Rate，假阳性率，用于表示假阳性样本数占整个负样本数的比例）指标变化的关系。ROC 越接近左上角，表示该分类器的性能越好。通常可以计算 ROC 下的面积（Area Under Curve，AUC）来评价模型的优劣，当 AUC 值为 1 时，分类器性能达到理想状态。

2. 回归问题

回归（Regression）是机器学习的另一个重要问题。回归用于预测输入变量（自变量）和输出变量（因变量）之间的关系，特别是当输入变量的值发生变化时，输出变量的值随之发生变化。回归模型正是表示从输入变量到输出变量之间映射的函数。回归问题的学习等价于函数拟合：选择一条函数曲线使其很好地拟合已知数据且很好地预测未来数据。

首先给定一个训练数据集：

$$T=\{(\boldsymbol{x}_1,y_1),(\boldsymbol{x}_2,y_2),\cdots,(\boldsymbol{x}_m,y_m)\}$$

其中，$\boldsymbol{x}_i\in R^n$ 是输入特征向量，$y\in R$ 是对应的输出，$i=1,2,\cdots,m$。学习系统基于训练数据集构建一个模型，即函数 $y=f(\boldsymbol{x})$；对新的输入向量 $\boldsymbol{x}_j$，预测系统根据学习的模型 $y=f(\boldsymbol{x})$ 确定相应的输出 y_j。

回归问题按照输入变量的个数，分为一元回归和多元回归；按照输入变量和输出变量之间关系的类型即模型的类型，分为线性回归和非线性回归。

回归学习最常用的损失函数是均方误差损失函数，在此情况下回归问题可由著名的最小二乘法求解。

9.2.2 回归算法及华为 AI 云平台 ModelArts 使用与实践

回归算法是一种监督学习算法，它的目的是对输入向量 $\boldsymbol{x}$ 预测一个连续变量，并满足函数 $\hat{y}=f(\boldsymbol{x})$。回归算法可分为线性回归和非线性回归，这里仅介绍线性回归。

1. 线性回归

给定训练集 $T=\{(\boldsymbol{x}_i,y_i)\}_{i=1}^{m}$，其中，$\boldsymbol{x}_i=(x_{i1},x_{i2},\cdots,x_{in},1)^{\mathrm{T}}$，$(i=1,2,\cdots,m)$ 为 n 个特征的特征向量，$y_i\in R$。$\boldsymbol{w}=(w_1,w_2,\cdots,w_n,w_{n+1})^{\mathrm{T}}$ 为权重向量（这里 $w_{n+1}=b$），我们试图从训练集 $T=\{(\boldsymbol{x}_i,y_i)\}_{i=1}^{m}$ 学得 $f(\boldsymbol{x}_i)=\boldsymbol{w}^{\mathrm{T}}\boldsymbol{x}_i=\boldsymbol{w}\cdot\boldsymbol{x}_i$（$\boldsymbol{w}\cdot\boldsymbol{x}_i$ 为 $\boldsymbol{w}$ 与 $\boldsymbol{x}_i$ 的内积或点积），使得 $f(\boldsymbol{x}_i)\approx y_i$ 的 $\boldsymbol{w}$。$\boldsymbol{w}$ 参数学习出来后，所确定的模型 $\hat{y}=f(\boldsymbol{x})$ 就是预测模型。若用 $f(\boldsymbol{x})$ 预测的是离散值，此类学习任务就是“分类”；若用 $f(\boldsymbol{x})$ 预测的是连续值，此类学习任务就是“回归”。这里假设 $f(\boldsymbol{x})$ 是多元线性的，只要数据足够，就可以通过训练模型得到模型中的参数，从而构建出该线性函数，故称为多元线性回归（Multivariate Linear Regression）。

2. 线性回归建模过程

先看一个小案例：假设从某汽车经销商获得了汽车发动机排量和汽车售价的一些数据，如表 9.2 所列。

表 9.2　不同发动机排量和汽车售价训练数据

i（训练样本号）	x_i（发动机排量，单位：升）	y_i（汽车售价，单位：万元）
1	1	3
2	1.2	5
3	1.4	8
4	1.5	9
5	1.8	12
6	2	16.5
7	2.5	23.5
8	3	43.7
9	4	68.5
10	5	89.3
11	6.2	120

使用 Matplotlib 对表 9.2 中的训练数据进行可视化的程序清单（程序名：ch9_2.ipynb）如下：

```
#Filename:ch9_2.ipynb
#np 和 plt 分别表示 NumPy 和 Matplotlib 的习惯别名
import numpy as np
import matplotlib.pyplot as plt
#X-发动机排量数据
X = np.array([1, 1.2, 1.4, 1.5, 1.8, 2, 2.5, 3, 4, 5, 6.2]).reshape(-1,1)
#y-汽车售价数据
y = np.array([3, 5, 8, 9, 12, 16.5, 23.5, 43.7, 68.5, 89.3, 120])
plt.rcParams["font.family"] = "SimHei"
plt.figure()
plt.title('汽车售价排量散点图')
plt.xlabel('发动机排量(单位:升)')
plt.ylabel('汽车售价(单位:万元)')
plt.plot(X, y, 'r.')
plt.axis([0, 7, 0, 140])
plt.grid(True)
plt.show()
```

在本程序中，np.array([1,1.2,1.4,1.5,1.8,2,2.5,3,4,5,6.2]).reshape(-1,1)语句的意思是：NumPy 自动计算出有 11 行，列表数据经变形后的新数组 shape 属性为(11, 1)。程序执行后，绘制出的图形如图 9.4 所示。

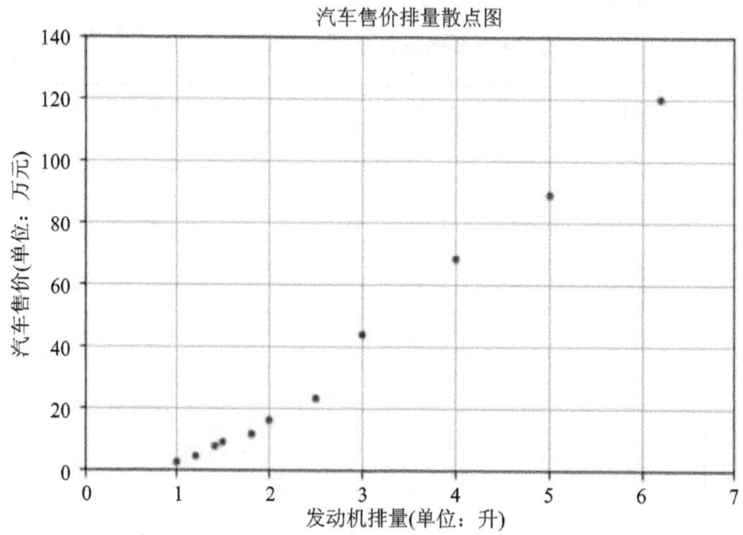

图 9.4　训练数据可视化

从图 9.4 的训练数据的可视化散点图可知：发动机排量和汽车售价之间存在正相关关系，随着发动机排量的增加，其售价通常也会上涨。下面讨论本案例线性回归建模过程。

第 1 步：建立一个线性模型 $\hat{y}=f(x)=wx+b$

如果认为数据 x 和 y 呈线性关系，就可以采用这个模型。

第 2 步：建立损失函数

要找到最理想的 w 和 b，上面假设的线性模型 $\hat{y}=f(x)=wx+b$ 就必须满足一个条件：每个数据点到这条直线的垂直距离之和最短。

先求单个点到直线的距离 $|y_i-\hat{y}_i|$。y_i 是真实训练数据中的第 i 个点，$\hat{y}_i$ 来自线性模型的估算。再将每个数据点到直线的距离平方后求和再取平均值，即均方误差损失函数：

$$J(w,b)=\frac{1}{m}\sum_{i=1}^{m}(y_i-\hat{y}_i)^2=\frac{1}{m}\sum_{i=1}^{m}(y_i-(w_1x_{i1}+w_2x_{i2}+b))^2 \tag{9.6}$$

式(9.6)中，m 为样本容量，在本案例中，$m=11$；J 是线性回归中充当的角色就是损失函数，又称为 L2 损失，有些文献也称 J 为代价函数(Cost function)或目标函数(Objective function)。损失函数的一个重要特性是：值越小代表参数越接近优化。

第 3 步：使用损失函数和梯度下降法进行参数优化

在数学物理方法中，多元函数 $f(x_1,x_2,\cdots,x_n)$的梯度定义为梯度向量：

$$\nabla J(x_1,\cdots,x_n)=\left[\frac{\partial f}{\partial x_1},\frac{\partial f}{\partial x_2},\cdots,\frac{\partial f}{\partial x_n}\right]^{\mathrm{T}} \tag{9.7}$$

梯度向量最重要的性质之一是当函数 f 的自变量沿梯度变化时，函数的上升最快；显然，负梯度指出了函数的最陡下降方向。

对于本例线性模型中的 $J(w,b)$损失函数，其梯度向量为：

$$\nabla J(w,b)=\left[\frac{\partial f}{\partial w},\frac{\partial f}{\partial b}\right]^{\mathrm{T}}$$

得到损失函数后，就要设法使其最小化。由于均方误差损失函数是凸二次函数，我们可以使用梯度下降法(Gradient descent)将损失函数逐步最小化，并得到最优的 w 和 b。梯度下降法迭代公式如下：

$$\left.\begin{aligned}w(k+1)&=w(k)+\Delta w=w(k)-\alpha\,\nabla J(w)\\ b(k+1)&=b(k)+\Delta b=b(k)-\alpha\,\nabla J(b)\end{aligned}\right\} \tag{9.7}$$

其中，α 为学习率(Learning rate)，通常小于 1；$\nabla J(w)$表示 J 对 w 分量求梯度，为损失函数 J 在 w 方向的变化率，$\nabla J(w)$前取负号表示梯度下降的方向；$\nabla J(b)$为 J 对 b 分量求梯度，为损失函数 J 在 b 方向的变化率。

如果 J 在 w 和 b 方向上的斜率非常小，那么 w 和 b 就几乎是最优值了，如图 9.5 所示。

如果 w 位于 w_{opt} 的右侧，斜率为正数，那么迭代计算 $w(k)-\alpha\,\nabla J(w)$将使 w 减小，并往 w_{opt} 方向运动；如果 w 位于 w_{opt} 的左侧，斜率为负数，那么迭代计算使 w 增大，同时也往 w_{opt} 方向运动。当 w 与 w_{opt} 非常接近时，$\nabla J(w)$一定很小，w 的变化也将趋于稳定。

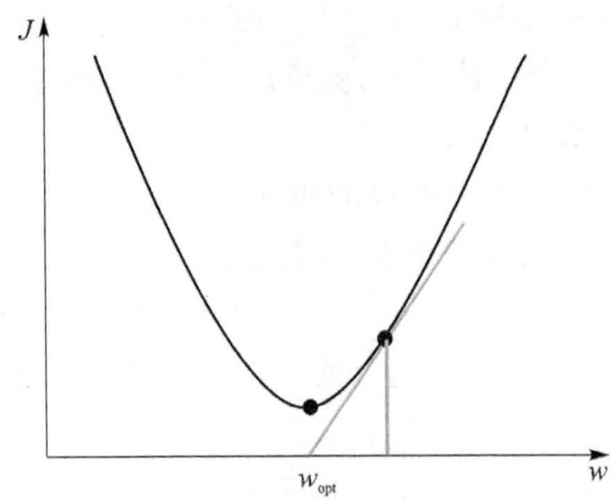

图 9.5　梯度下降法的数学原理

α 是根据训练情况需要手动调节的参数，称为超参数(hyperparameter)。如果 α 取值过大，损失函数有可能振荡甚至发散；如果 α 取值太小，会导致收敛速度过慢。

梯度下降法公式不断地循环迭代运算，w 和 b 将持续更新，直至变化幅度很小为止。

根据高等数学知识，可计算出$\nabla J(w)$和$\nabla J(b)$：

$$\nabla J(w)=\frac{\partial J}{\partial w}=-\frac{2}{m}\sum_{i=1}^{m}(y_i-\hat{y}_i)x_i$$

$$\nabla J(b)=\frac{\partial J}{\partial b}=-\frac{2}{m}\sum_{i=1}^{m}(y_i-\hat{y}_i)$$

将以上公式代入迭代公式(9.7)，有：

$$\left.\begin{aligned}w(k+1)&=w(k)-\alpha\frac{2}{m}\sum_{i=1}^{m}(\hat{y}_i-y_i)x_i\\b(k+1)&=b(k)-\alpha\frac{2}{m}\sum_{i=1}^{m}(\hat{y}_i-y_i)\end{aligned}\right\}\tag{9.8}$$

式中，$\hat{y}=wx+b$。

使用式(9.8)的两个公式有限次迭代更新 w、b 参数，即可完成线性回归建模过程。

3. 编制线性回归程序

下面分别介绍根据线性回归数学原理和使用 Scikit-learn 编制前面小案例的线性回归程序。

(1) 根据线性回归数学原理编制线性回归程序

第 1 步：加载训练数据

X_train = [1, 1.2, 1.4, 1.5, 1.8, 2, 2.5, 3, 4, 5, 6.2]

y_train = [3, 5, 8, 9, 12, 16.5, 23.5, 43.7, 68.5, 89.3, 120]

第 2 步：初始化训练参数

w = 0

b = 0

第 3 步：初始化超参数

alpha = 0.01

epochs = 2000

m =len(X_train)

这里将 alpha 学习率设置为 0.01；epochs 训练轮次设置为 2 000（一个 epoch 代表整个训练集中的数据被模型计算一次，一个 epoch 叫作一个轮次（回合）；两个 epoch 则代表该训练集被两次送给了模型，依此类推）；m 表示训练样本容量，此处计算出的 m 应为 11。

第 4 步：建立线性模型自定义函数

```
def predition(w, b, X):
return w * X+b
```

第 5 步：采用梯度下降法做线性加归

```
for i in range(epochs):
    grad_w = 0.0
    grad_b = 0.0
    for j in range(m):
        X = X_train[j]
        y = y_train[j]
        grad_w +=-(2/m) * (y - predition(w, b, X)) * X
        grad_b +=-(2/m) * (y - predition(w, b, X))
    w = w - alpha * grad_w
    b = b - alpha * grad_b
```

这里的梯度下降程序整体思路是：在每一个 epoch 中，将训练数据集中所有数据输入模型，并让模型迭代计算出 w 和 b 的梯度；接着完成一次参数更新，即 $w(k+1)=w(k)-\alpha\ \nabla J(w)$（$w=w-$alpha * grad_w）和 $b(k+1)=b(k)-\alpha\ \nabla J(b)$（$b=b-$alpha * grad_b），至此一个 epoch 结束。注意，每次参数更新前，需将梯度变量 grad_w 和 grad_b 清零。

完整的线性回归程序清单（程序名：ch9_3.ipynb）如下：

```
#Filename:ch9_3.ipynb
#根据线性回归数学原理编制一元线性回归程序
#加载训练数据
X_train = [1, 1.2, 1.4, 1.5, 1.8, 2, 2.5, 3, 4, 5, 6.2]
y_train = [3, 5, 8, 9, 12, 16.5, 23.5, 43.7, 68.5, 89.3, 120]
#初始化训练参数
w = 0
```

```
b = 0
#初始化超参数
alpha = 0.01
epochs = 2000
m = len(X_train)
#建立线性模型自定义函数
def predition(w, b, X):
    return w * X + b
#梯度下降法线性回归训练过程
for i in range(epochs):
    grad_w = 0.0
    grad_b = 0.0
    for j in range(m):
        X = X_train[j]
        y = y_train[j]
        grad_w + = - (2/m) * (y - predition(w, b, X)) * X
        grad_b + = - (2/m) * (y - predition(w, b, X))
    w = w - alpha * grad_w
    b = b - alpha * grad_b
print('训练到的权重：  %.2f'% w)
print('训练到的偏置：%.2f'% b)
#预测
predicted_price = predition(w, b, 1.6)
print('1.6 升排量汽车售价的预测结果是：%.2f 元'% predicted_price)
```

(2) 使用 Scikit - learn 机器学习库编制线性回归程序

Scikit - learn(sklearn)机器学习库中 sklearn.linear_model 提供的 LinearRegression 类可用于构建线性回归模型。使用 Scikit - learn 机器学习库编写完整线性回归程序清单(程序名：ch9_4.ipynb)如下：

```
#Filename:ch9_4.ipynb
#使用 Scikit - learn 机器学习库编制一元线性回归程序
import numpy as np
from sklearn.linear_model import LinearRegression
X_train = np.array([1, 1.2, 1.4, 1.5, 1.8, 2, 2.5, 3, 4, 5, 6.2]).reshape( - 1,1)
y_train = [3, 5, 8, 9, 12, 16.5, 23.5, 43.7, 68.5, 89.3, 120]
#创建线性回归模型
model = LinearRegression()
#训练模型
model.fit(X_train, y_train)
#获取训练到的系数和截距(coefficient and Intercept),即权重和偏置
print('训练到的权重：%.2f '% model.coef_)
print('训练到的偏置：%.2f '% model.intercept_)
#Predict the price of a pizza with a diameter that has never been seen before
test_pizza = np.array([[1.6]])
predicted_price = model.predict(test_pizza)
print('1.6 升排量汽车售价的预测结果是：%.2f 元 '% predicted_price)
```

LinearRegression 类是一个估计器。估计器基于观测到的数据预测一个值。在 Scikit - learn 中，所有的估计器都实现了 fit 方法和 predict 方法。前者用于学习模型的参数 w、b，后者使用学习到的参数来预测一个新的输入样本对应的输出变量值。使用 Scikit - learn 能方便地对不同模型进行实验，因为所有的估计器都实现了 fit 方法和 predict 方法，尝试新的模型只须修改一行代码。LinearRegression 类的 fit 方法学习得到了一元线性回归模型的参数 w 和 b。

4. 华为 AI 云平台 ModelArts 使用及线性回归程序实践

(1) 华为 AI 云平台 ModelArts 的使用

华为 AI 云平台 ModelArts 是面向开发者的一站式 AI 开发平台，它能为机器学习与深度学习提供海量数据预处理及半自动化标注、大规模分布式训练、自动化模型生成，以及端-边-云模型按需部署能力，可帮助用户快速创建和部署模型，管理全周期 AI 工作流。

华为 AI 云平台 ModelArts 集成了基于开源的 JupyterLab，JupyterLab 可提供在线的交互式开发调试。ModelArts JupyterLab 可以无须关注安装配置，在 ModelArts 管理控制台直接使用 Notebook，编写和调试机器学习模型训练程序代码，然后基于该程序代码进行模型的训练。下面介绍华为 AI 云平台 ModelArts 基本使用方法。

首先使用已注册的华为账号登录华为云网站 https://www.huaweicloud.com，在搜索栏输入"ModelArts"后显示 AI 开发平台 ModelArts，单击"进入控制台"后进入 ModelArts 管理控制台页面，依次单击左侧的"开发环境""Notebook"和"创建"按钮，如图 9.6 所示。

填写 Notebook 参数，如公共镜像、资源、规格等，如图 9.7 所示。

在图 9.7 中，公共镜像提供了当今主流的深度学习框架，如华为 MindSpore、Meta (Facebook) PyTorch、Google TensorFlow 等框架。这里选择最新版 TensorFlow2.1 深度学习框架。TensorFlow2.0 以上版本框架集成了 Keras API(tf.Keras)。

Notebook 参数填写完成后，单击"立即创建"后进入"产品规格"确认页面，参数确认无误后，单击"提交"，完成 Notebook 的创建操作，如图 9.8 所示。

产品规格提交完成后进入 Notebook 列表，正在创建中的 Notebook 状态显示为"创建中"，创建过程需要几分钟，请耐心等待。当 Notebook 状态变为"运行中"时，表示 Notebook 已创建并启动完成。

选择状态为"运行中"的 Notebook 实例，单击操作列的"打开"，访问 JupyterLab，如图 9.9 所示。

进入 JupyterLab 页面后，自动显示 Launcher 子页面，如图 9.10 所示。

图 9.6　ModelArts Notebook 创建

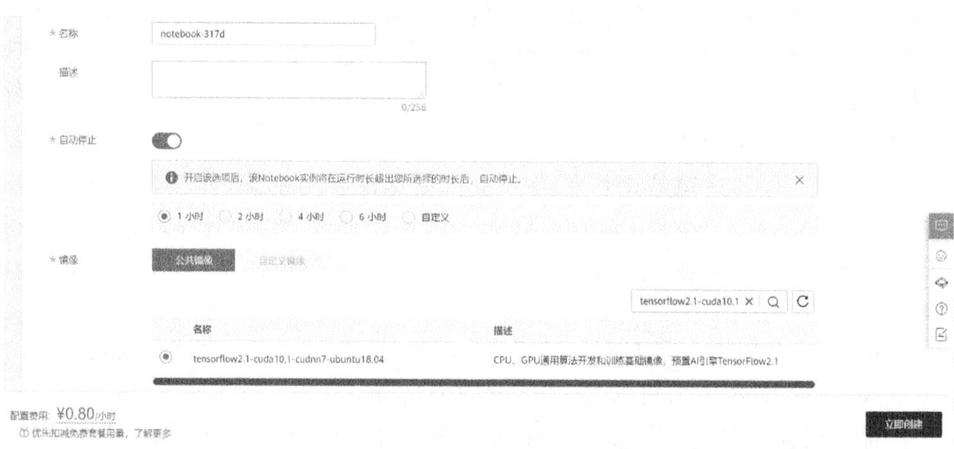

图 9.7　填写 Notebook 参数

进入 JupyterLab 主页后，可在 Notebook 区域下选择要使用的编程环境或 AI 引擎。这里在 Launcher 子页面单击“TensorFlow2.1”后，将新建一个对应 TensorFlow2.1 深度学习框架的默认 Untitled.ipynb 程序文件，该程序文件名呈现在左侧菜单栏中，如图 9.11 所示。注意，由于每个 Notebook 实例在前面的“公共镜像”中所选择的深度学习框架不同，其所支持的 AI 深度学习框架名称也有所不同。

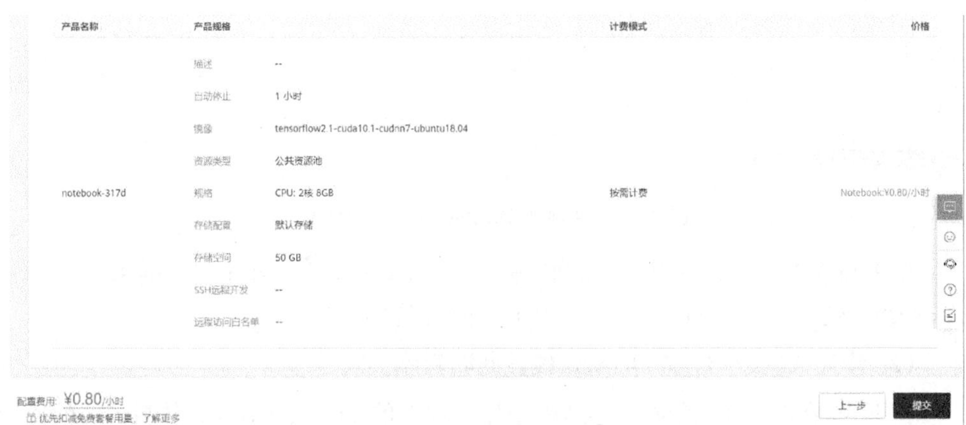

图 9.8　产品规格确认及提交

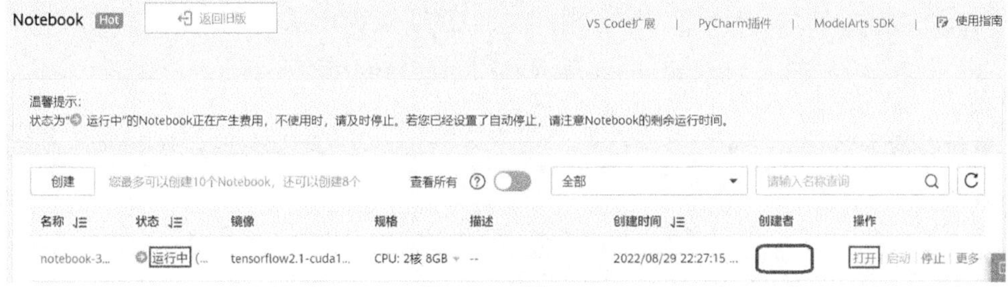

图 9.9　单击“打开”访问 JupyterLab

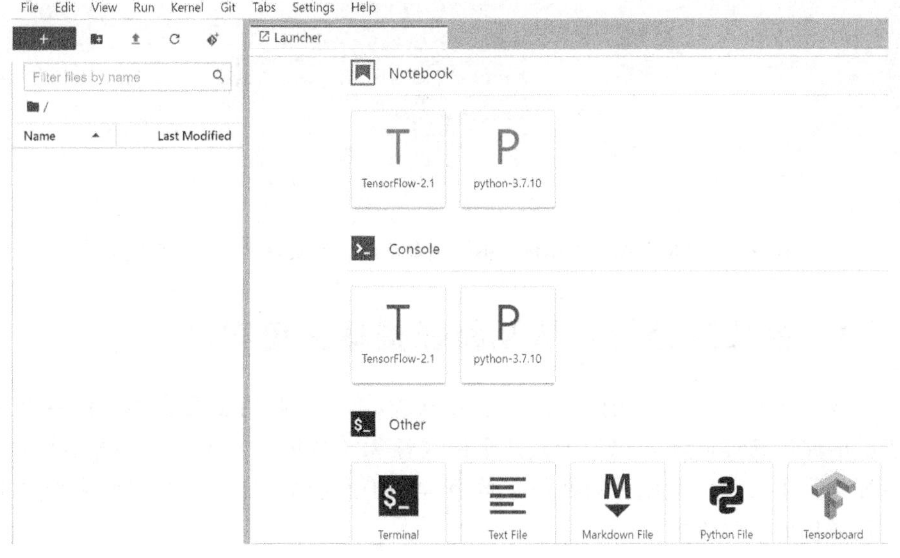

图 9.10　Launcher 子页面

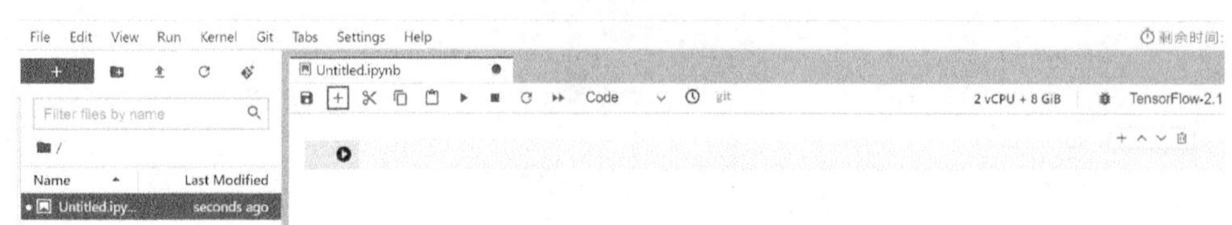

图 9.11　新建的 Untitled. ipynb 程序文件

单击图 9.11 中的"+"号可以创建输入 Cell(单元),在 Cell 框中同时按下 Ctrl+Enter 组合键可以执行输入 Cell 框中的程序代码。

(2) 华为 AI 云平台 ModelArts 线性回归程序实践

接下来,在图 9.11 的输入 Cell 框中输入前面的 ch9_4. ipynb 文件名的线性回归程序,并将默认的 Untitled. ipynb 文件名更名为 ch9_4. ipynb 文件,程序执行后的截图如图 9.12 所示。

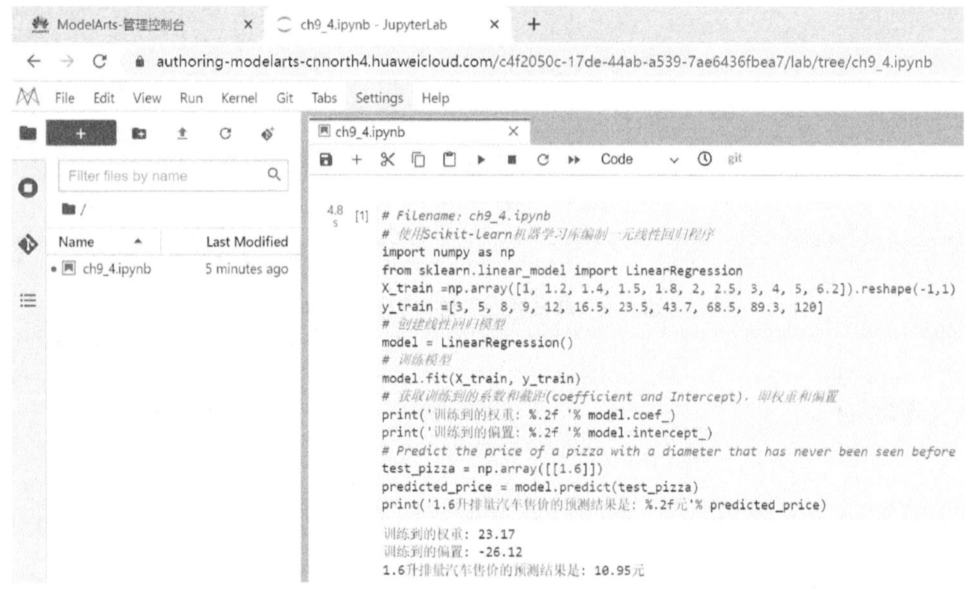

图 9.12　ModelArts JupyterLab 开发环境线性回归程序执行情况截图

9.2.3　主成分分析方法及特征提取应用实践

主成分分析是一种常用的无监督学习方法,该方法利用正交变换将线性相关特征表示的原始特征向量转化为少数几个由线性无关特征表示的特征向量,线性无关的特征称为主成分。主成分的特征个数通常小于原始特征的个数,因此主成分分析属于特征提取或降维方法。

1. 特征提取的基本概念

机器学习中减少特征数目的方法一般有两种：一种是特征提取，另一种是特征选择。

通过直接测量得到的特征称为原始特征，比如描述人体健康状况的各种生理指标、描述数字图像内容中的各像素点亮度值都是原始特征。

特征提取是指通过映射（或变换）的方法获取最有效的特征，从而实现特征空间的维数从高维到低维的变换，因此特征提取又叫降维。经过映射后的特征称为二次特征，它们是原始特征的某种组合，最常用的是线性组合。

特征选择是指从原始特征中挑选出一些最具代表性、分类性能好的特征，以达到降低特征空间维数的目的。

2. 主成分分析方法

主成分分析（PCA，Principal Components Analysis）是线性特征的常用特征提取方法之一，也称为 K－L 变换（Karhunen－Loeve Transform）或主分量变换。PCA 是一种基于目标统计特性的最佳正交变换，它的最佳性体现在变换后产生的新的分量正交或不相关。

设 n 维特征向量 $\boldsymbol{x}=(x_1,x_2,\cdots,x_n)^{\mathrm{T}}$，$\boldsymbol{x}$ 经标准正交矩阵 $\boldsymbol{A}$ 正交变换后成为向量 $\boldsymbol{y}=(y_1,y_2,\cdots,y_n)^{\mathrm{T}}$，即：

$$\boldsymbol{y}=\boldsymbol{A}^{\mathrm{T}}\boldsymbol{x} \tag{9.9}$$

$\boldsymbol{y}$ 的自相关矩阵为：

$$\boldsymbol{R}_y=E(\boldsymbol{y}\boldsymbol{y}^{\mathrm{T}})=E[\boldsymbol{A}^{\mathrm{T}}\boldsymbol{x}\boldsymbol{x}^{\mathrm{T}}\boldsymbol{A}]=\boldsymbol{A}^{\mathrm{T}}\boldsymbol{R}_x\boldsymbol{A}$$

其中，$\boldsymbol{R}_x$ 为 $\boldsymbol{x}$ 的自相关矩阵（Auto correlation matrix），即 $\boldsymbol{R}_x=E(\boldsymbol{x}\boldsymbol{x}^{\mathrm{T}})\approx\frac{1}{N}\sum_{i=1}^{N}\boldsymbol{x}_i\boldsymbol{x}_i^{\mathrm{T}}$，是对称矩阵。

选择矩阵 $\boldsymbol{A}=(a_1,a_2,\cdots,a_n)$，且满足：

$$\boldsymbol{R}_x\boldsymbol{a}_i=\lambda_i\boldsymbol{a}_i$$

这里，λ_i 为自相关矩阵 $\boldsymbol{R}_x$ 的特征值，并且 $\lambda_1\geqslant\lambda_2\geqslant\cdots\geqslant\lambda_n$，$\boldsymbol{a}_i$ 为 λ_i 的正交基向量（特征向量），即 $\boldsymbol{a}_i\cdot\boldsymbol{a}_j=1(i=j)$，$\boldsymbol{a}_i\cdot\boldsymbol{a}_j=0(i\neq j;\ i,\ j=1,\ 2,\cdots,n)$。$\boldsymbol{R}_y$ 是对角矩阵：

$$\boldsymbol{R}_y=\boldsymbol{A}^{\mathrm{T}}\boldsymbol{R}_x\boldsymbol{A}=\mathrm{diag}(\lambda_1,\lambda_2,\cdots,\lambda_n)$$

若 $\boldsymbol{R}_x$ 是正定的，则它的特征值是正的，此时变换式 $\boldsymbol{y}=A^{\mathrm{T}}\boldsymbol{x}$ 称为 PCA 或 K－L 变换。

由式(9.9)可得：

$$\boldsymbol{x}=(\boldsymbol{A}^{\mathrm{T}})^{-1}\boldsymbol{y}=\boldsymbol{A}\boldsymbol{y}=(\boldsymbol{a}_1,\boldsymbol{a}_2,\cdots,\boldsymbol{a}_n)\begin{pmatrix}y_1\\y_2\\\vdots\\y_n\end{pmatrix}=\sum_{i=1}^{n}y_i\boldsymbol{a}_i$$

选择 $\boldsymbol{x}$ 关于 $\boldsymbol{a}_i$ 的展开式的前 d 项在最小均方误差估计 $\hat{\boldsymbol{x}}$,此时估计式表示为:

$$\hat{\boldsymbol{x}}=\sum_{i=1}^{d} y_i\boldsymbol{a}_i,\quad (1\leqslant d\leqslant n)$$

估计的均方误差为:

$$\begin{aligned}\varepsilon^2(d)&=E\left[(\boldsymbol{x}-\hat{\boldsymbol{x}})^{\mathrm{T}}(\boldsymbol{x}-\hat{\boldsymbol{x}})\right]\\&=E\left[\|\boldsymbol{x}-\hat{\boldsymbol{x}}\|^2\right]=E\left[\left\|\sum_{i=d+1}^{n}\boldsymbol{a}_i y_i\right\|^2\right]\\&=\sum_{i=d+1}^{n}E[y_i^2]=\sum_{i=d+1}^{n}E[y_i y_i^{\mathrm{T}}]=\sum_{i=d+1}^{n}E[(\boldsymbol{a}_i^{\mathrm{T}}\boldsymbol{x})(\boldsymbol{x}^{\mathrm{T}}\boldsymbol{a}_i)]\\&=\sum_{i=d+1}^{n}\boldsymbol{a}_i^{\mathrm{T}}E(\boldsymbol{x}\boldsymbol{x}^{\mathrm{T}})\boldsymbol{a}_i=\sum_{i=d+1}^{n}\boldsymbol{a}_i^{\mathrm{T}}\boldsymbol{R}_x\boldsymbol{a}_i=\sum_{i=d+1}^{n}\lambda_i\end{aligned}$$

我们希望选择使估计的均方误差最小的特征向量,因此要选择相关矩阵 $\boldsymbol{R}_x$ 的 d 个最大的特征值对应的特征向量构成变换矩阵 $\boldsymbol{A}$,这样得到的均方误差将会最小,是 $n-d$ 个极小特征值之和。

PCA 特征提取算法描述:

设 $\boldsymbol{x}$ 是 n 维样本向量,$\{\boldsymbol{x}\}$是来自 m 个类的样本集,样本容量为 N。利用 PCA 将 n 维 $\boldsymbol{x}$ 向量变为 d 维 $\boldsymbol{y}$ 向量的步骤如下:

① 平移坐标系,将样本总体均值向量作为新坐标系的原点;

② 求出自相关矩阵(或协方差矩阵等) $\boldsymbol{R}_x=E(\boldsymbol{x}\boldsymbol{x}^{\mathrm{T}})\approx\dfrac{1}{N}\sum_{i=1}^{N}\boldsymbol{x}_i\boldsymbol{x}_i^{\mathrm{T}}$;

③ 求出 $\boldsymbol{R}_x$ 的特征值 $\lambda_1,\lambda_2,\cdots,\lambda_n$ 及其对应的特征向量 $\boldsymbol{a}_1,\boldsymbol{a}_2,\cdots,\boldsymbol{a}_n$;

④ 将特征值从大到小排序,取前 d 个大的特征值所对应的特征向量构成变换矩阵;

如:设 $\lambda_1\geqslant\lambda_2\geqslant\cdots\geqslant\lambda_n$,则取变换矩阵 $\boldsymbol{a}_1,\boldsymbol{a}_2,\cdots,\boldsymbol{a}_d$。

⑤ 将 n 维的原向量变成 d 维(d≤n)的新向量 $\boldsymbol{y}=\boldsymbol{A}^{\mathrm{T}}\boldsymbol{x}$。

3. PCA 特征提取应用实践

举例:已知样本数据如下

$$\begin{pmatrix}-5\\-5\end{pmatrix},\begin{pmatrix}-5\\-4\end{pmatrix},\begin{pmatrix}-4\\-5\end{pmatrix},\begin{pmatrix}-5\\-6\end{pmatrix},\begin{pmatrix}-6\\-5\end{pmatrix},\begin{pmatrix}5\\5\end{pmatrix},\begin{pmatrix}5\\6\end{pmatrix},\begin{pmatrix}6\\5\end{pmatrix},\begin{pmatrix}5\\4\end{pmatrix},\begin{pmatrix}4\\5\end{pmatrix}$$

(1) 采用 PCA 对样本数据做一维特征提取

解:

① 求样本总体均值向量:

$$\bar{\boldsymbol{x}}=\frac{1}{10}\left[\begin{pmatrix}-5\\-5\end{pmatrix}+\begin{pmatrix}-5\\-4\end{pmatrix}+\cdots+\begin{pmatrix}4\\5\end{pmatrix}\right]=\begin{pmatrix}0\\0\end{pmatrix}$$

故无须作坐标系平移。

② 求自相关矩阵 $\boldsymbol{R}_x$：

$$\boldsymbol{R}_x = \frac{1}{10}\left[\begin{pmatrix}-5\\-5\end{pmatrix}(-5\quad -5)+\cdots+\begin{pmatrix}4\\5\end{pmatrix}(4\quad 5)\right]$$

$$=\begin{pmatrix}25.4 & 25.0\\25.0 & 25.4\end{pmatrix}$$

③ 求出 $\boldsymbol{R}_x$ 的特征值及其对应的特征向量。

(a) 由 $|\lambda\boldsymbol{I}-\boldsymbol{R}_x|=0$ 求特征值：

$$\begin{vmatrix}25.4-\lambda & 25.0\\25.0 & 25.4-\lambda\end{vmatrix}=0$$

即 $(25.4-\lambda)^2-25.0^2=0$，解得特征值：

$\lambda_1=50.4, \lambda_2=0.4$。

(b) $\boldsymbol{R}_x\boldsymbol{a}_i=\lambda_i\boldsymbol{a}_i(i=1,2)$。

由 $(\lambda_1\boldsymbol{I}-\boldsymbol{R}_x)\boldsymbol{a}_1=0$ 求出 λ_1 对应的特征向量 $\boldsymbol{a}_1=\frac{1}{\sqrt{2}}\begin{pmatrix}1\\1\end{pmatrix}$；

由 $(\lambda_2\boldsymbol{I}-\boldsymbol{R}_x)\boldsymbol{a}_2=0$ 求出 λ_2 对应的特征向量 $\boldsymbol{a}_2=-\frac{1}{\sqrt{2}}\begin{pmatrix}1\\1\end{pmatrix}$。

④ 取 $\boldsymbol{a}_1$ 作变换矩阵 $\boldsymbol{A}$：

$\boldsymbol{A}=\boldsymbol{a}_1$

⑤ 将原二维样本变换为一维样本 $\boldsymbol{y}=A^{\mathrm{T}}\boldsymbol{x}$：

$$\left(-\frac{10}{\sqrt{2}}\right),\left(-\frac{9}{\sqrt{2}}\right),\left(-\frac{9}{\sqrt{2}}\right),\left(-\frac{11}{\sqrt{2}}\right),\left(-\frac{11}{\sqrt{2}}\right),\left(\frac{10}{\sqrt{2}}\right),\left(\frac{11}{\sqrt{2}}\right),\left(\frac{11}{\sqrt{2}}\right),\left(\frac{9}{\sqrt{2}}\right),\left(\frac{9}{\sqrt{2}}\right)$$

(2) 编制 PCA 对样本数据进行一维特征提取的程序

本例二维样本数据的 PCA 一维特征提取程序清单(程序名:ch9_5.ipynb)如下：

```
#Filename: ch9_5.ipynb
#PCA 特征提取(数据降维)
#Import Library
import numpy as np
from sklearn.decomposition import PCA
#Assumed you have training and test data set as train and test
train = np.array([[-5,-5],[-5,-4],[-4,-5],[-5,-6],[-6,-5],[5,5],[5,6],[6,5],[5,4],[4,5]])
train_trans_cor =  train - np.mean(train, axis = 0)
#Create PCA obeject pca = PCA(n_components = k)
#default value of k  = min(n_sample, n_features)
#For Factor analysis
#fa = decomposition.FactorAnalysis()
pca = PCA(n_components = 1)    #保留数据的第一个主成分
```

```
#Reduced the dimension of training dataset using PCA
train_reduced = pca.fit_transform(train_trans_cor)
print(train_reduced)
```

9.3 神经网络方法基础

人工神经网络(ANN,Artificial Neural Network)是人类在对大脑神经网络和理解的基础上,人工构造出的能够实现某种功能的网络,是基于模仿大脑神经网络结构和功能而建立起来的一种信息处理系统,简称神经网络(NN)。人工神经网络是由大量处理单元广泛互连而成的网络,它反映了人脑功能的基本特性,是人脑的某种抽象、简化与模拟。人工神经网络的学习和识别决定于各神经元连接权重系数的动态演化过程。人工神经网络可以用计算机程序模拟,也能用硬件电路来实现,用硬件实现的神经网络集成部件又称为神经网络处理器(NPU,Neural Processing Uint)。人工神经网络是当今深度学习方法的重要基础。

9.3.1 生物神经元

科学研究发现,人脑大约有 1 000 亿(10^{11})个神经元(每个神经元大约有 10^4 个连接),这些神经元通过 1 000 万亿(10^{15})个连接构成一个大规模的神经网络系统。神经元是大脑神经网络的基本信息处理单元。大脑生物神经元包括细胞体(Cell body,Soma)、树突(Dendrite)、轴突(Axon)、突触(Synapse)基本组成部分,如图 9.13 所示。

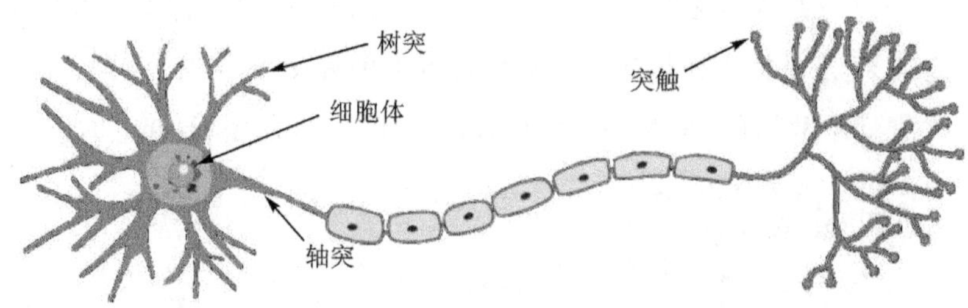

图 9.13 生物神经元结构

生物神经元各基本部分简要说明如下:

① 细胞体:细胞体是神经元的主体,它由细胞核、细胞质和细胞膜三部分组成;

② 树突:树突相当于细胞体的输入端,用于接收其他神经元的输入电化学信号;

③ 轴突:轴突相当于细胞体的输出端,用于传出细胞体产生的输出电化学信号;

④ 突触:突触是一个细胞体的轴突和另一个细胞体的树突之间的连接,相当于神经元之间的输入/输出接口。

在生物神经系统中,每个神经元都通过突触与系统中的很多其他神经元相联系,突触的“连接强度”越大，接受的信号就越强；反之，突触的“连接强度”越小，接受的信号就越弱。突触的“连接强度”可以随着神经系统受到的训练而改变。例如，新记忆的形成就是通过改变突触的强度实现的，认识一位新朋友面孔的过程包含了各种突触的改变过程。

9.3.2　人工神经网络结构

1. 单输入人工神经元

与大脑神经元类似，人工神经元是人工神经网络操作的基本信息处理单元。人工神经元由处理单元、连接、输入和输出五个部分组成。

单输入神经元结构如图 9.14 所示。其中，标量输入 x 乘于标量权值 w 得到 wx 送到加法器 Σ，另一个输入 1 乘于偏置 b 也是送到加法器。加法器输出 u 通常被称为净输入(Net input)，它被送到激活函数(传输函数)f。激活函数用于限制神经元的输出幅度，在 f 中产生神经元的标量输出。

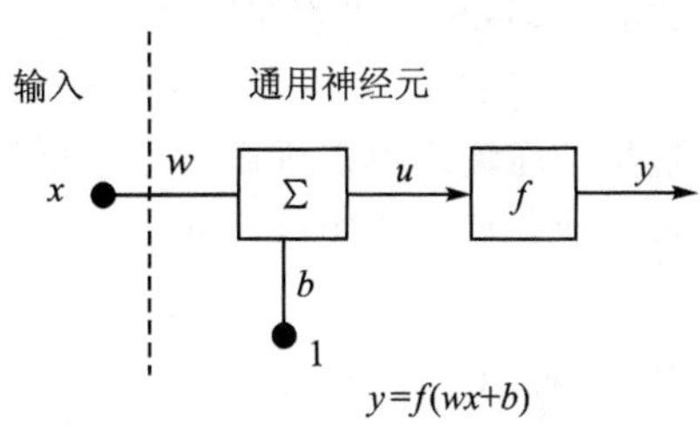

图 9.14　单输入人工神经元结构

与生物神经元对照，人工神经元中的输入 x 对应于树突，权值 w 对应于突触的连接强度(w 为正表示激活，w 为负表示抑制)，加法器 Σ 和激活函数 f 对应于细胞体，人工神经元输出 y 对应于轴突信号。

单神经元输出计算公式如下：

$$y=f(wx+b) \tag{9.10}$$

如，若取 $w=3$、$x=2$、$b=-1.5$，则有 $y=f(3\times2+1.5)=f(4.5)$。偏置值除了有常数输入值 1 以外，它也像一个权值。但是如果不想使用偏置值，也可以忽略它。w 和 b 是神经元的可调整标量参数。设计者可以选择特定的激活函数，在一些学习规则中调整参数 w 和 b 以满足特定的需要。

神经元输出式(9.10)中的激活函数 f 可以是 u 的线性函数或非线性函数。输出单元常用的激活函数有符号函数 $f(u)=\text{sign}(u)=\begin{cases}1, u\geqslant0\\-1, u<0\end{cases}$、阶跃函数 $f(u)=\text{step}(u)=\begin{cases}1, u\geqslant0\\0, u<0\end{cases}$、线性函数 $f(u)=u$、S 型函数 $f(u)=\dfrac{1}{1+e^{-u}}$、Softmax 函数等。

2. 感知器

图 9.15(a)是多输入神经元构成的感知器(Perceptron)，图 9.15(b)是感知器常用简化图形符号。感知器由计算机科学家费兰克・罗森布莱特(Frank Rosenblatt)于 1957 年提出来的。

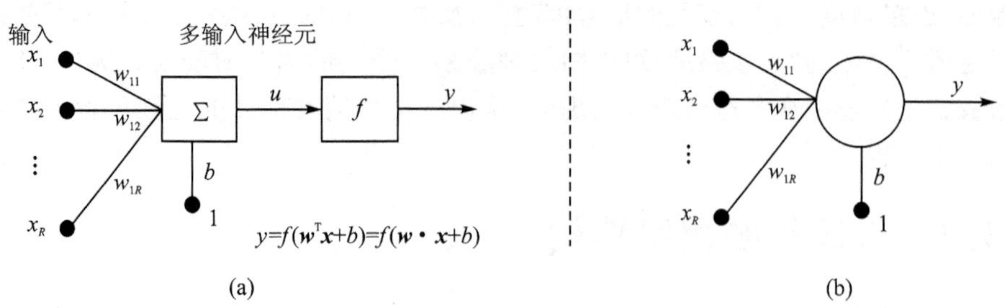

图 9.15 感知器示意图及其图形符号

感知器是一个拥有多个输入的神经元,该神经元有一个偏置值 b,它与所有输入的加权和累加,从而形成净输入 u:

$$u = w_{11}x_1 + w_{12}x_2 + \cdots + w_{1R}x_R + b \tag{9.11}$$

这里的净输入可以理解为激活函数的有效输入。

该表达式可写成矩阵形式:

$$u = \boldsymbol{w}^{\mathrm{T}}\boldsymbol{x} + b = \boldsymbol{w}\cdot\boldsymbol{x} + b \tag{9.12}$$

其中,$\boldsymbol{w}=(w_{11},w_{12},\cdots,w_{1R})^{\mathrm{T}}$ 为权值向量,$\boldsymbol{x}=(x_1,x_2,\cdots,x_R)^{\mathrm{T}}$ 为输入特征向量。权值向量的权值下标采用人们习惯表示权值元素的下标。权值矩阵元素下标的第一个下标表示权值相应连接所指定的目标神经元编号,第 2 个下标表示权值相应连接的源神经元编号。据此,我们可以判断权值 w_{12} 表示从第 2 个源神经元(此处即为第 2 个输入 x_2)到第一个神经元的连接。

由图 9.15 和式(9.12)可知,感知器实际上就是先对输入向量进行一个加权求和累加操作,得到一个净输入中间值 u,然后再通过一个激活函数 f 产生最终的输出 y。这里的激活函数 f 可以是符号函数或阶跃函数。若使用符号函数,感知器输出可表示为:

$$y = \mathrm{sign}(u) = \begin{cases} 1, u \geqslant 0 \\ -1, u < 0 \end{cases} \tag{9.13}$$

感知器输入是一个实数向量,若激活函数使用符号函数,则分类输出只有两个值:1(正类)或−1(负类),是一种二分类的线性分类模型。

3. 神经网络的层

一般来说,有多个输入的感知器并不能满足实际应用的要求。在实际应用中需要有多个并行的神经元。我们将这些可以并行操作的神经元组成的集合称为“层”。图 9.16 是由 S 个神经元组成的单层网络。R 维输入特征向量中的每个特征都与各个神经元相连,权值矩阵 $\boldsymbol{W}$ 有 S 行、R 列。

该层包括权值矩阵 $\boldsymbol{W}$、加法器 Σ、偏置向量 $\boldsymbol{b}$、激活函数框和输出向量 $\boldsymbol{y}$。输入向量 $\boldsymbol{x}$ 的各元素均通过权值矩阵 $\boldsymbol{W}$ 和每个神经元相连。每个神经元有一个偏置值 b_i、一个加法器 Σ、一个激活函数 f 和一个输出 y_i。将所有神经元的输出结合在一

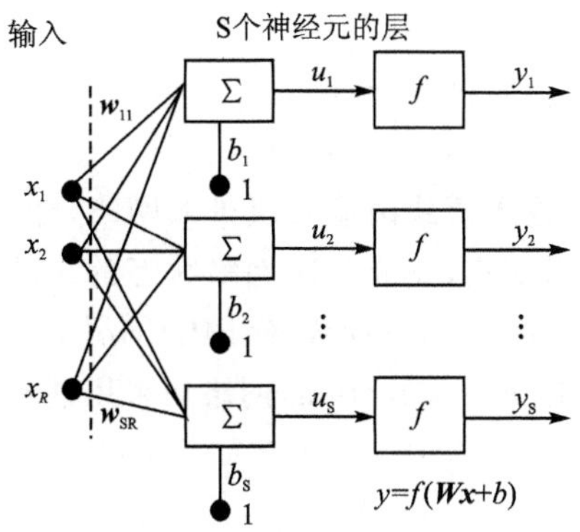

图 9.16　S 个神经元组成的层

起，可以得到一个输出向量 $\boldsymbol{y}$。通常，每层的输入个数并不等于该层中神经元的数目，即 $S \neq R$。

输入向量通过如下权值矩阵 $\boldsymbol{W}$ 进入网络：

$$\boldsymbol{W}=\begin{pmatrix} w_{11} & w_{12} & \cdots & w_{1R} \\ w_{21} & w_{22} & \cdots & w_{2R} \\ \vdots & \vdots & & \vdots \\ w_{S1} & w_{S2} & \cdots & w_{SR} \end{pmatrix} \tag{9.14}$$

矩阵 $\boldsymbol{W}$ 中元素的行下标代表该权值相应连接所指定的目的神经元，而列下标代表该权值相应连接的输入源神经元。那么，w_{32} 的下标表示该元素是从第 2 个源神经元（此处即为第 2 个输入 x_2）到第 3 个目标神经元的连接权值。

4. 人工神经网络结构

若将大量功能简单的神经元通过一定的拓扑结构组织起来，构成群体并行式处理的计算结构，则这种结构就是人工神经网络。神经网络的特性及能力主要取决于网络拓扑结构（Network architecture）及学习算法（Learning algorithm）。

根据神经元的不同连接方式，可将神经网络分为分层网络和相互连接型网络两大类。

分层网络是将一个神经网络模型中的所有神经元按照功能分为若干层，一般有输入层、隐含层（中间层）和输出层，各层顺次连接。每一层的各神经元只能接收前一层神经元的输出，作为自身的输入信号。输入层用于接收外部输入样本向量，并由各输入单元传送至相连的隐含层各单元。隐含层是神经网络的内部处理单元层，神经网络所具有的模式变换能力，如模式分类、特征提取等，主要体现在隐含层单元的处理。根据模式变换功能的不同，隐含层可以有多层，也可以一层都没有。若某层的输出是网络的输出，那么称该层为输出层，输出层产生神经网络的输出模式。

根据神经元的不同连接方式，可将神经网络分为两大类：分层网络和相互连接型网络。

(1) 分层网络

分层网络可细分为以下 3 种互连方式。

1) 前向网络

前向网络(前馈网络)输入模式由输入层进入网络,经过中间各层的顺序模式变换,由输出层产生一个输出模式,完成一次网络状态的更新。如感知器、多层感知器(MLP,Multi - Layer Perceptions)反向传播(BP,Error Back Propagation)神经网络、径向基函数(RBF,Radical Basis Function)网络均采用此种连接方式。图 9.17 是一种 MLP 前向神经网络。

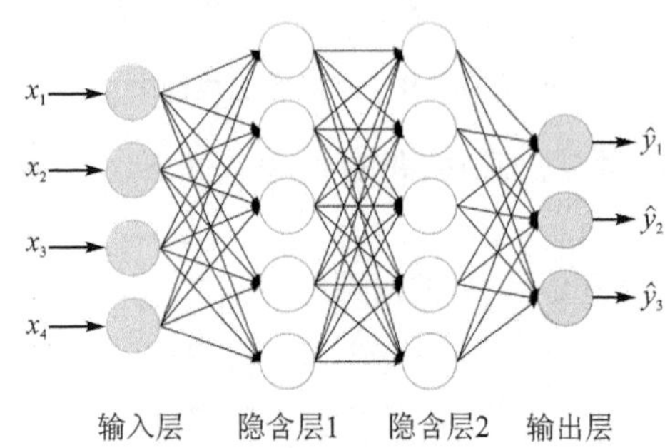

图 9.17 MLP 网络示意图

2) 具有反馈的前向网络

反馈的结构形成封闭环路,从输出到输入具有反馈的单元也称为隐单元,其输出称为内部输出,而网络本身还是前向型的。

3) 层内互连前向网络

同一层内单元的相互连接使它们彼此之间相互制约,限制同一层内能同时动作(激活)的神经元个数,而从外部看还是前向网络。

(2) 相互连接型网络

相互连接型网络是指网络中任意两个单元之间都是可达的,即存在连接路径。相互连接型网络又细分为局部互连和全互连。全互连网络中每个神经元的输出都与其他神经元输入相连,而局部互连网络中,有些神经元之间没有连接关系。如 Hopfield 网络和 Boltzmann 网络(又称 Boltzmann 机)采用此类连接方式。

对于较简单的前向网络,给定某一输入样本向量,网络能迅速产生一个相应的输出,并保持不变。但在相互连接的网络中,对于给定的某一输入样本,由某一网络参数出发,在一段时间内处于不断改变输出模式的动态变化中,网络最终可能产生某一稳定的输出模式,但也可能进入周期性振荡或混沌(Chaos)状态。

人工神经网络结构没有生物大脑神经网络结构那么复杂,但它们都有两个关键相似之处:首先,两个网络的构成都是可计算单元(处理单元/神经元)的高度互连;其次,处理单元之间的连接决定了网络的功能。

9.3.3 人工神经网络基本学习算法

学习方法是人工神经网络研究中的核心问题。神经网络的学习也称为训练，指的是神经网络在外部环境刺激下调整神经网络的参数，使神经网络以一种新的方式对外部环境作出反应的过程。能够从环境中学习和在学习中提高自身性能是神经网络最有意义的性质，神经网络经过反复学习达到对环境的了解。

典型的神经网络的学习方式分为监督学习、无监督学习、半监督学习等。

监督学习须组织一批正确的输入输出数据对。每一个输入训练样本都有一个期望得到的输出值（也称导师信号），将它和实际输出值进行比较，根据两者之间的差值不断调整网络的连接权值，直到差值减小到允许范围之内为止。

无监督学习仅有一批输入数据。网络初始状态下，连接权值均设置为一小正数。网络按照预先设定的某种规则反复地自动调整网络连接权值，使网络最终具有样本分类等功能。

半监督学习主要考虑如何利用少量的标注样本和大量的未标注样本进行训练和分类的问题。半监督学习对于减少标注代价，提高机器学习性能具有重大的实际意义。

不同的神经网络学习算法对神经元权值调整的表达式是不同的。没有一种独特的算法适用于设计的所有神经网络，选择或设计学习算法时还须考虑神经网络的结构及神经网络与外界环境相连接的形式。大多数神经网络的权值参数一般通过学习获得。

在神经网络中，设 w_{ij} 是神经元 i 与神经元 j 之间的连接权值，Δw_{ij} 为连接权值 w_{ij} 的修正值，即 $w_{ij}(k+1)=w_{ij}(k)+\Delta w_{ij}$。

下面介绍神经网络的两种基本学习算法。

1. Hebb 学习规则

Hebb 学习规则源自著名的 Hebb 假说（神经元突触连接强度变化规则），属于无导师学习，其基本思想是：如果有两个神经元同时兴奋（即同时被激活），则它们之间的突触连接强度的增强与它们的激励的乘积成正比。如图 9.18 所示，假设 t 时刻，$y_i(t)$ 为神经元 i 的激活值（输出），$y_j(t)$ 为神经元 j 的激活值，w_{ij} 表示神经元 i 到神经元 j 的连接权值；神经元 j 的第 i 个输入是另一个神经元 i 的输出，即 $y_i(t)=x_i(t)$。Hebb 连接权值的学习规则可表示为：

$$\Delta w_{ij}=\alpha y_j(t)y_i(t)=\alpha y_j(t)x_i(t) \tag{9.15}$$

式中，α 为学习速率参数。

Hebb 学习规则是人工神经网络学习的基本规则，几乎所有神经网络的学习规则都可看成是 Hebb 学习规则的变种。

2. δ 学习规则

δ 学习规则（误差校正学习规则）是根据神经网络的输出误差对神经元的连接权

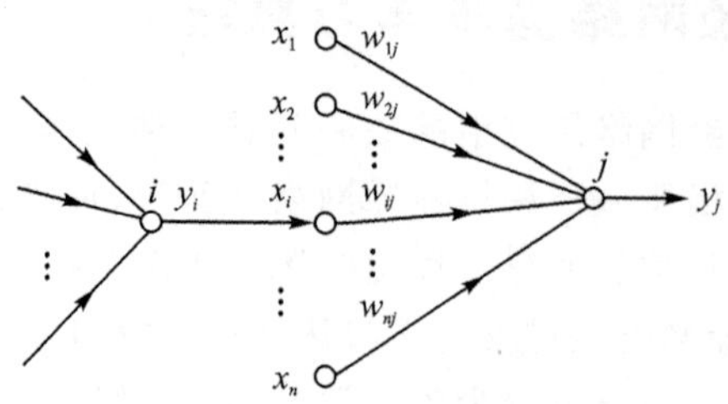

图 9.18　Hebb 学习规则示意图

值进行修正,属于监督学习。设 d_j 为神经元 j 的期望输出,y_j 为神经元 j 的实际输出,d_j-y_j 为误差信号或学习信号,神经元 i 到神经元 j 的连接权重为 w_{ij}。

在 Hebb 学习规则中引入导师信号,即将式(9.15)中的 y_j 替换为神经元 j 期望目标输出 d_j 与神经元 j 实际输出 y_j 之差 $\delta=d_j-y_j$,得到有监督的 δ 学习规则:

$$\Delta w_{ij}(k)=\alpha[d_j(k)-y_j(k)]y_i(t)=\alpha[d_j(k)-y_j(k)]x_i(t) \tag{9.16}$$

式(9.16)表明,两个神经元之间的连接强度的变化量与导师信号 $d_j(k)$ 和网络实际输出 y_j 之差成正比。若采用平方误差函数 E:

$$E=\frac{1}{2}(d_j-y_j)^2=\frac{1}{2}\left(d_j-f\left(\sum_{k=1}^{n}w_{kj}x_k\right)\right)^2 \tag{9.17}$$

从而有:

$$\frac{\partial E}{\partial w_{ij}}=-(d_j-y_j)f'\left(\sum_k w_{kj}x_k\right)x_i$$

要使期望误差达到最小,要取负梯度 $-\dfrac{\partial E}{\partial w_{ij}}$,得到基于梯度下降法的 δ 学习规则:

$$\begin{aligned}\Delta w_{ij}&=\alpha(d_j-y_j)f'\left(\sum_k w_{kj}x_k\right)x_i\\&=\alpha(d_j-y_j)f'(\text{neu}_j)x_i\\&=\alpha\delta_j x_i\end{aligned} \tag{9.18}$$

其中,α 为学习速率参数。一般 α 选得很小,δ_j 为误差函数对神经元 j 输入的偏导数。

感知器算法可以采用 δ 学习规则,基本的 BP 神经网络算法可以采用基于梯度下降法的 δ 学习规则。下面给出两种感知器学习算法描述。

(1) 感知器学习算法 1:基于 δ 学习规则的感知器学习算法

将输入向量和权值向量分别写成增广向量形式:

$$\boldsymbol{x}(k)=(x_1(k),\quad x_2(k),\quad \cdots\quad x_n(k),\quad 1)^{\mathrm{T}},$$

$$\boldsymbol{w}(k)=(w_1(k),\quad w_2(k),\quad \cdots\quad w_n(k),\quad b(k))^{\mathrm{T}}$$

其中,k 为迭代次数;若 $b(k)$ 用 $w_0(k)$ 表示,则激活函数 f 的净输入可表示为:

$$u=\sum_{i=0}^{n} w_i(k)x_i(k)=\boldsymbol{w}(k)\cdot\boldsymbol{x}(k)$$

令 $\boldsymbol{w}(k)\cdot\boldsymbol{x}(k)=0$,可得到在 n 维空间的感知器判决超平面。

步骤 1:设置变量和参数。

$$\boldsymbol{x}(k)=(x_1(k),\quad x_2(k),\quad \cdots \quad x_n(k),\quad 1)^{\mathrm{T}} \text{ 为训练样本}$$

$$\boldsymbol{w}(k)=(w_1(k),\quad w_2(k),\quad \cdots \quad w_n(k),\quad b(k))^{\mathrm{T}} \text{ 为权向量}$$

步骤 2:初始化。

置初始迭代次数 $k=0$,给初始权值向量 $\boldsymbol{w}(0)$的各分量赋值较小的随机非零值。

步骤 3:输入样本 $\boldsymbol{x}(k)$和它的期望输出 $d(k)$。

步骤 4:计算网络实际输出 $y(k)$。

$$y(k)=f(\boldsymbol{w}(k)\cdot\boldsymbol{x}(k))$$

步骤 5:求期望输出 $d(k)$和实际输出 $y(k)$的误差 δ。

$$\delta=d(k)-y(k)$$

根据误差 δ 判断当前输出是否满足条件,若满足条件,则算法结束;否则 $\boldsymbol{w}(k+1)=\boldsymbol{w}(k)+\alpha\{d(k)-y(k)\}\boldsymbol{x}(k)$,$k\leftarrow k-1$,转步骤 3 进入下一次迭代过程。

在以上的学习算法中,步骤 5 需要判断是否满足算法结束条件,算法结束条件可以是误差小于设定值 ε 或者是权值变化已经很小。另外,在实现过程中还应设定最大的迭代次数,以防算法不收敛时,学习算法进入死循环。

(2) 感知器学习算法 2:感知器固定增量学习算法

步骤 1:将 N 个属于第一类(ω_1)和第 2 类(ω_2)的训练样本写成增广向量(第 2 类的全部样本都乘于-1)并规范化。任取向量初始值 $\boldsymbol{w}(1)$开始迭代(括号中的 1 表示迭代次数 $k=1$)。

步骤 2:用全部训练样本进行一轮迭代。每输入一个样本 $\boldsymbol{x}$ 计算一次判别函数 $\boldsymbol{w}\cdot\boldsymbol{x}$,根据判别函数分类结果的正误修正权向量,此时 $k=k+1$。假设进行第 k 次迭代时,输入样本为 $\boldsymbol{x}$,计算 $\boldsymbol{w}(k)\cdot\boldsymbol{x}$ 的值,按下式修正权向量 $\boldsymbol{w}$:

$$\boldsymbol{w}(k+1)=\begin{cases}\boldsymbol{w}(k), & \boldsymbol{w}^{\mathrm{T}}(k)\boldsymbol{x}>0\text{(分类正确)}\\ \boldsymbol{w}(k)+\alpha\boldsymbol{x}(k), & \boldsymbol{w}^{\mathrm{T}}(k)\boldsymbol{x}\leqslant 0\text{(分类错误)}\end{cases} \tag{9.19}$$

步骤 3:分析分类结果,在这一轮的迭代过程中只要有一个样本的分类发生错误,即出现了公式(9.19)的第 2 种情况,则回到步骤 2 进行第 2 轮迭代,直到分类正确迭代过程结束。此时的权向量即为算法结果。

感知器学习算法 2 本质上是一种赏罚(Reward Punishment)过程:当分类器发生分类错误时,对分类器进行“罚”(修改权向量),以使其向正确的方向转换;分类正确时,对其进行“赏”(表现为“不罚”),即权向量不变。

举例:已知两类训练样本

$$\omega_1:\boldsymbol{x}_1=[0,0]^{\mathrm{T}},\quad \boldsymbol{x}_2=[0,1]^{\mathrm{T}};\quad \omega_2:\boldsymbol{x}_3=[1,0]^{\mathrm{T}},\quad \boldsymbol{x}_4=[1,1]^{\mathrm{T}}$$

使用感知器固定增量学习算法求出将样本分为两类的权向量解和判别函数。

解：将训练样本写成增广向量形式，然后进行规范化处理，有

$\boldsymbol{x}_1=[0,0,1]^{\mathrm{T}}$，　$\boldsymbol{x}_2=[0,1,1]^{\mathrm{T}}$，　$\boldsymbol{x}_3=[-1,0,-1]^{\mathrm{T}}$，　$\boldsymbol{x}_4=[-1,-1,-1]^{\mathrm{T}}$

任取 $\boldsymbol{w}(1)=[0,0,1]^{\mathrm{T}}$，$\alpha=1$。迭代过程如下：

第一轮（回合）迭代：

$\boldsymbol{w}(1)\cdot\boldsymbol{x}_1=[0,0,0][0,0,1]^{\mathrm{T}}=0\leqslant 0$，故

$\boldsymbol{w}(2)=\boldsymbol{w}(1)+\boldsymbol{x}_1=[0,0,0]^{\mathrm{T}}+[0,0,1]^{\mathrm{T}}=[0,0,1]^{\mathrm{T}}$

$\boldsymbol{w}(2)\cdot\boldsymbol{x}_2=[0,0,1][0,1,1]^{\mathrm{T}}=1>0$，故

$\boldsymbol{w}(3)=\boldsymbol{w}(3)=[0,0,1]^{\mathrm{T}}$

$\boldsymbol{w}(3)\cdot\boldsymbol{x}_3=[0,0,1][-1,0,-1]^{\mathrm{T}}=-1\leqslant 0$，故

$\boldsymbol{w}(4)=\boldsymbol{w}(3)+\boldsymbol{x}_3=[0,0,1]^{\mathrm{T}}+[-1,0,-1]^{\mathrm{T}}=[-1,0,0]^{\mathrm{T}}$

$\boldsymbol{w}(4)\cdot\boldsymbol{x}_4=[-1,0,0][-1,-1,-1]^{\mathrm{T}}=1>0$，故

$\boldsymbol{w}(5)=\boldsymbol{w}(4)=[-1,0,0]^{\mathrm{T}}$

第一轮迭代中有两个 $\boldsymbol{w}(k)\cdot\boldsymbol{x}_i=\boldsymbol{w}(k)^{\mathrm{T}}\boldsymbol{x}_i\leqslant 0$ 的情况，说明发生了两次错判，需要继续第 2 轮迭代。

第 2 轮迭代：

$$\boldsymbol{w}(5)\cdot\boldsymbol{x}_1=0\leqslant 0，故\ \boldsymbol{w}(6)=\boldsymbol{w}(5)+\boldsymbol{x}_1=[-1,0,1]^{\mathrm{T}}$$

$$\boldsymbol{w}(6)\cdot\boldsymbol{x}_2=1>0，故\ \boldsymbol{w}(7)=\boldsymbol{w}(6)=[-1,0,1]^{\mathrm{T}}$$

$$\boldsymbol{w}(7)\cdot\boldsymbol{x}_3 0\leqslant 0，故\ \boldsymbol{w}(8)=\boldsymbol{w}(7)+\boldsymbol{x}_3=[-2,0,0]^{\mathrm{T}}$$

$$\boldsymbol{w}(8)\cdot\boldsymbol{x}_4=2>0，故\ \boldsymbol{w}(9)=\boldsymbol{w}(8)=[-2,0,0]^{\mathrm{T}}$$

第 3 轮迭代：

$$\boldsymbol{w}(9)\cdot\boldsymbol{x}_1=0\leqslant 0，故\ \boldsymbol{w}(10)=\boldsymbol{w}(9)+\boldsymbol{x}_1=[-2,0,1]^{\mathrm{T}}$$

$$\boldsymbol{w}(10)\cdot\boldsymbol{x}_2=1>0，故\ \boldsymbol{w}(11)=\boldsymbol{w}(10)=[-2,0,1]^{\mathrm{T}}$$

$$\boldsymbol{w}(11)\cdot\boldsymbol{x}_3=1>0，故\ \boldsymbol{w}(12)=\boldsymbol{w}(11)=[-2,0,1]^{\mathrm{T}}$$

$$\boldsymbol{w}(12)\cdot\boldsymbol{x}_4=1>0，故\ \boldsymbol{w}(13)=\boldsymbol{w}(12)$$

第 4 轮迭代：

$$\boldsymbol{w}(13)\cdot\boldsymbol{x}_1=1>0，故\ \boldsymbol{w}(14)=\boldsymbol{w}(13)$$

$$\boldsymbol{w}(14)\cdot\boldsymbol{x}_2=1>0，故\ \boldsymbol{w}(15)=\boldsymbol{w}(14)$$

$$\boldsymbol{w}(15)\cdot\boldsymbol{x}_3=1>0，故\ \boldsymbol{w}(16)=\boldsymbol{w}(15)$$

$$\boldsymbol{w}(16)\cdot\boldsymbol{x}_4=1>0，故\ \boldsymbol{w}(17)=\boldsymbol{w}(16)$$

本轮迭代的分类结果全部正确，故解向量为 $\boldsymbol{w}=[-2,0,1]^{\mathrm{T}}$，相应判别函数为 $y=f(\boldsymbol{x})=-2x_1+1$。

本例感知器固定增量学习算法 Python 程序如下：

```
import numpy as np
train_data = np.array([[0,0,1],[0,1,1],[1,0,1],[1,1,1]])  #增广形式
w_col = np.array([[0],[0],[1]])                            #权值列向量形式

w_row = np.array([[0,0,1]])                                #权值行向量形式
train_data[2] = - train_data[2]                            #取相反值
train_data[3] = - train_data[3]
x_val = np.matrix(train_data)                              #转为矩阵
w_val = np.matrix(w_col)
w_row_val = np.matrix(w_row)
tag = 0
while tag < 4:                  #训练
    tag = 0
    for i in range(4):
        if x_val[i] * w_val < = 0:
            w_row_val = x_val[i] + w_row_val
            w_val = x_val[i].reshape(3,1) + w_val
            print(w_row_val,i + 1)
        else:
            tag + = 1
            print(w_row_val,i + 1)
```

9.3.4　BP 神经网络模型

单层感知器网络只能解决线性可分问题。在单层感知器网络的输入层和输出层之间加入一层或多层感知器单元作为隐含层(隐藏层),就构成了多层感知器(MLP),MLP 可以解决线性不可分的输入向量的分类问题。

1. BP 神经网络模型

BP 神经网络是采用误差反向传播(BP)算法构成的一种多层感知器前向神经网络,层与层之间多采用全互连方式,但同一层的节点之间不存在相互连接。其中,神经元的激活函数可以是为 S 型、ReLU 等函数,网络的输入和输出是一种非线性映射关系。

BP 算法的学习过程由结果正向传播和误差反向传播组成。在正向传播过程中,输入模式从输入层经隐含层逐层处理后,传送至输出层。每一层神经元的状态只影响下一层神经元的状态。如果在输出层得不到期望输出,那么就转为反向传播,把误差信号沿原连接路径返回,并通过修改各层神经元的权值,使误差减小。

设 BP 神经网络某个神经元 neu 的净输入为:

$$\mathrm{neu} = w_1 x_1 + w_2 x_2 + \cdots + w_n x_n + b$$

若神经元激活函数采用 S 型函数,则有:

$$y=f(\text{neu})=\frac{1}{1+\mathrm{e}^{-\text{neu}}}$$

$$\begin{aligned}f'(\text{neu})&=-\frac{1}{(1+\mathrm{e}^{-\text{neu}})^2}(-\mathrm{e}^{-\text{neu}})\\&=\frac{1+\mathrm{e}^{-\text{neu}}-1}{(1+\mathrm{e}^{-\text{neu}})^2}\\&=\frac{1}{1+\mathrm{e}^{-\text{neu}}}-\frac{1}{(1+\mathrm{e}^{-\text{neu}})^2}\\&=y-y^2=y(1-y)\end{aligned}$$

注意到：$\lim\limits_{\text{neu}\to+\infty}\dfrac{1}{(1+\mathrm{e}^{-\text{neu}})}=1$，$\lim\limits_{\text{neu}\to-\infty}\dfrac{1}{(1+\mathrm{e}^{-\text{neu}})}=0$。

根据 S 型激活函数可知，y 的值域为(0，1)，而 $f'(\text{neu})$的值域为(0，0.25)，如图 9.19 所示。

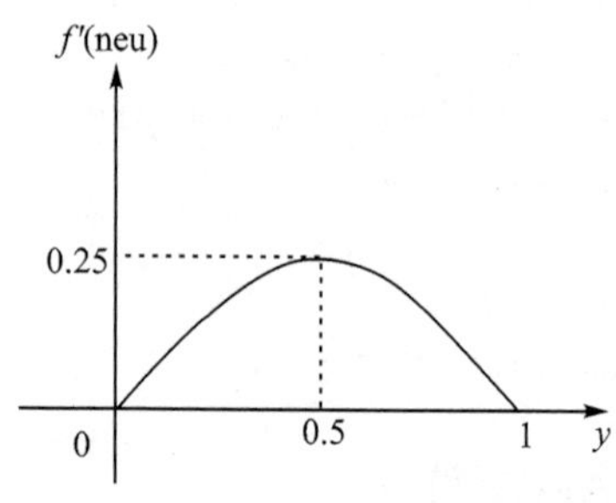

图 9.19　$f'(\text{neu})$的图形

对神经网络进行训练，应该将 neu 的值尽量控制在收敛较快的范围内。实际上，除了使用 S 型函数，也可以用其他函数作为 BP 网络神经元的激活函数。

2. BP 网络训练过程

首先，ANN 的学习过程是根据样本集对神经元之间的连接权值进行调整的过程，BP 网络也不例外；其次，BP 网络执行是有导师学习，因此其样本集是由形如(输入向量，理想输出向量)的向量对构成的。

在开始训练前，所有的权值大多都会用一些不同的小随机数进行初始化。其中，“小随机数”用来确保网络不会因为权值过大而进入饱和状态，从而导致训练失败；“不同”用来保证网络可以正常学习。事实上，如果用相同的数去初始化权值矩阵，则网络大多无学习能力。

BP 网络训练基本算法可归纳为 4 步，这 4 步被分成两个阶段。

(1) 正向传播输出阶段

步骤 1：给定一个输入样本 $\boldsymbol{x}_p=(x_1,x_2,\cdots,x_n)^{\mathrm{T}}$ 和理想输出 $\boldsymbol{d}_p=(d_1,d_2,\cdots,d_m)^{\mathrm{T}}$；将 $\boldsymbol{x}_p$ 输入到网络。

步骤 2：计算相应的实际输出 $\boldsymbol{y}_p$：

$$\boldsymbol{y}_p=\boldsymbol{f}_L(\boldsymbol{W}^L\cdots(\boldsymbol{f}_2(\boldsymbol{W}^2\boldsymbol{f}_1(\boldsymbol{W}^1\boldsymbol{x}_p+\boldsymbol{b}^1)+\boldsymbol{b}^2)\cdots)+\boldsymbol{b}^L)$$

这里，L 为网络层数，W^i 为第 i 层的权值矩阵（$i=1,2,\cdots,L$），$\boldsymbol{f}_i$ 为第 i 层神经元的激活函数向量。以两层 BP 神经网络为例，$\boldsymbol{y}_p=\boldsymbol{f}_2(\boldsymbol{W}^2\boldsymbol{f}_1(\boldsymbol{W}^1\boldsymbol{x}_p+\boldsymbol{b}^1)+\boldsymbol{b}^2)$，$\boldsymbol{y}_p=(y_1,y_2,\cdots,y_m)^{\mathrm{T}}$，如图 9.20 所示。

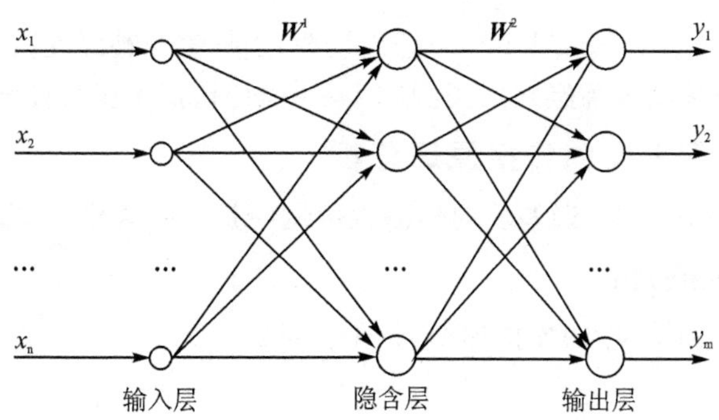

图 9.20　两层 BP 神经网络

(2) 误差反向传播修正权值阶段

步骤 1：计算实际输出 $\boldsymbol{y}_p$ 与相应的理想输出 $\boldsymbol{d}_p$ 的差；

步骤 2：按极小化误差方式调整权值矩阵。

这两个步骤的工作一般要受到精度要求（期望误差 ε）的控制，假设使用平方误差损失函数 $Ep=\dfrac{1}{2}\sum\limits_{j=1}^{m}(d_j-y_j)^2$ 作为网络关于 $\boldsymbol{x}_p$ 样本的误差测度；将整个网络样本集的误差测度定义为 $E=\sum\limits_{p=1}^{N}Ep$，$N$ 为训练样本容量。

要说明的是，在现代机器学习和神经网络中，回归问题常用平方误差或均方误差损失函数，分类问题常用交叉熵（Cross Entropy）损失函数。二分类交叉熵损失函数定义为 $J_2=-\dfrac{1}{N}\sum\limits_{i=1}^{N}[d_i\lg y_i+(1-d_i)\lg y_i]$（tf. Keras 中的名称为 binary_crossentropy），多分类（m 类）交叉熵损失函数定义为 $J_m=-\dfrac{1}{m}\sum\limits_{p=1}^{m}d_i\lg y_i$（tf. Keras 中的名称为 categorical_crossentropy）。从物理意义上讲，分类交叉熵用于度量神经网络标签预期真实值概率分布和输出预测值概率分布之间的距离，该距离越小越好。

现举例说明交叉熵损失函数在神经网络中的基本应用。设有“牛、羊、猪”3 分类神经网络，神经网络预测输出向量为 $\boldsymbol{y}=[0.75,0.04,0.21]^{\mathrm{T}}$。

若某时刻标签为“猪”，那么有 $\boldsymbol{d}=[0,0,1]^{\mathrm{T}}$，该向量称为 One - hot 向量，此时损失函数为：

$$J_3=-\frac{1}{3}[0\times\lg0.75+0\times\lg0.04+1\times\lg0.21]=0.226$$

若某时刻的标签和神经网络预测分类输出结果一致，即为“牛”，那么有 $\boldsymbol{d}=[1,0,0]^{\mathrm{T}}$，此时损失函数为：

$$J_3=-\frac{1}{3}[1\times\lg0.75+0\times\lg0.04+0\times\lg0.21]=0.042$$

第 2 个结果比第一个结果要小。结果说明，当标签与神经网络预测结果一致时，损失函数较小；当标签与神经网络预测结果不一致时，损失函数较大。

3. BP 网络误差反向传播原理分析

假设 BP 网络有 k 层，误差反向传播权值调整是反向从输出层到各个隐含层。

(1) 输出层权值调整

神经元 AN_p 和 AN_q 的连接如图 9.21 所示。

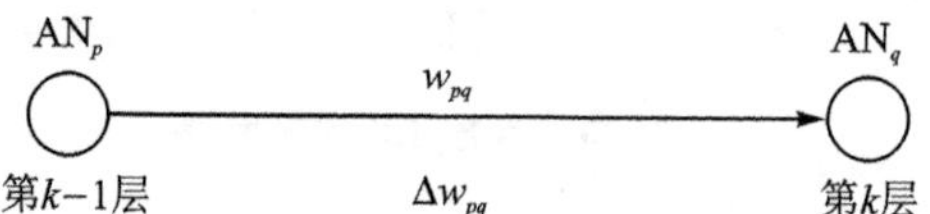

图 9.21　AN_p 和 AN_q 神经元连接

若采用基于梯度下降法的 δ 学习规则式(9.18)对输出层权值进行调整，则图 9.22 中两个神经元的连接权值调整公式为：

$$w_{pq}=w_{pq}+\Delta w_{pq}$$

其中，$\Delta w_{pq}=\alpha\delta_{qk}y_p=\alpha f'_k(\mathrm{neu}_q)(d_q-y_q)y_p=\alpha y_q(1-y_q)(d_q-y_q)y_p$。

(2) 隐含层权值调整

隐含层和输出层的连接如图 9.22 所示。

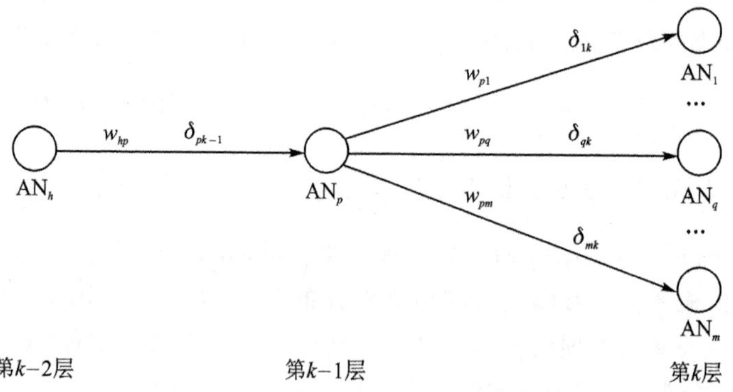

图 9.22　隐含层和输出层的连接

在图 9.23 中，δ_{pk-1} 的值和 δ_{1k}、δ_{2k}、…、δ_{mk} 有关。不妨认为 δ_{pk-1} 通过权值 w_{p1} 对 δ_{1k} 做出贡献，通过权值 w_{p2} 对 δ_{2k} 做出贡献，…，通过权值 w_{pm} 对 δ_{mk} 做出贡献；

则 δ_{pk-1} 可写成：

$$\delta_{pk-1}=f'_{k-1}(\text{neu}_p)(w_{p1}\delta_{1k}+w_{p2}\delta_{2k}+\cdots+w_{pm}\delta_{mk})$$

ANh 和 ANp 神经元的连接权值调整公式为：

$$w_{hp}=w_{hp}+\Delta w_{hp}$$

其中，

$$\begin{aligned}\Delta w_{hp}&=\alpha\delta_{pk-1}y_{hk-2}=\alpha f'_{k-1}(\text{neu}_p)(w_{p1}\delta_{1k}+w_{p2}\delta_{2k}+\cdots+w_{pm}\delta_{mk})y_{hk-2}\\&=\alpha y_{pk-1}(1-y_{pk-1})(w_{p1}\delta_{1k}+w_{p2}\delta_{2k}+\cdots+w_{pm}\delta_{mk})y_{hk-2}\end{aligned}$$

9.3.5　神经网络常用激活函数

激活函数(Activation Function)是一种添加到神经网络中的函数，旨在帮助网络学习数据中的复杂模式。下面介绍神经网络常用的几个激活函数。

1. Sigmoid 函数

Sigmoid 函数(Logistic 函数)的图像看起来像一个 S 形曲线，又称 S 型函数，如图 9.23 所示。

$$f(u)=\text{Sigmoid}(u)=\frac{1}{1+e^{-u}} \tag{9.20}$$

S 型函数在定义域上单调递增，值域为(0,1)，越靠近两端，函数值的变化越平缓。S 型函数简单易用，经典的神经网络经常使用它作为激活函数，其主要缺点是易饱和。从 S 型函数图形可以看出，S 型函数只在坐标原点附近有很明显的梯度变化，其两端的变化非常平缓，这会导致在用反向传播算法更新参数时易出现梯度消失问题，并且随着网络层数的增加，梯度消失问题会更为严重。

2. Tanh 函数

Tanh 函数(双曲正切 S 型函数，Hyperbolic tangent sigmoid)的函数图形如图 9.24 所示。

$$f(u)=\text{Tanh}(u)=\frac{\sinh(u)}{\cosh(u)}=\frac{e^{u}-e^{-u}}{e^{u}+e^{-u}} \tag{9.21}$$

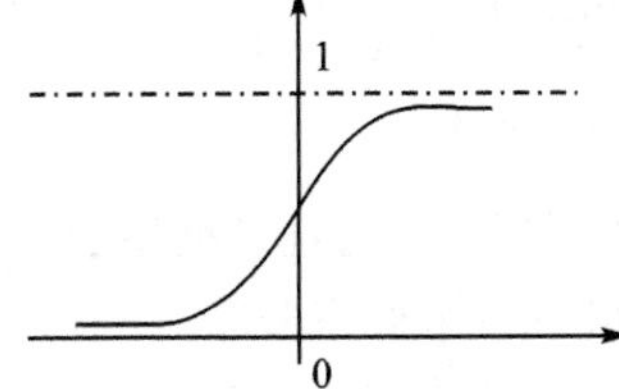

图 9.23　Sigmoid 函数图形

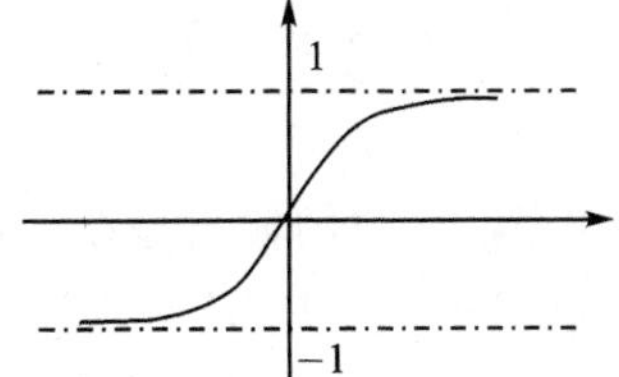

图 9.24　Tanh 函数图形

Tanh 函数像是 S 型函数的放大版，其值域为(−1,1)。在实际应用中，Tanh 函数效果优于 S 型函数，但是 Tanh 函数也同样面临着在其大部分定义域内都饱和的问题。

3. ReLU 函数

ReLU 函数(又称修正线性单元或整流线性单元,Rectified Linear Unit)是目前最受欢迎、也是使用最多的激活函数之一,其函数图形如图 9.25 所示。

$$f(u)=\max(0,u) \tag{9.22}$$

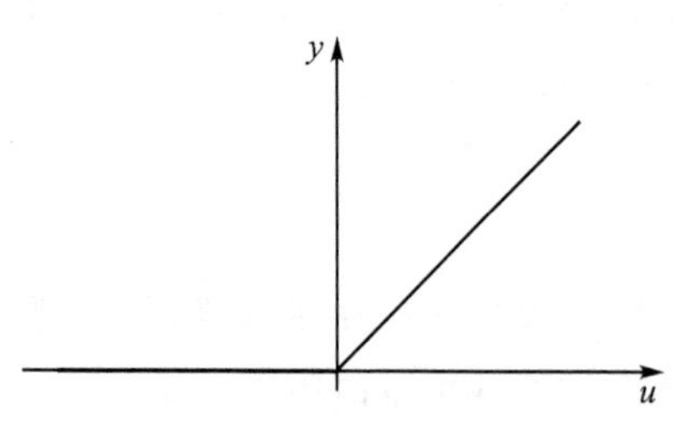

图 9.25 ReLU 函数图形

ReLU 激活函数的收敛速度相较于 S 型函数和 Tanh 函数要快很多,ReLU 函数在纵轴左侧的值恒为零,这使得神经网络具有一定的稀疏性,从而减小了参数之间的依存关系,缓解过拟合的问题;并且 ReLU 函数在纵轴右侧的部分导数是一个常数值 1,因此不存在梯度消失的问题。但是 ReLU 函数也有缺点,比如 ReLU 函数的强制稀疏处理虽然能缓解过拟合问题,但是也可能因被屏蔽的特征过多而使得模型无法学习到有效特征。

4. Softmax 函数

Softmax 函数在机器学习和深度学习中十分有用,它可以将任一实数 x_s 转换成 0 到 1 之间的一个概率 $P(x_s)$。在机器学习和深度学习中,Softmax 激活函数可以应用于神经网络的输出层、回归(Softmax 回归)等。

现给定 n 个实数 $x_1,x_2,\cdots,x_n$,Softmax 激活函数计算过程如下:

① 计算 $e^{x_s}=\exp(x_s)$(自然常数 e 的 x_s 次幂,$s=1, 2, \cdots, n$),将 $\exp(x_s)$作为分子(Numerator);

② 求和 $\Sigma\exp(x_s)$,将求和结果作为分母(Denominator);

③ 计算 x_s 的概率=分子/分母(Probability=Numerator/Denominator)。

若采用数学语言表达,Softmax 激活函数就是对 n 个数 $x_1,x_2,\cdots, x_n$ 进行如下数学变换:

$$y_s=\text{Softmax}(x_s)=P(x_s)=\frac{\exp(x_s)}{\sum_{j=1}^{n}\exp(x_j)} \quad (s=1,2,\cdots,n) \tag{9.23}$$

Softmax 激活函数的输出是在 0 到 1 之间的一个概率,且各概率 $P(x_s)$之和为 1 $\{P(x_1)+P(x_2)+\cdots+P(x_n)=1\}$,这些概率形成一个概率分布。

举例:设有−1、0、3、5 共 4 个数,计算 Softmax 激活函数并用 Python 实现。

(1) 计算 Softmax

首先,计算分母:

$$\text{Denominator}=\exp(-1)+\exp(0)+\exp(3)+\exp(5)=169.87$$

然后,根据 Softmax 激活函数计算过程或式(9.23)可算出各个分子及其概率,如表 9.3 所列。

表 9.3　Softmax 激活函数计算

s	x_s	分子：$\exp(x_s)$	概率：$y_s=P(x_s)=\exp(x_s)/\Sigma\exp(x_s)$
1	−1	0.368	0.002
2	0	1	0.006
3	3	20.09	0.118
4	5	148.41	0.874
		分母：$\Sigma\exp(x_s)=169.87$	概率 $P(x_s)$之和为 1：$\Sigma P(x_s)=1$

从表 9.3 可以看出，x_s 数值越大，其概率就越高。注意，这里所有概率之和为 1。

Softmax 激活函数的计算过程也可使用图示直观地展示，如图 9.26 所示。

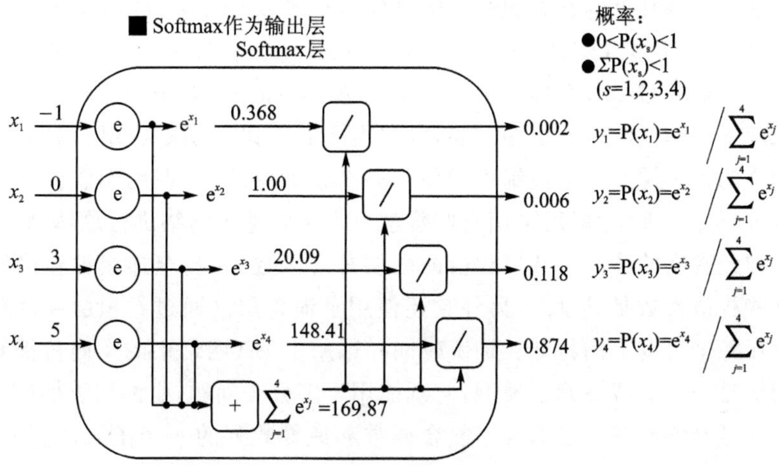

图 9.26　Softmax 激活函数计算过程图示

需要注意的是，Softmax 层的输入和输出的维度是一样的，如果不一样，则可以通过在 Softmax 层的前面添加一层全连接层来达成一致。

(2) 使用 Python 实现 Softmax

用 Python NumPy 库实现 Softmax 激活函数计算程序清单如下：

```
import numpy as np
def softmax(xs):
    return np.exp(xs)/sum(np.exp(xs))
x = np.array([-1, 0, 3, 5])
print( "输出结果:\n", softmax(x))
```

输出结果：

```
[0.0021657, 0.00588697, 0.11824302, 0.87370431]
```

在 tf. Keras 深度学习编程中，对于二分类神经网络，输出层激活函数一般选用 Sigmoid 函数，损失函数选用二分类交叉熵 binary_crossentropy；对于多分类神经网络，其输出标签数量大于等于 2，输出层激活函数通常选用 Softmax 函数，损失函数选用多分类交叉熵 categorical_crossentropy。

9.3.6 深度神经网络

随着机器智能技术的不断发展，人们提出了多种不同的人工神经网络结构模型和算法。人工神经网络可分为传统的浅层神经网络(Sallow Neural Networks)和现代的深度神经网络(Deep Neural Networks)两大类，后者又叫深度学习网络(Deep Learning Networks)，简称深度学习。浅层神经网络常见的有感知器、MLP 神经网络(BP)、径向基函数(RBF)神经网络、Hopefield 网络等。

深度学习网络常见的有卷积神经网络(CNN，全称为 Convolutional Neural Networks)、循环神经网络(RNN，全称为 Recurrent Neural Networks)、序列到序列模型、生成对抗网络(GAN，全称为 Generative Adversarial Networks)、预训练语言模型等。深度学习网络结构有更多的隐含层(大多 5 个以上的隐含层)，另外深度学习方法在传统的人工神经网络训练中增加了一个预训练阶段，即用无监督学习方法对每层网络进行专门训练，然后再用有监督学习方法对整个网络进行总体训练。

卷积神经网络的核心是共享权值的多层复合函数，它与全连接神经网络不同在于它的某些权值参数是共享的，另外它还使用了池化层。通过卷积层和池化层自动抽取图像在各个尺度上的特征。训练时同样采用了 BP 网络中的反向传播算法。卷积神经网络是一个非线性判别模型，它既能用于多分类问题，也能用于回归问题。

循环神经网络的核心是综合了复合函数和递推数列的一个函数，它是一种具有记忆功能的神经网络，用于序列预测问题。在 RNN 中，每个时刻的输出值不仅由当前时刻的输入值确定，还由上一个时刻的状态值决定。它的训练样本是一个向量序列，训练时采用了随时间反向传播(BPTT，全称为 Back Propagation Through Time)算法，误差项沿着时间轴反向传播。循环神经网络是一个非线性判别模型，既支持多分类问题，也支持回归问题。但是，传统的 RNN 在处理长时记忆(Long Term Memory)时存在缺陷，长短时记忆(LSTM，全称为 Long Short - Term Memory)网络是一种变种的 RNN，其精髓在于引入了细胞状态这一概念；不同于 RNN 只考虑最近的状态，LSTM 的细胞状态会决定哪些状态应该被留下来，哪些状态应该被遗忘。LSTM 适用于处理和预测时间序列中间隔和延迟相对较长的重要事件。

序列到序列学习(Seq2Seq，全称为 Sequence to Sequence Learning)是将一个输入的单词序列转换为另一个的单词序列的任务，相当于有条件的语言生成。自然语言处理、语音处理等领域中的机器翻译、摘要生成、对话生成、语音识别等属于这类问题。代表性的序列到序列模型有基本模型、RNN Searh 模型、Transformer 模型。

在自然语言处理中事先使用大规模语料库学习基于 Transformer 等的语言模型,之后用于许多任务的学习和预测,称这种模型为预训练语言模型,代表性的模型有 BERT(Bidirectional Encoder Representations from Transformers)和 GPT(Generative Pre-Training)。BERT 和 GPT 具有很强的表示自然语言的能力,通过其多层多头自注意力等机制以及在大规模数据上的训练能够有效地表示自然语言的词汇、句法、语义信息,目前已成为语言理解的核心技术。

生成对抗网络用于随机数据的生成的算法,它由一个生成器和一个判别器组成,训练时二者相互竞争,使得生成器生成的数据和真实样本数据具有同样的概率分布。生成器负责生成随机数据,判别器用于判断数据是生成器生成的还是真实样本。训练时,二者相互竞争,生成器要让生成的数据尽可能和真实样本同分布而难以区分,即让判别模型无法正确地鉴别。判别模型的目标是尽可能正确地鉴别一个数据是真实数据还是生成器生成的数据。训练时系统达到均衡,预测时只使用生成器进行数据生成。

9.4　基于 PCA 特征提取和神经网络方法的人脸识别技术实践

实践任务:编写采用 PCA 方法对 ORL 人脸图像进行特征提取并使用 MLP 神经网络进行人脸识别的程序(图像预处理及 PCA 特征提取使用 Sklearn 机器学习库,MLP 网络人脸识别分类使用 tf. Keras 深度学习框架)。

9.4.1　ORL 人脸库

研究和设计人脸识别算法,通常是使用国际上的一些标准人脸集,ORL 人脸数据集便是其中的一种。ORL 人脸数据集由英国剑桥大学的 AT&T 实验室采集,其下载网站链接为 https://cam-orl.co.uk/facedatabase.html。

ORL 数据集主要特点如下:

① ORL 数据集共有 400 幅人脸图像(40 人,每人 10 幅,大小为 112 像素×92 像素,灰度级为 256 级)。

② 数据集较为规范,大多数图像的光照方向和强度都差不多,但有少许表情、姿势、伸缩的变化,眼睛对得不是很准,尺度差异在 10%左右。

③ 不是每个人都有所有的这些变化的图像,即有些人姿势变化多一点,有些人表情变化多一点,有些还戴有眼镜,但这些变化都不大。

9.4.2 PCA 方法人脸图像特征提取

设一幅 $p\times q$ 大小的人脸图像，可以将它看成是一个矩阵$(f_{ij})p\times q$，f_{ij} 为图像在该点的灰度（亮度）。若将该矩阵按列相连构成一个 $p\times q$ 维向量 $\boldsymbol{x}_i=(f_{11},f_{21},\cdots,f_{p1},f_{12},f_{22},\cdots,f_{p2},\cdots,f_{1q},f_{2q},\cdots,f_{pq})^{\mathrm{T}}$。设训练样本集为 $\boldsymbol{X}=\{\boldsymbol{x}_1,\boldsymbol{x}_2,\cdots,\boldsymbol{x}_N\}$，包含 N 张图像。

N 幅图像的协方差矩阵为：

$$\boldsymbol{R}=\frac{1}{N-1}\sum_{i=1}^{N}(\boldsymbol{x}_i-\bar{\boldsymbol{x}})(\boldsymbol{x}_i-\bar{\boldsymbol{x}})^{\mathrm{T}}$$

其中，$\bar{\boldsymbol{x}}=\frac{1}{N}\sum_{i=1}^{N}\boldsymbol{x}_i$。

采用 PCA 方法求出协方差矩阵 $\boldsymbol{R}$ 的前 d 个最大特征值 $\lambda_1,\lambda_2,\cdots,\lambda_d$ 及其对应的正交化、归一化特征向量 $\boldsymbol{\alpha}_1,\boldsymbol{\alpha}_2,\cdots,\boldsymbol{\alpha}_d$。分别将这 d 个特征向量化为 $p\times q$ 矩阵，得到 d 幅图像，称为“特征脸”(Eigenface)。

在本实践中，ORL 人脸图像经过 PCA 特征提取后，一幅 ORL 人脸图像数据由原始的 10 304(112×92)维向量降维到 15 维的特征向量。

9.4.3 ORL 人脸识别神经网络结构

将 PCA 特征提取降维后的 15 维特征向量 $\boldsymbol{x}=(x_1,x_2,\cdots,x_{15})^{\mathrm{T}}$ 作为 MLP 网络输入，MLP 网络输出为 40 维向量 $\boldsymbol{y}=(y_1,y_2,\cdots,y_{40})^{\mathrm{T}}$(40 个不同的人对应于 40 个不同的类别)，故输出层有 40 个神经元 $O_1\sim O_{40}$；假设 MLP 只有一个隐含层，该隐含层有 120 个神经元 $h_1\sim h_{120}$。据此可以画出 ORL 人脸识别 MLP 网络结构，如图 9.27 所示。

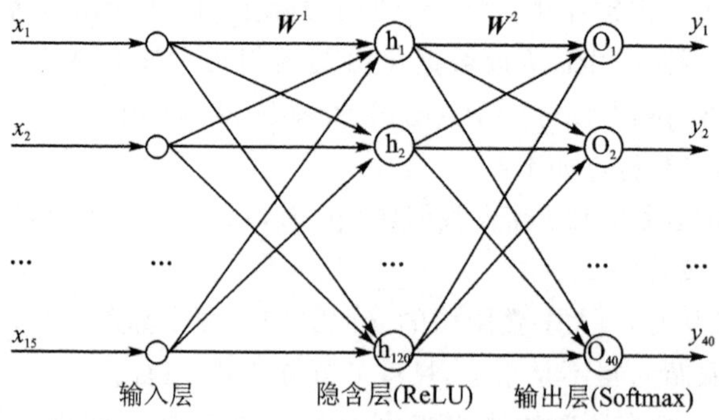

图 9.27 ORL 人脸识别 MLP 网络结构示意图

9.4.4　采用 Python 和 tf. Keras 编写 ORL 人脸识别程序

本实践使用 Anaconda 和 TensorFlow2. x 单机实验环境。TensorFlow2. 0 及以上版本自带 tf. Keras，使用 tf. Keras 可以方便开展神经网络及深度学习研究与实践。

1. 安装 Python OpenCV 计算机视觉库

为了更方便地加载图像，需要事先安装第三方 Python OpenCV 库：启动 Anaconda Prompt，安装 Python OpenCV 库可使用命令 pip install opencv_python - 4. 5. 2 - cp37 - cp37m - win_amd64. whl。

在 Jupyter Notebook 输入 Cell 中录入以下程序：

```
import cv2   #导入 OpenCV 库
#图像存放路径
path = "d:\\orl - faces " + "\\ " + "s " + str(1) + "\\ " + str(2) + ".pgm "
img = cv2.imread(path,cv2.IMREAD_GRAYSCALE)
print(img.shape) #显示所读取图像矩阵 img 的形状
h,w = img.shape
#将 112×92 像素大小的 img 图像矩阵转换成 10 304 维的向量 img_col
img_col = img2.reshape(h * w)
print(img_col.shape)
```

输出结果：

```
(112, 92)
(10304,)
```

该程序用于读取硬盘中某个文件路径的图像文件并显示图像的形状，以检测 OpenCV 库是否安装成功。cv2. imread()方法第 2 个参数默认时表示读取彩色图像，cv2. IMREAD_GRAYSCALE 为灰度图，cv2. IMREAD_UNCHANGED 为包含 alpha 通道的彩色图。alpha 通道又称 A 通道，为 8 位灰度通道，该通道使用 256 级灰度来记录图像中的透明度信息，定义为全透明、不透明和半透明区域；其中，黑表示全透明，白表示不透明，灰表示半透明。

2. 加载 ORL 人脸图像数据集

首先，导入 OpenCV 库，并定义 data 数据和 label 标签列表用于存放 ORL 人脸图像数据集：

```
import cv2   #导入 OpenCV 计算机视觉库
import numpy as np
#data 列表用于存放所读取的 ORL 数据集中的 400 张图像(每张图像大小为 112×92)
data = []
#label 列表用于存放所读取的 ORL 数据集中的 400 张图像的类别标签(共 40 人，每人 10
张图像)
label = []
```

接着，定义一个图像获取函数 GetImage()：

```
def GetImage():
for i in range(1,41):
for j in range(1,11):
        #path = picture_savePath + "\\ " + "s " + str(i) + "\\ " + str(j) + ".pgm "
        path = "d:\\orl - faces " + "\\ " + "s " + str(i) + "\\ " + str(j) + ".pgm "
        #读取灰度图像
        img = cv2.imread(path,cv2.IMREAD_GRAYSCALE)
        h,w = img.shape
        img_col = img.reshape(h * w)
        data.append(img_col)
        label.append(i)
```

图像获取函数 GetImage()用于读取 D 盘 orl - faces 目录中 s1～s40 子目录中的 ORL 人脸图像数据。

调用 GetImage()函数获取图像，所获取的 400 张图像存放于 data 二维列表中，标签存放于 label 一维列表中；使用 NumPy array()方法将 data 和 label 列表数据转成数组。相关程序片段如下：

```
GetImage()
#C_data 二阶张量用于存放存放 400 张图像(图像大小 400 × 10 304)
C_data = np.array(data)
#C_label 一阶向量用于存放 400 张图像所对应的类别标签数字 1～40(40 个不同的人，
40 个类别标签)
C_label = np.array(label)
```

3. ORL 人脸图像数据预处理

将 ORL 人脸图像数据集 C_data 除以 255 作归一化处理，归一化后的 ORL 人脸数据集按 8∶2比例随机划分为训练集和测试集，相关程序片段如下：

```
C_data  =  C_data.astype(float)/255
from sklearn.model_selection import train_test_split
x_train, x_test, y_train, y_test = train_test_split(C_data,C_label,test_size = 0.2,
random_state = 256)
```

4. PCA 方法 ORL 人脸图像特征提取

使用 Skearn 机器学习库 PCA 类对 ORL 人脸图像进行 15 维降维特征提取，特征提取后的训练数据和测试数据分别存放在 x_train_pca 和 x_test_pca 中，相关程序片段如下：

```
from sklearn.decomposition import PCA
pca = PCA(n_components = 15,svd_solver = 'auto').fit(x_train)    #15 维降维
#维度转换
x_train_pca = pca.transform(x_train)
x_test_pca = pca.transform(x_test)
```

PCA 方法各参数说明如下：

① n_component：PCA 降维处理后要保留的特征维数，这里保留 15 个主成分。

② svd_solver：指定 SVD 奇异值分解的方法，有 auto、full、arpack 和 randomized 这 4 种选择，默认值是 auto。其中，randomized 一般用于样本量较大、特征多且主成分占比较低的情形，该选项使用随机算法对 SVD 进行加速；full 表示通常的 SVD 实现，它要求 0＜n_component＜X. shape[1]；arpack 与 randomized 类似，区别在于 arpack 直接使用 scipy 库中的 sparse SVD 实现；auto 表示 PCA 自动通过 n_component 和 X. shape 选择合适的 SVD 算法。

③ whiten：判断是否进行白化处理；白化是为了去除输入数据的冗余信息，去除特征间的相关性；将每一维的特征做标准差归一化处理，使其方差为 1。

5. tf. Keras 神经网络 ORL 人脸图像分类

(1) 数据集标签独热编码

调用 to_categorical 将训练集和测试集标签转换为独热编码，相关程序片段如下：

```
from tensorflow.keras.utils import to_categorical
#训练集 1～40 标签转成独热编码表示
y_train = to_categorical(y_train - 1)
#测试集 1～40 标签转成 One - hot coding(独热编码)表示
y_test = to_categorical(y_test - 1)
```

(2) 构建与编译神经网络模型

构建神经网络模型相关代码片段如下：

```
from tensorflow.keras.models import Sequential
from tensorflow.keras.layers import Dense
#构建 MLP 模型
model = Sequential()
model.add(Dense(120, input_shape = (15,),activation = 'relu'))
model.add(Dense(40,activation = 'softmax'))
```

顾名思义，Sequential 类顺序模型很适合创建像 MLP、CNN 等层层叠加的神经网络。Dense 类用来定义全连接层(密集层)，将层中神经元的数量指定为第一个参数，可以将初始化方法指定为第 2 个参数，使用 activation 指定激活函数。两条模型的 add()方法构建出的 MLP 网络与图 9.28 的网络结构完全一致。

接下来可调用模型的 summary()方法显示所构建模型的摘要信息：

```
model.summary()
```

模型摘要输出结果如下：

```
Model: "sequential"
_________________________________________________________________
Layer (type)                 Output Shape              Param #
=================================================================
dense (Dense)                (None, 120)               1920
_________________________________________________________________
dense_1 (Dense)              (None, 40)                4840
=================================================================
Total params: 6,760
Trainable params: 6,760
Non-trainable params: 0
```

需要训练的参数共有 6 760 个(隐含层参数个数:120×15+120;输出层参数个数: 120×40+40)。

编译模型使用模型的 compile()方法:

```
model.compile(optimizer = 'sgd',loss = 'categorical_crossentropy',metrics = ['acc'])
```

第一个参数是指定优化器,这里选择 SGD 随机梯度下降法优化器。下面对 SGD 方法做一个说明:传统的梯度下降法(GD)是每次更新权值都需要使用全部数据,当数据量太大或者一次无法获取全部数据时,此方法并不可行;对 GD 方法进行改进的一种方案是只须通过随机选取的一个数据($\boldsymbol{x}_i$,$\boldsymbol{y}_i$)来获取"梯度",并用此梯度更新权值,该优化方法称为随机梯度下降法(SGD,Stochastic Gradient Descent)。

另外,tf. Keras 还提供了减少迭代次数的动量(Momentum)梯度下降法、加速梯度下降和提高训练速度的均方根反向传播(RMSProp)法等优化器。

动量(Momentum)梯度下降法:

```
from tensorflow.keras import optimizers
optimizer = optimizers.SGD(learning_rate = 0.01, momentum = 0.9)
```

均方根反向传播(RMSProp)法:

```
from tensorflow.keras import optimizers
optimizer = optimizers.RMSprop(learning_rate = 0.01, rho = 0.9)
```

其中,learning_rate 是 α,参数 rho 是 β。

第 2 个参数是指定损失函数,这里的 ORL 人脸识别是多分类问题,选取 categorical_crossentropy 作为损失函数。损失函数和优化器是编译模型时必须指定的参数。我们常常会见到 L1 缺失和 L2 损失的说法,L1 损失是计算真实值和预测值之间的绝对误差和;L2 损失是计算真实值和预测值之间的误差平方和。tf. Keras 中提供了多种损失函数供我们选用,包括 L2 Loss、L1 Loss、binary_crossentropy、categorical_crossentropy 等。

第 3 个参数用于评估测试集的准确率"acc"或"accuracy"。

(3) 训练模型

训练模型使用模型的 fit()方法：

```
model.fit(x_train_pca, y_train, epochs = 2000)
```

模型训练过程将指定 epoches 迭代轮次参数，用于对指定的训练集进行固定轮次的迭代；还可以选择设置每批次要取的样本个数(batch_size)对神经网络权值进行更新。

(4) 评估模型

机器学习的最终目的是训练出能够泛化的模型，也就是在预测未见过的数据时也能有很好的表现。因此，在训练好模型后，还要用预先准备好的测试集来评估 MLP 网络对新数据的泛化能力。

可以使用模型的 evaluate()方法来评估模型的效果：

```
test_loss, test_acc = model.evaluate(x_test_pca,y_test,verbose = 0)
print( " 测试集的准确率：", test_acc)
```

evaluate()方法会返回包含损失值及准确率的元组，但我们最关心是准确率。

(5) 用 MLP 模型预测并识别人脸

可使用模型的 predict()方法返回 MLP 网络预测的 40 维向量：

```
predict = model.predict(x_test_pca)
```

如果想得到 MLP 网络预测的 ORL 人脸 0～39 数字类别标签，则可改用模型的 predict_classes()方法：

```
predict = model.predict_classes(x_test_pca)
```

predict 就是预测出的测试集人脸数字类别标签向量，向量中的每个元素是与 ORL 人脸对应的数字类别标签，我们可以将其与程序中已知的测试集人脸数字标签向量 test_labels 中的对应元素进行对比。

接下来还可以使用 Scikit - learn 或 Pandas 数据处理与探索工具输出混淆矩阵，以及显示 MLP 预测错误的 ORL 人脸数目等，相关程序片段如下：

```
from sklearn.metrics import confusion_matrix
y_predict = model.predict_classes(x_test_pca)
confusion_matrix(test_labels,y_predict)   # 使用 sklearn 输出混淆矩阵
import pandas as pd # 导入 Pandas 数据处理库
from sklearn.metrics import confusion_matrix
y_predict = model.predict_classes(x_test_pca)
pd.DataFrame(confusion_matrix(test_labels, y_predict)) # 使用 Pandas 输出混淆矩阵
false_Index = np.nonzero(y_predict != test_labels)[0]
print( " 预测错误的人脸数目 = ", len(false_Index))
```

(6) 模型的存储及加载

训练好的模型可以以文件的形式存储，以供其他设备的相关程序加载使用，或者

将模型文件做进一步优化处理后，部署到不同类型的嵌入式设备中。

调用模型的 save()方法可以将训练好的模型以 HDF5 格式文件存档，通常以“.h5”或“.hdf5”扩展名文件存储：

```
model.save('ORLFaceMLP.h5')
```

模型存档后，若在其他程序中使用该模型，则调用 load_model()加载模型，相关程序片段如下：

```
from tensorflow.keras.models import load_model
model = load_model('ORLFaceMLP.h5')
```

以上 MLP 方法 ORL 人脸识别程序清单(程序名:ch9_6.ipynb)如下：

```
#Filename:ch9_6.ipynb
#使用 Python OpenCV 库读取 400 张 ORL 人脸样本集图像文件
import cv2   #导入 OpenCV 计算机视觉库
import numpy as np
#data 列表用于存放所读取的 ORL 数据集中的 400 张图像(每张图像大小为 112×92)
data = []
#label 列表用于存放所读取的 ORL 数据集中的 400 张图像的类别标签(共 40 人，每人 10 张图像)
label = []
#定义获取图像函数 GetImage()
def GetImage():
    for i in range(1,41):
        for j in range(1,11):
            #path = picture_savePath + "\\" + "s" + str(i) + "\\" + str(j) + ".pgm"
            path = "d:\\orl-faces" + "\\" + "s" + str(i) + "\\" + str(j) + ".pgm"
            #读取灰度图像
            img = cv2.imread(path,cv2.IMREAD_GRAYSCALE) ##默认彩色图，cv2.IMREAD_GRAYSCALE-灰度图，cv2.IMREAD_UNCHANGED-包含 alpha 通道
            #img_gray = cv2.cvtColor(img, cv2.COLOR_BGR2GRAY)
            h,w = img.shape
            img_col = img.reshape(h * w)
            data.append(img_col)
            label.append(i)
GetImage() #调用 GetImage()函数获取图像，所获取的 400 张图像存放在 data 二维列表中，标签存放于 label 一维列表中
C_data = np.array(data)  #C_data 二阶张量用于存放存放 400 张图像(图像大小 400×10 304)
C_label = np.array(label) #C_label 一阶向量用于存放 400 张图像所对应的类别标签数字 1～40(40 个不同的人，40 种类别标签)
#数据预处理:图像数据归一化
C_data = C_data.astype(float)/255
#按 8:2 比例将 ORL 数据集随机划分为训练集和测试集
```

```
    from sklearn.model_selection import train_test_split
    x_train, x_test, y_train, y_test = train_test_split(C_data,C_label,test_size = 0.2,
random_state = 256)
    #PCA 方法 ORL 图像特征提取
    from sklearn.decomposition import PCA
    pca = PCA(n_components = 15,svd_solver = 'auto').fit(x_train)    #15
    #维度转换
    x_train_pca = pca.transform(x_train)
    x_test_pca = pca.transform(x_test)
    #tf.Keras 神经网络 ORL 人脸图像分类
    from tensorflow.keras.utils import to_categorical
    print(y_train)
    train_labels = y_train - 1
    test_labels = y_test - 1
    #训练集 320 个人脸 1 - 40 标签转成独热编码表示
    y_train = to_categorical(train_labels)
    #测试集 80 张人脸 1 - 40 标签转成 One - hot coding(独热编码)表示
    y_test = to_categorical(test_labels)
    from tensorflow.keras.models import Sequential   #导入顺序模型类
    from tensorflow.keras.layers import Dense #导入密集层类
    #构建 MLP 模型
    model  =  Sequential()
    model.add(Dense(120, input_shape = (15,),activation  = 'relu'))
    model.add(Dense(40,activation  = 'softmax'))
    model.summary()
    #编译模型
    #optimizer 可选 sgd, rmsprop 等
    model.compile(optimizer = 'sgd',loss = 'categorical_crossentropy',metrics = ['acc'])
    #训练模型
    model.fit(x_train_pca,y_train,epochs = 2000)
    test_loss, test_acc  = model.evaluate(x_test_pca,y_test,verbose = 0)
    print( "测试集的准确率：", test_acc)
    predict  =  model.predict_classes(x_test_pca)
    predict
    test_labels
    import pandas as pd #导入 Pandas 数据处理库
    from sklearn.metrics import confusion_matrix
    y_predict = model.predict_classes(x_test_pca)
    pd.DataFrame(confusion_matrix(test_labels, y_predict))   #使用 Pandas 输出混淆矩阵
    false_Index = np.nonzero(y_predict! = test_labels)[0]
    print( "预测错误的人脸数目  =  ", len(false_Index))
```

程序运行后可以看到，使用训练集学习出来的 ORL 人脸识别 MLP 网络模型，在测试集上评估出的准确率可达到 95%。

第 10 章　嵌入式机器学习技术实践

嵌入式机器学习是当代嵌入式系统和智能硬件研究应用的一个技术热点。本章介绍嵌入式机器学习技术基本知识、Edge Impulse 实现树莓派 Pico 嵌入式机器学习的方法；讲述 tf. Keras CNN 语音唤醒词检测分类模型及树莓派语音控制实践案例、树莓派 Pico Arduino C 触觉感知与回归建模及 Processing 交互实践案例；介绍运用 Edge Impulse 实现树莓派 Pico 嵌入式机器学习技术的实践案例。

10.1　嵌入式机器学习技术

深度学习算法在语音识别、图像识别、计算机视觉、自然语言处理等方面都取得了优良的性能。要在电池容量受限的低功耗嵌入式设备上实现深度学习应用，一种实现策略是将嵌入式设备与资源丰富的云端无线连接。但是，嵌入式设备端与云端无线连接实现深度学习应用会存在一些问题：首先是存在数据隐私问题，云计算方案要求嵌入式设备端与远程云端共享原始数据（如图像、视频、位置、语音等）；二是云计算方案有时要求用户设备端始终保持连接状态，而当前的 4G/5G 无线通信网络未实现全覆盖；三是 4G/5G 通信网络无线连接无法做到低延迟。要解决以上这些问题，可采用的主要技术思路包括在嵌入式设备端部署轻量级机器学习模型、在边缘端部署机器学习模型、使用基于神经网络的专用集成电路模块以及硬件-算法协同优化策略等。

近年来，通过对微控制器架构和算法设计的探索和研究，在低功耗微控制器上设计并实现机器学习算法已成为可能。嵌入式机器学习也称为微型机器学习（TinyML），是研究如何将机器学习方法应用到低功耗嵌入式系统或低功耗边缘设备中的一门新型技术。从应用体验上讲，部署 TinyML 机器学习模型的嵌入式设备功耗可低至 1 mW，这类嵌入式设备用一颗纽扣电池供电能使用一年左右。

在嵌入式系统或边缘设备上部署机器学习算法主要有以下优势：

① 带宽：部署在嵌入式设备或边缘设备上的机器学习算法能从带宽受限而无法访问的数据中提取有意义的信息；

② 延迟：嵌入式设备或边缘设备上的机器学习模型能实时响应输入，这种低延迟使自动驾驶等实时应用成为可能，而采用设备端和云端连接，由于存在较大的网络延迟，实现实时应用难度较大；

③ 经济：通过在嵌入式设备或边缘端部署嵌入式机器学习系统分析数据，可节省网络数据传输和云端数据分析的成本；

④ 可靠：在嵌入式设备或边缘端部署机器学习模型的控制系统比依赖于连接到云端的控制系统更加可靠；

⑤ 隐私：在嵌入式系统上处理数据，而不是通过网络传输数据到云端，用户隐私能受到很好保护，数据滥用机会将更小。

树莓派基金会发布于 2016 年的开源硬件树莓派 3 单板机使用了一片 BCM2837 SoC 芯片(64 位 ARM v8 架构，4 核 ARM Cortex A53)，它是第一款 64 位的树莓派；发布于 2019 年的树莓派 4B 单板机使用了一片 BCM2837 SoC 芯片(64 位 ARM v8 架构，4 核 ARM Cortex A72)；树莓派可用于部署边缘端轻量级 TinyML 模型；发布于 2021 年的开源硬件树莓派 Pico 使用了一片 RP2040 SoC 芯片(32 位 ARM v6 架构，2 核 ARM Cortex M0＋)，树莓派 Pico 可用于物理计算和部署轻量级 TinyML 模型。

嵌入式机器学习开发流程主要包括数据获取、特征提取、训练模型、测试模型和部署模型等关键步骤。在电脑或云端学习出来的机器学习模型文件一般都比较大，大多不能直接部署到嵌入式设备或嵌入式边缘设备中，TensorFlow Lite(TensorFlow 的子集)允许在更小、更低功耗的嵌入式设备(如单板计算机或微控制器)上执行机器学习模型并进行预测或推理。以树莓派为例，可以将电脑中训练出来的“. h5”格式机器学习模型文件转换为轻量级的“. tflite”格式 TinyML 模型文件并存储到树莓派中，使用 TensorFlow Lite 推理引擎和构建好的 TinyML 模型即可实现预测或推理任务。

10.2　tf. Keras CNN 唤醒词检测及树莓派 TFLite 语音控制实践

实践任务：使用树莓派连接 LED 和 USB 麦克风并编程实现如下功能：

① 采用 MFCC 特征提取方法对 Google Speech Commands 英文语音命令数据集中的语音唤醒词信号进行特征提取并生成 MFCC 语音特征数据文件；

② 采用 CNN 方法 tf. Keras 训练 MFCC 语音特征数据并生成 H5 格式语音唤醒词检测模型文件，将其转换为轻量级的 TFLite(TensorFlow Lite)格式语音唤醒词检测模型文件；

③ 在树莓派上部署轻量级的 TFLite 语音唤醒词检测模型及程序，将 USB 麦克风插入树莓派 USB 接口，当对其说出英文语音唤醒词“Stop”时，可以控制连接到树莓派扩展接口物理引脚 16 的 LED 闪亮。

10.2.1 Speech Commands 数据集

GoogleSpeech Commands(语音命令)数据集收集了来自数千个不同人的约 10 万个发音的常用 35 个英文命令语音唤醒词,每个语音唤醒词是时长约 1 s 的 wav 格式音频文件,35 个语音唤醒词包括 Yes、No、Stop、10 个数字(Zero、One、…、Nine)、方向(up、down、left、right,backward、forward)等唤醒词语的音频文件,另外该数据集还提供实际场景的背景噪声音频文件。建立该数据集的目的主要是帮助人们创建实用的语音交互应用,如对智能家居的语音控制等。Speech Commands 数据集下载地址为 http://download.tensorflow.org/data/speech_commands_v0.01.tar.gz。

10.2.2 语音唤醒词的 MFCC 特征提取

语音语音唤醒词(Wake Word)检测又称为语音触发词(Trigger Word)检测或语音关键词检测(Keyword Spotting)。在语音识别研究与应用领域,音频特征提取至关重要。这里介绍一种常用的音频特征——梅尔频率倒谱系数(Mel Frequency Cepstrum Coefficient,MFCC)。

MFCC 特征是针对人耳听觉特性而提出来的,它与频率(Hz)呈非线性对应关系。MFCC 利用这种关系计算得到的 Hz 频谱特征已经广泛地应用于语音识别等领域中。

1. MFCC 特征提取介绍

MFCC 特征提取可以有两个关键步骤。

(1) 将语音实际频率转化为梅尔频率

梅尔刻度是一种基于人耳对等距的音高(pitch)变化的感官判断而定的非线性频率刻度。作为一种频率域的音频特征,离散傅里叶变换是这些特征计算的基础。一般选择快速傅里叶变换(Fast Fourier Transform,简称 FFT)算法,大致流程如图 10.1 所示。

梅尔频率和实际频率的关系式如下:

$$M(f)=2\ 595\times\log_{10}\left(1+\frac{f}{700}\right)$$

$$f=700\left(10^{\frac{M}{2\ 595}}-1\right)$$

其中,$M(f)$是以 Mel 为单位(梅尔刻度,Mel Scale)的感知频率,f 是以 Hz 为单位的实际频率。如果梅尔刻度为均匀分度,则 Hz 之间的距离将会越来越大。

实际上,人的耳蜗相当于一个滤波器组,耳蜗的滤波作用是在对数频率尺度上进行的,在 1 000 Hz 以下为线性尺度,1 kHz 以上为对数尺度,使得人耳对低频信号敏感,高频信号不敏感。

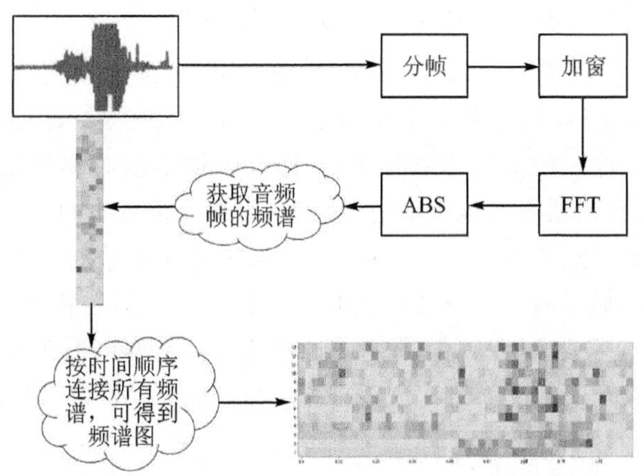

图 10.1　FFT 流程图

梅尔刻度的梅尔滤波器组尺度变化如图 10.2 所示，其滤波器形式称为等面积梅尔滤波器组（Mel Filter Bank with Same Bank Area）。图 10.2 中的多个（6 个）三角形滤波器就构成了 Mel 滤波器组，低频处滤波器密集，门限值大；高频处滤波器稀疏，门限值低，恰好对应了频率越高人耳听觉越迟钝这一客观规律。

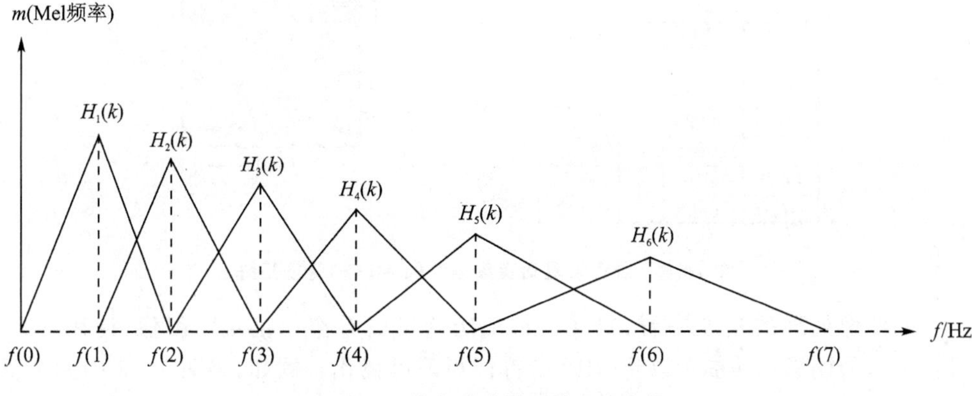

图 10.2　梅尔滤波器组的尺度变化

转化为梅尔频率的含义是：首先对时域信号进行快速傅里叶变换转到频域，然后利用梅尔频率刻度的滤波器组对相应的频域信号进行切分，最后每个频率段与一个数值相对应。

(2) 信号倒谱分析

倒谱的含义是对时域信号做傅里叶变换，然后取对数（log），再进行反傅里叶变换。倒谱可以分为复倒谱、实倒谱和功率倒谱。倒谱分析可用于信号分解，两个信号的卷积转化为两个信号的相加，从而简化计算。

2. 语音唤醒词 MFCC 特征提取方法及程序

加载并读取 Speak Commands 数据集中的某个 wav 音频文件后，先对其进行切分，如将 1 s 的音频信号切分成 8 等份，则窗口大小为 1/8 s。每次移动窗口，都要计算该窗口音频信号片段的快速傅里叶变换(FFT)，得出该时间片段的时域信号频谱向量；然后用梅尔滤波器组对该频谱进行滤波，即得到对应时间片段的 MFCC 向量，取 MFCC 前 16 个元素构成一个 16 维向量，该向量表示该时间片段的时域信号的 MFCC 特征向量。假设每次移动半个窗口，1 s 音频信号共须移动 15 次，再加上一次起始窗口，1 s 语音唤醒词音频信号共须计算出 16 个 MFCC 特征向量($MFCC_0$～$MFCC_{15}$)，最终形成一个 16×16 的 MFCC 特征矩阵(MFCC 特征图)，如图 10.3 所示。

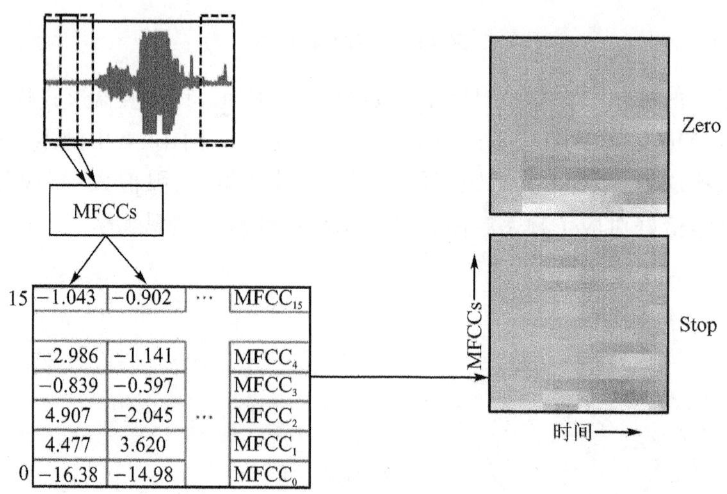

图 10.3 语音唤醒词音频信号的 MFCC 特征矩阵

从图像处理的角度来看，MFCC 特征矩阵可以看作一幅灰度图像，使用 Matplotlib 库的伪彩色功能可以将 MFCC 特征矩阵可视化。例如，将图 10.3 中两个语音唤醒词 Stop 和 Zero 的 MFCC 特征图像进行比较，可以看出它们频谱分量的差异。

下面以 Anaconda3－2022.05＋TensorFlow2.5.3 编程环境安装 librosa、python_speech_features、playsound 语音处理库为例，介绍采用语音处理库进行语音唤醒词 MFCC 特征提取的程序。

建立 Anaconda3－2022.05＋TensorFlow2.5.3 编程环境：

① 下载安装 Anaconda3－2022.05。进入 Anaconda 官网 https://www.anaconda.com，下载 Anaconda3－2022.05－Windows－x86_64.exe 程序文件并安装到电脑。

② 安装 TensorFlow2.5.3。启动 Anaconda Prompt(Anaconda3)进入命令提示

符，输入以下命令安装 TensorFlow2.5.3：

```
    python -m pip install --upgrade pip
    python -m pip install tensorflow==2.5.3 -i https://pypi.tuna.tsinghua.edu.cn/
simple
```

TensorFlow2.5.3 自带 tf.Keras2.5.0 和 TensorFlow Lite 转换器。嵌入式深度学习框架 TensorFlow Lite 主要包括转换器(Converter)和解释器(Interpreter)。其中，TensorFlow Lite Converter 用于在电脑端生成轻量级的 TFLite 格式模型文件，TensorFlow Lite Interpreter 用于部署在嵌入式设备或边缘设备端的机器学习模型预测或推理。

③ 安装 librosa、python_speech_features、playsound 库。

librosa 是一个用于音频分析与处理的 Python 工具包，它包括一些常见的时频域处理、特征提取、绘制声音图形等功能，功能十分强大；python_speech_features 是语音特征库；playsound 是音频播放模块，可用于播放音频文件。

可以在 Anaconda Prompt(Anaconda3)命令提示符后输入 pip3 install <package name>或者 python -m pip <package name>命令安装 librosa、python_speech_features、playsound 库。

接下来，启动 Jupyter Notebook(Anaconda3)，再输入 Cell 录入以下 Speech Commands 数据集音频唤醒词 MFCC 特征提取程序(程序名：ch10_1-mfcc-feature-extraction.ipynb)：

```
    from os import listdir
    from os.path import isdir, join
    import librosa
    import random
    import numpy as np
    import matplotlib.pyplot as plt
    import python_speech_features
    #数据集所在路径，查看可能的音频唤醒词类别目标
    dataset_path = 'D:\\datasets\\google_speech_commands_dataset'
    for name in listdir(dataset_path):
        if isdir(join(dataset_path, name)):
            print(name)
    #创建所有音频唤醒词目标列表
    all_targets = [name for name inlistdir(dataset_path) if isdir(join(dataset_path,
name))]
    #去除背景噪声类
    all_targets.remove('_background_noise_')
    #查看每类音频唤醒词文件数目
```

```
num_samples = 0
for target in all_targets:
    print(len(listdir(join(dataset_path, target))))
    num_samples += len(listdir(join(dataset_path, target)))
print('Total samples:', num_samples)
#参数设置
target_list = all_targets
feature_sets_file = 'all_mfcc_sets.npz'
perc_keep_samples = 1.0 #1.0是保留所有样本
val_ratio = 0.1
test_ratio = 0.1
sample_rate = 8000
num_mfcc = 16
len_mfcc = 16
#创建文件名列表及真值向量（y）
filenames = []
y = []
for index, target in enumerate(target_list):
    print(join(dataset_path, target))
    filenames.append(listdir(join(dataset_path, target)))
    y.append(np.ones(len(filenames[index])) * index)
#Flatten filename and y vectors
filenames = [item for sublist in filenames for item in sublist]
y = [item for sublist in y for item in sublist]
#将文件名和真实输出关联,并打乱顺序
filenames_y = list(zip(filenames, y))
random.shuffle(filenames_y)
filenames, y = zip(*filenames_y)
#仅保留指定数量的样本
print(len(filenames))
filenames = filenames[:int(len(filenames) * perc_keep_samples)]
print(len(filenames))
#计算验证集和测试集大小
val_set_size = int(len(filenames) * val_ratio)
test_set_size = int(len(filenames) * test_ratio)
#将数据集划分为训练集、验证集和测试集
filenames_val = filenames[:val_set_size]
filenames_test = filenames[val_set_size:(val_set_size + test_set_size)]
filenames_train = filenames[(val_set_size + test_set_size):]
#将目标 y 分解为训练集、验证集和测试集
y_orig_val = y[:val_set_size]
y_orig_test = y[val_set_size:(val_set_size + test_set_size)]
```

```
y_orig_train = y[(val_set_size + test_set_size):]
#自定义函数：从给定的路径创建 MFCC
def calc_mfcc(path):
    #加载 wav 文件
    signal, fs = librosa.load(path, sr = sample_rate)

    #从声音片段创建 MFCC
    mfccs = python_speech_features.base.mfcc(signal,
                                             samplerate = fs,
                                             winlen = 0.256,
                                             winstep = 0.050,
                                             numcep = num_mfcc,
                                             nfilt = 26,
                                             nfft = 2048,
                                             preemph = 0.0,
                                             ceplifter = 0,
                                             appendEnergy = False,
                                             winfunc = np.hanning)
    return mfccs.transpose()
#测试：计算每个 wav 文件的 MFCC 用来建立测试集
prob_cnt = 0
x_test = []
y_test = []
for index, filename in enumerate(filenames_train):

    #Stop after 500
    if index > = 500:
        break

    #Create path from given filename and target item
    path = join(dataset_path, target_list[int(y_orig_train[index])],
            filename)
    #Create MFCC
    mfccs = calc_mfcc(path)

    if mfccs.shape[1] = = len_mfcc:
        x_test.append(mfccs)
        y_test.append(y_orig_train[index])
    else:
        print('丢弃:', index, mfccs.shape)
        prob_cnt + = 1
print('有问题的样本占比:', prob_cnt / 500)
```

```
#测试：测试较短的 MFCC
from playsound import playsound
idx = 13
#从给定的文件名和目标项创建路径
path = join(dataset_path, target_list[int(y_orig_train[idx])],
            filenames_train[idx])
#创建 MFCCs
mfccs = calc_mfcc(path)
print( "MFCCs: ", mfccs)

#绘制 MFCC 频谱图
fig = plt.figure()
plt.imshow(mfccs, cmap='inferno', origin='lower')

#测试：播放有问题的语音唤醒词
print(target_list[int(y_orig_train[idx])])
playsound(path)
#显示 MFCC 特征矩阵的形状
mfccs.shape
#自定义函数：创建 MFCC，仅保留期望长度的音频
def extract_features(in_files, in_y):
    prob_cnt = 0
    out_x = []
    out_y = []

for index, filename in enumerate(in_files):

        #从给定的文件名和目标项创建路径
        path = join(dataset_path, target_list[int(in_y[index])],
                filename)
        #检查以确保正在读取 wav 文件
        if not path.endswith('.wav'):
            continue
        #建立 MFCC
        mfccs = calc_mfcc(path)

        #仅保留给定长度的 MFCC
        if mfccs.shape[1] == len_mfcc:
            out_x.append(mfccs)
            out_y.append(in_y[index])
        else:
            print('Dropped:', index, mfccs.shape)
```

```
            prob_cnt += 1
    return out_x, out_y, prob_cnt
#创建训练集、验证集和测试集
x_train, y_train, prob = extract_features(filenames_train,
                                          y_orig_train)
print('Removed percentage:', prob / len(y_orig_train))
x_val, y_val, prob = extract_features(filenames_val, y_orig_val)
print('Removed percentage:', prob / len(y_orig_val))
x_test, y_test, prob = extract_features(filenames_test, y_orig_test)
print('Removed percentage:', prob / len(y_orig_test))
#将特征和真值向量(y)集存盘
np.savez(feature_sets_file,
         x_train=x_train,
         y_train=y_train,
         x_val=x_val,
         y_val=y_val,
         x_test=x_test,
         y_test=y_test)
#测试：加载特征
feature_sets = np.load(feature_sets_file)
feature_sets.files
len(feature_sets['x_train'])
print(feature_sets['y_val'])
```

本程序执行后将对 Speech Commands 数据集中的所有有效语音唤醒词 wav 音频文件做 MFCC 特征提取，所有语音唤醒词的 MFCC 特征矩阵将以张量形式保存到 all_mfcc_sets.npz 文件中。

10.2.3 基于 CNN 方法和 tf.Keras 的语音唤醒词分类检测技术实践

有多种机器学习方法可以训练一个模型来对语音唤醒词进行分类，这里介绍在图像处理中常用的 CNN(Convolutional Neural Network，卷积神经网络)语音唤醒词分类方法。

1. 基于 CNN 方法的语音唤醒词分类原理

每个语音唤醒词经过 MFCC 特征提取后都会生成一个对应的矩阵大小为 16×16 的 MFCC 特征图。由于 MFCC 特征图类似于数字图像，因此可以使用数字图像处理中常用的 CNN 对语音唤醒词进行分类识别。

这里假设说话者在各种可能的语音唤醒词中说出 stop 唤醒词归类为 stop 类别，而说其他语音唤醒词简单地归类为 not stop 类别。这是一个典型的二分类问题，其结果只有 stop 和 not stop 两种类型;CNN 模型的输出为属于 stop 类别的概率 P(或置信水平),当 $P>0.5$ 时 CNN 模型判别 stop 类,$P\leqslant0.5$ 时 CNN 模型判别 stop 类。

对语音唤醒词进行分类的 CNN 主要由卷积和分类两部分组成,如图 10.4 所示。

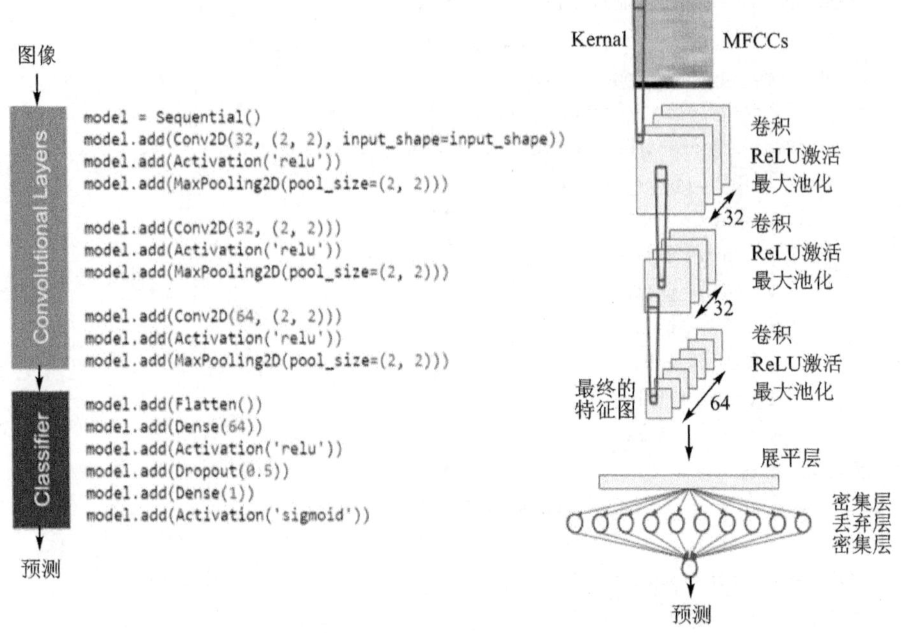

图 10.4　CNN 语音唤醒词分类网络架构及 tf. Keras 核心代码

卷积部分包括对 MFCC 特征图输入图像执行“卷积”操作的一层或多层神经网络。“卷积”操作实质上就是对图像进行滤波,以识别图像的特征;图像滤波器可看成是在整个图像中移动的一个窗口,将窗口中各像素样本值(第一层为 2×2 像素)与图像滤波器对应权值元素相乘求和,作为要创建下一幅图像的一个像素值,该滤波器窗口称为核(Kernel)。

第一个卷积层有 32 个结点,这意味着经过第一轮“卷积”操作后,得到了 32 幅较小的图像,这些较小的图像是输入图像经卷积滤波后产生的输出;卷积之后是执行“ReLU”激活函数,这使得 CNN 网络非线性程序进一步加强;本层第三步是执行“最大池化(Max Pooling)”操作,它可看成是另一个窗口在滤波后图像上的滑动,并取窗口中所有元素的最大值,该操作有助于保留最重要的特征并可以减轻下一层的计算量。

然后,再重复执行“卷积- ReLU - MAX Pooling”过程两次,得到 64 个特征图。通过每一个卷积层,训练 CNN 网络学习到更复杂的特征。

接下来,执行 Flatten 操作将 64 个特征图“展平”,即将多维张量的输入转为 1D

张量，常用在卷积层到全连接层（Dense 层）的过渡。1D 张量被输入到全连接神经网络并通过输出层 Sigmoid 激活函数进行概率输出分类，该输出数字对应于模型对输入图像为语音唤醒词 stop MFCC 特征的概率（置信度，Confidence）。

我们注意到，在 CNN 模型全连接层和输出层之间还有一个 dropout。dropout 的含义是一种在训练时随机“丢弃”神经元的策略，dropout 的概率是 p，一般选择 $p=0.5$。dropout 策略可以抑制网络训练的过拟合，提升 CNN 模型的泛化能力。

2. 基于 CNN 方法和 tf. Keras 的语音唤醒词二分类检测程序

基于 CNN 方法和 tf. Keras 的语音唤醒词二分类检测程序清单（程序名：ch10_2. ipynb）如下：

```
#Filename：ch10_2.ipynb
from os import listdir
from os.path import isdir, join
from tensorflow.keras import layers, models
import numpy as np
#创建所有类别目标列表(去除背景噪声)
dataset_path = 'D:\\datasets\\google_speech_commands_dataset'
all_targets = all_targets = [name for name inlistdir(dataset_path) if isdir(join
(dataset_path, name))]
all_targets.remove('_background_noise_')
print(all_targets)
#设置
#假设 MFCC 特征集文件存放在“D:\\datasets\\feature_sets_directory”路径中
feature_sets_path = 'D:\\datasets\\feature_sets_directory'
feature_sets_filename = 'all_targets_mfcc_sets.npz'
model_filename = 'trigger_word_stop_model.h5'
wake_word = 'stop'
#加载 MFCC 特征集
feature_sets = np.load(join(feature_sets_path, feature_sets_filename))
print(feature_sets.files)
#特征集划分到训练集、验证集和测试集
x_train = feature_sets['x_train']
y_train = feature_sets['y_train']
x_val = feature_sets['x_val']
y_val = feature_sets['y_val']
x_test = feature_sets['x_test']
y_test = feature_sets['y_test']
#将真实数组转换为唤醒词“stop”(1)和“others”(0)
wake_word_index = all_targets.index(wake_word)
```

```
y_train = np.equal(y_train, wake_word_index).astype('float64')
y_val = np.equal(y_val, wake_word_index).astype('float64')
y_test = np.equal(y_test, wake_word_index).astype('float64')
#变形(Reshape)数据集张量
x_train = x_train.reshape(x_train.shape[0],
                          x_train.shape[1],
                          x_train.shape[2],
                          1)
x_val = x_val.reshape(x_val.shape[0],
                      x_val.shape[1],
                      x_val.shape[2],
                      1)
x_test = x_test.reshape(x_test.shape[0],
                        x_test.shape[1],
                        x_test.shape[2],
                        1)
#构建语音唤醒词二分类的 CCN 模型
model = models.Sequential()
model.add(layers.Conv2D(32,
                        (2, 2),
                        activation='relu',
                        input_shape=sample_shape))
model.add(layers.MaxPooling2D(pool_size=(2, 2)))

model.add(layers.Conv2D(32, (2, 2), activation='relu'))
model.add(layers.MaxPooling2D(pool_size=(2, 2)))

model.add(layers.Conv2D(64, (2, 2), activation='relu'))
model.add(layers.MaxPooling2D(pool_size=(2, 2)))

#Classifier
model.add(layers.Flatten())
model.add(layers.Dense(64, activation='relu'))
model.add(layers.Dropout(0.5))
model.add(layers.Dense(1, activation='sigmoid'))
#编译模型(添加模型参数)
model.compile(loss='binary_crossentropy',
              optimizer='rmsprop',
              metrics=['acc'])
#训练模型
history = model.fit(x_train,
                    y_train,
                    epochs=30,
                    batch_size=100,
                    validation_data=(x_val, y_val))
#将模型存储为 H5 格式文件
models.save_model(model, model_filename)
```

执行本程序将对 CNN 模型进行训练，并生成文件名为 trigger_word_stop_model.h5 的 H5 格式模型文件；使用测试集对训练出的 CNN 模型进行评估后，语音唤醒词二分类准确率可达 98%。

3. 创建 TensorFlow Lite 模型文件

安装 TensorFlow 2.5.3 时已自动安装了 TensorFlow Lite Converter API，它用于将 H5 格式模型文件转换为嵌入式设备或边缘设备上执行的轻量级 TFLite(TensorFlow Lite)格式模型文件。

将前面得到的 trigger_word_stop_model.h5 模型文件转化为 TFLite 格式模型文件程序清单(程序名：ch10_3.ipynb)如下：

```
#Filename: ch10_3.ipynb
import tensorflow
print(tensorflow.__version__)
print(tensorflow.keras.__version__)
from tensorflow import lite
from tensorflow.keras import models
#参数
keras_model_filename = 'trigger_word_stop.h5'
tflite_filename = 'D:\\TFliteOutput\\trigger_word_stop.tflite'
#将 H5 模型转换为轻量级 TFLite 模型
model = models.load_model(keras_model_filename)
converter = lite.TFLiteConverter.from_keras_model(model)
tflite_model = converter.convert()
#生成 TFlite 格式文件
open(tflite_filename, 'wb').write(tflite_model)
```

本程序运行后将在 D 盘 TFliteOutput 文件夹生成一个文件名为 trigger_word_stop.tflite 的 TFLite 格式模型文件。trigger_word_stop.tflite 模型文件是对 H5 格式模型文件的轻量级优化，我们可以将其部署到诸多边缘设备或嵌入式设备中，从而构建出相应的智能嵌入式语音控制应用。

10.2.4　基于 TFLite 模型推理引擎的树莓派语音唤醒词分类检测实践

前面实现了语音唤醒词分类的 CCN 模型，并生成了轻量级 TFLite 格式的 trigger_word_stop.tflite 模型文件。下面介绍将 trigger_word_stop.tflite 模型文件部署到树莓派边缘设备中执行。

1. 实验硬件材料

本实践硬件材料如下：

- 树莓派 3B/3B+/4B(含电源)×1；

- HDMI 接口显示器×1；
- USB 麦克风×1；
- 170 孔小面包板×1；
- LED×1；
- 470 Ω 电阻×1；
- 公对母杜邦线×1。

2. 树莓派扩展硬件接口与 LED 连接

树莓派扩展硬件接口与 LED 连接原理如图 10.5 所示。

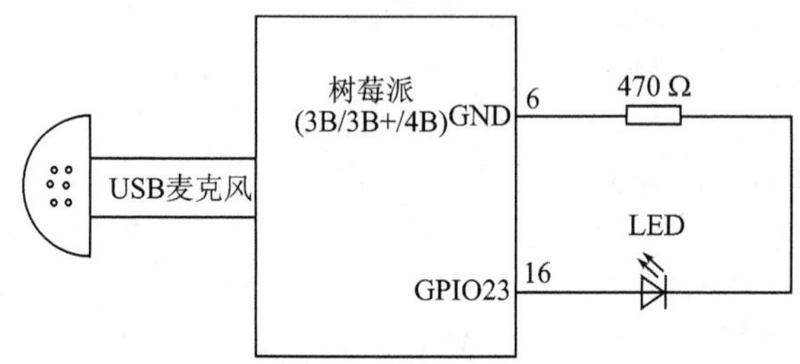

图 10.5　树莓派扩展硬件接口与 LED 连接

在图 10.5 中，LED 与 470 Ω 电阻串联，树莓派扩展硬件物理引脚 Pin16(GPIO23)与 LED 阳极连接，470 Ω 电阻一端连接到树莓派 GND 接地端物理引脚 Pin6。树莓派扩展硬件接口与 LED 连接实物如图 10.6 所示。为了后续进行在线语音控制测试，这里已将 USB 麦克风插入树莓派 USB 接口中。

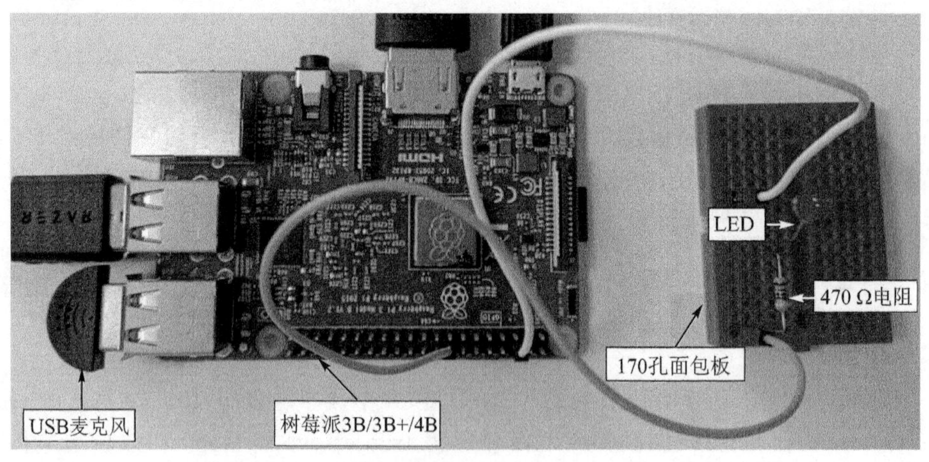

图 10.6　树莓派扩展硬件接口与 LED 连接实物图

3. 树莓派安装 Python 第三方库

为了能在树莓派上在线使用 TensorFlow Lite 机器学习模型进行语音唤醒词分

类检测与语音控制，需要在树莓派安装一些 Python 第三方库，具体操作步骤如下。

1）卸载树莓派自带的 numpy 库

启动树莓派 Linux 终端，进入命令提示符，输入以下命令卸载树莓派自带的旧版本 numpy 库：

```
$ sudo apt update
$  sudo apt remove python3 - numpy
$ sudo apt install libatlas3 - base
```

2）安装新版本 numpy 库和 scipy 库

```
$ sudo pip3 install numpy
$ sudo pip3 install scipy
```

进入 Python shell，输入以下命令导入所安装的库：

```
>>> import numpy
>>> import scipy
>>> import scipy.signal
```

如果不显示错误信息，则表明 numpy 库、scipy 库已安装成功。注意，numpy 和 scipy 必须一起安装，否则不能成功建立依赖项，这会导致 scipy. signal 库导入失败。

3）安装 sounddevice 库

```
$ sudo pip3 install sounddevice
```

4）安装 libportaudio2 库

```
$ sudo apt - get install libportaudio2
```

5）安装 python_speech_features 库

```
$ sudo pip3 install python_speech_features
```

6）安装 TensorFlow Lite interpreter 库

为方便在嵌入式设备端或边缘设备端使用 Python 快速执行 TFLite 模型，可以只安装 TensorFlow Lite 解释器（tflite_runtime 库），而无须安装完整的 TensorFlow 框架。tflite_runtime 库是 tensorflow 框架的一小部分，它包含了 TensorFlow Lite 运行推断所需的最少程序代码（主要是 Interpreter Python 类）。不过，如果要访问其他的 Python API（如 TensorFlow Lite Converter），则必须安装完整的 TensorFlow 框架，如 tflite_runtime 库不包括 Select TF 算子；当模型与 Select TF 算子有依赖关系时，需要使用完整的 TensorFlow 框架。

安装 tflite_runtime 库命令如下：

```
$ sudo pip3 install tflite - runtime
```

接下来，在 Python Shell 命令提示符后输入以下命令：

```
import sounddevice as sd
import python_speech_features
from tflite_runtime.interpreter import Interpreter
```

如果不显示错误信息，则表明 sounddevice 库、python_speech_features 库、tflite_runtime 库正确安装。

4. 基于 TFLite 模型推理引擎的树莓派在线语音唤醒词分类检测实践

为实现树莓派在线推理，现将 trigger_word_stop. tflite 模型文件复制到树莓派桌面事先建立的 Test_Speaker 文件夹中，将 USB 麦克风插入树莓派 USB 接口并一直接收外部声音；树莓派将接收到的声音按每秒钟音频信号转换为 MFCC 特征，并送到 TFLite 模型推理引擎进行语音唤醒词二分类检测。若输出概率 $P \geqslant 0.5$，则判断为检测到 stop 语音唤醒词；否则，为检测到非 stop 语音唤醒词，如图 10.7 所示。

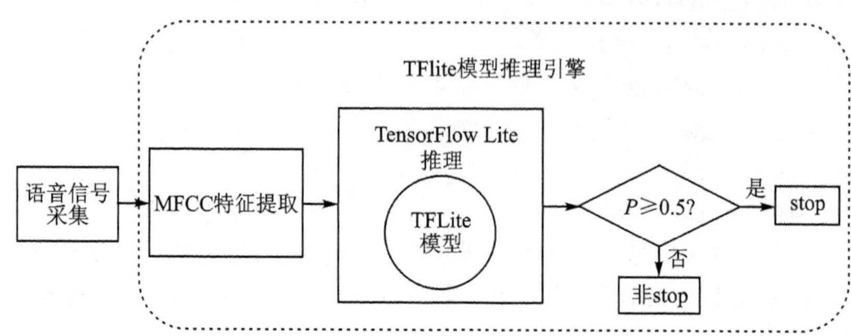

图 10.7 TFLite 模型推理引擎

满足树莓派在线语音信号采集、1 s 语音唤醒词 MFCC 特征提取及 TFLite 模型推理功能的程序清单（程序名：ch10_4. py）如下：

```
'''
说明：
1.470 Ω～1 kΩ 电阻和一只 LED 串联连接到树莓派扩展 GPIO 物理引脚 Pin16 并启动 Thonny 执行本程序；
2.USB 麦克风接到树莓派 USB 接口；
3.当说出语音唤醒词“stop”时，LED 短暂闪烁。
'''
import sounddevice as sd
import numpy as np
import scipy.signal
import timeit
import python_speech_features
import RPi.GPIO as GPIO
from tflite_runtime.interpreter import Interpreter
#参数设置
debug_time = 0
debug_acc = 1
led_pin = 16
```

```
word_threshold = 0.5
rec_duration = 0.5
window_stride = 0.5
sample_rate = 48000
resample_rate = 8000
num_channels = 1
num_mfcc = 16
model_file = 'trigger_word_stop.lite'
#移动窗口
window = np.zeros(int(rec_duration * resample_rate) * 2)
#树莓派 GPIO 设置
GPIO.setwarnings(False)
GPIO.setmode(GPIO.BOARD)
GPIO.setup(16, GPIO.OUT, initial = GPIO.LOW)
#加载 TFLite 模型(interpreter 解释器)
interpreter = Interpreter(model_file)
interpreter.allocate_tensors()
input_details = interpreter.get_input_details()
output_details = interpreter.get_output_details()
print(input_details)
#定义提取信号函数:滤波和下采样
def decimate(signal, old_fs, new_fs):
    #查看以确保正在下采样
    if new_fs > old_fs:
        print( "Error: target sample rate higher than original ")
        return signal, old_fs
    #通过整数因子下采集
    dec_factor = old_fs / new_fs
    if not dec_factor.is_integer():
        print( "Error: can only decimate by integer factor ")
        return signal, old_fs
    #提取信号
    resampled_signal  = scipy.signal.decimate(signal, int(dec_factor))
    return resampled_signal, new_fs
#定义声音回调函数:每 0.5 s 调用 1 次
def sd_callback(rec, frames, time, status):
    GPIO.output(led_pin, GPIO.LOW)
    #启动测试定时
    start = timeit.default_timer()
    #发布是否出错
    if status:
```

```
        print('Error:', status)
    #从记录样本中删除第 2 个维度
    rec = np.squeeze(rec)
    #重采样
    rec, new_fs = decimate(rec, sample_rate, resample_rate)
    #记录语音并保存到移动窗口
    window[:len(window)//2] = window[len(window)//2:]
    window[len(window)//2:] = rec
    #计算 MFCC 特征
    mfccs = python_speech_features.base.mfcc(window,
                                        samplerate = new_fs,
                                        winlen = 0.256,
                                        winstep = 0.050,
                                        numcep = num_mfcc,
                                        nfilt = 26,
                                        nfft = 2048,
                                        preemph = 0.0,
                                        ceplifter = 0,
                                        appendEnergy = False,
                                        winfunc = np.hanning)
    mfccs = mfccs.transpose()
    #根据模型做出预测
    in_tensor = np.float32(mfccs.reshape(1, mfccs.shape[0], mfccs.shape[1], 1))
    interpreter.set_tensor(input_details[0]['index'], in_tensor)
    interpreter.invoke()
    output_data = interpreter.get_tensor(output_details[0]['index'])
    val = output_data[0][0]
    if val > word_threshold:
        print('stop')
        GPIO.output(led_pin, GPIO.HIGH)
    if debug_acc:
        print(val)
    if debug_time:
        print(timeit.default_timer() - start)
#启动 USB 麦克风音频流传输
with sd.InputStream(channels = num_channels,
                    samplerate = sample_rate,
                    blocksize = int(sample_rate * rec_duration),
                    callback = sd_callback):
    while True:
        pass
```

将本程序以文件名 ch10_4. py 存入与 TFLite 模型相同的文件夹 Test_Speaker。

程序执行后，树莓派连续采集语音并按 1 s 窗口对 MFCC 语音进行特征提取，TFLite 模型推理引擎输出概率输出在 Thonny Python Shell 窗口中；接着将 1 s 窗口移动 0.5 s 进入下一个 1 s MFCC 语音特征提取，并送到 TFLite 模型推理引擎输出新的概率。此过程不断重复，如图 10.8 所示。

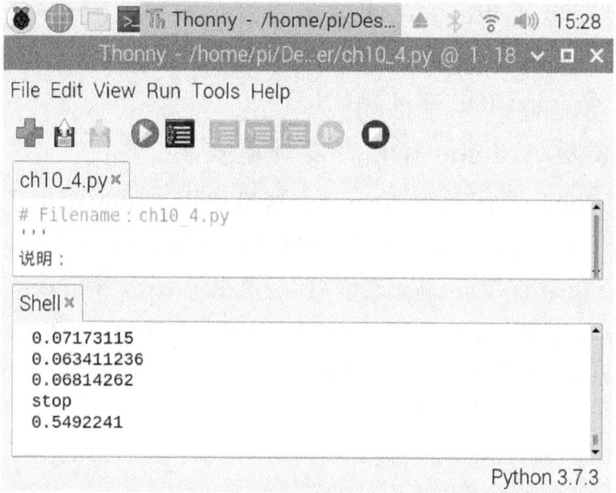

图 10.8　TFLite 模型推理引擎输出概率

在较安静的环境下，当对树莓派说出 stop 以外的词时，TFLite 模型推理引擎输出概率小于 0.5；当对树莓派说出 stop 时，TFLite 模型推理引擎输出概率应大于 0.5，此时，Python Shell 窗口输出 stop 字符串和对应的概率值，LED 短暂闪烁。须说明的是，本模型未接受噪声环境的训练且使用 0.5 s 移动窗口略显粗糙，这有可能导致触发其他语音唤醒词。

尽管本示例是在嵌入式树莓派 Linux 设备中实现的一个 Edge AI 演示系统，但我们可以修改本示例存在的问题并进行拓展，如训练新的语音唤醒词，或者尝试使用不同语言的语音数据集（如中文语音等），或者采用不同的特征进行训练，或者使用不同的嵌入式设备并部署到实际的嵌入式机器学习应用生产环境之中。

10.3　Pico Arduino C 力触觉感知与回归建模及 Processing 交互

10.3.1　Pico 开发板 Arduino IDE 开发环境安装与使用

Arduino 是目前市场上较知名的开源硬件之一，利用它可以轻松、快速地构建交互装置原型。Arduino IDE 作为一种开源硬件开发软件工具，拥有很好的应用生态和广泛的用户群。本节介绍树莓派 Pico 开发板 Arduino IDE 环境安装与设置，并给出控制 Pico 板载 LED 发光的 Arduino C 程序示例。

1. Arduino IDE 安装

可从 Arduino 官网 https://www.arduino.cc/en/software 下载 Arduino IDE 集成开发环境，这里下载 Windows 最新版的 arduino-1.8.19(下载默认文件名为 arduino-1.8.19-windows.exe)。下载成功后，运行 arduino-1.8.19-windows，按提示步骤安装 Arduino IDE 即可。

2. Pico 开发板 Arduino IDE 开发环境安装

双击桌面 Arduino 图标运行 Arduino，这里使用 Arduino IDE 的开发板管理器 Boards Manager 安装 Pico 开发板软件开发环境。具体步骤是：选择 Tools→Boards："Arduino Uno"→Boards Manager 菜单项，则弹出 Boards Manager 对话框，在 Type 文本框中输入 pico，选择 Arduino Mbed OS RP2040 Boards，单击 Install 按钮安装 Pico 开发板支持包，这里选择安装最新版本(V.2.8.0)，如图 10.9 所示。

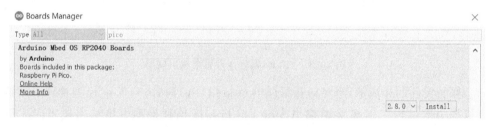

图 10.9　安装 Pico 开发板支持包

3. Pico 开发板 Arduino IDE 开发环境设置

选择 Tools→Boards："Arduino Uno"→Arduino Mbed OS RP2040 Boards→Raspberry Pico 菜单项，完成 Pico 开发板 Arduino IDE 开发环境设置，如图 10.10 所示。

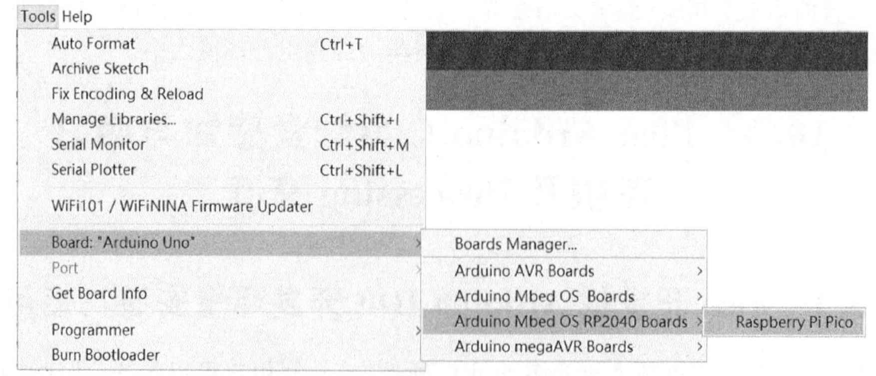

图 10.10　Pico 开发板 Arduino IDE 开发环境设置

4. Pico 开发板板载 LED 发光的 Arduino C 程序示例

打开电脑，将 Micro - USB 电缆线的 Micro 接口一侧插入 Pico 开发板，用手指按下 Pico 开发板上的 BOOTSEL 按钮并保持按下状态；将 Micro USB 电缆线的 USB 接口一侧插入电脑 USB 接口，则很快显示 RPI - RP2 新盘符。松开 BOOTSEL 按钮，此时 Pico 开发板进入海量存储模式。

选择 File→New 菜单项，在 Arduino IDE 编辑窗口录入以下 C 程序：

```
//Raspberry Pi Pico Dev Board
int led = 25;
void setup() {
    // put your setup code here, to run once:
    pinMode(led, OUTPUT);
}

void loop() {
    // put your main code here, to run repeatedly:
    digitalWrite(led, HIGH);
    delay(1000);
    digitalWrite(led, LOW);
    delay(1000);
}
```

在本示例程序中，led＝25 赋值语句中的数字 25 为 Pico 开发板板载 LED 的 GPIO 端口号，通过该端口对板载 LED 发光进行控制；在 setup 函数中通过 pinMode 语句将 LED 端口设置为输出；在 loop 函数中，digitalWrite(led, HIGH)语句将控制 LED 点亮，digitalWrite(led, LOW)语句将控制 LED 熄灭。

将程序保存为名为 Pico_Blink_220307. ino 的文件，单击“→”上传(Upload)按钮，编译并上传 Arduino C 程序，如图 10. 11 所示。

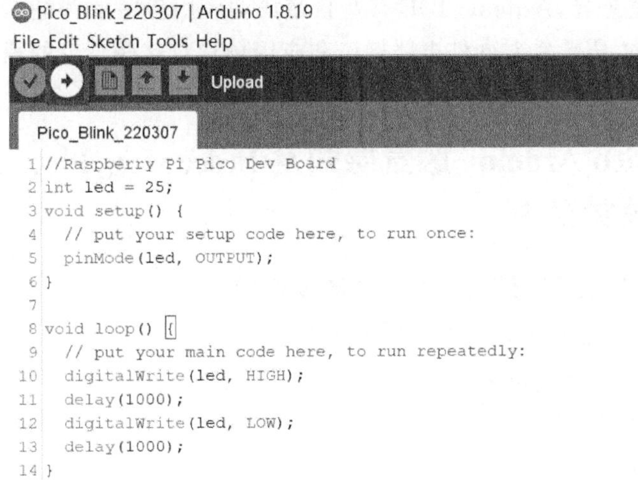

图 10. 11　编译并上传 Arduino C 程序

Arduino C 程序成功上传后，二进制机器码将存储到 Pico 开发板 Flash 中，此时 Arduino IDE 界面显示情况如图 10.12 所示。这里要注意的是，当 Pico 开发板成功连接到电脑后，一般无须再选择串行端口，这是因为电脑在第一次上传程序时会将扩展名为 .uf2 的文件写入到 Pico 开发板，之后电脑会自动选择串行端口。此时将看到 Pico 开发板板载 LED 灯间断闪亮。

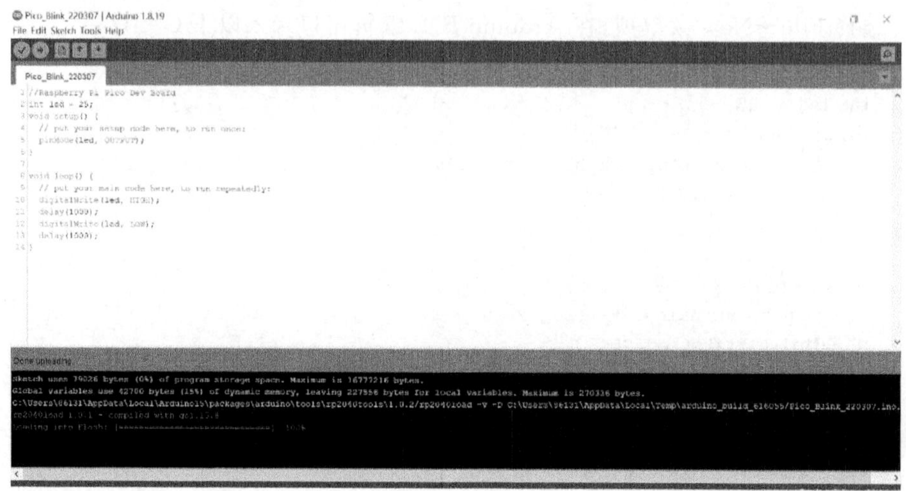

图 10.12　Arduino C 程序机器码成功上传界面显示

Arduino IDE 自带典型应用程序实例（Examples）中的一些程序示例也可以直接上传到 Pico 开发板中运行，比如，选择 File→Examples→01. Basics→Blink 菜单项，并将 Blink 上传到 Pico 开发板，程序上传成功后同样可看到 Pico 开发板板载 LED 间断闪亮。要特别说明的是，由于 Arduino 开发板型号种类繁多且不同的硬件电路接口也存在一些差异，Arduino IDE 有些自带典型应用程序示例是不能直接在 Pico 开发板上执行的，需要针对硬件电路接口和应用场景对这些自带的程序示例进行修改才可以在 Pico 开发板上执行。

10.3.2　Pico Arduino 触觉感知及 Processing、Pico Arduino 触觉交互

1. Pico＋FSR 传感器力触觉采集硬件接口

Pico＋FSR 传感器力触觉采集硬件所需材料如下：

- 树莓派 Pico 开发板×1；
- FSR 薄膜传感器×1；
- 10 kΩ 电阻×1；
- Micro-USB 电缆线×1；

- 面包板×1；
- 杜邦线×2。

FSR 传感器是一种可变电阻，其电阻会随着施加到感测区域的压力而发生改变。FSR 一般是几个薄的柔性层组成的高分子薄膜，当按压力增大时，其电阻值随之减小。市场上常见的 FSR 传感器感应区域有圆形和矩形两种。矩形 FSR 适用于广域感测，圆形 FSR 能为感测范围提供更高的精度。图 10.13 是不同直径的 FSR 薄膜传感器外观图，图中圆形感应区域直径为 5～40 mm，最大力量程为 4.9～490 N 不等。

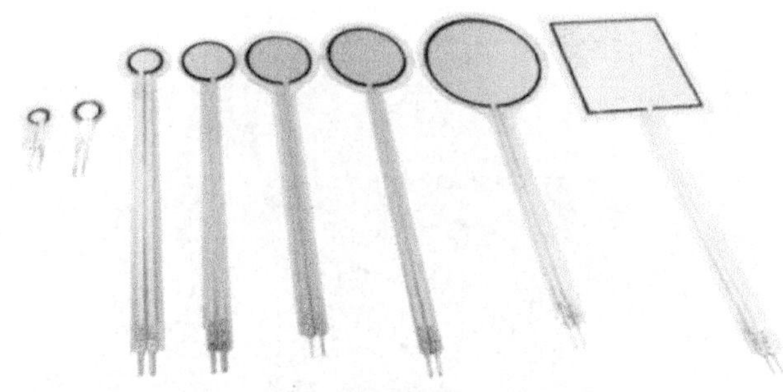

图 10.13　不同大小的 FSR 薄膜传感器外观图

读取 FSR 的最简单方法是将 FSR 与固定值电阻器（通常为 10 kΩ）串联以建立分压器：将 FSR 的一端接到 V_{CC} 电源，另一端连接到下拉电阻；然后将下拉电阻和 FSR 可变电阻器之间的点连接到 Pico 开发板的某个 ADC 输入端，如 Pico 的 ADC0 模拟输入端 A0。图 10.14 是 Pico 与 FSR 传感器力触觉采集硬件接口原理图。

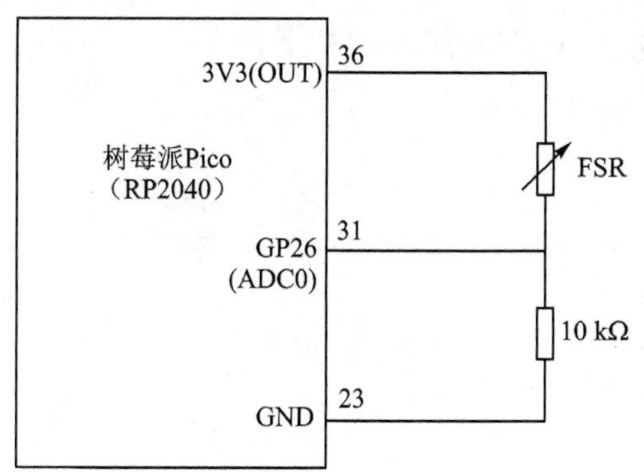

FSR(Force Sensitive Resistor，力敏电阻)

图 10.14　Pico 与 FSR 传感器力触觉采集硬件接口原理图

图 10.14 中使用了 3.3 V 电源和 10 kΩ 下拉电阻，FSR 和 R 串联所建立分压器的 ADC0 输入端电压为：

$$V_{ADC0}=3.3\ V\times\frac{R}{R+FSR}$$

当没有按压 FSR 传感器时，FSR 电阻值很高(大约为 10 MΩ)，ADC0 输入端电压为 $V_{ADC0}=3.3\ V\times\frac{10\ k\Omega}{10\ k\Omega+10\ M\Omega}\approx 0\ V$。

这里选用直径 5 mm 的 FSR 传感器。首先将两根杜邦线一端剪断并焊接到 FSR 传感器，然后按照图 10.14 所示原理图将两根杜邦线另一端和 10 kΩ 电阻插入面包板。Pico 开发板与 5 mm 直径 FSR 传感器力触觉采集硬件接口实物图如图 10.15 所示。

图 10.15 Pico+FSR 传感器力触觉采集硬件接口实物图

2. Pico Arduino C 力触觉感知程序

与图 10.15 力触觉采集硬件接口对应的 Pico Arduino C 力触觉感知程序清单(程序名:Force_touch_pico_220922.ino)如下：

```
//Raspberry Pico Dev. Board
int size = 5;
int value;
int touchSensorPin = A0;      //Pico GP26: A0 = 26
void setup() {
    //put your setup code here, to run once
    Serial.begin(9600);
}
void loop() {
    // put your main code here, to run repeatedly
    size = map(analogRead(touchSensorPin), 0, 1023, 5, 255);
    size = size - 2;
    Serial.write(size);
    delay(50);
}
```

在本程序中,Serial. begin(9600)用于设置串口,analogRead(touchSensorPin)函数用于通过 ADC0 获取 FSR 分压器的电压值,map 函数用于将所获得的电压值(0～1 023)等比例缩小并转换为另一范围(5～255)的一个值再存储在 size 中。Serial. write()用于将 size 写到串口。接下来,将程序保存为名为 Force_touch_pico_220922. ino 的文件,单击"→"上传(Upload)按钮,编译并上传本程序。

与标准的 Arduino 开发板只有一个串口不同,Pico 拥有两个串口。如果在 Pico Arduino 编程环境中使用第 2 个串口与外部进行 UART 通信(如 Pico UART1 串口进行无线蓝牙、GPS 等通信),Arduino C 关键程序片段如下:

```
#include <Arduino.h>
UARTSerial2(8,9,0,0);    // Pico UART1: GP8 - UART1 TX, GP9 - UART1 RX
...
Serial2.begin(9600);
...
Serial2.println( "Str2 ");
Serial2.write(size);
```

3. Processing 与 Pico Arduino C 力触觉交互

(1) Processing 介绍

Processing 是交互设计师、数字媒体艺术家必备的一个基于 Java 语言的交互设计软件平台,具有简单易用以及丰富的拓展功能,可让用户把精力聚焦在创造富有想象力的作品设计上。Processing 下载网址为 https://processing. org/download,这里下载 Processing 3. 5. 4 Windows(64 - bit)版,解压后双击 processing. exe 文件即可执行 Processing 程序。

Processing 和 Arduino 的搭配可以让图形化界面和硬件产生互动。添加 OpenCV 库,可以实现人脸识别等各种高级图形处理功能;添加 Kinect 库,可以识别人体的肢体动作并进行交互。因为 Processing 源自 Java,因此大量的 Java 库都可以添加进来直接调用,比如 Box2D、Unity 等引擎都可以在开发时调用。除此之外,还可以借助人工智能库(AI for 2D Games)开发多种 AI 游戏。Processing 这些丰富的拓展,使得用户设计出的作品充满魅力并富有想象力。

打开安装好的 Processing 会看见其 PDE(Processing Development Environment)的界面,所有代码编写和工程运行都通过该界面上的操作来完成。它大致分为工具栏、文本编辑区和文本控制台三大区域,利用界面上的播放和停止按钮可以运行和停止程序。在 Processing 中编写的每一个页签或工程称作 Sketch(草图),保存工程后会自动生成名字与页签名一样的文件夹,而工程源文件就存放在该文件夹中,工程会以后缀为 * . pde 的文件格式保存。

一个标准的 Processing 主程序结构格式如下:

```
void setup()
{
//用于程序初始化设置,只执行一次
}
void draw()
{
//主程序,添加用户的代码,默认每秒执行 60 次
}
```

setup()函数中的程序代码在程序启动后只执行一次,一般用来进行初始化设置、配置一些变量的初始参数等。

Processing 执行完一次 setup()函数后就会不间断地运行 draw()函数。draw()函数中可绘制要显示的内容或执行各种操作,默认以每秒 60 帧(60 fps)的速度不断更新并重绘,直到执行“停止”命令或关闭窗口为止。draw()函数每运行一次相当于在窗口绘制一个新的帧,运行一次后再重新执行下一次。

(2) Processing 与 Pico Arduino C 力触觉交互

将图 10.15 的 Pico 与 FSR 传感器力触觉采集硬件 Micro - USB 线的 USB 端插入电脑 USB 口。

Processing 与 Pico Arduino C 力触觉感知之间的交互程序清单(程序名:Force_Touch_Interaction_Yuanyx.pde)如下:

```
import processing.serial.*;                                //导入串行通信库
Serial myPort;                                             //串口对象
int diameter = 15;
void setup()
{
    size(600,600);
    background(0,128,128);
    fill(255,0,0);
    noStroke();
    ellipse(300,300,diameter,diameter);
    //String portName = Serial.list()[0];
    println( "Arduino is connected to " + Serial.list()[0]);
    myPort = new Serial(this,Serial.list()[0],9600);  //初始化串口对象 myPort
                                                           //波特率为 9600 bps
}
void draw()
{
    while(myPort.available() > 0)
    {
```

```
        diameter = myPort.readChar();                    //从串口读取一个字节数据
        println(diameter);                               //显示 P 接收到的字节数据
        clear();
        background(0,128,128);
        ellipse(300,300,diameter * 3,diameter * 3);      //力触觉视觉再现
    }
    delay(100);
}
```

由于 Pico Arduino C 力触觉感知程序 Force_touch_pico_220922.ino 已事先上传并烧写到 Pico 开发板 Flash 存储器中，因此本程序执行后，Processing 程序将与 Pico Arduino C 进行力触觉交互。程序运行效果如图 10.16 所示。

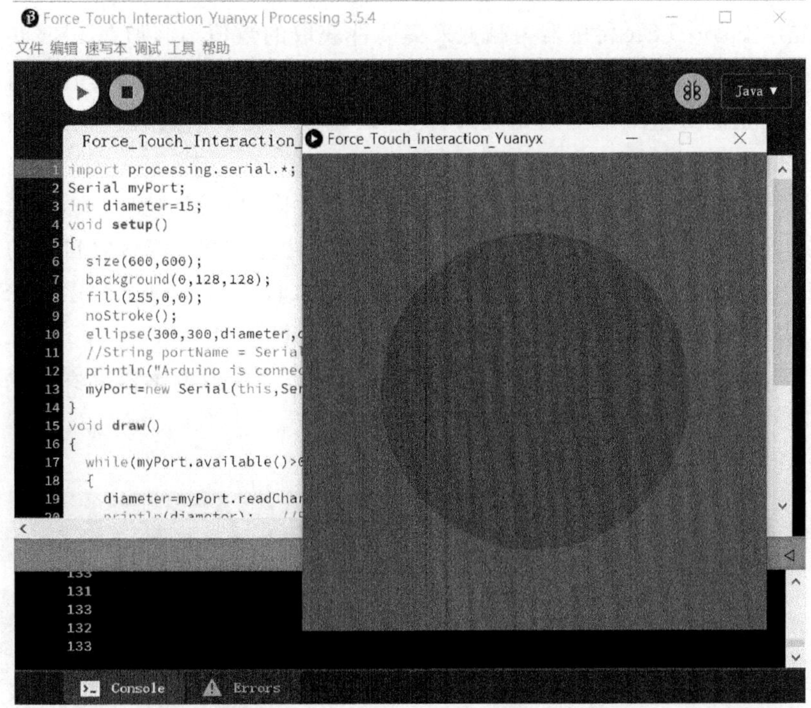

图 10.16　Processing 与 Pico Arduino 交互

在 Processing 交互软件设计平台执行本程序后，将显示一个 600×600 像素大小的窗口。当未按压 FSR 时，则在窗口中心显示一个直径为 5 个像素的红色实心小圆；当按压 FSR 的力变大时，显示的圆就会变大，反之则会变小，这样就实现了 Processing 交互程序与 Pico Arduino C 力触觉感知程序之间的交互功能，并且能直观地感受到一种"力触觉再现"的视觉效果。

10.3.3 基于力触觉回归和质点弹簧模型的力触觉交互变形可视化

实践任务：利用 Pico＋FSR 传感器力触觉采集硬件获取的电压数值与施加在 FSR 力触觉传感器上的重量之间的回归关系建立力触觉回归模型，并基于质点弹簧模型和力触觉回归模型实现一种触觉交互变形可视化效果。

本实践任务所需硬件如下：

➢ Pico＋FSR 传感器力触觉采集硬件×1(见图 10.14 及图 10.15)；

➢ 电子秤×1。

1. 力触觉回归建模

首先对 Pico＋FSR 传感器力触觉采集硬件获取的数值与施加在 FSR 传感器上的重量建立联系，本实践的 Pico＋FSR 力触觉采集硬件所获取的数值只与施加在 FSR 传感器上的重量单个变量相关，因此可以建立一元多项式力触觉回归模型，一元多项式的次数和系数通过实验进一步确定。

利用 Pico＋FSR 力触觉采集硬件来采集力触觉回归建模的实验数据集，将 FSR 传感器放置于电子秤上，并对电子秤数值清零从而去除 FSR 传感器自身的原始重量，如图 10.17(a)所示；将 Pico＋FSR 力触觉采集硬件 Micro－USB 线的 USB 端插入电脑，启动 Processing 并执行前面的 Force_Touch_Interaction_Yuanyx.pde 程序，当手指未按压电子秤上的 FSR 传感器时，Pico＋FSR 力触觉采集硬件获取的力触觉初始值显示为 5，如图 10.17(b)所示。

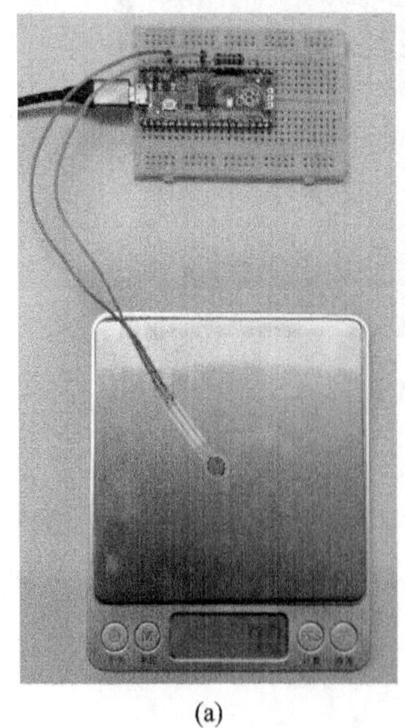

(a)

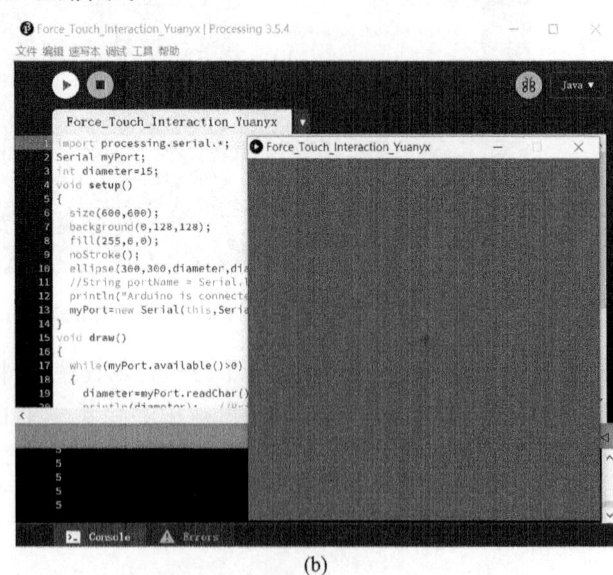

(b)

图 10.17 力触觉回归建模实验数据采集

用手指按压电子秤上的 FSR 传感器并记录电子秤显示的重量(Force),同时记录电脑屏幕上 Pico+FSR 力触觉采集硬件获取的力触觉显示值(Value),比如记录的某个数据对为(1300, 117)。重复此操作可以采集到多个(Force, Value)数据对,本实践任务共采集了 22 个数据对。

为了得到一元多项式回归模型,这里使用华为 AI 云平台 ModelArts 开展实践。

进入 ModelArts JupyterLab 新建的 ipynb 文件后,单击工具栏的"+"号可创建一个 Cell,在 Cell 中使用回车键可以运行 Cell 中的代码。在第一个 Cell 内导入需要引入的 Python 库,sklearn 机器学习库可以方便地处理多项式回归问题。本实践将电脑屏幕显示的力触觉数值作为自变量 x,将施加在 FSR 传感器上的重量(单位:克)作为因变量 y。导入相关库并将采集到的 22 个(Force,Value)数据对构建 x、y 数组,相关程序片段如下:

```
import matplotlib.pyplot as plt
import numpy as np
from sklearn.linear_model import LinearRegression#导入线性回归模型
from sklearn.preprocessing import PolynomialFeatures#导入多项式回归模型
#给定 x、y 数据
x = np.array([5,117,148,138,130,113,111,102,8,81,43,19,11,24,92,136,37,
111,90,
15,55,27]).reshape(-1,1)
y = np.array([0,1300,2000,1700,1500,1100,1000,900,200,700,500,330,245,
360,930,
1650,500,1110,800,300,600,400])
```

在第 2 个 Cell 中,利用 Matplotlib 绘制 22 个数据对所构建出的 x、y 数值坐标,从而初步判断自变量 x 和因变量 y 之间的关系,相关程序片段如下:

```
#绘制散点图
plt.plot(x, y, 'g.',markersize = 20)
plt.title('Single variable')
plt.xlabel('x')
plt.ylabel('y')
plt.axis([0, 200, 0, 3000])
plt.grid(True)
```

运行 Cell 后可见 x 与 y 之间并不呈现线性关系,如图 10.18 所示,因此,可以采用多项式回归模型对数据进行拟合。

与前面介绍的线性回归比较,多项式回归没有增加任何需要推导的内容,唯一增加的是对原始数据进行多项式特征转换。首先利用 PolynomialFeatures 函数进行多项式特征的构造,该函数中的 degree 参数可以控制多项式的度,然后再用 PolynomialFeatures().fit_transform(x)将普通的 x 数据转变为多项式数据,相关程序片段如下:

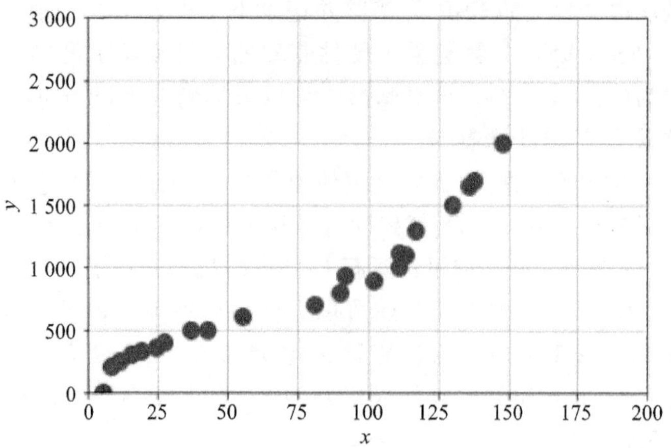

图 10.18　绘制散点图

```
    #多项式回归
    polynomial = PolynomialFeatures(degree = 2) #二次多项式
    x_transformed = polynomial.fit_transform(x)  #x每个数据对应的多项式系数
    poly_linear_model = LinearRegression()        #创建回归器
    poly_linear_model.fit(x_transformed, y)       #训练数据
    xx = np.linspace(0, 200, 100)                 #绘制多项式曲线数据
    xx_transformed = polynomial.fit_transform(xx.reshape(xx.shape[0], 1)) #把训练好X值的多项式特征实例应用到一系列点上,形成矩阵
    yy = poly_linear_model.predict(xx_transformed)
    plt.plot(xx, yy,label = "$ y = ax^2 + bx + c$ ")
    plt.legend()
```

本程序片段执行后,显示二次多项式回归拟合曲线如图 10.19 所示。

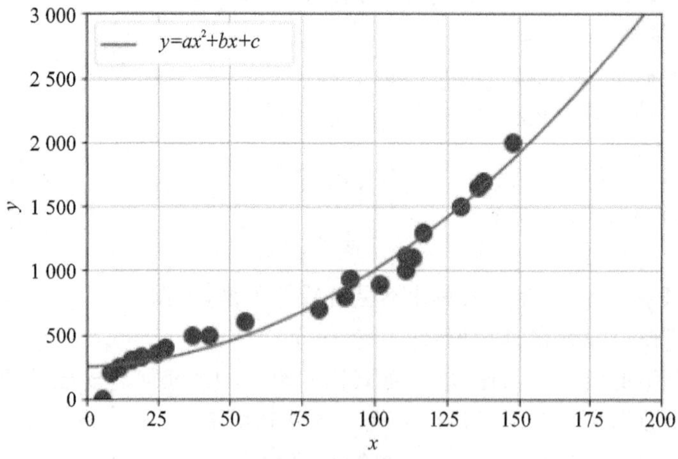

图 10.19　二次多项式回归拟合曲线

可以看出，采用二次多项式回归模型进行拟合并将训练后的数据绘制拟合曲线时拟合效果不好，出现了欠拟合的现象。

接下来，采用三次多项式回归模型进行拟合，相关程序片段如下：

```
#绘制散点图
plt.plot(x, y, 'g.',markersize = 20)
plt.title('single variable')
plt.xlabel('x')
plt.ylabel('y')
plt.axis([0, 200, 0, 3000])
plt.grid(True)
#多项式回归
polynomial = PolynomialFeatures(degree = 3)     #三次多项式
x_transformed = polynomial.fit_transform(x)     #x 每个数据对应的多项式系数
poly_linear_model = LinearRegression()          #创建回归器
poly_linear_model.fit(x_transformed, y)         #训练数据
xx = np.linspace(0, 200, 100)                   #绘制多项式曲线数据
xx_transformed = polynomial.fit_transform(xx.reshape(xx.shape[0], 1)) #把训练好
X 值的多项式特征实例应用到一系列点上，形成矩阵
yy = poly_linear_model.predict(xx_transformed)
plt.plot(xx, yy,label= "$ y = ax^3 + bx^2 + cx + d$ ")
plt.legend()
```

本程序片段执行后，一元三次多项式回归拟合曲线如图 10.20 所示。可以看出，一元三次多项式拟合结果良好。

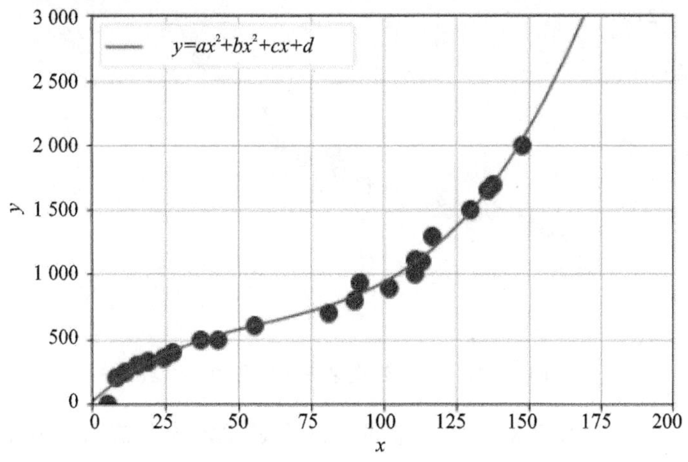

图 10.20　一元三次多项式回归拟合曲线

下面再采用四次多项式回归模型进行拟合，相关程序片段如下：

```
#绘制散点图
plt.plot(x, y, 'g.',markersize = 20)
plt.title('Single variable')
plt.xlabel('x')
plt.ylabel('y')
plt.axis([0, 200, 0, 3000])
plt.grid(True)
#多项式回归
polynomial = PolynomialFeatures(degree = 4) #四次多项式
x_transformed = polynomial.fit_transform(x) #x每个数据对应的多项式系数
poly_linear_model = LinearRegression() #创建回归器
poly_linear_model.fit(x_transformed, y) #训练数据
xx = np.linspace(0, 200, 100) #绘制多项式曲线数据
xx_transformed = polynomial.fit_transform(xx.reshape(xx.shape[0], 1)) #把训练好
X值的多项式特征实例应用到一系列点上,形成矩阵
yy = poly_linear_model.predict(xx_transformed)
plt.plot(xx, yy,label= "$ y = ax^4 + bx^3 + cx^2 + dx + e$ ")
plt.legend()
```

本程序片段执行后，一元四次多项式回归拟合曲线如图 10.21 所示。可以看出，一元四次多项式出现了过拟合现象。

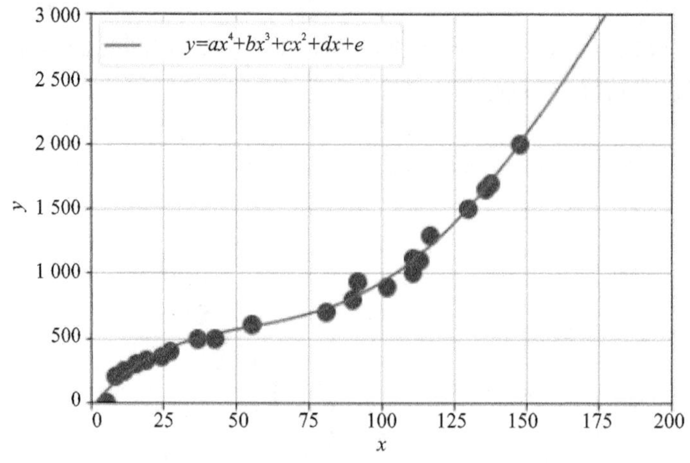

图 10.21　一元四次多项式回归拟合曲线

由于施加在 FSR 传感器上的重量即使为 0，触觉传感器输出数值 x 的初始值也应该为 5，因此可将该数据对视作噪声数据。

综上所述，最后选择训练好的一元三次多项式回归模型。

为了验证一元三次多项式回归模型的可靠性，随机代入一个 x 进行测试，相关程序片段如下：

```
#预测一个数值
aa = polynomial.fit_transform([[80]])
bb = poly_linear_model.predict(aa)
print(bb)
```

假设 Pico＋FSR 力触觉采集硬件获取的数值 x 为 80，一元三次多项式模型推理结果约为 745，对应于 $745\times10^{-3}\times9.8\ \mathrm{N}=7.3\ \mathrm{N}$ 的压力。在 FSR 传感器上施加 7.3 N 的压力，Pico＋FSR 力触觉采集硬件获取的数值在电脑屏幕上显示为 80，表明选择一元三次多项式回归模型可靠性较高。

以下程序片段可用于显示拟合出的一元三次多项式模型参数：

```
#输出多项式系数
print('一元三次多项式为:',poly_linear_model.coef_[3],'x^3  + ',poly_linear_model.
coef_[2],'x^2 + ',poly_linear_model.coef_[1],'x + ',poly_linear_model.intercept_)
```

可以看出，电脑屏幕上 Pico＋FSR 力触觉采集硬件获取的数值 x 与施加在 FSR 触觉传感器上的重量（单位：克）y 之间的函数关系式为：

$$y=0.001\,35x^3-0.241\,28x^2+19.803\,21x+14.003\,68$$

2. 基于质点弹簧模型和力触觉回归模型的力触觉交互变形

下面使用前面已介绍的 Pico＋FSR 力触觉采集硬件和 Processing 交互软件设计平台，设计并实现一种基于质点弹簧模型和力触觉回归模型的力触觉交互变形。

为了简化问题，这里仅针对具有弹性的正常皮肤组织进行二维变形建模，即只展示皮肤侧视图的力触觉形变效果。在侧视图中，将正常皮肤抽象成一条直线，假设皮肤在中间位置受到外力按压且外力方向始终垂直于皮肤平面，即皮肤只受到外部垂直向下的压力。

采用质点弹簧模型对皮肤进行二维变形建模。质点弹簧模型是一种抽象的物理系统，它假设所有物体要么是质点，要么是弹簧，质点之间通过弹簧连接。要模拟出与皮肤的交互变形，只需要分别模拟质点、弹簧的运动以及它们之间的关系。

一个质点的运动状态可以通过位移、速度和加速度来描述，其物理状态可以通过质量来描述。质点的速度和加速度分别是位移关于时间的一阶导数和二阶导数。假设质点为匀变速直线运动，速度、位移和加速度关系式如下：

$$v=v_0+at$$

$$s=v_0t+\frac{1}{2}at^2$$

根据牛顿第二定律，质点的运动与所受外力关系式如下：

$$F=ma$$

因此，质点状态可以描述为：初始状态质点保持静止，其速度和加速度均保持为 0，质点位置保持在默认位置。当质点受到外力作用时，外力作用于质点使得质点产生加速度，质点速度基于加速度变化，质点位置基于速度变形，质点的运动状态得到更新。

在 Processing 交互软件平台实现中新建一个标签，名为 particle，在新标签中创建 Particle 类来描述质点。其中，运动状态位移、速度和加速度使用向量 PVector 描述，表示运动状态既有大小又有方向；物理状态质量使用浮点数 float 描述，仅描述质量大小，此外定义布尔值 locked 描述质点是否固定。

Particle 类包括一个构造器和 3 个实例方法。构造器创建一个在指定位置(x，y)的质点，默认加速度和速度为 0，质点质量为 1，质点未被固定。

```
Particle(float x, float y) {
    this.acceleration = newPVector(0, 0);
    this.velocity = newPVector(0, 0);
    this.position = new PVector(x, y);
    this.mass = 1;
    this.locked = false;
}
```

applyForce()实例方法用来描述质点受到外力后运动状态的改变，基于牛顿第二定律，质点在外力作用下产生对应于自身质量的加速度。

```
void applyForce(PVector force) {
    PVector f = force.copy();
    f.div(this.mass);
    this.acceleration.add(f);
}
```

update()实例方法描述质点基于运动学定律的运动状态更新。在质点未被固定的情况下，基于运动学定律，速度基于加速度改变，位置基于速度改变，考虑到空气阻力等因素，速度会逐渐减少。在一次运动学更新后，加速度置为零，等待下一次更新。在质点被固定的情形下，update 方法失效，质点的运动状态不会发生改变。

```
void update() {
    if (! this.locked) {
        this.velocity.mult(0.99);
        this.velocity.add(this.acceleration);
        this.position.add(this.velocity);
        this.acceleration.mult(0);
    }
}
```

show()实例方法描述质点的显示效果。将每个质点抽象为圆心在位置(x,y)且半径适中的圆，指定线条颜色、粗细以及填充颜色即可显示出质点。

```
void show() {
    stroke(255);
    strokeWeight(2);
```

```
        fill(45, 197, 244);
        ellipse(this.position.x, this.position.y, 16, 16);
    }
```

一个弹簧的物理状态可以通过弹性系数和静止长度描述，弹簧满足胡克定律，即弹力等于弹性系数乘以长度变化，计算公式如下：

$$F = -kx$$

弹簧的长度 x 变化与受到的弹力 F 方向相反，即当拉伸弹簧一端时，弹簧长度变长超过静止长度时，弹簧受到收缩的弹力趋于恢复原始长度；当压缩弹簧一端时，弹簧长度变短低于静止长度，此时弹簧受到弹出的弹力趋于恢复原始长度。

假定弹簧的两端均可以拉伸与压缩时，弹簧两端受到的弹力相反，即弹簧两端都是自由端，如果弹簧一端压缩，相对应的另一端会被拉伸；如果弹簧一端拉伸，相对应的另一端会被压缩，因此弹簧两端受到的弹力恰好相反。因此，弹簧的运动可描述为：初始状态弹簧保持静止长度，弹簧两端所受弹力为 0。当弹簧任意一端位置经由压缩或者拉伸受到改变时，弹簧的静止状态受到破坏，弹簧两端分别受到对应的弹簧弹力。

接下来，在 Processing 交互软件平台实现中新建一个标签名为 spring，在新标签中创建 Spring 类来描述弹簧。其中，物理状态弹性系数和静止长度使用浮点数描述，弹簧两个端点使用质点 Particle 描述，表示一个弹簧由两端的质点限制。

Spring 类包括一个构造函数和两个实例方法。构造函数创造一个弹簧，指定弹性系数、静止长度、两个端点的质点。

```
    Spring(float k, float restLength, Particle a, Particle b) {
        this.k = k;
        this.restLength = restLength;
        this.a = a;
        this.b = b;
    }
```

update()实例方法描述弹簧在长度发生变化时对两端质点产生的弹力作用。弹簧变化程度通过当前两端长度与静止长度的差值得到，基于胡克定律计算弹簧端点受到的弹力。由于弹簧两端受到的弹力大小相同而方向相反，因此对弹簧两端质点分别赋予不同的外力作用。

```
    void update() {
        PVector force = PVector.sub(this.b.position, this.a.position);
        float x = force.mag() - this.restLength;
        force.normalize();
        force.mult(this.k * x);
        this.a.applyForce(force);
        force.mult( - 1);
        this.b.applyForce(force);
    }
```

show()实例方法描述弹簧的显示效果,将弹簧抽象成由两个端点约束的线段,指定线条粗细和颜色后即可显示出弹簧。

```
void show() {
    strokeWeight(4);
    stroke(255);
    line(this.a.position.x, this.a.position.y, this.b.position.x, this.b.position.y);
}
```

质点弹簧系统完全是由质点和弹簧组成的系统,弹簧的两端为质点,质点与质点之间通过弹簧连接,因此皮肤的二维模型就是由质点和弹簧连接而成的一条质点弹簧直线。

初始状态时,质点弹簧直线保持静止,相邻两个质点之间的弹簧保持静止长度,每个质点的运动状态保持静止,该初始状态可以描述在正常情况下的皮肤组织侧视图。

当质点弹簧直线受到外力作用时,首先一个质点的位置发生变化,该位置改变导致了所连接弹簧的长度发生变化;根据胡克定律,弹簧将产生弹力并将弹力作用给弹簧的两端,使得两端的质点受到外力作用,运动状态更新使得位置发生变化。弹簧两端质点的位置改变进一步导致两端质点所连接的弹簧长度变化,使得运动状态经过弹簧不断地向外蔓延,传递给质点弹簧系统中的所有质点和弹簧,如图 10.22 所示。

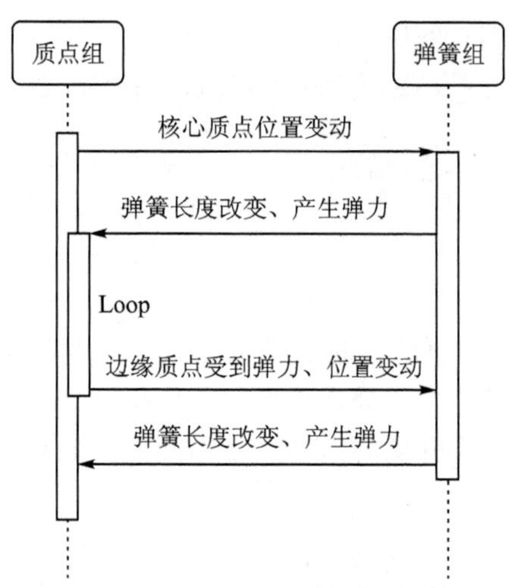

图 10.22　质点弹簧系统的弹力-位置改变

在 Processing 交互软件平台实现中,质点弹簧系统由质点数组和弹簧数组构成,质点与质点依次连接,相邻两个质点之间的间距作为弹簧的静止长度,质点数目、质点之间间距与弹簧的弹性系数通过全局变量控制。

质点弹簧系统所受到的外力可以通过外接 Pico+FSR 力触觉采集硬件进行模拟,但是质点弹簧模型是在 Processing 交互软件平台开发的应用程序,而 FSR 传感器是 Pico＋FSR 力触觉采集硬件的力触觉感知部件。将 Processing 应用程序与 Pico＋FSR 力触觉采集硬件连接起来进行通信时需要使用串口作为沟通桥梁。

在 Processing 交互软件平台实现中，使用 serial 库实现串口通信，包括实例化对象、判断是否收到数据、读取数据、将数据输入质点弹簧模型等步骤，主要流程如图 10.23 所示。

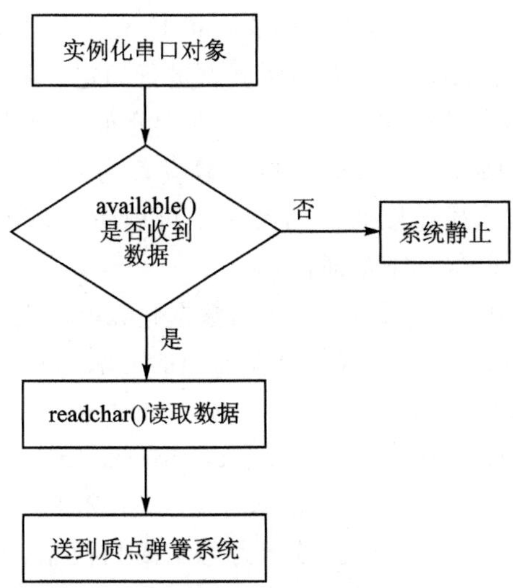

图 10.23　serial 库实现串口通信流程图

最后，在 Processing 交互软件平台实现中新建一个标签名为 sketch 的标签，实现交互变形的绘制。

首先，在 processing 交互软件平台中，搭建静止状态下的质点弹簧系统。

```
void setup() {
    size(400, 400);
    particles = new Particle[nums];
    springs = new ArrayList < Spring > ();
    for (int i = 0; i < nums; i+ + ) {
        particles[i] = new Particle(100 + i * spacing, 200);
        if (i != 0) {
            Particle a = particles[i];
            Particle b = particles[i - 1];
            Spring spring = newSpring(k, spacing, a, b);
            springs.add(spring);
        }
    }
```

```
        particles[0].locked = true;
        particles[particles.length - 1].locked = true;

        println( "Arduino is connected to " + Serial.list()[0]);
        myPort = new Serial(this,Serial.list()[0],9600);
    }
```

质点弹簧系统放置在 400×400 大小的画布上,由 3 个质点和两个弹簧依次连接而成,选取中间质点作为受力质点,而两侧质点进行固定。相邻两个质点之间的长度为 100,质点的水平位置按照(100, 200, 300)进行分布,质点的垂直位置保持在 200,分别记为 head、middle 和 tail;弹簧的弹性系数设置为 0.002;质点 head 和质点 tail 设置为固定。串口通信选择连接通信的第一个可用串口,Processing 和 Arduino 的比特率均设置为 9 600,以保持正常通信。

通过串口通信接收到压力数据后,对压力数据做简单转化,使得触觉传感器在不按压状态下质点弹簧系统保持静止。我们已在前面的力触觉回归建模部分,通过实验确定了一元三次多项式力触觉回归模型 $y=0.001\,35x^3-0.241\,28x^2+19.803\,21x+14.003\,68$,现将 y 改为 weight,x 改为 height,Processing 应用程序回归模型语句可写为:weight = 0.001 35 * pow(height, 3) − 0.241 28 * pow(height, 2) + 19.803 21 * (height) + 14.003 68。基于力触觉回归模型,可以根据压力数据计算施加在 FSR 力触觉传感器上的压力(重量)。由于 Pico+FSR 力触觉采集硬件获取的力触觉初始值为 5,在计算结果基础上进行了归零修正处理,并通过 Processing 的 text 方法以文本形式显示在交互变形界面左下角位置。

```
void draw() {
    for (Spring s : springs) {
        s.update();
    }
    beginShape();
    Particle head = particles[0];
    curveVertex(head.position.x, head.position.y);
    for (Particle p : particles) {
        p.update();
        curveVertex(p.position.x, p.position.y);
    }
    Particle tail = particles[particles.length - 1];
    curveVertex(tail.position.x, tail.position.y);
    endShape();
    Particle middle = particles[(particles.length - 1)/2];
    while(myPort.available() > 0){
        height = myPort.readChar();
        println(height);
```

```
        pressure = height - 5 + 200;
    }
    if (pressure > 0) {
        middle.position.set(middle.position.x, pressure);
        middle.velocity.set(0,0);
    }
    weight = 0.00135 * pow(height, 3) - 0.24128 * pow(height, 2) + 19.80321 *
    (height) + 14.00368;
    weight = weight - 107.15647;
    textSize(16);
    fill(0);
    text( "receive weight: " + weight + "g ", 30, 350);
}
```

当 FSR 传感器受外力按压后，质点弹簧系统随之进行相应的变形，并显示所受外力(重量)的数值。随着 FSR 传感器所受外力按压的增大，质点弹簧系统变形程度随之增大，显示所受外力的数值也会变大，如图 10.24 所示。

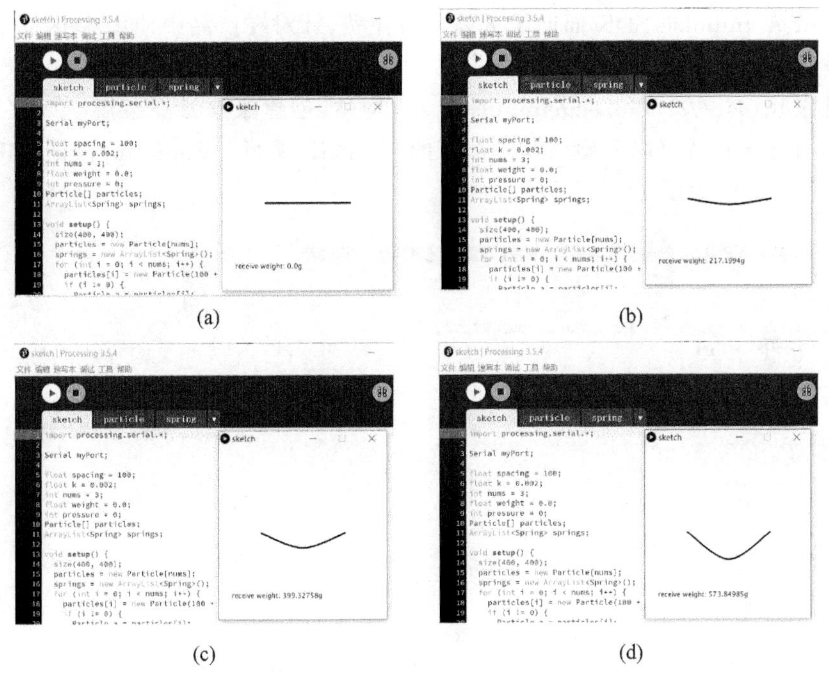

(a)　(b)　(c)　(d)

图 10.24　质点弹簧系统受到不同外力按压时的交互变形可视化

图 10.24(a)为 FSR 传感器未受到外力按压(receive weight: 0.0g)时的情形，质点弹簧模型对应于静止状态的一条水平线；图 10.24(b)显示了 FSR 传感器受到 217.2g 垂直向下外力时的力触觉变形可视化效果，此时质点弹簧模型对应于有一定

程度下凹变形的曲线；随着 FSR 传感器受到垂直向下外力的增大，质点弹簧模型所对应的曲线下凹变形程度将更加明显，如图 10.24(c)和 10.24(d)所示。

10.4　运用 Edge Impulse 实现树莓派 Pico 嵌入式机器学习

10.4.1　Edge Impluse

Edge Impluse(TinyML 即服务)通过一个开源的设备软件开发套件(SDK)为开发者提供嵌入式机器学习的支持，包括传感器数据采集、实时信号处理、模型训练、模型测试以及在多种目标设备(如树莓派 Pico、树莓派、ESP32 等设备)部署的能力，用户还可以扩展和贡献自己算法对设备提供新的支持。所有设备软件包括 SDK、客户端和生成代码，它们都以 Apache 2.0 协议授权。Edge Impluse 与 TensorFlow Lite Micro 项目的协作意味着 Edge Impulse 可以使用的机器学习架构、操作和目标更为广泛。Edge Impulse SDK 面向个人开发者免费，针对在产品中使用 SDK 的团队则有企业版订阅付费模式。

进入 https://studio.edgeimpulse.com 网站，创建账户并登录后，单击"＋Create new project"就可以开始创建一个新的 TinyML 项目。Edge Impulse SDK 界面十分简洁、直观，如图 10.25 所示。

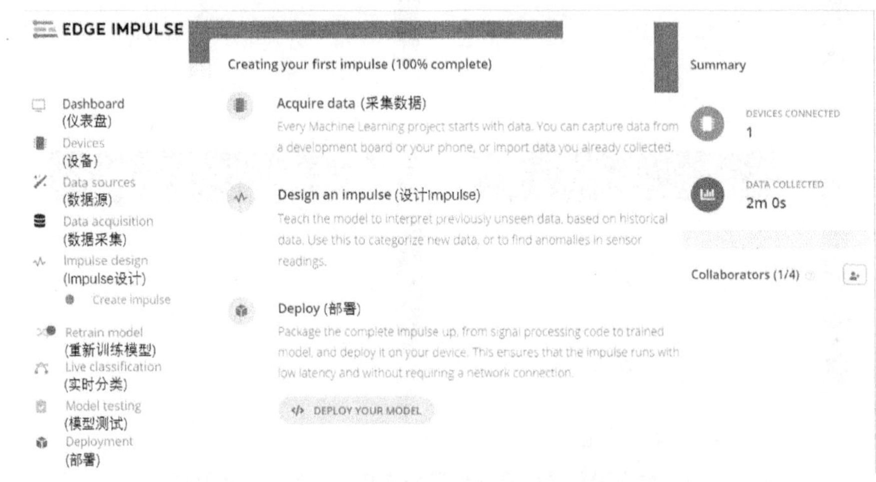

图 10.25　Edge Impulse SDK 仪表盘

登录之后，仪表盘(Dashboard)将显示项目概况，以及如何启动第一个项目，或者继续已有项目的指南。在界面左侧，仪表盘下方是主菜单选项，它们的排列顺序反映了开发的不同阶段，比如设备(Devices)页面显示已连接的设备列表，数据采集

(Data acquisition)页面则显示已经采集好的训练数据和测试数据。Impulse 设计(Impulse design)页面创建 Impulse,Impulse 是一个接收原始数据、运用信号处理提取特征和通过学习块对新数据进行分类的过程。连接设备时,需要参照仪表盘画面中间的指示,也可以前往设备栏单击“连接新设备”(Connect a new device)。

Edge Impulse 开发环境支持 Arduino Nano33 BLE Sense、树莓派 Pico、ESP32、OpenMV Cam 等嵌入式开发板,以及树莓派、Jetson Nano、智能手机等边缘设备。这些设备可以用于原始数据(Raw data)采集、构建模型和部署已经训练好的 TinyML 模型。连接一个或多个设备后,将在设备页列表中予以显示。我们可以训练模型解析多个设备的历史数据,然后用于分类新的数据,或者识别异常的传感器数据。

下面针对树莓派 Pico 开发板,介绍 Edge Impulse 树莓派 Pico 嵌入式机器学习的基本技术。

10.4.2　运用 Edge Impluse 构建 Pico 姿态检测 TinyML 模型

实践任务:利用 Edge Impluse 和树莓派 Pico 与加速度传感器硬件采集两种几何姿态(圆和正方形)数据,并构建二分类姿态数据集;运用 Edge Impluse 构建树莓派 Pico 对圆和正方形几何姿态进行检测的二分类 TinyML 模型。

1. 树莓派 Pico 与加速度传感器几何姿态采集硬件接口

Pico 与加速度传感器几何姿态采集硬件所需材料如下:

- 树莓派 Pico×1;
- ADXL335 模拟加速度计×1;
- 面包板×1;
- 杜邦线×5。

这里使用 ADXL335 模拟加速度传感器进行几何姿态采集。ADXL335 传感器具有三轴(x,y,z)模拟输出,用于检测运动。图 10.26 是 Pico 开发板与 ADXL335 加速度传感器几何姿态采集硬件接口原理图。

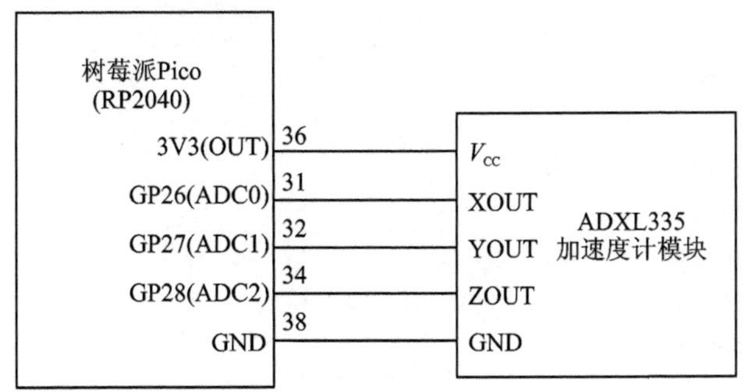

图 10.26　Pico 与 ADXL335 传感器运动采集硬件接口原理图

Pico 开发板与 ADXL335 传感器运动采集硬件接口实物图如图 10.27 所示。

图 10.27　Pico 与 ADXL335 传感器运动采集硬件接口实物图

2. 树莓派 Pico 几何姿态感知程序

根据图 10.27 可知，Pico 开发板 GP26、GP27、GP28 这 3 个 GPIO 端口分别对应于 ADC 通道 0、1、2，用于读取 ADXL335 加速度计模拟量输出 x、y、z。可以通过串口发送采集到的几何姿态数据，x、y 和 z 值用逗号分隔。可以使用 MicroPython 读取传感器数据并在 Thonny Python Shell 中显示；或者采用 Arduino C 读取传感器数据，并通过串口将读取的姿态数据发送到 Edge Impulse 数据转发器(Data forwarder)。

(1) 采用 MicroPython 编写树莓派 Pico 几何姿态感知程序

树莓派 Pico 几何姿态感知 MicroPython 程序清单(程序名：ch10_11_a.py)如下：

```
#Filename: ch10_11_a.py
from machine import Pin, ADC, UART
import utime
pico_ADC0 = Pin(26) #GP26: Pico ADC0 引脚
pico_ADC1 = Pin(27) #GP27: Pico ADC1 引脚
pico_ADC2 = Pin(28) #GP28: Pico ADC2 引脚
x_ADXL335 = ADC(pico_ADC0)
y_ADXL335 = ADC(pico_ADC1)
z_ADXL335 = ADC(pico_ADC2)
while True:
    x = x_ADXL335.read_u16()
    y = y_ADXL335.read_u16()
    z = z_ADXL335.read_u16()
    data = str(x) + "," + str(y) + "," + str(z)
    print(data)
#延时 20 ms
utime.sleep(0.02)
```

启动 Thonny,程序执行后,每隔 20 ms(50 Hz)采集一次(x,y,z)运动数据。Thonny Python Shell 窗口输出(x,y,z)数据如下：

```
33192, 32920, 40153
33304, 32952, 40073
33176, 32904, 40249
……
```

(2) 采用 Arduino C 编写树莓派 Pico 几何姿态感知程序

树莓派 Pico 几何姿态感知 Arduino C 程序清单如下：

```
//Raspberry Pico Dev. Board
String buffer = "";
void setup() {
    // put your setup code here, to run once
    Serial.begin(9600);
}
void loop() {
    // put your main code here, to run repeatedly
    int x_ADXL335 = analogRead(A0);  //A0: pico_ADC0, GP26
    int y_ADXL335 = analogRead(A1);  //A1: pico_ADC1, GP27
    int z_ADXL335 = analogRead(A2);  //A2: pico_ADC2, GP28
    buffer = buffer + x_ADXL335 + ", " + y_ADXL335 + ", " + z_ADXL335;
    Serial.println(buffer);
    buffer = "";
    delay(20);
}
```

启动 Arduino IDE,编译上传本程序到 Pico 开发板 Flash,选择 Arduino 的 Tools→Serial Monitor 菜单项。Arduino 串口监视器窗口输出(x,y,z)数据如下：

```
514, 517, 625
515, 517, 627
515, 520, 627
……
```

将这里的 Pico Arduino C 程序与前面的 MicroPython 程序的结果输出比较,可以看出两者输出结果的数位不同,究其原因是 Pico Arduino C 默认 ADC 使用 10 位分辨率,输出结果在 0～1 023 之间,而 Pico 开发板 RP2040 芯片 ADC 为 12 位物理分辨率,MicroPython 采用了 16 位分辨率。

为了让 Pico Arduino C 和 MicroPython 读取的姿态数据位数保持一致,改进的 Pico Arduino C 几何姿态感知程序清单(程序名:ch10_11_b.ino)如下：

```
/Raspberry Pico Dev. Board
//Filename: ch10_11_b.ino
String buffer = "";
```

```
void setup() {
    //put your setup code here, to run once
    adc_set_clkdiv(0.0f);          //设置树莓派 RP2040 芯片 ADC 时钟除法器
    Serial.begin(9600);
    analogReadResolution(16);      //将树莓派 RP2040 芯片默认的 ADC 10 位分辨率改为
                                   //16 位分辨率
}
void loop() {
    //put your main code here, to run repeatedly
    int x_ADXL335 = analogRead(A0);   //A0: pico_ADC0, GP26
    int y_ADXL335 = analogRead(A1);   //A1: pico_ADC1, GP27
    int z_ADXL335 = analogRead(A2);   //A2: pico_ADC2, GP27
    buffer = buffer + x_ADXL335 + ", " + y_ADXL335 + ", " + z_ADXL335;
    Serial.println(buffer);
    buffer = "";
    delay(20);
}
```

在 Arduino IDE 环境成功编译并上传本程序后，程序被烧写到 Pico 开发板 Flash 中，选择 Tools→Serial Monitor 菜单项。Arduino 串口监视器窗口输出(x，y，z)数据如下：

```
33008, 33088, 40160
33072, 33024, 40112
33072, 32944, 40064
33168, 32944, 40080
32992, 32960, 40272
……
```

可见，使用 analogReadResolution(16)语句将树莓派 Pico 默认的 ADC 10 位分辨率改为 16 位分辨率后，Pico Arduino C 与 MicroPython 读取的姿态数据位数保持一致。

由于本程序已事先烧写到 Pico 开发板 Flash 中，接下来只要将 Pico＋ADXL335 传感器采集硬件直接插入电脑 USB 接口，本程序就能自动执行并隔 20 ms 向串口发送(x，y，z)姿态数据。

3. 运用 Edge Impluse 和 Pico＋ADXL335 传感器采集硬件采集姿态数据形成二分类数据集

这里以 Windows 系统运行 Edge Impluse 和 Pico＋ADXL335 传感器采集硬件采集姿态数据为例进行说明。

首先，进入 Windows 命令提示符，执行 npm install -g edge-impulse-cli --force 命令安装 Edge Impulse CLI 工具；若重新安装 Edge Impulse CLI，则可使用 npm uninstall -g edge-impulse-cli 和 npm install -g edge-impulse-cli 命令。Edge Impulse CLI 工具安装成功后，即可使用 Pico 开发板和 edge-impulse-data-forwarder/edge-impulse-data-forwarder --clean 命令捕获数据。

然后，登录 Edge Impulse 网站创建一个 Edge Impulse 项目，这里创建项目名称为 My_1st_project。

接下来，在 Windows 命令提示符执行 edge-impulse data forwarder 命令，如图 10.28 所示。

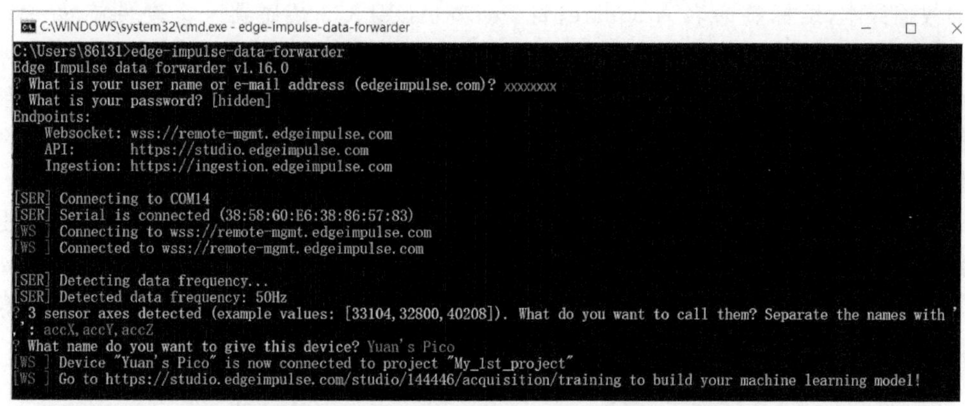

图 10.28　Pico＋ADXL335 传感器采集硬件连接到数据转发服务

从图 10.28 可以看出，当第一次执行 edge-impulse data forwarder 命令时，则要求输入登录账号（图中 xxxxxxx 为登录账号输入）、数据轴命名（这里设为 accX, accY, accZ）、开发板设备命名（这里设为 Yuan's Pico，可选）；Edge Impulse 程序会自动检测数据采集频率，本例检测到的数据采集频率为 50 Hz，正好是前面 Arduino C 姿态采集程序中所设置的 20 ms 采集间隔。若成功连接到数据转发服务，则 Pico ＋ADXL335 传感器采集硬件设备将连接到名为 My_1st_project 的 Impulse Edge 项目。单击 Impulse Edge 的 Devices，则页面将显示已成功连接的设备，这里会看到名为 Yuan's Pico 的嵌入式设备已成功连接到 Edge Impulse，如图 10.29 所示。

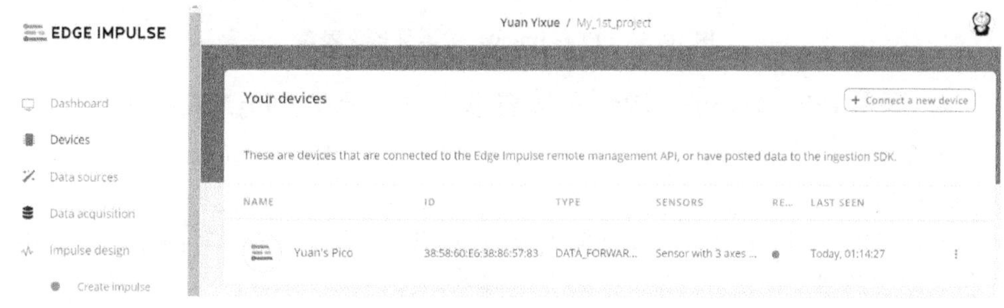

图 10.29　Pico 嵌入式设备成功连接到 Edge Impulse

接着，单击 Impulse Edge 的 Data acquisition 进入数据采集界面。如果采集几何图形为“圆”的数据样本，则给标签命名为 circle，此时会显示一个 Start sampling 按钮。数据采集样本长度(Sample length)默认的记录时间为 10 s，将其设置为 4 s，单击 Start sampling 计时开始后，将 Pico＋ADXL335 传感器采集硬件旋转一个“圆圈”形状形成 circle 类数据样本记录文件。在相同的 circle 标签下重复此步骤共计 20 次左右，这样就可以采集到 circle 类别标签的约 20 个数据样本记录文件。还可以对样本记录进行裁减(Crop sample)切分(Split sample)。对于采集图形为“正方形”的数据样本，给标签命名为 square；将 Pico＋ADXL335 传感器采集硬件旋转一个“正方形”形状形成 square 数据样本记录文件；在相同的 square 标签下重复此步骤共计 20 次左右，这样就采集到了 square 类别标签的约 20 个数据样本记录文件。当然，如果能够采集大量的数据样本记录用作模型训练，则模型性能会得到更高的提升。

完成“圆”和“正方形”两类姿态数据采集后，全部样本记录构成了二分类姿态数据集。将二分类姿态数据集按 8∶2比例分成训练集和测试集，则显示 Edge Impulse 数据采集仪表盘如图 10.30 所示。可以看出，如果单击某个姿态数据样本，则会以不同轴(accX，accY，accZ)的波形可视化相应的姿态数据样本。

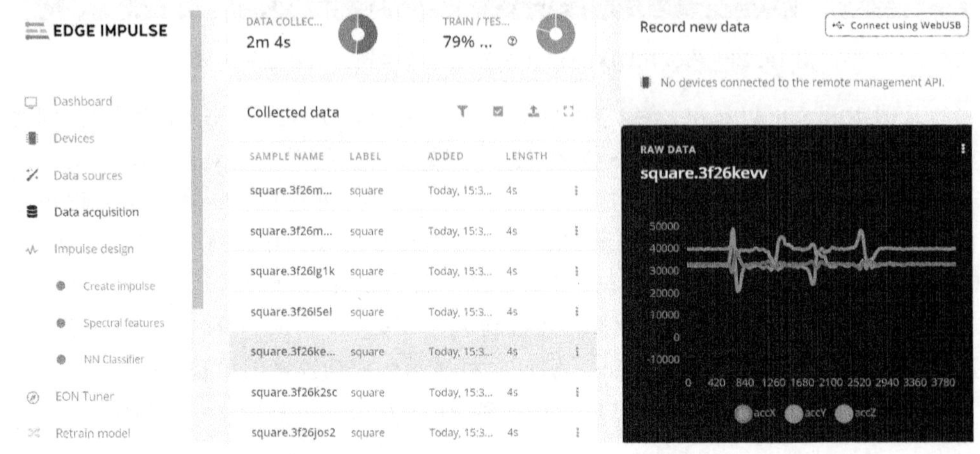

图 10.30　Edge Impulse 数据采集仪表盘

4. 运用 Edge Impulse 构建几何姿态检测二分类 TinyML 模型

选取 Edge Impulse 的 Create impulse 页面，显示创建 Impulse 操作界面，如图 10.31 所示。

单击 Add an input block 添加输入块，选择 Time series data 时间序列数据块。由于运动(“圆圈”或“正方形”的姿态)是连续的，我们需要在 Time series data 块中设置窗口大小(Window size)，这里将其设置为 3 s，3 s 内可以形成一个圆圈或正方形的完整运动轨迹；窗口间距(Window increase)设置 100 ms 时间帧，它是两个相邻窗

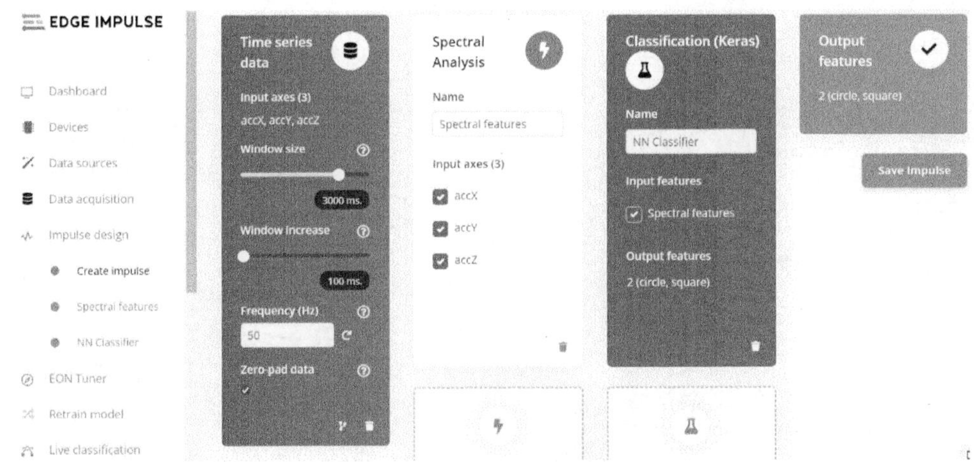

图 10.31　创建 Impulse 操作

口之间的重叠帧；采样频率由 Edge Impulse 数据转发器自动检测，这里显示为 50 Hz。接下来，单击 Add a processing block 添加处理块，选择 Spectral Analysis 频谱分析。单击 Add a learning block 添加学习块，选择 Classification (Keras)神经网络分类器块。最后单击 Save Impulse 保存 Impulse 工程。

(1) 姿态数据预处理

姿态数据采集获取的数据为原始数据，需要对其进行预处理后再送到神经网络。预处理有助于特征分离及神经网络进行正确分类，机器学习模型的准确率很大程度上依赖于数据预处理的效果。由于加速度传感器数据是时间序列表示的时域数据，我们可以对这些时域数据做快速傅里叶变换，将时域数据转换为频域数据表示又称为频谱分析。选取 Edge Impulse 的 Spectral features 页面，Impulse 将自动给数据集配置频谱分析参数默认数值；也可以手动设置参数，Impulse 的默认数值适用于多数情形，这里不做修改，如图 10.32 所示。

单击 Save parameters 按钮保存参数，进入 Generate features 生成特征卡片页，如图 10.33(a)所示；单击 Generate features 按钮生成神经网络可以使用的特征数据，在 Feature explorer 窗口可以看到特征数据预处理的可视化结果，如图 10.33(b)所示。

(2) 几何姿态检测二分类神经网络模型

为了训练几何姿态检测二分类神经网络模型，我们选取 Edge Impulse 的 NN Classifier 页面设置神经网络结构。其中，神经网络结构的第一层和最后一层是由 Edge Impulse 自动分配的，在此基础上添加一个包含 20 个神经元的密集层(Dense layer)，再添加一个包含 10 个神经元的密集层。不同的神经网络结构适用于不同的任务。虽然 Edge Impulse 中默认的神经网络结构很适合当前的项目，但也可以自己

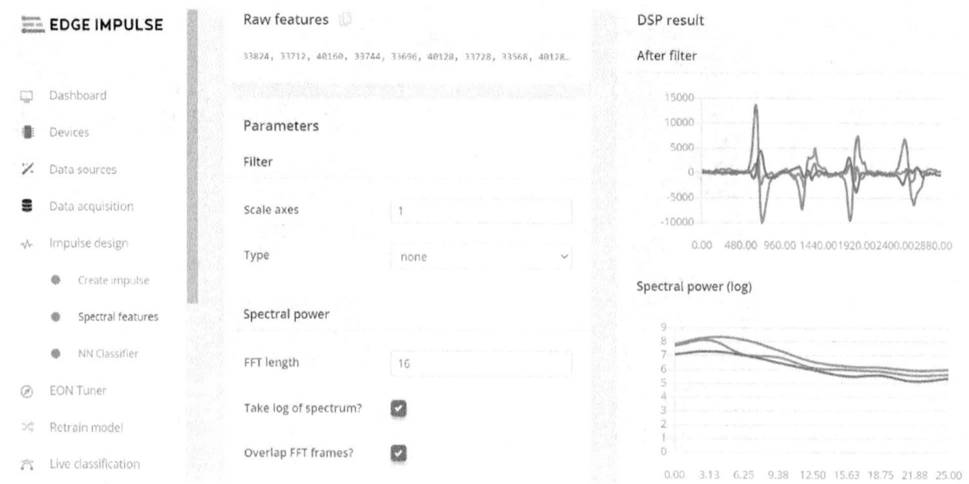

图 10.32　姿态数据的频谱特征

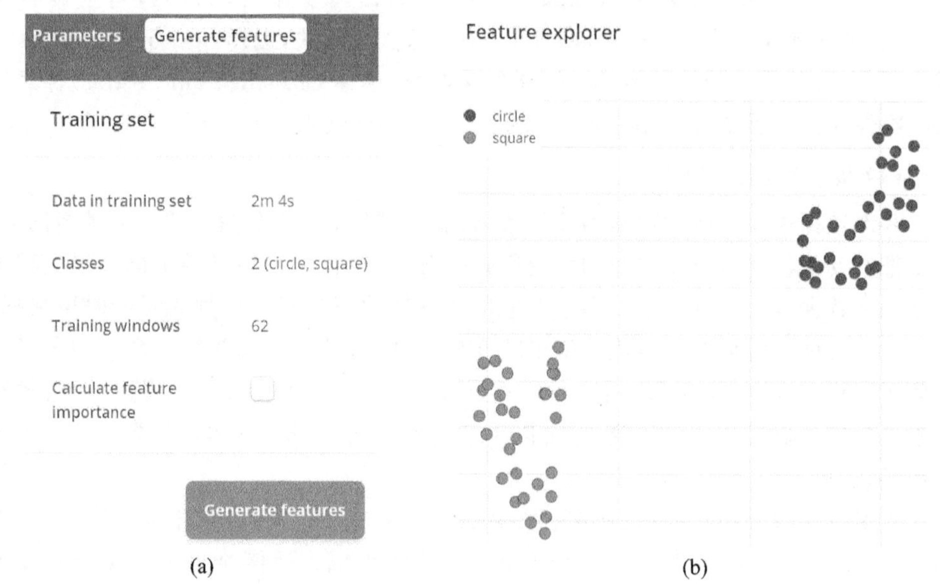

(a)　　(b)

图 10.33　利用频谱信号特征提取生成特征

定义 NN 结构。在开始训练模型前，可以更改一些配置中的数值，如将训练周期数(Number of training cycles)修改为 50。

单击 Neural Network settings(神经网络设置)右边的按钮，可以切换到可编辑的 tf. Keras 程序模式(Switch to Keras mode)，如图 10.34 所示。

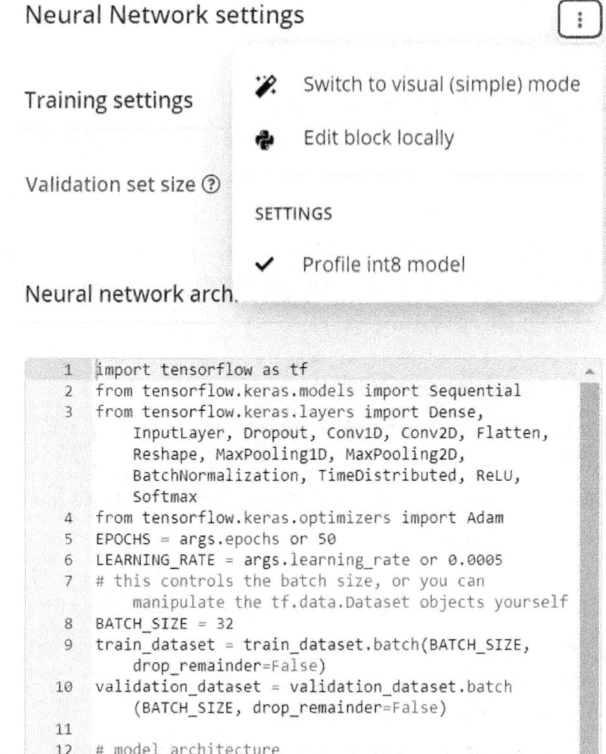

图 10.34　可编辑的 tf. Keras 神经网络分类程序

完整的姿态检测 tf. Keras 神经网络分类程序清单如下：

```
import tensorflow as tf
from tensorflow.keras.models import Sequential
from tensorflow.keras.layers import Dense, InputLayer, Dropout, Conv1D, Conv2D, Flatten, Reshape, MaxPooling1D, MaxPooling2D, BatchNormalization, TimeDistributed, ReLU, Softmax
from tensorflow.keras.optimizers import Adam
EPOCHS = args.epochs or 50
LEARNING_RATE = args.learning_rate or 0.0005
# this controls the batch size, or you can manipulate the tf.data.Dataset objects yourself
BATCH_SIZE = 32
train_dataset = train_dataset.batch(BATCH_SIZE, drop_remainder = False)
validation_dataset = validation_dataset.batch(BATCH_SIZE, drop_remainder = False)

#model architecture
model = Sequential()
```

```
    model.add(Dense(20, activation='relu',
        activity_regularizer=tf.keras.regularizers.l1(0.00001)))
    model.add(Dense(10, activation='relu',
        activity_regularizer=tf.keras.regularizers.l1(0.00001)))
    model.add(Dense(classes, name='y_pred', activation='sigmoid'))

    #this controls the learning rate
    opt = Adam(learning_rate=LEARNING_RATE, beta_1=0.9, beta_2=0.999)
    callbacks.append(BatchLoggerCallback(BATCH_SIZE, train_sample_count, epochs=EP-
OCHS))

    #train the neural network
    model.compile(loss='categorical_crossentropy', optimizer=opt, metrics=
['accuracy'])
    model.fit(train_dataset, epochs=EPOCHS, validation_data=validation_dataset,
verbose=2, callbacks=callbacks)

    #Use this flag to disable per-channel quantization for a model.
    #This can reduce RAM usage for convolutional models, but may have
    #an impact on accuracy.
    disable_per_channel_quantization = False
```

单击 Start training 按钮,使用姿态训练集训练几何姿态检测二分类神经网络模型,训练完成后显示 NN 模型准确率和混淆矩阵。Edge Impulse 会生成未优化的 32 位神经网络模型或优化的 8 位整数量化(Quantized)TinyML 模型,如图 10.35 所示。

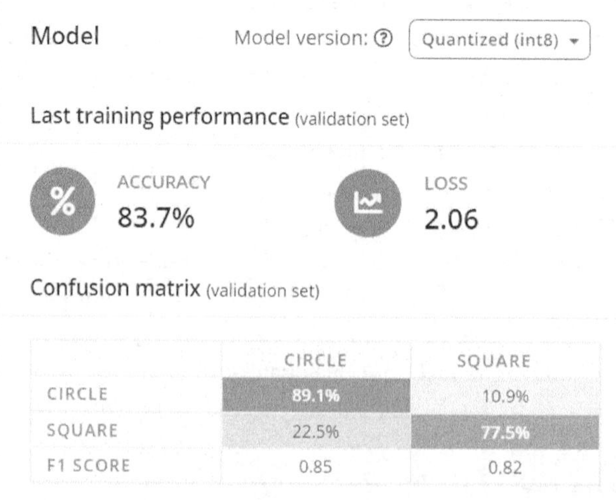

图 10.35　姿态检测二分类 CNN 模型准确率和混淆矩阵

选取 Edge Impulse 的 Model testing 页面，使用姿态测试集测试几何姿态检测二分类神经网络模型，并显示 NN 模型准确率和混淆矩阵。

5. 运用 Edge Impulse 和 Pico 开发板分类新的几何姿态数据

选取 Edge Inpulse 的 Live classification 实时分类页面将显示 Classify new data 分类新数据界面，并且电脑所连接的 Pico＋ADX355 传感器姿态采集设备(Yuan's Pico)也会显示于该界面，如图 10.36 所示。

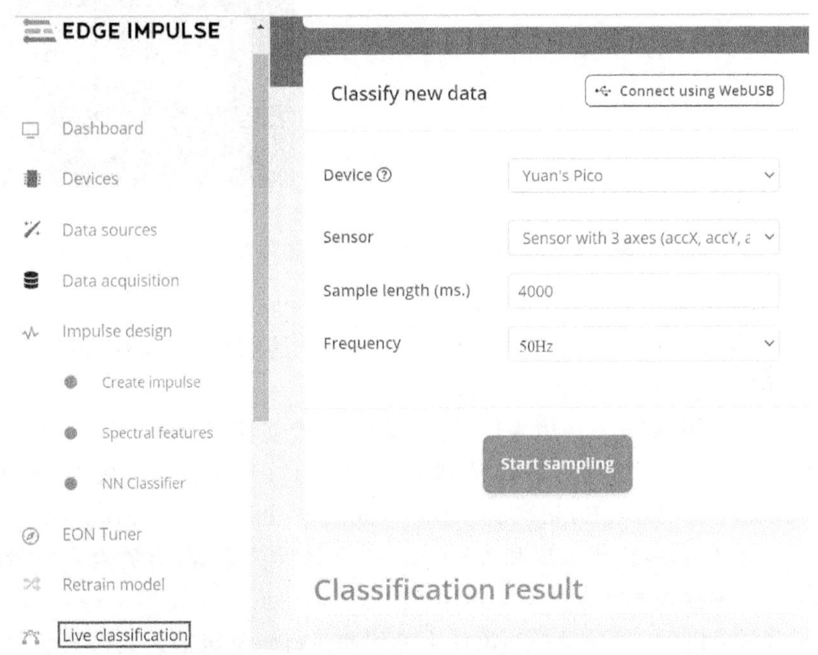

图 10.36　利用 Edge Impulse 和 Pico 开发板实现在线实时分类界面

单击 Start sampling 按钮，使用 Pico＋ADX355 设备采集一段 4 s 新的 circle 或 square 几何姿态数据记录，就可以在线测试几何姿态二分类 CNN 模型对未知姿态新数据检测分类的效果。假设使用 Pico 开发板设备采集了一个正方形几何姿态运动数据记录，其实时分类检测结果如图 10.37 所示。

从图 10.37 可知，根据前面几何姿态 TinyML 模型推理得到的检测结果为 square，即正方形类。

几何姿态检测二分类 TinyML 模型性能达到预期要求后，就可以在 Pico 开发板(或其他嵌入式设备)上部署几何姿态检测二分类 TinyML 模型了。

6. 在 Pico 开发板上部署几何姿态检测二分类 TinyML 模型

选取 Edge Inpulse 的 Deployment，显示 Deploy your impulse 部署你的 Impulse 界面，可选择 Create library 下面的 C++ library、Arduino library 等。这里单击 C++ library 生成 C++库，单击 Build 建立 C++几何姿态检测二分类 TinyML 模型并下

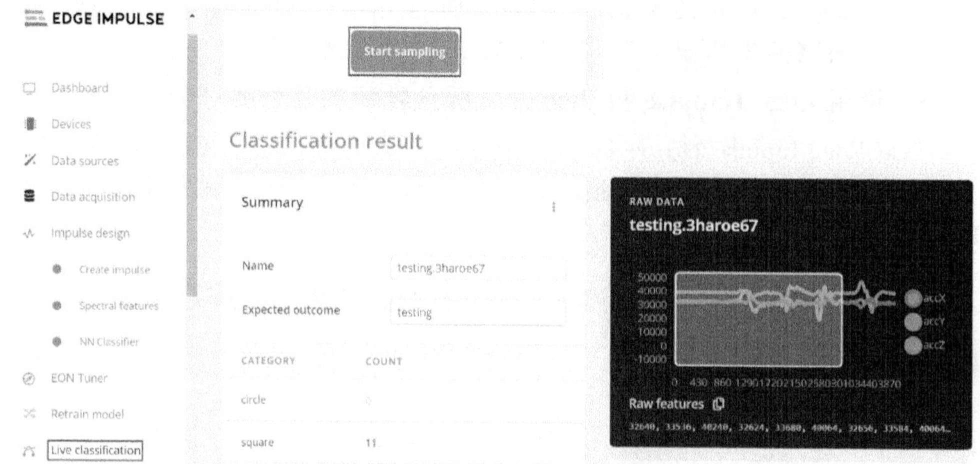

图 10.37 利用 Edge Impulse 和 Pico 开发板采集正方形的实时分类结果

载 C++几何姿态检测二分类 TinyML 模型程序文件。

接下来，编译 C++模型程序并生成 Pico 开发板的 uf2 格式文件，最后在 Pico 开发板上测试并部署到实际应用生产环境中。

以 Windows 电脑开发环境为例，为实现 C++模型程序编译并生成 Pico 开发板的 uf2 格式程序文件，一种方法是给树莓派 Pico C++编程预先安装 ARM GCC Cross Compiler、CMake、Build Tools for Visual Studio、Visual Studio Code，并为 ARM GCC 交叉编译器、Pico 库和 VS Code 建立依赖关系等，有关内容可参阅树莓派 Pico C++编程技术文献。

在树莓派 RP2040 等嵌入式 MCU 上部署和执行轻量级嵌入式机器学习模型是一个全新的研究和应用领域，Edge Impulse 简化了数据采集与分析、神经网络模型的训练和建立，具有界面友好、具备在多种型号嵌入式开发板或边缘设备上部署嵌入式机器学习模型的优势，是开展嵌入式机器学习探索和研发的一个重要工具。

10.4.3 运用 Edge Impluse 构建 Pico 中文语音唤醒词 TinyML 模型

实践任务：利用 Edge Impluse 和树莓派 Pico 与 MAX4466 麦克风语音模块采集中文语音唤醒词“开始”和“结束”数据并创建“开始”和“结束”分类数据集，运用 Edge Impluse 构建树莓派 Pico“开始”和“结束”语音唤醒词二分类 TinyML 模型。

1. 树莓派 Pico 与 MAX4466 麦克风语音模块接口

Pico 与麦克风语音采集硬件所需材料如下：

- 树莓派 Pico×1；
- MAX4466 MIC×1；

➢ 面包板×1；

➢ 杜邦线×3。

Pico 开发板与 MAX4466 麦克风语音采集硬件接口原理如图 10.38 所示。

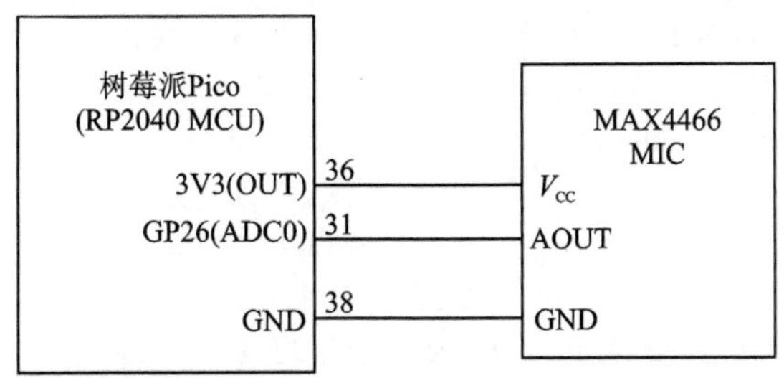

图 10.38　Pico 与 MAX4466 麦克风语音采集接口原理图

Pico 与 MAX4466 麦克风语音采集接口实物图如图 10.39 所示。

图 10.39　Pico 与 MAX4466 麦克风语音采集接口实物图

2. 树莓派 Pico Arduino C 语音采集程序

根据图 10.36 可知，Pico 开发板 GP26 GPIO 端口对应于 ADC0，用于读取 MAX4466 麦克风语音模块模拟量输出 AOUT。可以使用 Arduino C 读取语音数据，并通过串口将读取到的数据发送到 Edge Impulse 数据转发器(Data forwarder)。Arduino C 语音采集程序清单(程序名：ch10_12_a.ino)如下：

```
//Raspberry Pico Dev. Board
//Filename: ch10_12_a.ino
String buffer = "";
void setup() {
    // put your setup code here, to run once
    adc_set_clkdiv(0.0f);
```

```
    Serial.begin(115200);
    analogReadResolution(12);
void loop() {
    // put your main code here, to run repeatedly
    int sound = analogRead(A0);          //A0: pico_ADC0, GP26
    buffer = buffer + sound;
    Serial.println(buffer);
    buffer = "";
    delayMicroseconds(125);              //延时 125 μs
}
```

使用 Arduino IDE 编译并上传本程序，程序机器码被烧写到 Pico 开发板 Flash 中。

将 Pico＋MAX4466 采集硬件直接插入电脑 USB 接口后，本程序将自动执行，理论上程序能以 8 kHz 频率(125 μs 周期)向串口发送音频数据 SD。要说明的是，由于音频数据采样频率较高，一般不能使用慢速的 MicroPython 语音采集程序。

3. 运用 Edge Impluse 和 Pico＋MAX4466 语音采集硬件采集中文语音唤醒词并构建数据集

构建一个较实用的几十个中文语音唤醒词数据集通常需要采集几千人的不同语音唤醒词数据，这里简化为只采集“开始”和“结束”两种类别的各 20 个 2 s 语音唤醒词数据。

登录 Edge Impluse 并建立一个名为 My_AI_Pico - Audio 的项目，选中 Impulse 的 Data Acqusitation 项；将 Pico＋MAX4466 语音采集硬件插入电脑 USB 口，在 Windows 命令提示符执行 edge-impulse-data-forwarder 命令启动 Pico＋MAX4466 语音采集，设置 Device 名称，设置 Label 为 on(“开始”类标签)，设置 Sample length 为 2 000 ms，如图 10.40 所示。

从图 10.40 可以看出，使用 Edge Impulse 和 Pico＋ MAX4466 在线采集语音数据，其采集频率约为 3 kHz，达不到 Pico＋MAX4466 设备的理想 8 kHz 采样频率，但这对于语音唤醒词检测已经够用。

单击 Start Sampling 启动计时后对着 MAX4466 MIC 说出“开始”中文语音，便采集到一段 2 s 的“开始”语音唤醒词数据记录，重复单击 Start Sampling 共采集 20 个“开始”语音唤醒词数据记录。设置 Label 为 off(“结束”类标签)类别，单击 Start sampling 启动计时后对着 MAX4466 MIC 说出“结束”中文语音，便采集到一段 2 s 的“结束”语音数据记录，重复单击 Start sampling 共采集 20 个“结束”语音唤醒词数据记录。

接下来，将采集到的 40 个 2 s 语音唤醒词数据记录裁减为 1 s 数据记录。现选取某个待裁减的 2 s 中文语音唤醒词数据记录，单击该数据样本最右端的按钮弹出快捷菜单，如图 10.41 所示。

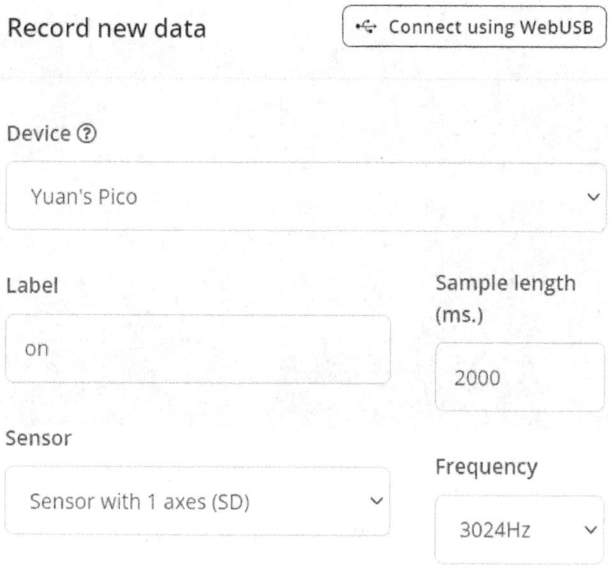

Record new data

Connect using WebUSB

Device

Yuan's Pico

Label

on

Sample length (ms.)

2000

Sensor

Sensor with 1 axes (SD)

Frequency

3024Hz

图 10.40　中文唤醒词音频采集设置

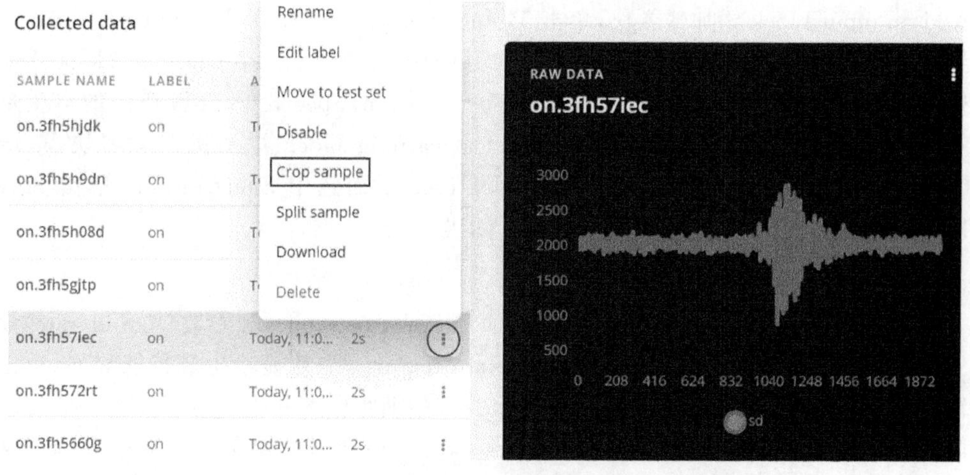

图 10.41　待裁减的一段 2 s 中文语音唤醒词原始数据及快捷菜单

选取快捷菜单中的 Crop sample 项，显示该语音唤醒词数据样本图形界面，将 Set sample length 设置为 1 000 ms，并移动裁减窗口到所采集到的中文语音唤醒词数据样本波形处，单击 Crop 按钮对数据波形窗口进行裁减操作，如图 10.42 所示。剩余样本都按此方法进行裁减操作。

裁减后的全部唤醒词数据构成 1 s 中文唤醒词数据集，将数据集按 8∶2比例划分为训练集和测试集。

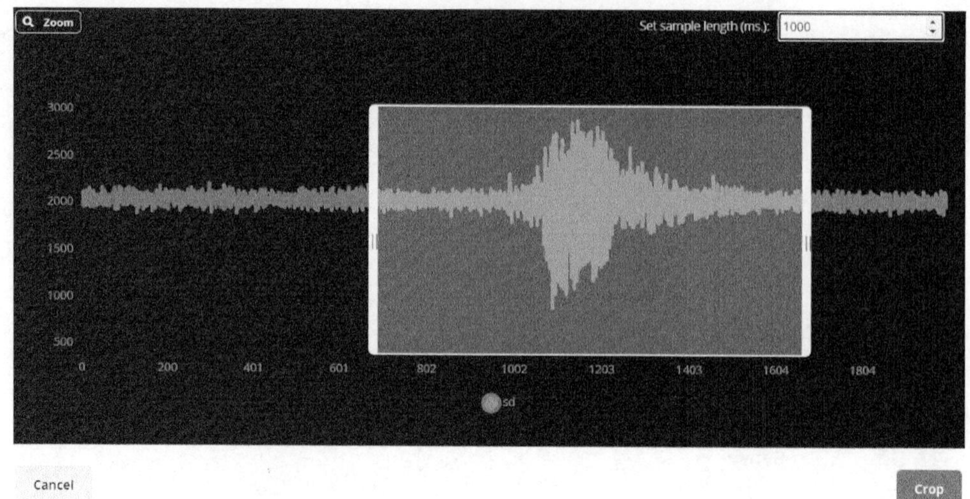

图 10.42　裁减 1 s 中文语音唤醒词数据

4. 运用 Edge Impulse 构建中文唤醒词检测 TinyML 模型

选取 Edge Impulse 的 Create impulse 页面，显示创建 Impulse 操作界面。单击 Add an input block 添加输入块，单击 Time series data 的 Add 显示 Time series data 界面，设置窗口间距(Window increase)为 100 ms；单击 Add a processing block 添加处理块，单击 Spectrogram 的 Add 显示 Spectrogram，Spectrogram 频谱图的本质是对原始信号做 FFT 特征处理；单击 Add a learning block 添加机器学习块，单击 Classification (Keras)的 Add，在 Input features 下面选中 Spectrogram，单击 Save Impulse 保存 Impulse 工程完成 Impulse 创建。

(1) 中文唤醒词特征生成

选取 Edge Impulse 的 Spectrogram 页面显示 Spectrogram 参数(Parameters)设置界面，这里直接用默认参数；单击 Generate features 卡片显示生成特征界面，单击绿色的 Generate features 生成特征，分析 32 s 的训练样本并生成特征需要一定的时间。该过程结束后，特征浏览器(Features explorer)会以可视化形式显示训练数据集的所有样本点；可以检查两个不同类间区别是否明显，并能查找错误的数据标签。

(2) 构建中文唤醒词检测二分类 TinyML 模型

选取 Edge Impulse 的 NN Classifier 页面设置神经网络结构，Edge Impulse 给出的预设结构有 1D CNN(1D Convolutional)和 2D CNN(2D Convolutional)，这里选用默认的 1D CNN 网络。单击 Neural Network settings 右边的按钮切换到 tf.Keras 专家模式，则可以查看到自动生成的中文唤醒词检测二分类 CNN 模型 tf.Keras 程序代码；单击 Start training 开始训练二分类 CNN 模型，训练完成后将显示 CNN 模型的准确率和混淆矩阵，Edge Impulse 会生成优化的 8 位整数量化二分类

CNN 网络 TinyML 模型或未优化的 32 位二分类 CNN 网络模型，如图 10.43 所示。

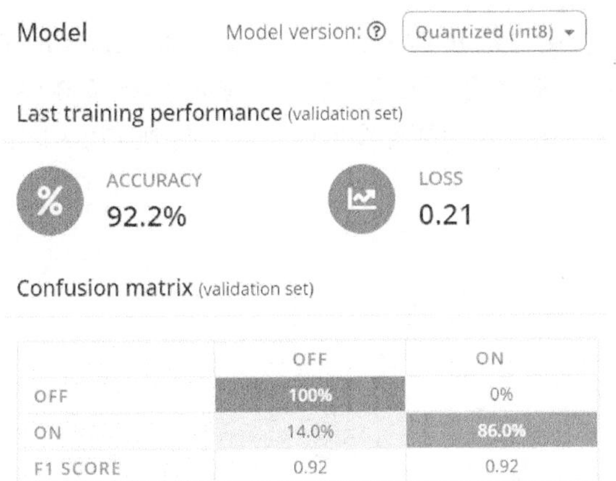

	OFF	ON
OFF	100%	0%
ON	14.0%	86.0%
F1 SCORE	0.92	0.92

图 10.43　中文唤醒词检测二分类 CNN 模型准确率和混淆矩阵

选取 Edge Inpulse 的 Model testing 页面，使用中文唤醒词测试集测试中文唤醒词检测二分类 CNN 网络模型，并显示二分类 CNN 网络模型的准确率和混淆矩阵。

5. 运用 Edge Impulse 和 Pico 开发板分类新的中文唤醒词数据

选取 Edge Inpulse 的 Live classification 实时分类页面将显示 Classify new data 分类新数据界面，并且电脑所连接的 Pico＋MAX4466 语音采集设备（Yuan's Pico）也会显示于该界面。单击 Start sampling 按钮，使用 Pico＋MAX4466 语音采集设备采集一段 1 s 新的“开始”或“结束”语音唤醒词数据记录，就可以在线测试中文唤醒词二分类 CNN 模型对未知新数据检测分类的效果。假设 Pico 开发板设备采集了一段 1 s“开始”语音唤醒词数据记录，其时分类检测结果如图 10.44 所示。

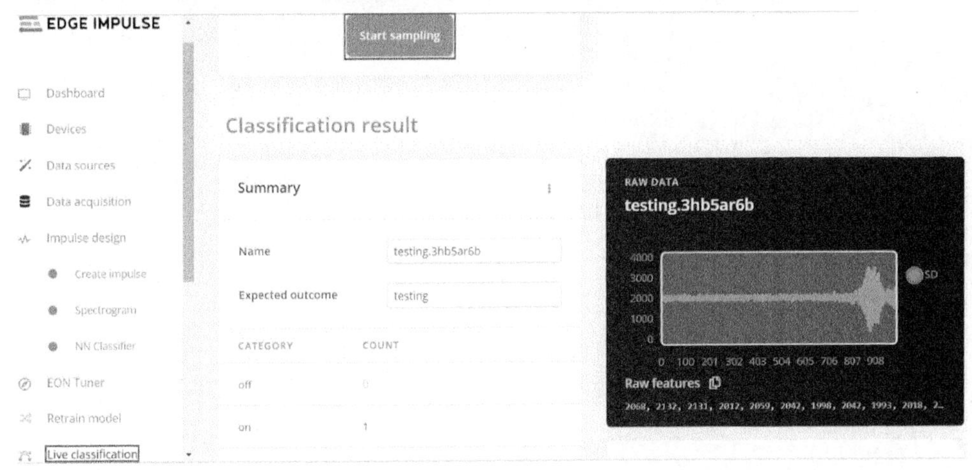

图 10.44　利用 Edge Impulse 和 Pico 设备采集“开始”唤醒词的实时分类结果

从图 10.44 可知,根据前面语音唤醒词检测 TinyML 模型推理得到的检测结果为 on,即“开始”类。

从本实例可知,使用树莓派 Pico 等嵌入式设备和 Edge Impulse 只能实现 3 kHz 以内的较低频率在线数据采集。若使用树莓派 Pico 实现更高频率的数据采集,则可以采用离线方式采集数据,然后再将采集的数据上传到 Edge lmpulse 平台。

参考文献

[1] Get Started with MicroPython on Raspberry Pi Pico. https://hackspace.raspberrypi.com/books/micropython-pico.

[2] Raspberry Pi Pico Datasheet. https://datasheets.raspberrypi.com/pico/pico-datasheet.pdf.

[3] RP2040 Datasheet. https://datasheets.raspberrypi.com/rp2040/rp2040-datasheet.pdf.

[4] Charles Platt. Make: Electronics (Second Edition)[M]. Canada: Maker Media, 2015.

[5] Stewart Watkiss. Learn Electronics with Raspberry Pi[M]. USA: Apress, 2016.

[6] Anant Agarwal(美), Jeffrey H. Lang(美). 模拟和数字电子电路基础[M]. 于歆杰,朱桂萍,刘秀成,译. 北京：清华大学出版社，2008.

[7] Simon Monk(英). 电子创客案例手册[M]. 王诚成,孙晶,孙海文,译. 北京：清华大学出版社，2018.

[8] 袁志勇，王景存，刘树波，等. 嵌入式系统原理与应用技术[M]. 3 版. 北京：北京航空航天大学出版社，2019.

[9] Donald Norris. Python for Microcontrollers: Getting Started with MicroPython[M]. USA: McGraw-Hill Education, 2017.

[10] 王德庆. 用 Python 玩转树莓派和 MegaPi[M]. 北京：清华大学出版社，2019.

[11] 王晓明. 电动机的单片机控制[M]. 5 版. 北京：北京航空航天大学出版社，2020.

[12] Matthew Scarpino(美). 创客指南:玩转电动机[M]. 符鹏飞,匡昊,译. 北京：人民邮电出版社，2017.

[13] 刘克生. WiFi 模块开发入门与应用实例[M]. 北京：化学工业出版社，2021.

[14] 李航. 机器学习方法[M]. 北京：清华大学出版社，2022.

[15] 费朗索瓦·肖莱(美). Python 深度学习[M]. 张亮,译. 北京：人民邮电出版社，2018.

[16] 巢笼悠辅(日). 详解深度学习-基于 TensorFlow 和 Keras 学习 RNN[M]. 郑明智,译. 北京：人民邮电出版社，2020.

[17] 李易. 深度学习算法入门与 Keras 编程实践[M]. 北京：机械工业出版社，2021.

[18] 田奇，白小龙. ModelArts 人工智能开发指南[M]. 北京：清华大学出版社，2020.

[19] 樊胜民，樊攀，张淑慧. Arduino 编程与硬件实现[M]. 北京：化学工业出版社，2020.

[20] 黄文恺，吴羽. Processing 与 Arduino 互动编程[M]. 北京：机械工业出版社，2016.

[21] Pete Warden，Daniel Situnayake. TinyML：Machine Learning with TensorFlow Lite on Arduino and Ultra-Low-Power Microcontrollers[M]. USA：O' Reilly Media，Inc.，2019.

[22] Bert Moons，Daniel Bankman，Marian Verhelst. Embedded Deep Learning [M]. Germany：Springer，2019.

[23] 应忍冬,刘佩林. AI 嵌入式系统:算法优化与实现[M]. 北京:机械工业出版社,2021.

[24] https://yuanyx. blog. csdn. net.

[25] https://www. digikey. com/en/maker.